Mathematik heute 5

Welt der Zahl

Berlin / Brandenburg

Herausgegeben von
Heinz Griesel, Helmut Postel, Rudolf vom Hofe

Schroedel

Mathematik heute 5

Welt der Zahl

Berlin / Brandenburg

Herausgegeben und bearbeitet von

Professor Dr. Heinz Griesel
Professor Helmut Postel
Professor Dr. Rudolf vom Hofe

Arno Bierwirth, Heiko Cassens, Bernhard Humpert, Dirk Kehrig, Wolfgang Krippner, Dr. Matthias Ludwig, Manfred Popken

An dieser Ausgabe für Berlin/Brandenburg wirkten mit:
Ute Hentschel, Dr. Dieter Jeschke, Birgit Szesny

Zum Schülerband erscheint:
Lösungen
Best.-Nr. 87803

Druck A^4 / Jahr 2009
Alle Drucke der Serie A sind im Unterricht parallel verwendbar.

Titel- und Innenlayout: Janssen Kahlert, Design & Kommunikation GmbH, Hannover
Illustrationen: Dietmar Griese; Zeichnungen: Günter Schlierf, Peter Langner.
Satz: Konrad Triltsch, Print und digitale Medien GmbH, 97199 Ochsenfurt
Druck und Bindung: westermann druck GmbH, Braunschweig

ISBN 978-3-507-**87801**-3

Inhaltsverzeichnis

ZUM METHODISCHEN AUFBAU DER LERNEINHEITEN

Einstieg bietet einen direkten Zugang zum Thema.

Aufgabe mit vollständigem Lösungsbeispiel. Diese Aufgaben können alternativ oder ergänzend als Einstiegsaufgaben dienen. Die Lösungsbeispiele eignen sich sowohl zum eigenständigen Nacharbeiten als auch zum Erarbeiten von Lernstrategien.

Zum Festigen und Weiterarbeiten Hier werden die neuen Inhalte durch benachbarte Aufgaben, Anschlussaufgaben und Zielumkehraufgaben gefestigt und erweitert. Sie sind für die Behandlung im Unterricht konzipiert und legen die Basis für eine erfolgreiche Begriffsbildung.

Information Wichtige Begriffe, Verfahren und mathematische Gesetzmäßigkeiten werden hier übersichtlich hervorgehoben und an charakteristischen Beispielen erläutert.

Übungen In jeder Lerneinheit findet sich reichhaltiges Übungsmaterial. Dabei werden neben grundlegenden Verfahren auch Aktivitäten des Vergleichens, Argumentierens und Begründens gefördert, sowie das Lernen aus Fehlern.
Spielerische Übungsformen setzen Arbeitsweisen der Grundschule fort.
Aufgaben mit Lernkontrollen sind an geeigneten Stellen eingefügt.
Grundsätzlich lassen sich fast alle Übungsaufgaben auch im Team bearbeiten. In einigen besonderen Fällen wird zusätzlich Anregung zur Teamarbeit gegeben.
Die Fülle an Aufgaben ermöglicht dabei unterschiedliche Wege und innere Differenzierung.

Vermischte und komplexe Übungen Hier werden die erworbenenen Qualifikationen in vermischter Form angewandt und mit den bereits gelernten Inhalten vernetzt.

Bist du fit? Auf diesen Seiten am Ende eines Kapitels können Lernende eigenständig überprüfen, inwieweit sie die neu erworbenen Grundqualifikationen beherrschen. Die Lösungen hierzu sind im Anhang des Buches abgedruckt.

Im Blickpunkt / Projekt Hier geht es um komplexere Sachzusammenhänge, die durch mathematisches Denken und Modellieren erschlossen werden. Die Themen gehen dabei häufig über die Mathematik hinaus, sodass Fächer übergreifende Zusammenhänge erschlossen werden. Es ergeben sich Möglichkeiten zum Arbeiten in Projekten und zum Einsatz neuer Medien.

Piktogramme weisen auf besondere Anforderungen bzw. Aufgabentypen hin:

Teamarbeit

Suche nach Fehlern

Internet

Zur Differenzierung

Der Aufbau und insbesondere das Übergangsmaterial sind dem Schwierigkeitsgrad nach gestuft. Etwas anspruchsvollere Aufgaben sind mit roten Aufgabenziffern versehen.

Nicht verbindliche Inhalte sind durch △ und ▲ gekennzeichnet. Sie dienen der Ergänzung und Vertiefung.

Einheiten

Längen

10 mm	= 1 cm
10 cm	= 1 dm
10 dm	= 1 m
1 000 m	= 1 km

Flächeninhalte

100 mm^2	= 1 cm^2	100 m^2	= 1 a
100 cm^2	= 1 dm^2	100 a	= 1 ha
100 dm^2	= 1 m^2	100 ha	= 1 km^2

Die Umwandlungszahl ist 100

Volumina

1 000 mm^3 = 1 cm^3	1 000 dm^3 = 1 m^3	1 dm^3 = 1 l
1 000 cm^3 = 1 dm^3	1 cm^3 = 1 ml	1 000 ml = 1 l

Die Umwandlungszahl ist 1 000

Zeitspannen

60 s	= 1 min
60 min	= 1 h
24 h	= 1 d

Massen

1 000 mg	= 1 g
1 000 g	= 1 kg
1 000 kg	= 1 t

Die Umwandlungszahl ist 1 000

Mathematische Symbole

Zahlen und Operationen

$a = b$	a gleich b	$a + b$	Summe aus a und b; a plus b
$a \neq b$	a ungleich b	$a - b$	Differenz aus a und b; a minus b
$a < b$	a kleiner b	$a \cdot b$	Produkt aus a und b; a mal b
$a > b$	a größer b	$a : b$	Quotient aus a und b; a durch b
$a \approx b$	a ungefähr gleich (rund) b	a^n	Potenz aus Grundzahl (Basis) a und Hochzahl (Exponent) n; a hoch n

Geometrie

$\overline{AB}$	Verbindungsstrecke der Punkte A und B; Strecke mit den Endpunkten A und B	$g \perp h$	Gerade g ist senkrecht zur Geraden h
AB	Verbindungsgerade durch die Punkte A und B; Gerade durch A und B	ABC	Dreieck mit den Eckpunkten A, B und C
$\overline{AB}$ (Strahl)	Strahl mit dem Anfangspunkt A durch den Punkt B	ABCD	Viereck mit den Eckpunkten A, B, C und D
$g \parallel h$	Gerade g ist parallel zur Geraden h	$P(x \mid y)$	Punkt P mit den Koordinaten x und y, wobei x die erste Koordinate, y die zweite Koordinate ist

1 Darstellen und Ordnen von natürlichen Zahlen und Größen

„Wie viele sind es?"
Diese Frage ist schon sehr alt. Als unsere Vorfahren Jäger und Sammler waren, zählten sie bereits ihre Häute und Faustkeile. Dabei benutzten sie aber nur wenige Zahlen. Noch in der heutigen Zeit gibt es Volksstämme, die nur wenige Zahlen kennen.

Nördlich von Australien leben auf einigen kleinen Inseln die Torres-Insulaner. Sie kennen nur zwei Zählwörter: „urapun" für eins und „okosa" für zwei. Um weiterzuzählen, kombinieren sie diese beiden Wörter:
„urapun-okosa" für drei, „okosa-okosa" für vier.
Kannst du ihre Zahlwörter für fünf und sechs angeben?

Für die Zahlen ab sieben haben die Insulaner keine Namen. Sie sagen dann einfach: „viel". Auch in den Sagen und Märchen aus Europa spielt die Zahl „sieben" eine besondere Rolle. Sie wird oft im Sinne von „viel" oder „weit" benutzt, zum Beispiel bei den „Siebenmeilenstiefeln" oder „Hinter den sieben Bergen". Vielleicht haben unsere Vorfahren ähnlich gedacht wie die Torres-Insulaner.

Heute können wir mühelos mit sehr großen Zahlen umgehen.
Wusstest du schon, dass

- ➜ dein Herz im Jahr ungefähr 42 000 000-mal schlägt?
- ➜ die Sonne etwa 150 000 000 Kilometer von der Erde entfernt ist?
- ➜ im Jahre 2000 auf der Erde etwa 6 100 000 000 Menschen lebten?

In diesem Kapitel lernst du ...
... neue große Zahlen kennen. Weiterhin erfährst du, wie man Zahlen zum Messen verwenden kann.

NATÜRLICHE ZAHLEN ÜBER 1 MILLION – STELLENTAFEL

Große Zahlen – Stellentafel

Einstieg

Aus der Welt der Märchen:
In einem fernen Lande lebte einmal ein König. Er suchte im ganzen Lande jemanden, der ihm einen neuen Brunnen bauen sollte. Eines Tages kam Mula und versprach einen Brunnen zu bauen.
Mula erbat sich als Lohn für den ersten Tag 1 Taler, für den zweiten Tag 2 Taler, für den dritten Tag 4 Taler, für den vierten Tag 8 Taler usw.
Der König hielt diesen Vorschlag für sehr bescheiden. Nach einigen Tagen merkte er aber, dass er überlistet worden war. Als der Brunnen nach 32 Tagen fertig war, war der König ein armer Mann.

Aufgabe

1. In Büchern und Zeitschriften findest du Angaben mit großen Zahlen.
Trage die Zahlen in eine Stellentafel ein.

(1) Das größte Puzzle der Welt besteht aus 187 220 Teilen.

(2) Bei einem Domino-Wettbewerb fielen insgesamt 3 847 295 Steine.

(3) Ende 2001 hatten die Bürger der Bundesrepublik Deutschland etwa 586 530 000 000 € auf Sparkonten.

(4) Ende 2003 hatte Brandenburg 2 573 300 Einwohner.

(5) Im Schuljahr 2003/2004 besuchten 348 148 Schüler allgemeinbildende Schulen in Berlin.

(6) Zu unserer Milchstraße gehören etwa 300 000 000 000 Sterne.

Lösung

Billionen			Milliarden			Millionen			Tausender						
									HT	ZT	T	H	Z	E	Sprechweise
									1	8	7	2	2	0	187 Tausend 220
								3	8	4	7	2	9	5	3 Millionen 847 Tausend 295
			5	8	6	5	3	0	0	0	0	0	0	0	586 Milliarden 530 Millionen
								2	5	7	3	3	0	0	2 Millionen 573 Tausend 300
									3	4	8	1	4	8	348 Tausend 148
			3	0	0	0	0	0	0	0	0	0	0	0	300 Milliarden

Information

(1) Stellentafel

Große Zahlen sind oft nicht leicht zu überblicken. Wenn man sie in eine **Stellentafel** einträgt, gewinnt man eine Übersicht über ihren Aufbau.

Billionen			Milliarden			Millionen			Tausender						
									HT	ZT	T	H	Z	E	Sprechweise
									8	6	2	1	2	5	862 Tausend 125
							1	2	5	6	3	4	5	0	12 Millionen 563 Tausend 450
						3	0	5	0	0	0	0	8	4	305 Millionen 84
					2	0	0	0	0	4	8	0	0	0	2 Milliarden 48 Tausend
					4	2	9	4	0	0	0	0	0	0	4 Milliarden 294 Millionen
		7	0	6	7	0	0	0	0	0	0	0	0	0	7 Billionen 67 Milliarden

Hier ist die letzte Zahl aufgeschrieben: 7 067 000 000 000. Anstelle der dicken Striche lässt du Zwischenräume. Es entstehen übersichtliche Dreierpäckchen.

(2) Zehnersystem

Wir schreiben unsere Zahlen im *Zehnersystem*.
Dazu reichen die *zehn* Ziffern 0, 1, 2, 3, 4, 5, 6, 7, 8, 9 aus.

Namen für besondere Zahlen im Zehnersystem:

1 Zehner = 10 Einer = 10
1 Hunderter = 10 Zehner = 100
1 Tausender = 10 Hunderter = 1 000 usw.

1 Million (kurz: 1 Mio.) = 1 000 Tausender = 1 000 000
1 Milliarde (kurz: 1 Mrd.) = 1 000 Millionen = 1 000 000 000
1 Billion = 1 000 Milliarden = 1 000 000 000 000

Tausend: 3 Nullen
Million: 6 Nullen
Milliarde: 9 Nullen
Billion: 12 Nullen

Zum Festigen und Weiterarbeiten

2. *Gehe auf Entdeckungsreise:* Suche in Zeitungen, Zeitschriften, Büchern und im Internet nach großen Zahlen. Wer findet die größte Zahl?

3. Notiere die Zahlen aus der Information (1) ohne Stellentafel.
Achte dabei auf die übersichtlichen Dreierpäckchen.

4. Schreibe nur mit Ziffern.

a) 4 Millionen; 40 Millionen; 4 Milliarden; 400 Milliarden
b) 15 Millionen; 60 Millionen; 700 Milliarden; 3 Milliarden
c) 34 Millionen 6 Tausend; 280 Millionen 19 Tausend; 10 Milliarden 60 Millionen; 3 Billionen 700 Milliarden

5. Schreibe die Zahlen mit Ziffern. Gliedere sie in Dreierpäckchen.

a) dreihundertzwanzigtausend
drei Millionen
einundfünfzig Milliarden
fünfhundertdreißig Millionen
sechs Billionen

b) siebenundsechzigtausend
drei Milliarden sechshundert Millionen
fünfhundertdreiundzwanzig Milliarden
dreizehn Millionen zweihunderttausend
einundsiebzig Billionen

6. Was gibt die Ziffer 7 an, wenn sie bei einer Zahl an der angegebenen Stelle steht?

a) 4. Stelle **b)** 9. Stelle **c)** 11. Stelle **d)** 7. Stelle **e)** 5. Stelle

7.

Auf die Null kommt es an
In der letzten Bekanntmachung hatte sich ein Fehler eingeschlichen. Es wurden nicht 400 000 € zur Sportförderung bewilligt, wie irrtümlich mitgeteilt, sondern nur 40 000 €.

a) Um wie viel Euro war der zuerst angegebene Betrag in der Zeitungsmeldung links zu hoch?

b) Hänge bei 50 000 € eine Null an. Um wie viel Euro vergrößert sich der Betrag?

c) Streiche bei 900 000 € eine Null. Um wie viel Euro nimmt der Betrag ab?

8. Du kennst bestimmt Geräte, die zählen können, z. B. Kilometerzähler für Fahrrad oder Auto, Zähler für den Strom- oder Gasverbrauch.
Einfache Zählgeräte haben noch Ziffernräder:
Das *Einerrad* dreht sich beim Weiterzählen um 1 weiter;
das *Zehnerrad* dreht sich beim Zehnerübergang um 1 weiter;
das *Hunderterrad* dreht sich beim Hunderterübergang um 1 weiter;
das *Tausenderrad* dreht sich beim Tausenderübergang um 1 weiter.

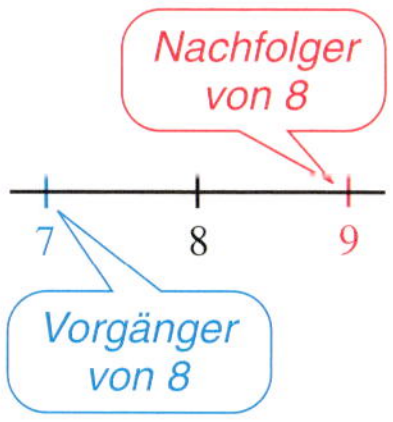

a) Betrachte das Zählgerät rechts. Wie heißt der *Vorgänger* [*Nachfolger*] der angezeigten Zahl?

b) Welche Zahl ist eingestellt, wenn das grüne Ziffernrad um 1 weitergedreht wird [wenn das blaue Ziffernrad um 1 zurückgestellt wird]?

c) Bis zu welcher Zahl kann das Gerät zählen?

d) Bis zu welcher Zahl könnte das Gerät zählen, wenn es 6 Ziffernräder hätte?

e) *Gehe auf Entdeckungsreise:* Welche Zählgeräte findest du im Alltag?

9. a) Daniela hat auf einen Zettel 80 Neunen hintereinander geschrieben. Max hat auf seinem Zettel eine 1 und dahinter hundert Nullen geschrieben. Beide behaupten: „Das ist die größte natürliche Zahl, die es gibt." Was meinst du dazu?

b) Julia behauptet: „Ich kenne eine Zahl, die keinen Vorgänger hat." Findest du sie?

Information

Zu jeder (noch so großen) natürlichen Zahl kann man eine nachfolgende Zahl (den Nachfolger) finden; man braucht nur 1 zu addieren. Daher kann man *ohne Ende* weiter zählen. Trotzdem reichen zum Schreiben die zehn Ziffern 0, 1, 2, 3, 4, 5, 6, 7, 8, 9 aus.
Außer der Zahl Null haben alle natürlichen Zahlen einen Vorgänger.

Übungen

10. Trage in eine Stellentafel ein.

a)	b)	c)	d)
7 550 366	91 012 817	657 112 455	8 053 183 253
14 576 791	75 072 190	840 234 987	6 726 745 500 953
150 418 691	567 880 710	6 547 503 464	28 273 762 112 035

11. Schreibe mit Ziffern.

6 ZT + 5 H + 2 Z + 3 E = 60 523

a) 8 T + 4 Z + 4 E
2 HT + 3 ZT + 8 H + 5 Z
8 ZT + 4 T + 2 Z + 5 E
6 HT + 1 ZT + 7 H + 4 Z

b) 2 Mio. + 6 HT
1 Mio. + 3 HT
7 Mrd. + 225 Mio.
2 Mrd. + 140 Mio.

c) 3 Mrd. + 40 Mio. + 6 HT
10 Mrd. + 800 Mio. + 9 HT + 4 ZT
6 Bill. + 200 Mrd. + 35 Mio. + 8 HT

12. Lies die Zahlen und schreibe sie. Achte auf Dreierpäckchen.

a)

Millionen			Tausender			H	Z	E
		1	5	7	6	5	0	0
	1	7	9	3	0	0	0	0
	2	0	8	5	0	0	0	0
1	4	8	2	0	0	0	0	0
4	5	5	0	0	0	0	0	0

b)

Bill.			Milliarden			Millionen			Tausender			H	Z	E
					5	1	6	4	0	8	0	5	6	1
				1	6	3	0	9	4	5	0	0	1	4
			7	4	2	6	0	0	5	8	5	0	0	0
		4	3	5	2	6	5	5	8	1	5	2	1	2
	7	6	0	4	1	3	4	9	0	0	7	3	0	4

13. Zerlege die Zahlen in Bill., Mrd., Mio., HT, ZT, T, H, Z, E (siehe Aufgabe 11).

a)	b)	c)	d)	e)
846 856	751 930	2 690 097	99 450 001	47 850 200 000
425 746	434 018	17 003 415	104 230 105	135 730 100 234
249 220	780 657	29 143 015	799 140 203	7 253 100 003 001

14. Schreibe die Zahlenangaben im nachfolgenden Text mit Ziffern.

- Es gibt auf der Erde etwa 760 Tausend verschiedene Insektenarten, davon in Deutschland etwa 29 Tausend. Manche Insektenarten leben in Staaten. Bei der roten Waldameise kann ein solcher Staat bis zu 800 Tausend Einzelwesen haben.
- In den Ei-Gelegen (Laich) von Fischen findet man sehr viele Eier. Beim Steinbutt sind es bis zu 9 Mio. Eier pro Gelege.
- Schwarzpappeln sind unter den einheimischen Pflanzen die Rekordhalter in der Produktion von Samen. Jede Pappel bringt jährlich bis zu 28 Mio. Samen hervor.
- Es gibt auf der Erde fast 2 Mrd. verschiedene Tierarten und etwa 400 Tausend verschiedene Pflanzenarten.

15. Fertige dir die abgebildeten Kärtchen an.

a) Lege mit allen Kärtchen eine möglichst große Zahl.

b) Lege mit allen Kärtchen eine möglichst kleine Zahl.

c) Lege eine Zahl, die möglichst nahe bei 700 000 liegt.

16. Auf einer Quittung ist der €-Betrag auch in Worten angegeben.

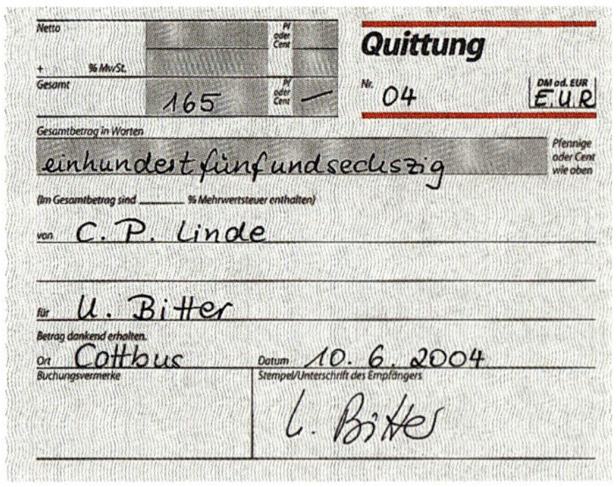
Quittung
Netto
+ % MwSt.
Gesamt 165 —
Nr. 04
DM od. EUR E.U.R
Gesamtbetrag in Worten
einhundertfünfundsechzig
(im Gesamtbetrag sind ___ % Mehrwertsteuer enthalten)
von C. P. Linde
für U. Bitter
Betrag dankend erhalten.
Ort Cottbus Datum 10. 6. 2004
Buchungsvermerke
Stempel/Unterschrift des Empfängers
U. Bitter

a) Schreibe mit Ziffern.

(1) siebentausenddreihundertsiebzehn

(2) neunzehntausendsiebenhundertvierzig

(3) achtunddreißigtausendfünfhundertvier

(4) neunhundertsechzehntausendfünfhundertsieben

b) Schreibe in Worten.

(1) 204	(2) 752	(3) 4 550
(4) 9 820	(5) 38 500	(6) 240 712

17. In Indien leben ungefähr 1 Milliarde Menschen. Wie viele Millionen Menschen sind das?

18. Miriams Mutter kauft ein gebrauchtes Auto für 4 300 €. Mit wie vielen 500-Euro-Scheinen und 100-Euro-Scheinen könnte sie das Auto bezahlen?
Findest du alle Möglichkeiten?

19. Die Tabelle zeigt für einige Länder die Erstausstattung der geprägten Euro-Münzen im Jahr 2002. (Quelle: www.Bundesbank.de)

	Deutschland	Finnland	Frankreich	Griechenland
1-Euro-Stück	1700 Mio.	60 Mio.	820 Mio.	98 Mio.
10-Cent-Stück	3300 Mio.	285 Mio.	1080 Mio.	214 Mio.
1-Cent-Stück	3700 Mio.	35 Mio.	1700 Mio.	73 Mio.

a) Gegen wie viele Hundert-Euroscheine könnte man die 1-Euro-Münzen in Deutschland tauschen?

b) Insgesamt wurden im Euro-Land 4803 Mio. 1-Euro-Münzen, 8136 Mio. 10-Cent-Münzen und 9033 Mio. 1-Cent-Münzen für die Erstausstattung geprägt.
Stelle selbst Fragen und beantworte sie.

20. Schreibe mit Ziffern: a) 11 Hundert b) 11 Hundert 11 c) 11 Tausend 11 Hundert 11

21. Auf Internetseiten findet man manchmal Zähler, die anzeigen, wie oft die Seite aufgerufen wurde.

Sie sind Besucher Nummer

auf dieser Homepage

a) Welche Zahl wurde dem vorherigen Besucher (Vorganger) angezeigt?

b) Welche Zahl wird dem nachfolgenden Besucher (Nachfolger) angezeigt?

c) Wie viele Besucher können von dem Zähler dieser Internetseite höchstens erfasst werden?

d) Wie müsste man den Zähler verändern, damit er noch weiter zählen kann?

22. Übertrage die Tabelle in dein Heft und ergänze.

Vorgänger				1799					8397889
Zahl	487	900			46000		899000		
Nachfolger			2400			2959000		780000	

23. Wie viele natürliche Zahlen liegen zwischen den folgenden beiden Zahlen?
a) 75 und 84 b) 4990 und 5005 c) 25988 und 26000 d) 99987 und 100007

24. Lena und Yvonne besuchen ein Fußballspiel. Lena kauft ihre Eintrittskarte etwas später als Yvonne an der gleichen Kasse.
Wie viele Besucher haben in der Zwischenzeit an dieser Kasse eine Eintrittskarte gekauft?

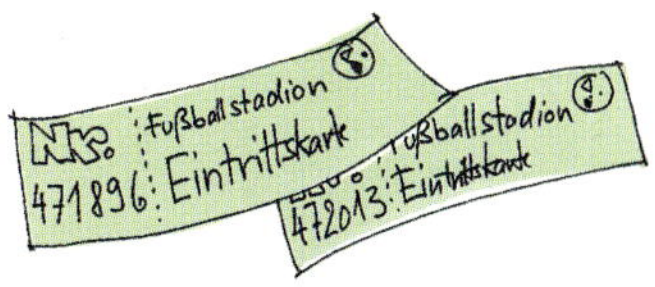

Spiel

25. Jeder Schüler nimmt sich einen Zettel. Je 2 Partner schreiben die gleiche (mindestens 6-stellige) Zahl auf ihre Zettel und geben sie dem Spielleiter (Lehrer/in). Dieser mischt die Zettel und verteilt sie neu.
Nacheinander nennen jetzt alle Schüler ihre Namen und die neue Zahl.
Nun beginnt ein Schüler: „Mein Partner heißt ... und hat die Zahl ..." Der angesprochene Schüler zeigt seine Zahl. Sind die Zahlen gleich, setzt er sich zu seinem Partner.

Große Zahlen und Zehnerpotenzen

Information

In manchen Büchern findest du Angaben wie in der folgenden Abbildung.
Die Zahlenangaben sind Entfernungen der Planeten zur Sonne (in km).

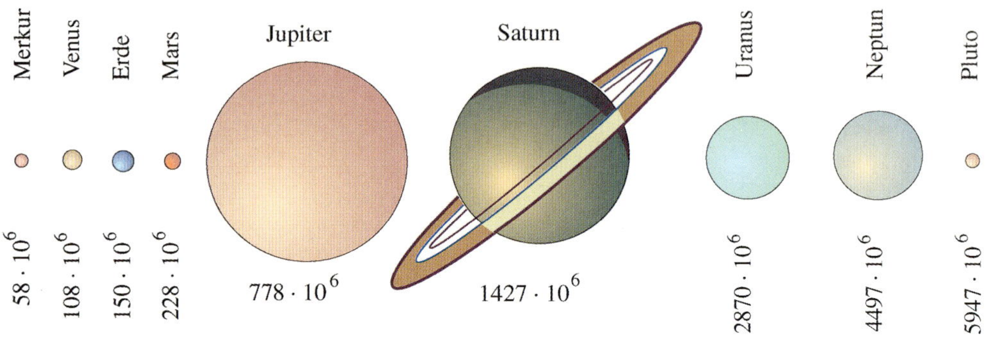

Man kann große Zahlen mit vielen Nullen kürzer schreiben.
Es ist $10\,000 = 10 \cdot 10 \cdot 10 \cdot 10$

Für $10 \cdot 10 \cdot 10 \cdot 10$ schreibt man kurz:
10^4 (gelesen: *10 hoch 4*)
10^4 ist eine **Zehnerpotenz**.
Sie hat die *Basis* 10 und den *Exponent* 4.
Es gilt: $10^6 = 10 \cdot 10 \cdot 10 \cdot 10 \cdot 10 \cdot 10 = 1\,000\,000$
Man schreibt auch: $10^1 = 10$

Exponent (Hochzahl)
10^4
Basis (Grundzahl)

10^4
Die 10 viermal als Fakor hinschreiben:
$10 \cdot 10 \cdot 10 \cdot 1$

Aufgabe

1. a) Schreibe als Multiplikationsaufgabe und berechne: 10^3, 10^5, 10^2, 10^8.
b) Schreibe die Zahlen 10, 100, 1 000, ..., 1 000 000 000 als Zehnerpotenzen.
c) Berechne und vergleiche: (1) 10^5 und $10 \cdot 5$; (2) 10^7 und $10 \cdot 7$.

Lösung

a) $10^3 = 10 \cdot 10 \cdot 10 = 1\,000$
$10^5 = 10 \cdot 10 \cdot 10 \cdot 10 \cdot 10 = 100\,000$
$10^2 = 10 \cdot 10 = 100$
$10^8 = 10 \cdot 10 \cdot 10 \cdot 10 \cdot 10 \cdot 10 \cdot 10 \cdot 10 = 100\,000\,000$

b) $10 = 10^1$; $100 = 10^2$; $1000 = 10^3$; $10000 = 10^4$; ...; $1\,000\,000\,000 = 10^9$

c) (1) $10^5 = 10 \cdot 10 \cdot 10 \cdot 10 \cdot 10 = 100\,000$, aber $10 \cdot 5 = 50$.
(2) $10^7 = 10 \cdot 10 \cdot 10 \cdot 10 \cdot 10 \cdot 10 \cdot 10 = 10\,000\,000$, aber $10 \cdot 7 = 70$.

Zum Festigen und Weiterarbeiten

2. a) Schreibe die Zahlen mit Zehnerpotenzen.
(1) 500 (2) 80 000 (3) 5 000 000 (4) 400 000 000
9 000 300 000 60 000 000 9 000 000 000

b) Gib die Zahlen ohne Zehnerpotenzen an.
(1) $7 \cdot 10^3$ (2) $2 \cdot 10^5$ (3) $3 \cdot 10^6$ (4) $4 \cdot 10^7$

$6\,000 = 6 \cdot 1\,000 = 6 \cdot 10^3$

$5 \cdot 10^4 = 5 \cdot 10\,000 = 50\,000$

3. Schreibe die Zahlen in der Stellentafel wie im Beispiel.

$84\,056\,000 = 8 \cdot 10^7 + 4 \cdot 10^6 + 5 \cdot 10^4 + 6 \cdot 10^3$

Billionen			Milliarden			Millionen			Tausender					
									HT	ZT	T	H	Z	E
10^{14}	10^{13}	10^{12}	10^{11}	10^{10}	10^9	10^8	10^7	10^6	10^5	10^4	10^3	10^2	10^1	1
							4	6	0	8	5	0	0	1
					3	0	0	7	5	0	0	0	0	4
3	0	6	1	4	5	0	0	4	0	2	0	0	0	0

Übungen

4. Schreibe die Zahlen ohne Zehnerpotenzen wie in Aufgabe 2b.

a) $6 \cdot 10^2$; $2 \cdot 10^1$ **b)** $9 \cdot 10^3$; $7 \cdot 10^4$ **c)** $1 \cdot 10^5$; $8 \cdot 10^6$ **d)** $13 \cdot 10^4$; $11 \cdot 10^5$ **e)** $27 \cdot 10^9$; $36 \cdot 10^8$

5. Schreibe die Zahlen mit Zehnerpotenzen wie in Aufgabe 2a.

a) 700; 4 000 **b)** 80 000; 5 000 **c)** 900 000; 30 000 **d)** 50 000 000; 7 000 000 **e)** 30 000 000 000; 2 000 000 000

6. *Wissenswertes aus der Biologie*

(1) Wusstest du, dass der Mensch im Jahr 35 000 Haare verliert?
(2) Wusstest du, dass das Herz 42 000 000-mal im Jahr schlägt und dabei 2 500 000 Liter Blut durch die Adern pumpt?
(3) Wusstest du, dass von unseren 100 000 000 000 Gehirnzellen jährlich 36 500 000 absterben?
(4) Wusstest du, dass durch das Atmen jährlich 7 000 000 Liter Luft durch die Lungen strömen?
(5) Wusstest du, dass der Körper durch 3 000 000 Schweißdrüsen täglich mindestens einen halben Liter Flüssigkeit verliert?

Schreibe die großen Zahlen mit Zehnerpotenzen.

7. Die Erde ist vor $5 \cdot 10^9$ Jahren entstanden, die Lebewesen später. Schreibe die folgenden Zeitangaben ohne Potenzen.

Bakterien:	$6 \cdot 10^8$ Jahre	Saurier:	$2 \cdot 10^8$ Jahre
Fische:	$45 \cdot 10^7$ Jahre	Blütenpflanzen:	$7 \cdot 10^7$ Jahre
Bakterien:	$4 \cdot 10^8$ Jahre	Mensch:	10^5 Jahre

8. Gib die Zahlen ohne Zehnerpotenzen an.

$7 \cdot 10^3 + 2 \cdot 10^1 + 3 = 7023$

a) $6 \cdot 10^3 + 8 \cdot 10^2 + 1 \cdot 10^1 + 9$
$5 \cdot 10^3 + 4 \cdot 10^2 + 3 \cdot 10^1 + 1$
$7 \cdot 10^4 + 2 \cdot 10^3 + 6 \cdot 10^2 + 4 \cdot 10^1$
$9 \cdot 10^6 + 3 \cdot 10^4 + 4 \cdot 10^3 + 6 \cdot 10^2$

b) $8 \cdot 10^9 + 6 \cdot 10^7 + 5 \cdot 10^4 + 3 \cdot 10^1$
$1 \cdot 10^8 + 3 \cdot 10^6 + 4 \cdot 10^3 + 9 \cdot 10^1 + 3$
$4 \cdot 10^9 + 7 \cdot 10^6 + 1 \cdot 10^5 + 2 \cdot 10^3 + 10^1$

9. Schreibe als Summe mit Zehnerpotenzen wie in Aufgabe 3.

a) 8 120; 6 045; 35 800 **b)** 18 300; 245 000; 400 072 **c)** 604 900; 7 505 000; 3 046 070 **d)** 1 608 700; 4 000 609; 17 500 060 **e)** 12 000 500 000; 5 007 000 200; 20 060 200 000

VERGLEICHEN UND ORDNEN NATÜRLICHER ZAHLEN

Zahlenstrahl – Skalen

(1)

(2)

(3)

(4)

Einstieg

In der Abbildung oben siehst du unterschiedliche Skalen mit verschiedenen Größenangaben.

➜ Wozu benutzt man die abgebildeten Geräte?
Welche Zahl zeigen sie an?

➜ *Gehe auf Entdeckungsreise:* Wo findest du weitere Skalen?

Aufgabe

1. Eine Skala zur Darstellung der natürlichen Zahlen ist der Zahlenstrahl.

a) Zeichne einen Zahlenstrahl. Beginne bei 0. Der Abstand zwischen benachbarten Zahlen soll immer 1 cm sein. Wie weit kommst du?

b) Was kann man tun, um auch große Zahlen auf dem Zahlenstrahl darzustellen?

Lösung

a)

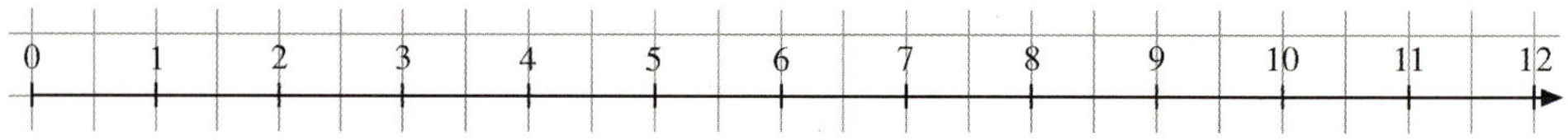

Wir kommen hier bis zur 12. Die Folge der natürlichen Zahlen ist aber unbegrenzt. Der Zahlenstrahl hat einen Anfangspunkt, aber nach rechts keinen Endpunkt.

b) Man verkleinert den Abstand zwischen den Zahlen.

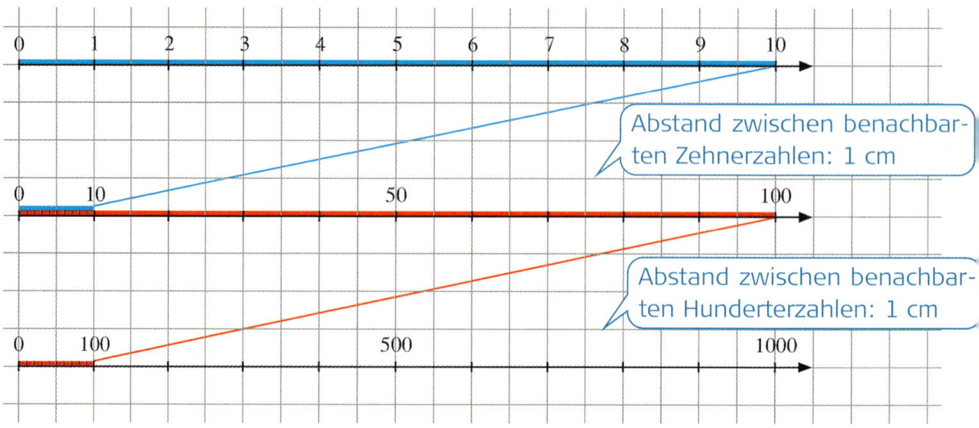

Zum Festigen und Weiterarbeiten

2. An dem folgenden Zahlenstrahl sind einige rote Striche. Wie heißen die zugehörigen Zahlen?

a) 

b) 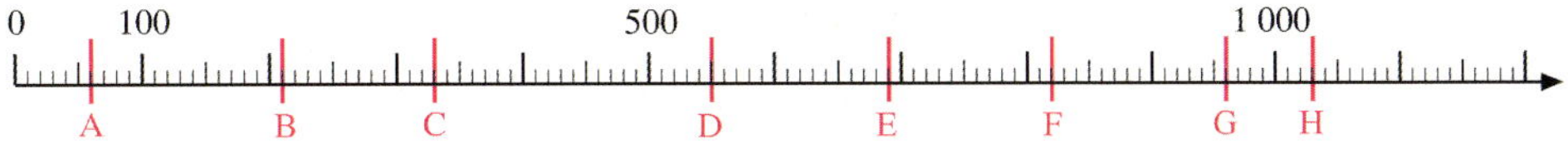

c) 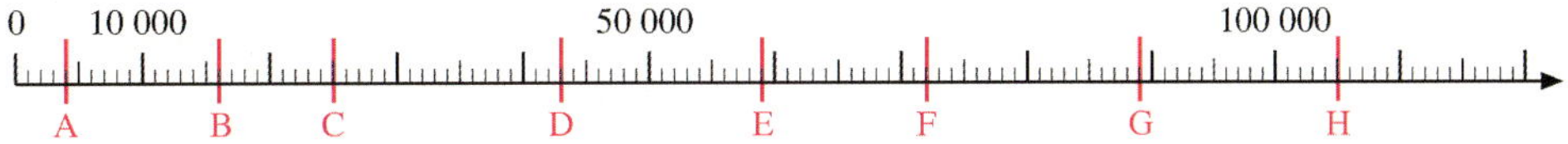

d) 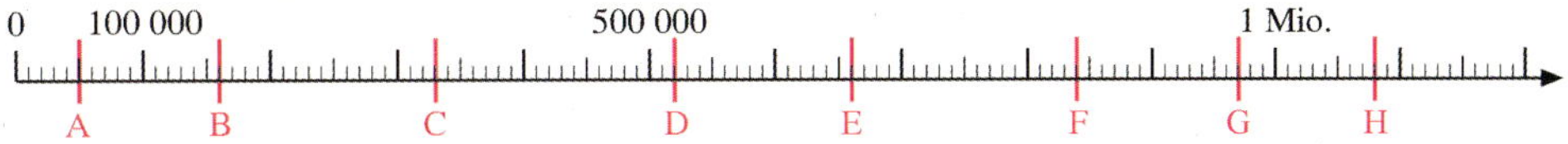

3. a) Sieh dir die Skala genau an. Welche Zahl liegt in der Mitte zwischen 400 und 760?

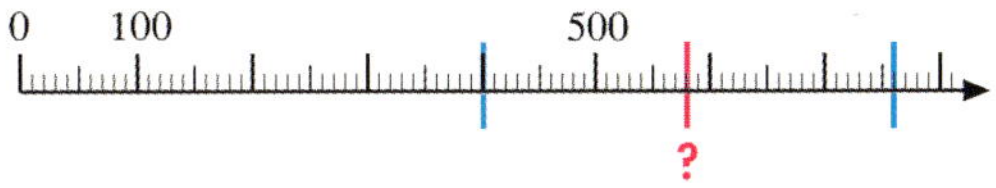

b) Welche Zahl liegt in der Mitte zwischen 280 und 600?

c) Welche Zahl liegt in der Mitte zwischen 100 000 und 500 000? Denke an den Zahlenstrahl. Aufgabe 2 d) hilft dir bei der Lösung.

Übungen

4. Auf dem Zahlenstrahl sind Zahlen durch rote Striche markiert. Schreibe die Zahlen auf.

a) 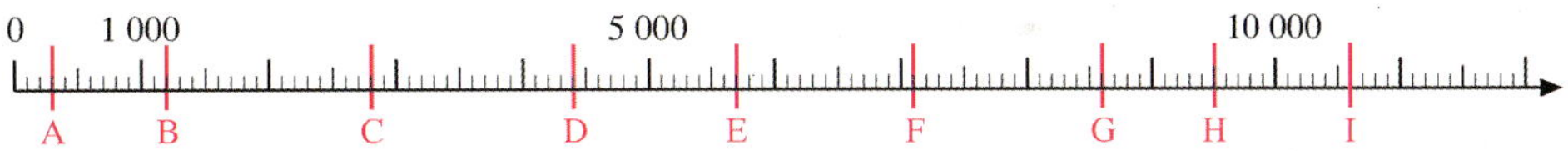

b) 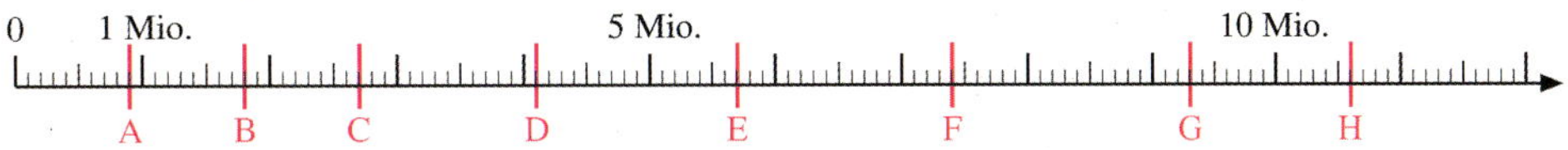

c) 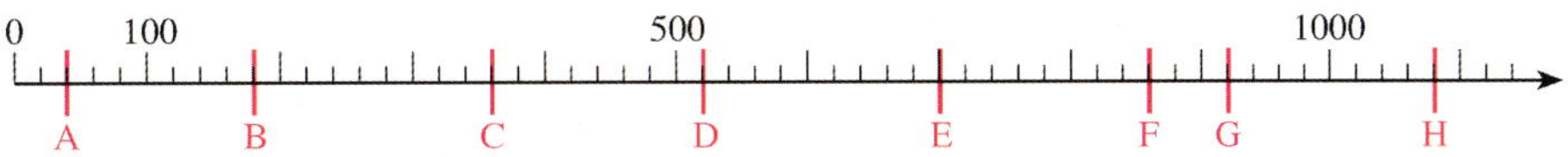

5. Sieh dir die folgenden Zahlen an. Zeichne einen Zahlenstrahl, auf dem du die Zahlen markierst.

a) 700; 1 300; 200; 1 800; 1 100 **b)** 18 000; 24 000; 11 000; 6 000; 20 000

6. Welche Zahl liegt genau in der Mitte zwischen den eingetragenen Zahlen?

a) 300 000 ? 700 000 **b)** 400 000 ? 900 000 **c)** 1 Mio. ? 4 Mio.

7. Zähle von der Zahl 98 500 weiter

a) in Hunderter-Schritten;

b) in Tausender-Schritten;

c) in Fünfhunderter-Schritten;

d) in Achthunderter-Schritten.

Vergleichen und Ordnen von natürlichen Zahlen

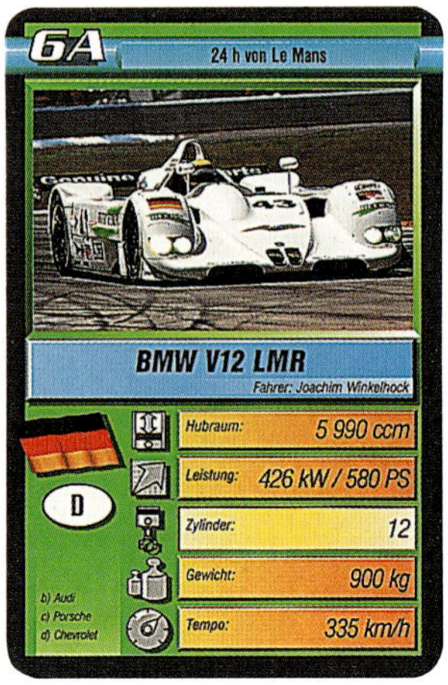

Einstieg

Vergleiche die Rennwagen oben aus einem Auto-Quartett. Ordne die Karten. Welche Möglichkeiten gibt es?

Aufgabe

1. Die Karte enthält die Einwohnerzahlen aller Länder der Bundesrepublik Deutschland im Jahr 2002.

a) Ordne die Länder.

b) (1) Welche Länder haben mehr als 10 Millionen Einwohner?

(2) Welche Länder haben weniger als 1 Million Einwohner?

(3) Welche Länder haben mehr als 3 Millionen aber weniger als 10 Millionen Einwohner?

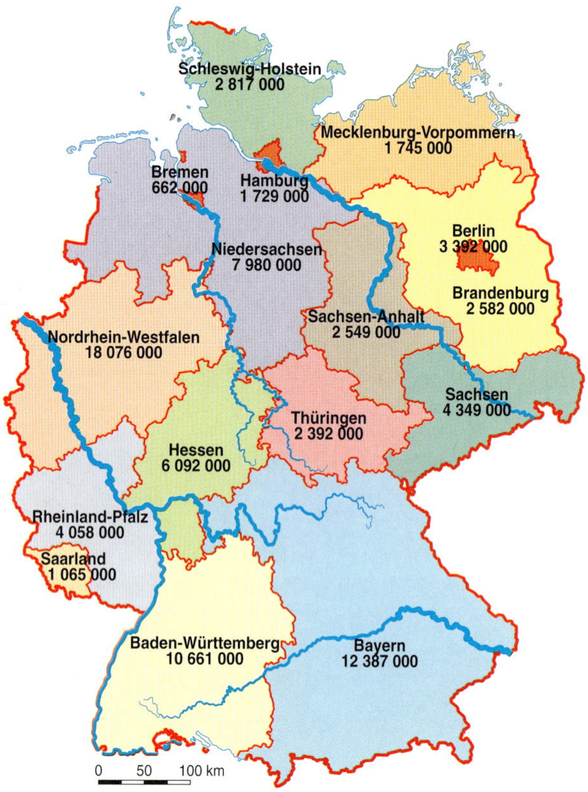

Lösung

a) Man kann die Länder z. B. nach dem Alphabet ordnen. Eine andere Möglichkeit ist, sie nach der Größe der Einwohnerzahl zu ordnen. Dabei können wir mit dem Land mit der größten Einwohnerzahl beginnen. Zur besseren Übersichtlichkeit erstellen wir eine Tabelle (siehe folgende Seite oben).

Bundesland	Einwohnerzahl	Bundesland	Einwohnerzahl
Nordrhein-Westfalen	18 076 000	Schleswig-Holstein	2 817 000
Bayern	12 387 000	Brandenburg	2 582 000
Baden-Württemberg	10 661 000	Sachsen-Anhalt	2 549 000
Niedersachsen	7 980 000	Thüringen	2 392 000
Hessen	6 092 000	Mecklenburg-Vorpommern	1 745 000
Sachsen	4 349 000	Hamburg	1 729 000
Rheinland-Pfalz	4 058 000	Saarland	1 065 000
Berlin	3 392 000	Bremen	662 000

b) Mithilfe der Tabelle kann man die Fragen besonders einfach beantworten.

(1) Mehr als 10 Millionen Einwohner haben Nordrhein-Westfalen, Bayern und Baden-Württemberg.

(2) Weniger als 1 Million Einwohner hat nur Bremen.

(3) Mehr als 3 Millionen aber weniger als 10 Millionen Einwohner haben Berlin, Rheinland-Pfalz, Sachsen, Hessen und Niedersachsen.

Information

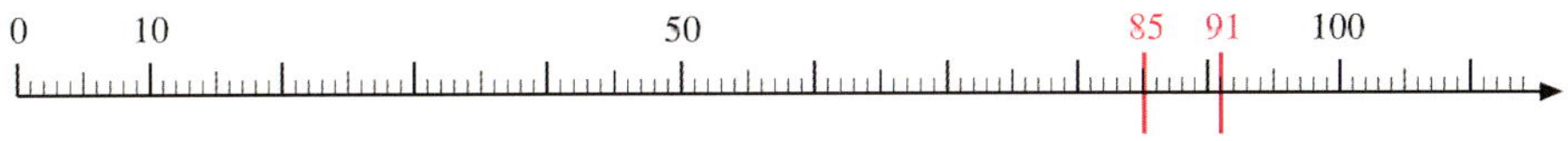

Man kann Zahlen nach ihrer Größe vergleichen. Es gibt zwei Möglichkeiten:

(1) *ist kleiner als*: **85 < 91**

Auf dem Zahlenstrahl liegt der Punkt für 85 *links* von dem Punkt für 91.

(2) *ist größer als*: **91 > 85**

Auf dem Zahlenstrahl liegt der Punkt für 91 *rechts* von dem Punkt für 85.

Zum Festigen und Weiterarbeiten

2. In der Klasse 5 b kommen einige Schüler mit dem Fahrrad zur Schule. Dabei legen sie folgende Weglängen (in Metern) zurück:

Daniel	655	Sebastian	1 274
Stefanie	1 540	Annika	385
Johann	4 200	Pascal	3 912

a) Wer hat den kürzesten Schulweg? Wer hat den längsten Schulweg?

b) Ordne die Schulwege nach der Länge. Beginne mit dem kürzesten.

3. Vergleiche. Setze für ▢ das passende Zeichen (< oder >) ein.

a) 2 568 ▢ 20 270; 3 580 ▢ 990

b) 3 255 ▢ 3 522; 74 878 ▢ 74 788

c) 2 365 677 ▢ 2 365 766; 3 938 752 ▢ 3 938 572

4. Ordne die Zahlen nach der Größe. Beginne mit der kleinsten.

137 < 574 < 1 250 < 1 500

a) 998; 49; 6 410; 560; 18 000

b) 345; 195 066; 4 580; 75 365; 45 990

c) 10 757; 1 750; 10 575; 1 575; 15 075

d) 67 575; 65 765; 66 575; 66 577; 65 576

5. Ordne die Zahlen nach der Größe.
Beginne mit der größten.

13 400 > 1 325 > 755 > 360

a) 412; 750; 13 500; 89; 1 590
b) 125; 1 436; 52; 62 000; 2 036; 520
c) 16 800; 2 850; 890 500; 1 987; 15 900
d) 248 400; 486 000; 384 600; 468 500; 348 700

6. Gib zu der Zahl die beiden benachbarten Hunderterzahlen, Tausenderzahlen, Zehntausenderzahlen an.

a) 75 844 **c)** 280 890 **e)** 129 955
b) 498 950 **d)** 27 759 **f)** 549 920

Benachbarte
Hunderter: 41 500 < 41 568 < 41 600
Tausender: 41 000 < 41 568 < 42 000
Zehntausender: 40 000 < 41 568 < 50 000

Übungen

7. Vergleiche. Setze für □ das passende Zeichen (< oder >).

a) 41 568 □ 1 658
27 899 □ 727 989
33 572 □ 3 293
69 456 □ 569 546

b) 17 568 □ 17 685
440 755 □ 440 666
45 457 □ 46 444
691 875 □ 689 995

c) 8 157 □ 9 650
14 750 □ 14 570
48 960 □ 180 550
95 000 □ 9 990

d) 2 191 233 □ 2 191 322
6 667 765 □ 6 666 775
9 453 340 □ 9 453 499
12 865 745 □ 12 856 745

8. Ordne die Zahlen nach der Größe. Beginne mit der kleinsten oder größten Zahl.

a) 8 450; 5 450; 195; 55 900; 890
b) 3 658; 3 750; 3 121; 6 570; 3 715
c) 46 640; 44 660; 6 460; 66 040; 406 400
d) 456 654; 456 564; 465 654; 466 554; 456 646

9. Anzahl der Fluggäste auf Flughäfen in der Bundesrepublik Deutschland (Stand 2002):

Berlin-Tegel	9 828 663	Düsseldorf	14 633 555	Leipzig/Halle	1 867 672
Berlin-Tempelhof	612 744	Frankfurt	48 165 058	München	22 958 825
Berlin-Schönefeld	1 615 171	Hamburg	8 836 352	Münster/Osnabrück	1 430 512
Bremen	1 662 552	Hannover	4 648 851	Nürnberg	3 141 242
Dresden	1 459 728	Köln/Bonn	5 316 847	Stuttgart	7 140 640

Ordne die Flughäfen nach der Anzahl der Fluggäste. Welches sind die 4 kleinsten?
Stelle selbst weitere Fragen und beantworte sie.

Zum Knobeln

10. a) Stefan möchte mit den drei Ziffernkärtchen alle möglichen dreistelligen Zahlen legen.
Notiere alle Zahlen, die Stefan legen kann.
Ordne die Zahlen nach ihrer Größe.

b) Mit den Ziffern 4, 5, 6, 7 kann man vierstellige Zahlen legen.
Wie heißen die sechs kleinsten Zahlen?
Wie heißen die sechs größten Zahlen?

RUNDEN VON ZAHLEN – DIAGRAMME

Einstieg

Kraftfahrzeugbestand (Pkw und Kombi) in einigen Ländern:

Deutschland	47 975 377	Großbritannien	31 202 111	Niederlande	7 706 000
Frankreich	34 597 000	Italien	36 994 581	Spanien	22 311 984
Australien	10 520 000	Japan	73 407 762	Südafrika	6 607 500

Links siehst du ein angefangenes Bilddiagramm.

- ➜ Vergleiche das Bilddiagramm mit den entsprechenden Zahlenangaben.
- ➜ Fertige auch für die übrigen Länder ein Bilddiagramm an.

Aufgabe

1. Einwohnerzahlen werden manchmal in **Bilddiagrammen** veranschaulicht; dabei werden die genauen Zahlen *gerundet*.

a) Vergleiche die Anzahl der Figuren für Stuttgart und Hannover mit den genauen Einwohnerzahlen (Stand 2002):
Stuttgart 589 217 Dresden 515 613
Warum hat Stuttgart eine Figur mehr als Dresden?

b) Wie viele Figuren braucht man für die folgenden Einwohnerzahlen?
Frankfurt/M. 651 655 Berlin 3 393 295
Köln 1 020 603 Hannover 522 113

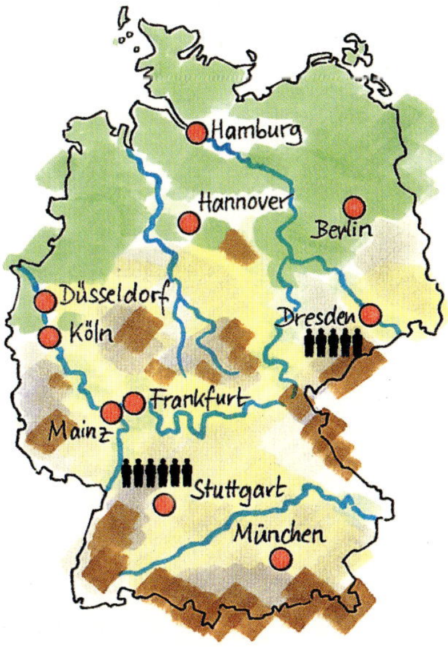

Lösung

a) Jede Figur bedeutet 100 000 Einwohner. Das Diagramm gibt die Einwohnerzahl nicht genau, sondern auf Hunderttausender gerundet an.

Für Stuttgart zeichnet man 6 Figuren:
- für jeden vollen Hunderttausender eine Figur
- für den Rest von 89 217 noch eine Figur, weil 89 217 mehr als die Hälfte von 100 000 ist.

Die Einwohnerzahl von Stuttgart wird also *aufgerundet:* 589 217 ≈ 600 000
Das Zeichen ≈ wird gelesen: *ist ungefähr gleich* bzw. *ist rund.*
Für Dresden zeichnet man nur 5 Figuren:
- für jeden vollen Hunderttausender eine Figur
- für den Rest von 15 613 zeichnet man keine Figur, weil 15 613 weniger als die Hälfte von 100 000 ist.

Die Einwohnerzahl von Dresden wird also *abgerundet:* 515 613 ≈ 500 000

b) Runde die Zahlen zuerst auf volle Hunderttausender:

Frankfurt/Main:	651 655 ≈ 700 000,	also	7 Figuren
Köln:	1 020 603 ≈ 1 000 000,	also	10 Figuren
Berlin:	3 393 295 ≈ 3 400 000,	also	34 Figuren
Hannover:	522 113 ≈ 500 000,	also	5 Figuren

Wiederholung

Bei 0, 1, 2, 3, 4, **ab**runden
bei 5, 6, 7, 8, 9 **auf**runden

Oft ist es nicht erforderlich, eine Zahl ganz genau anzugeben. Dann kann man die Zahl **runden.** Gehe dabei so vor:

(1) Markiere die Rundungsstelle mit einem Pfeil.
(2) Ist die Ziffer rechts von der Rundungsstelle *kleiner als 5,* so wird abgerundet.
Dabei bleibt der Zahlenwert der Rundungsstelle erhalten.
Alle Ziffern rechts davon werden 0.
(3) Ist die Ziffer rechts von der Rundungsstelle *5 oder größer als 5,* so wird aufgerundet.
Dabei wird der Zahlenwert der Rundungsstelle um 1 erhöht.
Alle Ziffern rechts davon werden 0.

Runden auf **Hunderter:**

1 7 37 ≈ 1 700 (Pfeil über der 7)

Rechts von der Rundungsstelle steht eine 3. Hier muss man abrunden.

Runden auf **Tausender:**

46 870 ≈ 47 000 (Pfeil über der 6)

Rechts von der Rundungsstelle steht eine 8. Hier muss man aufrunden.

Zum Festigen und Weiterarbeiten

2. a) Runde (1) auf Zehner, (2) auf Hunderter:
(a) 261 (b) 317 (c) 750 (d) 995 (e) 708 (f) 1 345 (g) 1 996 (h) 48

b) Runde (1) auf Tausender, (2) auf Zehntausender:
(a) 23 608 (b) 44 550 (c) 19 755 (d) 81 845 (e) 42 759 (f) 44 685

c) Runde (1) auf Millionen, (2) auf Hunderttausender:
(a) 12 588 570 (b) 7 498 995 (c) 2 574 710 (d) 5 677 500 (e) 9 003 506

3. a) Gib vier Zahlen an, die beim Runden auf Hunderter die Zahl 1 200 ergeben.

b) Wie heißt die größte Zahl, die beim Runden auf Hunderter die Zahl 1 200 ergibt?

c) Wie heißt die kleinste Zahl, die beim Runden auf Hunderter die Zahl 1 200 ergibt?

4. In welchem der folgenden Fälle darf man nicht runden? Begründe die Entscheidung.
(1) Herr Müller fuhr im März 2 697 km.
(2) Tilo hat die Telefonnummer 3 64 27.
(3) Mikes Sparbuch hat die Nummer 677 476.
(4) Tim zahlt für eine Fahrkarte 52 €.

5.

London, Großbritannien

Einwohnerzahlen einiger Städte in Europa:

Athen	772 072	London	2 874 000
Berlin	3 387 000	Madrid	2 939 000
Brüssel	964 000	Warschau	1 633 000
Moskau	8 638 000	Rom	2 656 000
Paris	2 116 000	Wien	1 563 000
Prag	1 179 000	Budapest	1 839 000

Damit das zugehörige Bilddiagramm nicht zu groß wird, soll eine Figur hier 1 Million Einwohner bedeuten.
Wie viele Figuren braucht man für die Einwohnerzahlen der angegebenen Städte?

Übungen

6. Runde (1) auf Millionen, (2) auf Hunderttausender.

a)	**b)**	**c)**	**d)**
6 142 718	2 295 000	15 495 000	103 260 000
3 433 100	5 453 640	45 500 750	897 400
4 080 999	7 498 000	19 600 800	1 098 950

7. Runde (1) auf volle Euro, (2) auf volle 10 Cent.

a)	b)	c)	d)	e)	f)
36,75 €	39,50 €	63,50 €	195,95 €	40,86 €	30,50 €
69,70 €	49,95 €	145,35 €	70,75 €	998,80 €	59,49 €

8. **a)** Runde (1) 1328 auf Zehner; (2) 29429 auf Hunderter; (3) 35482 auf Tausender; (4) 831624 auf Zehntausender.

b) Folgende Zahlen sind gerundet. Welche Zahlen können vor dem Runden gestanden haben? Nenne die kleinstmögliche und die größtmögliche Zahl.
(1) 3400 auf Hunderter (2) 29000 auf Tausender (3) 17000000 auf Millionen

9. Welche der folgenden Zahlen können durch richtiges Runden aus 741957 entstehen?
740000; 741960; 750000; 500000; 742000; 741900; 700000

10. **a)** Bei einem Tennisturnier waren 5913 Zuschauer anwesend. Der Reporter rundet auf Tausender. Welche Zuschauerzahl wird er angeben?

b) Bei einem Fußballspiel waren 54000 Zuschauer. Diese Zahl ist auf Tausender gerundet. Wie viele Zuschauer waren es mindestens, wie viele waren es höchstens?

11. Darf man hier runden? Begründe deine Entscheidung.
(1) Der Pkw von Frau König hat die Fahrgestell-Nummer 840665.
(2) Von Hannover bis Berlin sind es 292 km.
(3) Perleberg hat die Postleitzahl 19348.
(4) In der Bundesrepublik Deutschland gibt es 7133 Lokomotiven, 14041 Personenwagen und 313264 Güterwagen.

12. Einwohnerzahlen der Länder der Bundesrepublik Deutschland (Stand 1. 10. 2003)

Baden-Württemberg	10661000	Niedersachsen	7980000
Bayern	12387000	Nordrhein-Westfalen	18076000
Berlin	3392000	Rheinland-Pfalz	4058000
Brandenburg	2582000	Saarland	1065000
Bremen	662000	Sachsen	4349000
Hamburg	1729000	Sachsen-Anhalt	2549000
Hessen	6092000	Schleswig-Holstein	2817000
Mecklenburg-Vorpommern	1745000	Thüringen	2392000

Zeichne ein Bilddiagramm. Jede Figur 🯅 bedeutet 1 Million Einwohner.

13. *Handy-Boom in Deutschland*

Die Tabelle zeigt dir, wie die Anzahl der Handys von Jahr zu Jahr seit 1998 gestiegen ist.
Zeichne ein Bilddiagramm. Zeichne für je 10000000 ein Handy.

Jahr	Anzahl der Handys
1998	13910000
1999	23000000
2000	48000000
2001	56000000
2002	59000000
2003	64800000

LÄNGE – MASSE – ZEIT (WIEDERHOLUNG)

Messen einer Länge – Längeneinheiten

Einstieg

→ Schätzt
- die Länge, Breite und Dicke einer Tür, deines Mathematikbuches und -heftes
- die Länge, Breite und Höhe deines Schultisches
- die Dicke eines Euro-Geldstückes, die Länge einer Tintenpatrone
- die Länge und Breite des Klassenzimmers, des Schulhofes

→ Messt dann genau und vergleicht mit den Schätzwerten.

→ Beschreibt, wie ihr beim Messen vorgegangen seid.

Information

Beim Abmessen von Stoffbahnen benutzt man häufig einen Meterstab. Um z. B. eine Länge von 3 Metern abzumessen, legt man den Meterstab 3 mal hintereinander auf der abgerollten Stoffbahn an.
Die Länge einer Strecke bestimmt man, indem man zählt, wie oft ein vorgegebenes Maß auf der Strecke abgetragen werden kann. Vorgegebene Maße sind 1 Meter, 1 Dezimeter, 1 Zentimeter, 1 Millimeter und für sehr lange Strecken 1 Kilometer.

Wiederholung

Messen einer Länge

Eine Strecke ist 4 cm lang.
Das bedeutet: Man kann auf der Strecke 4 Zentimeterstrecken abtragen.

Mit dem Lineal wird das Abtragen und Abzählen der Einheitsstrecken schnell ausgeführt.

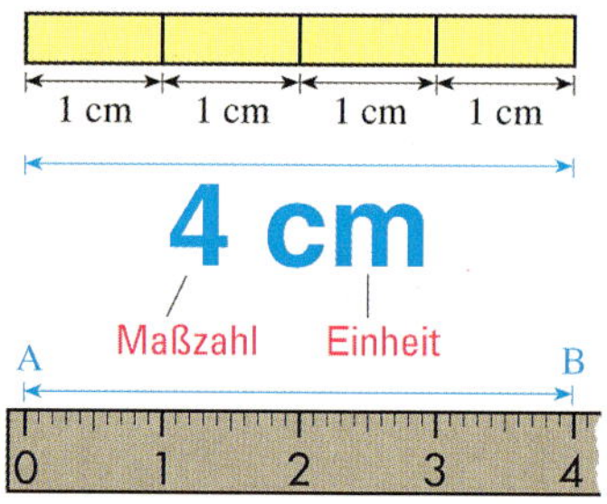

Übersicht über die Längeneinheiten

1 mm $\xrightarrow[:10]{\cdot 10}$ 1 cm $\xrightarrow[:10]{\cdot 10}$ 1 dm $\xrightarrow[:10]{\cdot 10}$ 1 m $\xrightarrow[:1000]{\cdot 1000}$ 1 km

10 mm = 1 cm   10 cm = 1 dm   10 dm = 1 m   1 000 m = 1 km

Beachte auch:
1 m = 100 cm;
1 m = 1 000 mm

Ein Dezimeter ist der 10. Teil eines Meters.

Übungen

1. Schätze die Längen folgender Insekten (ohne Fühler) im Bild. Miss dann genau. Gib die Längen auch in cm und mm an.

Ohrwurm

Honigbiene

Marienkäfer

Maikäfer

2. Zeichne eine Strecke folgender Länge:

a) 17 cm **b)** 28 mm **c)** 1 dm **d)** 4 cm 6 mm **e)** 1 dm 4 cm

3. *Gehe auf Entdeckungsreise:*

a) Suche im Klassenraum Strecken der Länge 1 m, 1 dm, 1 cm, 1 mm.

b) Gib in deinem Wohnort eine Entfernung von 1 km an.

4. In welcher Längeneinheit gibt man zweckmäßig an:

(1) die Höhe eines Baumes
(2) die Länge eines Nagels
(3) die Breite einer Tür
(4) die Dicke eines Drahtes
(5) die Tiefe eines Flusses
(6) die Entfernung des Mondes von der Erde
(7) die Höhe einer Treppenstufe
(8) die Entfernung von Karlsruhe nach Freiburg
(9) die Länge eines Bleistiftes
(10) die Breite einer Straße?

5. Die Längeneinheit Meter wurde im Jahr 1791 in Paris festgelegt. Dort wird ein Platinstab aufbewahrt, der 1 m lang ist (Urmeter). Erst im Jahr 1872 wurde die Einheit Meter in Deutschland gesetzlich eingeführt.

Urmeter

Vorher benutzte man Längeneinheiten, die in einzelnen Gegenden sehr unterschiedlich waren. Dazu gehörten:

1 Spanne (etwa 22 cm bis 28 cm)
1 Fuß (etwa 25 cm bis 39 cm)
1 Elle (etwa 55 cm bis 65 cm)
1 Schritt (etwa 70 cm bis 80 cm)
1 Zoll (Breite des menschlichen Daumens; etwa 2 cm und 5 mm)

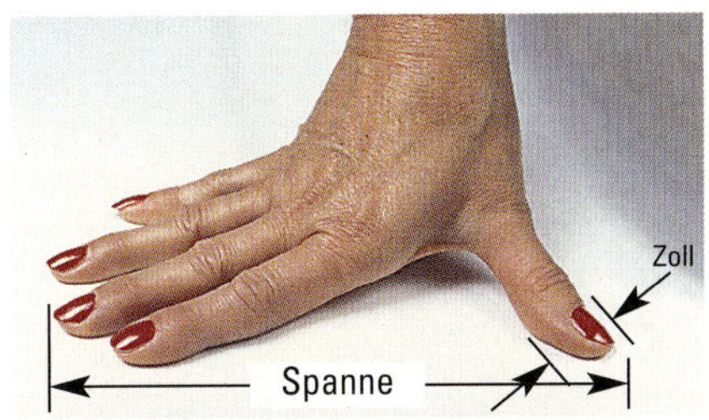

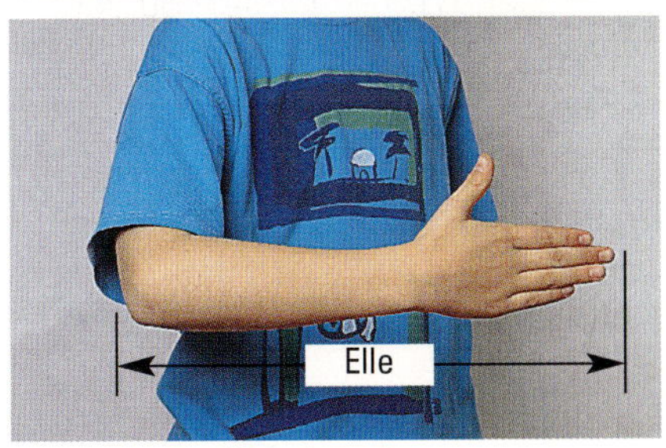

a) Miss deine Handspanne, Fußlänge, Unterarmlänge und Schrittlänge in Zentimeter. Vergleiche.

b) Beschreibe Situationen, in denen alte Längenmaße noch heute sinnvoll angewendet werden können.

▲ **6.** In der Luftfahrt wird die Längeneinheit Fuß verwandt. 1 m ist ungefähr gleich 3 Fuß.

a) Aus einer Wettermeldung für Sportflugzeuge: „Höhe der Wolkendecke 3 000 Fuß". Wie viel m ist die Wolkendecke hoch?

b) Ein Flugzeug fliegt in einer Höhe von 31 500 Fuß. Gib die Flughöhe in Metern an.

Zum Festigen und Weiterarbeiten

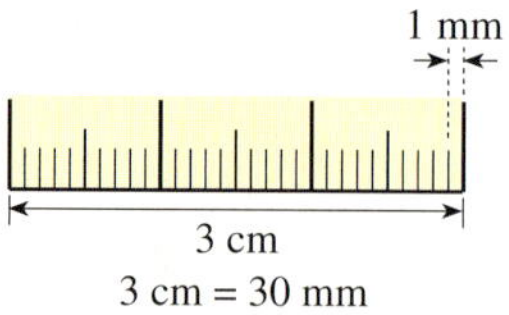

7. **a)** Wie viele Strecken der Länge 1 dm musst du hintereinander legen, um eine Strecke der Länge 8 m [5 m] zu erhalten?

b) Wie viele Strecken der Länge 1 cm musst du hintereinander legen, um eine Strecke der Länge 4 dm [7 dm] zu erhalten?

c) Wie viele Strecken der Länge 1 mm musst du hintereinander legen, um eine Strecke der Länge 3 cm [28 cm] zu erhalten?

8. Schreibe mit der in Klammern angegebenen Längeneinheit.

a)	**b)**	**c)**	**d)**
7 cm (mm)	4 m (cm)	310 cm (dm)	41 dm (mm)
3 m (dm)	9 km (m)	720 mm (cm)	24 m (mm)
8 dm (cm)	370 dm (m)	8 100 cm (m)	37 000 m (km)

9. Wandle in die kleinere Längeneinheit um.

a)	**b)**	**c)**	**d)**	**e)**
3 cm 4 mm	8 m 4 dm	5 dm 8 cm	2 km 140 m	5 km 40 m
15 m 3 dm	19 m 7 dm	47 dm 9 cm	4 km 293 m	8 km 9 m

10. Schreibe mit zwei Längeneinheiten.

a)	**b)**	**c)**	**d)**	**e)**
43 mm	12 dm	54 cm	4 719 m	5 008 m
218 mm	281 dm	319 cm	13 010 m	19 040 m

11. In der Bauanleitung für den Briefhalter rechts sind die Maße in mm angegeben. Wandle in cm um.

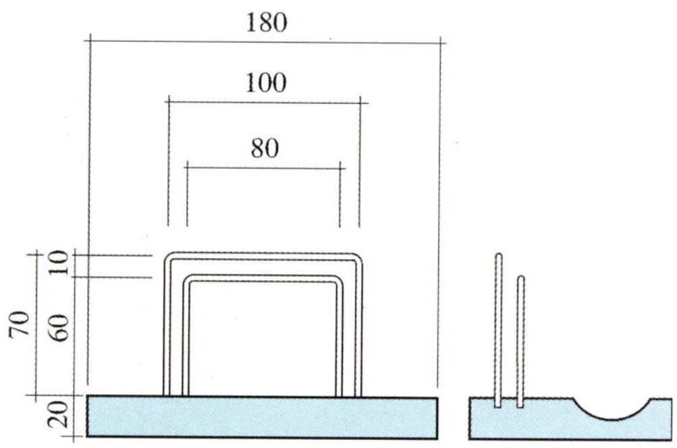

12. Wandle in die kleinere Längeneinheit um.

a)	**b)**
2 cm 3 mm	34 dm 2 cm
4 cm 5 mm	7 dm 5 cm
18 m 3 dm	59 m 8 dm
5 km 417 m	17 km 12 m

13. Schreibe mit zwei Längeneinheiten.

a)	**b)**	**c)**	**d)**	**e)**
93 mm	42 cm	57 mm	8 750 m	19 004 m
84 cm	193 dm	498 cm	3 842 m	10 010 m

Eiffelturm, Paris

14. Auch Längenangaben rundet man.

a) (1) Runde auf volle km: 3 448 m; 5 501 m; 8 194 m; 1 753 m; 6 499 m;
(2) Runde auf volle m: 651 cm; 929 cm; 1 249 cm; 963 cm; 2 350 cm;
(3) Runde auf volle cm [m]: 5 317 mm; 9 432 mm; 7 526 mm; 6 492 mm; 1 555 mm.

b) (1) Der Eiffelturm in Paris ist 320 m hoch, die Höhe ist auf volle m gerundet. Wie hoch kann der Eiffelturm tatsächlich sein?
(2) Die Höhe eines Zimmers wird mit 248 cm angegeben; sie ist auf volle cm gerundet. Wie hoch kann das Zimmer tatsächlich sein?

Spiel (3 oder mehr Spieler)

15. Ein Mitspieler markiert 2 Punkte auf einem Zeichenblatt. Alle Mitspieler schätzen den Abstand der beiden Punkte in mm und notieren ihren Schätzwert. Jetzt wird nachgemessen. Die Abweichungen der Schätzwerte vom Messwert (in mm) werden als Minuspunkte für jeden notiert. Der nächste Spieler markiert 2 neue Punkte usw.
Wer nach einer Runde die wenigsten Minuspunkte hat, ist Gewinner.

Messen einer Masse – Masseeinheiten

Einstieg

→ Schätzt die Masse folgender Gegenstände und bestimmt sie dann genau mit einer Waage: Füllfederhalter, Deutschbuch, Mäppchen, Rechenheft, …

→ Legt eine Tabelle an. Addiert die Unterschiedsbeträge in der letzten Spalte. Wer hat die geringsten Abweichungen?

	Geschätzt	Gewogen	Unterschied
Füllfederhalter			
Deutschbuch			
Mäppchen			
Rechenheft			

Wiederholung

Im Alltag sagt man auch Gewicht statt Masse.

(1) Messen einer Masse

Ein Gegenstand hat die Masse 5 g.
Das bedeutet: Er hat dieselbe Masse wie 5 Grammstücke zusammen.
Beim Messen mit einer Tafelwaage oder Balkenwaage legt man so viele Wägestücke auf, bis die Waage im Gleichgewicht ist.

(2) Übersicht über die Masseeinheiten

$$1\text{ mg} \underset{:1000}{\overset{\cdot 1000}{\rightleftarrows}} 1\text{ g} \underset{:1000}{\overset{\cdot 1000}{\rightleftarrows}} 1\text{ kg} \underset{:1000}{\overset{\cdot 1000}{\rightleftarrows}} 1\text{ t}$$

1 000 mg = 1 g
1 000 g = 1 kg
1 000 kg = 1 t

Bei Massen: Umwandlungszahl 1 000

Die Masse von 1 *l* Wasser beträgt 1 kg. Die Masse von 1 *l* Benzin beträgt 690 g.

Ein Milligramm ist der 1000. Teil eines Gramms.

Ältere Masseeinheiten, die aber im täglichen Leben immer noch verwendet werden, sind Zentner und Pfund. Es gilt: 1 Pfund = 500 g; 1 Zentner = 50 kg; 1 Doppelzentner = 100 kg.

So kannst du dir Massen zu den Einheiten vorstellen:

1 Tonne

Pkw

1 Kilogramm

Paket Zucker

1 Gramm

Tintenpatrone

1 Milligramm

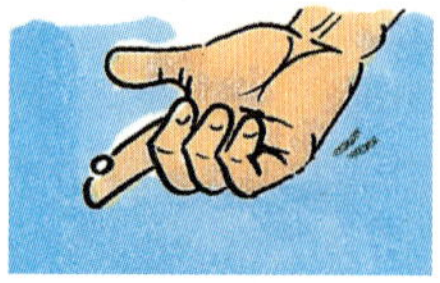

Zuckerkorn

Wägesatz:

Übungen

1. a) Kathrins Walkman wiegt nach der Angabe des Herstellers 247 g. Sie möchte die Angabe mit einer Tafelwaage (Balkenwaage) und dem abgebildeten Wägesatz überprüfen. Welche Wägestücke muss sie auflegen?

b) Jan bestimmt die Masse folgender Gegenstände mithilfe einer Tafelwaage und des abgebildeten Wägesatzes. Vervollständige die Tabelle.

Gegenstand	Masse	Benötigte Wägestücke
Fernbedienung	132 g	
Badmintonschläger		1 · 50 g + 2 · 20 g + 1 · 1 g
Taschenlampe	765 g	
Blumentopf	1 449 g	
Globus		1 · 1 kg + 1 · 500 g + 2 · 200 g + 1 · 2 g

2. In welcher Einheit gibt man zweckmäßig die Masse an?

3. Was bedeutet das Verkehrsschild links?

4. Gib zu jedem Gegenstand die passende Masse an.

5. *Gehe auf Entdeckungsreise:*

a) Nenne Gegenstände (zum Beispiel aus dem Vorratsschrank oder einem Supermarkt), die folgende Masse haben: (1) 100 g; (2) 250 g; (3) 500 g; (4) 1 kg

b) Manchmal ist es sinnvoll sehr kleine Massen zu bestimmen. Als Einheit wählt man dann Milligramm (mg). 1 mg ist der tausendste Teil eines Gramms.
Erkundige dich, wo man eine solche kleine Masseeinheit benötigt.

6. Gib in der in Klammern angegebenen Masseeinheit an.

a) 82 kg (g)
4 t (kg)

b) 28 g (mg)
3 kg (mg)

c) 3 000 g (kg)
4 000 mg (g)

1 kg = 1 000 g

35 kg = ? g
35 kg = 35 000 g

7. Schreibe in zwei Masseeinheiten.

a) 2 594 g
8 543 kg

b) 7 649 mg
3 004 mg

c) 18 036 kg
42 008 g

d) 49 434 mg
2 005 g

3 750 g = 3 kg 750 g

8. Schreibe in der kleineren Masseeinheit.

a) 8 t 490 kg
4 g 320 mg

b) 3 kg 70 g
4 g 32 mg

c) 2 kg 60 g
5 t 70 kg

8 kg 250 g = 8 250 g

9. Gib in der in Klammern angegebenen Masseeinheit an.

a) 66 kg (mg)
24 kg (mg)

b) 17 t (g)
8 kg (mg)

c) 184 kg (mg)
84 kg (mg)

d) 2 t 250 kg (g)
7 t 25 kg (g)

10. Ein Nashorn wiegt ungefähr 2 t, ein Elefant ungefähr 3 t, ein Blauwal 130 t.
Wandle in kg um.

1+1=3

11. Kontrolliere Janniks Hausaufgaben. Korrigiere gegebenenfalls die rechte Seite.

a) 3 kg 2 g = 3 2 g
b) 5 t 1 0 0 kg = 5,1 t
c) 8 g 2 7 mg = 8 2 7 0 mg
d) 9 kg 3 8 4 g = 9 3 8 4 kg
e) 3 t 8 g = 3,0 0 8 g
f) $\frac{1}{2}$ kg = 5 g

12. Auch Massenangaben rundet man.

a) (1) Runde auf volle t: 7 619 kg; 12 499 kg; 3 299 kg; 824 kg; 9 831 kg
(2) Runde auf volle kg: 2 314 g; 624 g; 115 618 g; 3 701 g; 5 500 g
(3) Runde auf volle g: 4 605 mg; 10 725 mg; 8 462 mg; 1 095 mg; 9 633 mg

b) (1) Die Ladung eines Lkw wird mit 3 t angegeben. Die Masse ist auf volle t gerundet. Wie schwer kann die Ladung tatsächlich sein?
(2) Die Masse eines Sacks Kartoffeln wird mit 25 kg angegeben; es ist auf volle kg gerundet. Wie schwer kann der Sack tatsächlich sein?

Zum Knobeln

13. a) Welches ist die größte Masse, die mit einem Wägesatz (s. Seite 26) gemessen werden kann?

b) Kannst du alle Wägestücke so auf einer Balkenwaage verteilen, dass diese im Gleichgewicht ist?

c) Stelle dir vor, ein 20-g-Stück ist verloren gegangen.
Welche Massen können nicht mehr gemessen werden?

Zeitpunkt, Zeitdauer – Zeitmessung

Einstieg

MEZ: Mitteleuropäische Zeit
MESZ: Mitteleuropäische Sommerzeit

In der Tabelle findest du die Zeitangaben für Sonnenaufgang (SA) und Sonnenuntergang (SU) in Berlin im Jahr 2004. Entnimm der Tabelle Informationen. Vergleiche.

	21. März	21. Juni	23. September	22. Dezember
SA	06.08 Uhr MEZ	04.52 Uhr MESZ	6.56 Uhr MESZ	08.11 Uhr MEZ
SU	18.24 Uhr MEZ	21.28 Uhr MESZ	19.04 Uhr MESZ	16.03 Uhr MEZ

Wiederholung

(1) Zeitpunkt und Zeitdauer
An einer Uhr kann man **Zeitpunkte** (Uhrzeiten) ablesen. Zwischen zwei Zeitpunkten liegt eine **Zeitdauer.**

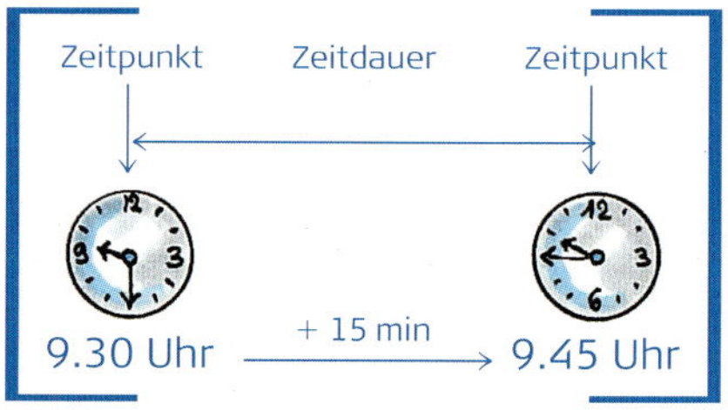

(2) Bestimmen der Zeitdauer
Zum Messen der Zeitdauer eines Vorgangs, z. B. eines Schulweges, einer Zugfahrt, liest man an einer Uhr den Zeitpunkt am Beginn und den Zeitpunkt am Ende des Vorgangs ab und berechnet den Unterschied.
Mit einer Stoppuhr kann man eine Zeitdauer direkt messen.

(3) Einheiten für die Zeitdauer und ihr Zusammenhang
Man muss einen **Zeitpunkt** (Uhrzeit, Datum) von einer **Zeitdauer** unterscheiden. Zwischen zwei Zeitpunkten liegt eine Zeitdauer.

7.58 Uhr $\xrightarrow{+\,15\text{ min}}$ 8.13 Uhr

Eine Zeitdauer wird in den Zeiteinheiten Sekunde (s), Minute (min), Stunde (h) und Tag (d) gemessen.

7 h
Maßzahl ↗ ↖ Einheit

1 s $\underset{:\,60}{\overset{\cdot\,60}{\rightleftarrows}}$ 1 min $\underset{:\,60}{\overset{\cdot\,60}{\rightleftarrows}}$ 1 h $\underset{:\,24}{\overset{\cdot\,24}{\rightleftarrows}}$ 1 d

d für **day** (engl.) Tag bzw. **dies** ⟨lat.⟩ Tag
h für **hour** (engl.) Stunde bzw. **hora** ⟨lat.⟩ Stunde

Übungen

1. a) Der Spielfilm „Ein Turbo räumt den Highway auf" beginnt um 20.15 Uhr und endet um 21.38 Uhr. Wie viel min dauert der Spielfilm?

b) Bestimme die Zeitdauer:

	a)	b)	c)	d)	e)	f)	g)
Anfang	7.25 Uhr	8.45 Uhr	9.23 Uhr	12.50 Uhr	15.20 Uhr	18.12 Uhr	19.46 Uhr
Ende	9.47 Uhr	9.53 Uhr	10.05 Uhr	14.24 Uhr	17.14 Uhr	20.05 Uhr	22.15 Uhr

2. Schreibe in der Zeiteinheit, die in der Klammer steht.

7 min (s)
7 min = 420 s

a) 5 min (s)
18 min (s)

b) 480 s (min)
720 s (min)

c) 3 h (min)
14 h (min)

d) 360 min (h)
480 min (h)

e) 24 d (h)
17 d (h)

f) 7 min (s)
180 s (min)

g) 900 s (min)
5 d (h)

3. Wandle in die kleinere Einheit um.

a) 8 min 12 s
14 min 8 s
9 h 12 min

b) 1 d 9 h
4 d 18 h
5 d 23 h

c) 9 min 54 s
21 h 53 min
7 d 7 h

8 min 42 s = 480 s + 42 s
= 522 s

4. Schreibe mit zwei Einheiten (in der Klammer angegeben).

a) 85 s (min; s)
90 s (min; s)
43 h (d; h)

b) 73 min (h; min)
89 min (h; min)
52 h (d; h)

c) 144 s (min; s)
34 h (d; h)
137 min (h; min)

d) 246 h (d; h)
3 120 s (min; s)
4 213 min (h; min)

83 s (min; s)
83 s = 1 min 23 s

5. Wie alt sind die berühmten Menschen geworden?

Johann Wolfgang von Goethe
* 28. 8. 1749 Frankfurt a.M.
† 22. 3. 1832 Weimar

Rembrandt
* 15. 7. 1606 Leiden
† 4. 10. 1669 Amsterdam

Ludwig van Beethoven
* 17. 12. 1770 Bonn
† 26. 3. 1827 Wien

Carl Friedrich Gauß
* 30. 4. 1777 Braunschweig
† 23. 2. 1855 Göttingen

Albert Einstein
* 14. 3. 1879 Ulm
† 18. 4. 1955 Princeton (USA)

6. **a)** Für einen 800-m-Lauf braucht ein Läufer 1 min 45 s. Wie viel Sekunden sind das?

b) Für einen 1 500-m-Lauf benötigt eine Läuferin 4 min 39 s.
Wie viel Sekunden sind das?

c) Für einen Marathonlauf (42,195 km) benötigt ein Läufer 2 h 37 min.
Wie viel min sind das?

7. **a)** 1 Woche hat 7 Tage. Wie viel Stunden sind das? Wie viel Minuten sind das?

b) 1 Jahr hat 365 Tage. Wie viel Stunden sind das? Wie viel Minuten sind das?

8. Am 12. April 1961 startete um 9.07 Uhr (Moskauer Zeit) der Kosmonaut Juri Gagarin zum ersten bemannten Raumflug und landete wohlbehalten 108 Minuten später. Gib den Zeitpunkt der Landung an.

9. Am 7. April 1909 erreichte der Polarforscher Edwin Peary als erster Mensch den Nordpol. Er war 28 Tage zuvor vom Ausgangslager Kap Columbia aufgebrochen. Gib das Datum des Aufbruchs an.

10. So kannst du dein „Zeitgefühl" testen:
Klatsche einmal mit den Händen. Warte!
Wenn du meinst, dass 1 min vergangen ist, klatsche noch einmal.
Dein Nachbar misst die Zeitdauer zwischen dem ersten und dem zweiten Klatschen.
Um wie viel Sekunden hast du dich verschätzt?
Wer hat das beste Zeitgefühl?

11. An der Nordsee ändert sich der Wasserstand in regelmäßigen Abständen. Die Zeitpunkte für Hochwasser (Flut) und Niedrigwasser (Ebbe) werden in einem Tidenkalender aufgeschrieben.

Datum	Hochwasser	Niedrigwasser
21. 7.	4.35 / 16.39	10.30 / 23.00
22. 7.	5.08 / 17.15	11.02 / 23.28
23. 7.	5.41 / 17.54	11.36 / 00.03

a) Wie lange dauern am 21. 7. Ebbe und Flut?

b) Berechne die Zeitdauer von Hochwasser zu Hochwasser und von Niedrigwasser zu Niedrigwasser.

c) Ebbe und Flut verschieben sich von Tag zu Tag. Um wie viel Minuten haben sich die Zeiten von einem Tag zum anderen verschoben?

12.

Du siehst einen Ausschnitt aus dem Fahrplan der Deutschen Bahn AG für die Strecke von Dresden nach Leipzig:

Zug Verkehrstage	RE 17446 täglich	ICE 1652 Mo–Sa	RE 17448 Mo–Sa	ICE 1752 täglich	RE 17450 täglich
Dresden Hbf	7:19	8:11	8:21	9:11	9:21
Dresden Mitte	7:24		8:25		9:25
Dresden-Neustadt	7:29	8:19	8:29	9:19	9:29
Radebeul-Ost	7:35		8:35		9:35
Coswig (Dresden)	7:42		8:42		9:42
Weinböhla Hp	7:46		8:46		9:46
Niederau	7:48		8:48		9:48
Priestewitz	7:56		8:56		9:56
Nünchritz	8:03		9:03		10:03
Glaubitz (Riesa)	8:06		9:06		10:06
Riesa	8:12		9:12	9:49	10:12
Oschatz	8:22		9:22		10:22
Dahlen (Sachsen)	8:28		9:28		10:28
Kühren	8:36		9:36		10:36
Wurzen	8:42		9:42		10:42
Leipzig Hbf	9:00	9:15	10:00	10:17	11:00

Frau Bitterlich möchte am Sonntagmorgen von Dresden zur Buchmesse nach Leipzig fahren.

a) Welche Züge kann sie dafür benutzen?

b) Sie entscheidet sich für den ICE. Wie viel Zeit benötigt ihr ICE von Dresden Hbf bis nach Leipzig?

c) Um wie viel Minuten hätte sich die Reisedauer für Frau Bitterlich verlängert, wenn sie den RE genommen hätte?

d) Informiere dich im Kursbuch der Deutschen Bahn oder im Internet, welche Züge zwischen 9.30 Uhr und 11 Uhr ebenfalls von Dresden nach Leipzig fahren.

VERMISCHTE UND KOMPLEXE ÜBUNGEN

10 ℓ

1. Monatlicher Getränkeverbrauch einer vierköpfigen Familie.

Kaffee	53 Liter	Milch	26 Liter	Erfrischungsgetränke	33 Liter
Fruchtsäfte	14 Liter	Tee	9 Liter	Mineralwasser	42 Liter

Zeichne ein Bilddiagamm. Wähle für je 10 Liter eine Figur (Bild links). Runde die Angaben zuvor auf volle 10 Liter.

2. Lea möchte ihre Brieffreundin in Berlin besuchen. Sie erhält folgende Auskunft:

Heilbronn Hbf	**ab:**	07:50	08:05	08:26	09:05	09:48	10:26	11:05
Berlin Zoo	**an:**	13:17	14:18	15:01	15:17	15:11	17:01	17:17
Preis 2. Klasse in €		100,00	103,00	111,00	103,00	100,00	111,00	103,00

a) Da sie erst um 19 Uhr in Berlin sein möchte, sind alle Züge geeignet. Wähle den Zug aus, den du nehmen würdest. Begründe deine Wahl.

b) Welche anderen Gründe könnten noch eine Rolle spielen? Welcher Zug wäre dann jeweils der beste?

Mont Blanc

3. *Höhen einiger Berge:*

Zugspitze (Alpen)	2 962 m	Kahler Asten (Sauerland)	841 m
Feldberg (Schwarzwald)	1 493 m	Velmerstot (Teutoburger Wald)	468 m
Mont Blanc (Alpen)	4 807 m	Köterberg (Lippe)	497 m
Mount Everest (Himalaja)	8 850 m	Brocken (Harz)	1 142 m

a) Um dir die Höhen der Berge besser vorstellen zu können, gib sie in km und m an.

b) Ordne die Berge nach der Höhe.

4. a) Eine Raumkapsel ist 1 000 h im Weltall. Wie viel Wochen, Tage, Stunden sind das?

b) Wie viel Jahre ist man alt, wenn man 100 000 h gelebt hat?

5. Vergleicht man drei oder mehr natürliche Zahlen miteinander, dann kann man sie in Form einer *Ordnungskette* aufschreiben (siehe Beispiel rechts).

> $13 < 25 < 31$
> (*lies:* 13 kleiner 25 kleiner 31)
> Hieran kannst du ablesen:
> $13 < 25$, $25 < 31$ und $13 < 31$.

a) Schreibe in Form einer Ordnungskette.
(1) 27; 38; 15; 86 (2) 528; 32, 31, 198 (3) 599; 426; 472 (4) 783; 79; 7 625

b) Markus schreibt auf: $29 < 38 > 25$. Warum ist eine solche Schreibweise ungünstig?

c) Gib Zahlen für □ an, für die gilt:

(1) $7 < □ < 19$	(3) $79 < □ < 80$	(5) $12 < □ < 14$	(7) $54 > □ > 41$
(2) $125 < □ < 129$	(4) $10 > □ > 6$	(6) $117 > □ > 99$	(8) $87 < □ < 109$

BIST DU FIT?

1. Schreibe nur mit Ziffern.

a) 4 HT + 8 T + 9 Z + 2 E
b) 4 Mio. + 6 HT + 2 ZT + 3 T
c) 5 Mio. + 5 ZT + 4 T
d) 8 Mio. + 5 HT + 2 ZT + 7 T
e) 4 Mrd. + 200 Mio. + 750 T
f) 3 Mrd. + 35 Mio. + 12 T

2. Schreibe nur mit Ziffern.

a) 50 Millionen
b) 120 Millionen
c) 600 Milliarden
d) 32 Milliarden
e) 4 Billionen 180 Milliarden
f) 32 Milliarden 40 Millionen

3. Ordne die Zahlen der Größe nach. Beginne mit der größten.
761; 7 061; 1 067; 6 017; 176; 6 071; 1 076; 167

4. Schreibe den Vorgänger und den Nachfolger der Zahl auf.

a) 790 **b)** 4 000 **c)** 14 889 **d)** 92 999 **e)** 300 000 **f)** 60 000 000

5. Schreibe alle natürlichen Zahlen zwischen den folgenden beiden Zahlen auf.

a) 997 und 1 006 **b)** 8 998 und 9 003 **c)** 99 995 und 100 004

6. Welche Zahlen gehören zu den roten Strichen? Schreibe die Zahlen auf.

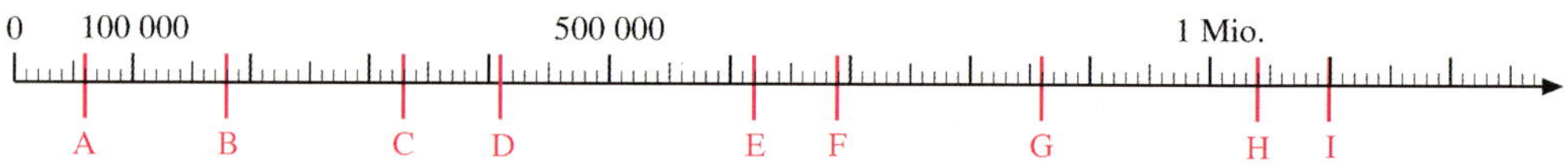

7. Welche Zahl liegt genau in der Mitte zwischen

a) 300 und 700 **b)** 1 000 und 2 400 **c)** 200 000 und 500 000

8. Vergleiche. Setze für ■ das passende Zeichen (< oder >)

a) 3 946 ■ 9 396
4 512 ■ 4 312

b) 70 684 ■ 70 864
51 486 ■ 51 468

c) 4 325 500 ■ 4 352 100
7 678 343 ■ 7 678 349

9. Runde 6 475, 13 704, 9 550, 1 499 **a)** auf Hunderter; **b)** auf Tausender.

10. Schülerzahlen in den Ländern der Bundesrepublik Deutschland (Stand 2002):

Baden-Württemberg	1 308 504	Hamburg	178 197	Rheinland-Pfalz	489 642
Bayern	1 456 590	Hessen	703 308	Saarland	120 601
Berlin	380 306	Mecklenburg-Vorpommern	214 430	Sachsen	453 648
Brandenburg	310 773	Niedersachsen	983 907	Sachsen-Anhalt	291 226
Bremen	74 247	Nordrhein-Westfalen	2 311 447	Schleswig-Holstein	335 211
				Thüringen	258 408

a) In welchen Ländern sind mehr als 500 000 Schüler?
b) Ordne die Länder nach der Anzahl ihrer Schüler.
c) Stelle selbst weitere Fragen und beantworte sie.

11. Im Zoo wird heute der 1 000 000. Besucher erwartet. Der Zoodirektor möchte ihm ein Geschenk überreichen. Das Zählwerk am Zooeingang zeigt gerade die Zahl 999 976, als die Klasse 5 b sich an der Kasse anstellt. In der Klasse sind 28 Schüler. Eric als Klassensprecher soll das Geschenk in Empfang nehmen.
Wie viele Mitschüler müssen vor ihm durch den Eingang gehen, damit er der 1 000 000. Besucher wird?

12. Gib die Größenangaben in der kleineren Einheit an.

a) 4 m 7 dm; 15 m 2 cm; 8 km 250 m
b) 4 t 600 kg; 8 kg 25 g; 6 kg 50 g
c) 14 m 5 cm; 2 km 15 m; 4 m 80 cm
d) 10 min 36 s; 22 h 18 min; 3 d 2 h
e) $4\frac{1}{2}$ min; $3\frac{1}{2}$ h

13. Schreibe mit zwei Einheiten.

a) 48 dm; 4 019 m
b) 704 mm; 641 cm
c) 2714 g; 3072 kg
d) 196 min; 570 s
e) 47 h; 3 181 min

14. Ein Lkw kann höchstens 6 t zuladen.

a) Wie viele 1-kg-Tüten Zucker darf er höchstens transportieren?
b) Wie viele 100-g-Tafeln Schokolade dürfen geladen werden?

15. Rechts siehst du den Zeitplan für den Unterricht der Schule.

a) Wie lange dauern die einzelnen Pausen?
b) Überprüfe, ob alle Unterrichtsstunden 45 Minuten dauern.

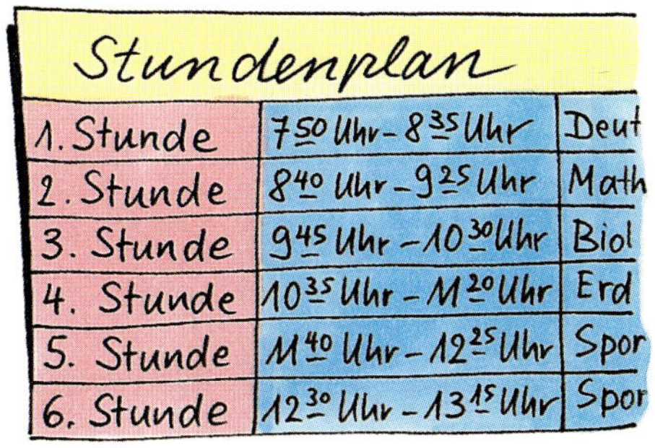
Stundenplan

1. Stunde	7^{50} Uhr – 8^{35} Uhr	Deut
2. Stunde	8^{40} Uhr – 9^{25} Uhr	Math
3. Stunde	9^{45} Uhr – 10^{30} Uhr	Biol
4. Stunde	10^{35} Uhr – 11^{20} Uhr	Erd
5. Stunde	11^{40} Uhr – 12^{25} Uhr	Spor
6. Stunde	12^{30} Uhr – 13^{15} Uhr	Spor

16. Ein Flugzeug startet in Stuttgart um 9.55 Uhr und landet in Berlin um 11.12 Uhr. Wie lange dauert der Flug?

17. Eine Tischtennisplatte hat folgende Maße:
Länge 2 743 mm; Breite 1 525 mm; Höhe über dem Erdboden 762 mm.
Gib diese Angaben in zwei Einheiten an: (1) in m und mm, (2) in m, cm und mm.

18. In einer Stadt mit 100 000 Einwohnern kommen jährlich etwa 5 600 t Verpackungsmaterialien auf den Hausmüll.
Zeichne ein Bilddiagramm.
Wähle eine Figur  für je 200 t Verpackungsmaterial.

19. Welche Zahlen sind rot markiert?

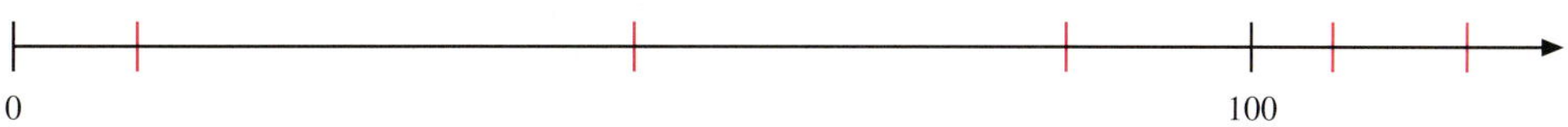

IM BLICKPUNKT: WIE MAN GROSSE ZAHLEN VERANSCHAULICHEN KANN

Kleine natürliche Zahlen wie 1, 2, 3, 4 können wir uns leicht gegenständlich vorstellen. Bei großen Zahlen wie z. B. 1 Million oder 1 Milliarde ist dies schwierig. Wir wollen im Folgenden versuchen, eine solche große Zahl mithilfe von Größen wie z. B. Längen zu veranschaulichen.

Veranschaulichen großer Zahlen durch Längen

Lottospieler träumen davon, einmal einen großen Geldbetrag, z.B. 1 000 000 €, zu gewinnen.

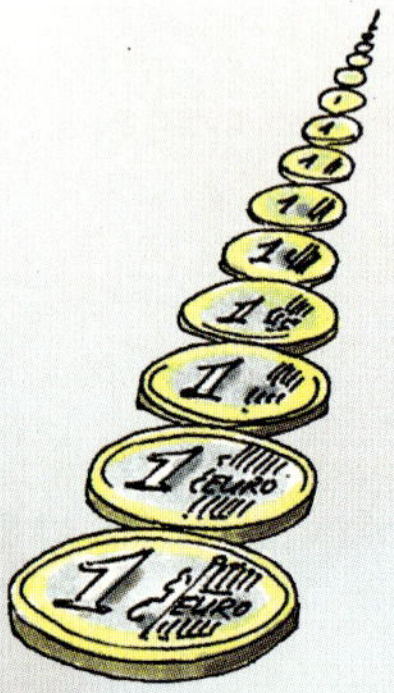

1. a) Stelle dir vor, der Lottogewinn in Höhe von 1 Million € würde in 1-Euro-Münzen ausgezahlt und die Münzen würden zu einer Kette hintereinander gelegt. Eine Kette von 100 Münzen ist 2 325 mm lang.
Wie lang ist die gesamte Kette?

b) Stelle dir vor, der Lottogewinn würde in 1-Cent-Münzen ausgezahlt und ebenfalls zu einer Kette hintereinander gelegt. Eine Kette von 100 Münzen ist 1 625 mm lang.
Wie lang ist nun diese Kette?

2. a) Stelle dir vor, die 1-Euro-Münzen des Lottogewinns würden zu einem Turm gestapelt. Ein Stapel von 10 Münzen ist etwa 21 mm hoch.
Wie hoch wäre der gesamte Turm?

b) Stelle dir vor, die 1-Cent-Münzen des Lottogewinns würden zu einem Turm gestapelt. Ein Stapel von 10 Münzen ist etwa 13 mm hoch.
Wie hoch wäre der gesamte Turm?

c) Vergleiche das Ergebnis mit folgenden Höhen:

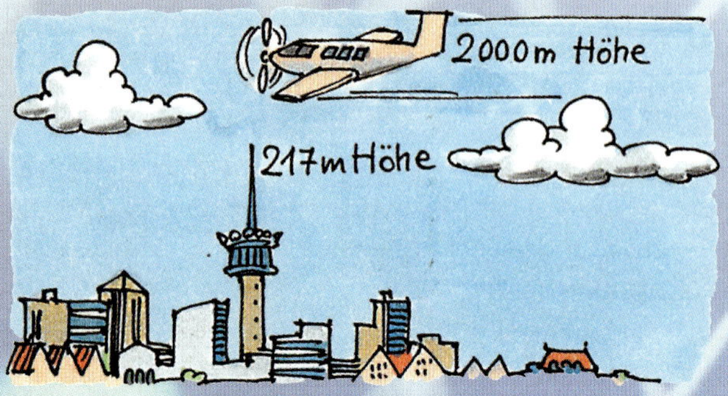

Veranschaulichen großer Zahlen durch Massen

3. Wir denken uns wieder einen Lottogewinn in Höhe von 1 Million € in 1-Euro-Münzen oder in 1-Cent-Münzen ausgezahlt. Kann man einen solchen Berg von Münzen überhaupt tragen?
Was meinst du dazu?

a) Zehn 1-Euro-Münzen wiegen 76 g.
Wie viel wiegt ein Berg von 1 Million solcher Münzen?

b) Zehn 1-Cent-Münzen wiegen 22 g.
Wie viel würde der in 1-Cent-Münzen ausgezahlte Lottogewinn wiegen?

c) Vergleiche die Ergebnisse mit folgenden Massen:

Veranschaulichen großer Zahlen durch eine Zeitdauer

4. Die Auszahlung des Lottogewinns in Höhe von 1 Millon € in Münzen dauert eine gewisse Zeit.

a) Stelle dir vor, der Betrag wird in 1-€-Münzen ausgezahlt. Nimm an, jede Sekunde wird eine Münze hingelegt. Wie lange würde das insgesamt etwa dauern? Die Tabelle rechts kann dir helfen. Rechne auch genau.

b) Stelle dir vor, der Lottogewinn würde in 1-Cent-Münzen ausgezahlt.
Wie lange dauert dann die Auszahlung etwa?

Zeitdauer	Ausgezahlter Betrag
1 Sekunde	1 €
60 Sekunden = 1 Minute	60 €
60 Minuten = 1 Stunde	
24 Stunden = 1 Tag	
10 Tage	

c) Angenommen die Auszahlung in 1-Euro-Münzen beginnt an einem Montagmorgen pünktlich um 8.00 Uhr. Wann wäre man mit der Auszahlung fertig?

PROJEKT: NIMM DIR ZEIT FÜR DIE ZEIT

Vorschlag 1: Besonderes Datum

Warum soll man immer nur den Geburtstag feiern? Man findet noch häufiger einen Grund zu feiern. Wann bist du z. B. 1 000 Wochen, 100 000 Stunden oder 10 000 000 Minuten alt? Kann man 10 000 000 000 Sekunden alt werden? Du findest bestimmt noch weitere interessante Jubiläen.

In unserer Welt gibt es überall Uhren und Kalender. In den Städten braucht man gar keine eigene Uhr, überall kann man sehen, wie spät es ist. Meist wird noch das Datum und die Temperatur in großen Lettern dazu angegeben.
Ihr habt bereits kennen gelernt, wie man Zeitspannen und Zeitpunkte berechnet. Nun sollt ihr euch bei diesem Projekt näher mit den Dingen beschäftigen, die sich rund um die *Zeit* drehen.

Vorschlag 2: Kennst du unsere Zeiteinheiten?

Hast du dir eigentlich schon einmal Gedanken darüber gemacht, warum das Jahr zwölf Monate hat oder warum die Monate unterschiedlich lang sind? Warum hat ein Tag 24 Stunden und eine Minute 60 Sekunden? Woher haben die Zeiteinheiten eigentlich ihren Namen? Vielleicht findest du weitere Namen für Zeiteinheiten.

Vorschlag 3: Was weißt du über den Kalender?

Wer hat eigentlich den Kalender erfunden? Welche Kalender gibt es? Was sind denn Schaltjahre? Kennst du den chinesischen Kalender oder den islamischen Kalender?

Vorschlag 4:
Zeitmesser

Welche verschiedenen Arten von Zeitmessern kennst du? Wie wäre es mit einer selbstgebauten Uhr? Wer von euch baut die genaueste Uhr? Erstelle dazu auf jeden Fall zunächst eine Bauanleitung.

Es wäre sicherlich spannend, wenn ihr noch weitere Schulfächer in das Projekt einbinden könntet.
Fragt doch euren Erdkundelehrer zu den Zeitzonen, den Religionslehrer zum jüdischen oder islamischen Kalender oder den Geschichtslehrer, seit wann es unseren gültigen Kalender gibt.
Wir haben hier für euch ein paar Ideen und Fragen rund um das Thema Zeit vorbereitet, die ihr aufgreifen könnt.
Im Internet findet ihr das Projekt unter **www.mathematik-heute.de**

Vorschlag 5:
Zeitdauer und Zeitmessung

Hast du schon einmal darüber nachgedacht, wie lange ein Wimpernschlag dauert oder wie lange ein Streichholz brennen kann? Weißt du, was eine Schrecksekunde ist und wie lange sie wirklich dauert? Baue doch mal ein Reaktionszeitmessgerät!

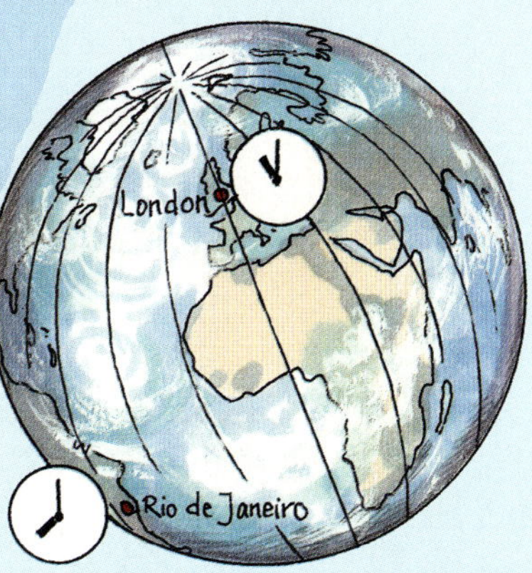

Vorschlag 6:
Kennst du Zeitzonen?

Warum ist unsere Erde in Zeitzonen eingeteilt? Welche Zeitzonen gibt es? Welches Land hat die meisten Zeitzonen? Seit wann gibt es denn Zeitzonen? Weißt du, was eine Datumsgrenze ist?

$$6 \cdot 27 = 6 \cdot (20 + 7) = 6 \cdot 20 + 6 \cdot 7 = 120 + 42 = 162$$

$$91 : 7 = (70 + 21) : 7 = 70 : 7 + 21 : 7 = 10 + 3 = 13$$

2 Rechnen mit natürlichen Zahlen und Größen

Vor 200 Jahren stellte ein Lehrer seinen Schülern die Aufgabe, alle Zahlen von 1 bis 100 zu addieren:

$1 + 2 + 3 + 4 + 5 + 6 + 7 + 8 + 9 + 10 + 11 + \ldots + 95 + 96 + 97 + 98 + 99 + 100$

Er wollte seine Schüler für eine Weile beschäftigen, damit er in Ruhe eine andere Arbeit verrichten konnte. Der Lehrer kam aber nicht zu seiner Ruhe. Bereits nach einigen Minuten meldete sich der neunjährige Carl Friedrich mit dem richtigen Ergebnis. Der Lehrer schaute ihn verblüfft an.
Wie kann man in so kurzer Zeit so viele Zahlen addieren?
Gibt es einen Rechentrick?

Wir schauen uns als Beispiel die Summe der Zahlen von 1 bis 10 an:

$1 + 2 + 3 + 4 + 5 + 6 + 7 + 8 + 9 + 10$

Was passiert, wenn wir die erste Zahl mit der letzten Zahl zusammenzählen (1 + 10)?
Und dann die zweite Zahl mit der vorletzten (2 + 9) usw. (Abb. 1)?
Wir erhalten jedesmal 11!

$1 + 10 + 2 + 9 + 3 + 8 + 4 + 7 + 5 + 6 = 11 + 11 + 11 + 11 + 11 = 5 \cdot 11 = 55$

- ➜ Versuche mit diesem Rechentrick die Zahlen von 1 bis 20 zu addieren.
- ➜ Kannst du auf diese Weise auch die Summe der Zahlen von 1 bis 100 berechnen?
- ➜ Kann man den Rechentrick auch bei anderen Summen anwenden?

Abb. 1

Carl Friedrich Gauß

Der Junge aus unserer Geschichte hieß Carl Friedrich Gauß (1777 – 1855). Er wurde später einer der größten Mathematiker aller Zeiten.

In diesem Kapitel lernst du ...
... welche Regeln man beim Rechnen beachten muss und wie man Rechengesetze geschickt anwenden kann.

ADDIEREN UND SUBTRAHIEREN

Fachbegriffe – Schrittweises Addieren und Subtrahieren

Einstieg

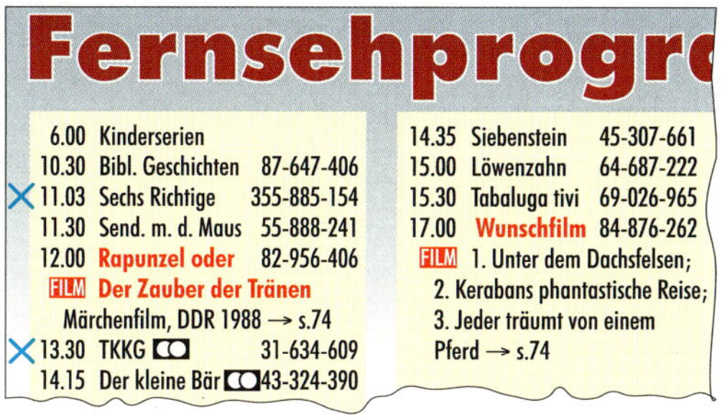

Fernsehprogr

6.00	Kinderserien	
10.30	Bibl. Geschichten	87-647-406
X 11.03	Sechs Richtige	355-885-154
11.30	Send. m. d. Maus	55-888-241
12.00	Rapunzel oder	82-956-406
FILM	Der Zauber der Tränen	
	Märchenfilm, DDR 1988 → s.74	
X 13.30	TKKG	31-634-609
14.15	Der kleine Bär	43-324-390
14.35	Siebenstein	45-307-661
15.00	Löwenzahn	64-687-222
15.30	Tabaluga tivi	69-026-965
17.00	Wunschfilm	84-876-262
FILM	1. Unter dem Dachsfelsen; 2. Kerabans phantastische Reise; 3. Jeder träumt von einem Pferd → s.74	

Felix möchte die zwei angekreuzten Sendungen auf eine Videokassette mit 195 Minuten Spielzeit aufnehmen. Er überlegt sich, welche dritte Sendung auch noch aufgenommen werden kann.

Aufgabe

1. *Addieren und Subtrahieren*

Tina macht mit Johann in den Ferien eine dreitägige Radtour. Sie wollen insgesamt 120 km fahren. Johann notiert sich die an den ersten zwei Tagen gefahrenen Tageskilometer: 35 und 57.

a) Welche Entfernung sind sie an den ersten zwei Tagen insgesamt gefahren?

b) Wie viele Kilometer legen sie noch am dritten Tag zurück?

Lösung

a) Die zurückgelegten Tageskilometer werden addiert:
35 + 57 = 92

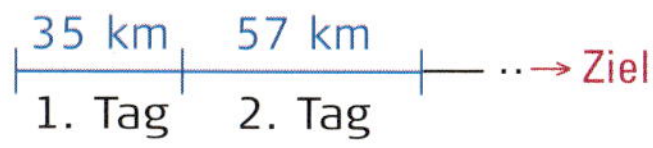

Ergebnis: In den ersten zwei Tagen sind sie 92 km gefahren.

b) Die Länge der restlichen Strecke erhält man durch Subtrahieren:
120 − 92 = 28

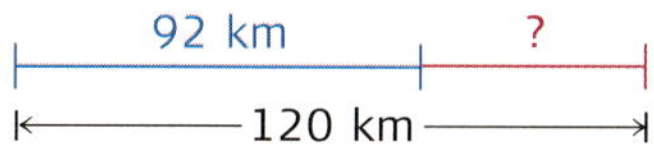

Ergebnis: Am dritten Tag legen Tina und Johann noch 28 km zurück.

Information

217 + 63 nennt man die **Summe** der Zahlen 217 und 63.
Das Ergebnis 280 nennt man den *Wert der Summe*, kurz auch Summe.
217 und 63 heißen *Summanden*.

217	+	63	=	280
				Wert der
Summand	**+**	**Summand**	**=**	**Summe**

374 − 52 nennt man die **Differenz** der Zahlen 374 und 52.
Das Ergebnis 322 nennt man den *Wert der Differenz*, kurz auch Differenz.
374 heißt *Minuend*, 52 heißt *Subtrahend*.

374	−	52	=	322
				Wert der
Minuend	**−**	**Subtrahend**	**=**	**Differenz**

Merke: **M** vor **S**

Aufgabe

2. Patrick hat in der ersten Stufe eines Computerspiels 640 und in der zweiten Stufe 770 Punkte erreicht.

a) Wie viele Punkte sind das insgesamt?

b) Wie viele Punkte fehlen noch, um mit 2 300 Punkten den dritten Level zu erreichen?

Lösung

Eine Möglichkeit zu rechnen ist die folgende:

a) Addiere zu der Zahl 640 die Zahl 770 in zwei Schritten.

640 —(+ 770)→ 1 410

640 —(+ 700)→ 1 340 —(+ 70)→ 1 410

Ergebnis: Es sind insgesamt 1 410 Punkte.

b) Subtrahiere von der nötigen Punktzahl die erreichte Punktzahl in zwei Schritten.

2 300 —(− 1 410)→ 890

2 300 —(− 1 400)→ 900 —(− 10)→ 890

Ergebnis: Es fehlen noch 890 Punkte.

Zum Festigen und Weiterarbeiten

3. Rechne im Kopf; notiere die Ergebnisse.

a) 75 + 23	**b)** 56 + 27	**c)** 74 − 51	**d)** 61 − 24	**e)** 330 + 72	**f)** 500 − 87
62 + 11	28 + 55	98 − 38	73 − 39	472 + 65	302 − 66

4. **a)** 47 000 + 16 000 **b)** 26 Mio. + 19 Mio. **c)** 60 000 − 38 000 **d)** 57 Mrd. − 12 Mrd.

5. **a)** Schreibe mit Rechenzeichen und rechne aus.

(1) die Summe aus 45 und 16
(2) die Differenz aus 80 und 34
(3) die Summe aus 30, 12 und 9
(4) die Differenz aus 169 und 158

b) Notiere in Worten und berechne: (1) 90 − 33 (2) 28 + 72 (3) 100 − 55

6. Schreibe die Zahl 255 auf drei verschiedene Weisen als Summe oder als Differenz. Dabei sollen alle Summanden und Subtrahenden größer als 100 sein.
Verfahre ebenso mit den Zahlen 672, 734, 1 242.

7. In den Klassen 5 und 6 einer Grundschule sind 102 Schüler.
Davon spielen 23 Jungen und 19 Mädchen gern Schach.

Spiel (2 bis 4 Spieler)

8. *Die ideale Ergänzung.* Gespielt wird mit 2 Würfeln. Mit jedem Wurf erhalte ich eine Ziffer für eine dreistellige Zahl. Die Augenzahlen beider Würfel werden jeweils addiert und als einstellige Zahl notiert, wobei 10 Augen als 0 und 11 Augen als 1 notiert werden. Die 12 (= 6 + 6) ist Joker und kann als beliebige Ziffer notiert werden.
Die Ziffern werden in der Reihenfolge der Würfe notiert. Ergänze die erwürfelte dreistellige Zahl zum nächsten vollen Hunderter. Die Ergänzungszahl ist deine Punktzahl. Sieger ist, wer nach 5 Durchgängen die höchste Punktzahl hat.
Für Profis: Erwürfele vierstellige Zahlen. Ergänze zum nächsten vollen Tausender.

Übungen

9. Rechne im Kopf; notiere die Ergebnisse.

a) 42 + 37; 69 + 11 **b)** 42 + 58; 29 + 37 **c)** 15 + 86; 78 + 41 **d)** 734 + 80; 30 + 875 **e)** 533 + 89; 685 + 45 **f)** 600 + 5 370; 550 + 4 800

10. Rechne im Kopf.

a) 88 − 26; 97 − 62 **b)** 87 − 29; 85 − 37 **c)** 80 − 66; 83 − 38 **d)** 650 − 230; 820 − 550 **e)** 510 − 250; 8 200 − 5 700 **f)** 600 − 62; 704 − 65

11. **a)** 25 000 + 9 000; 56 000 + 28 000 **b)** 9 Mio. + 4 Mio.; 48 Mrd. + 32 Mrd. **c)** 79 000 − 8 000; 64 000 − 42 000 **d)** 50 Mio. − 12 Mio.; 73 Mrd. − 15 Mrd.

12. Rechne in günstiger Reihenfolge im Kopf.

a) 14 + 59 + 16; 47 + 68 + 33; 85 + 97 + 15
b) 144 + 77 + 56; 208 + 59 + 22; 411 + 120 + 9
c) 53 000 + 29 000 + 17 000; 36 000 + 9 000 + 24 000; 4 444 + 2 345 + 5 556

13. Manchmal ist es vorteilhafter so wie links zu rechnen.

a) 623 + 99; 348 + 197 **b)** 143 + 98; 438 + 399 **c)** 451 − 98; 831 − 199 **d)** 783 − 96; 521 − 398 **e)** 5 064 + 998; 6 200 + 995 **f)** 8 213 − 999; 6 548 − 997

14. Laura trägt Zeitungen aus. Insgesamt muss sie 112 Exemplare ausliefern. Heute hilft ihr ihre Freundin und übernimmt das Verteilen von 27 Zeitungen.

15. Vergleiche. Setze für ■ das richtige Zeichen: =, < bzw. >.

a) 68 + 39 ■ 75 + 32
b) 72 + 58 ■ 100 + 20
c) 185 − 37 ■ 111 + 47
d) 170 − 71 ■ 36 + 65
e) 742 − 88 ■ 752 − 98
f) 511 − 25 ■ 501 − 35

16. **a)** Notiere die Summe von 428 und 67, berechne.
b) Die Summanden sind 310, 45 und 29. Notiere die Summe und berechne.
c) Notiere die Differenz von 861 und 55, berechne.
d) Der Minuend ist 518, der Subtrahend ist 220. Notiere die Differenz und berechne.

17. Dennis möchte sich einen Discman und einen Ohrhörer kaufen.

Händler	A	B	C	D
Preis für Discman (in €)	95	99	83	113
Preis für Ohrhörer (in €)	38	29	23	19

18. Erfinde selbst Rechengeschichten zu der folgenden Summe bzw. Differenz.

a) 43 kg + 19 kg
b) 203 km − 87 km
c) 24 min + 3 min
d) 55 Liter − 28 Liter

Differenz: 43 m − 27 m
Rechengeschichte: Tim ist ein guter Skispringer. Er schafft auf der Jugendschanze 43 m. Marc erreicht nur 27 m.
Wie viel Meter springt Tim weiter als Marc?
Rechnung: 43 m − 27 m = 16 m
Ergebnis: Tim springt 16 m weiter als Marc.

Zum Knobeln

19. (1) 17 ■ 33 ■ 7 ■ 35 ■ 8 ■ 12 ■ 3 (2) 23 ■ 5 ■ 12 ■ 7 ■ 15 ■ 8 ■ 19

Setze für ■ je dreimal + und −. Das Ergebnis soll

a) möglichst groß sein; **b)** möglichst klein sein; **c)** zwischen 6 und 12 liegen.

Zusammenhang zwischen Addieren und Subtrahieren

Einstieg

Welche Informationen kannst du dem Zeitungsausschnitt entnehmen?
Stelle dazu geeignete Aufgaben und löse sie.

> *Der Vereinsvorsitzende berichtete von Veränderungen im Mitgliederbestand der einzelnen Abteilungen: In der Fußballsparte sind es jetzt 970 Mitglieder und somit 240 mehr als im Vorjahr. Leider hat die Handballsparte jetzt nur noch 512 Mitglieder und somit 89 weniger als im Vorjahr.*

Aufgabe

1. Die 1. Volleyballmannschaft des VC Balldorf hat einen neuen Spieler verpflichtet. Am nächsten Spieltag kamen deshalb 359 Zuschauer. Das waren 35 mehr als am Spieltag davor.
Die Tischtennismannschaft des TV Kellendorf bot eine schwache Leistung. Deswegen kamen am folgenden Spieltag nur 219 Zuschauer, 75 weniger als vorher.
Wie kann man die ursprünglichen Zuschauerzahlen berechnen?

Lösung

Gesucht wird die ursprüngliche Zuschauerzahl. Man erhält sie, wenn man die Veränderung der Zuschauerzahl rückgängig macht, also *rückwärts* rechnet.

ursprüngliche Zuschauerzahl

VC Balldorf	TV Kellendorf
$\square + 35 = 359$	$\square - 75 = 219$
$\square \underset{-35}{\overset{+35}{\rightleftarrows}} 359$	$\square \underset{+75}{\overset{-75}{\rightleftarrows}} 219$
$359 - 35 = 324$	$219 + 75 = 294$

Ergebnis: Die Volleyballmannschaft hatte vorher 324 Zuschauer, die Tischtennismannschaft hatte vorher 294 Zuschauer.

Zum Festigen und Weiterarbeiten

2. Gib jeweils die fehlende Zahl an. Rechne im Kopf.

a) $\square \underset{-12}{\overset{+12}{\rightleftarrows}} 64$ **b)** $\square \underset{-35}{\overset{+35}{\rightleftarrows}} 81$ **c)** $\square \underset{+16}{\overset{-16}{\rightleftarrows}} 42$ **d)** $\square \underset{+68}{\overset{-68}{\rightleftarrows}} 24$

$\square \xrightarrow{+27} 59$ $\square \xrightarrow{+14} 60$ $\square \xrightarrow{-50} 32$ $\square \xrightarrow{-44} 19$

3. Berechne. Kontrolliere dein Ergebnis durch Rückwärtsrechnen.

a) 262 − 34 **b)** 137 + 25 **c)** 147 + 29
184 − 56 228 + 46 343 − 27

Aufgabe:
197 − 72 = 125
Rückwärtsrechnen:
125 + 72 = 197

Pfeilbild:
$197 \underset{+72}{\overset{-72}{\rightleftarrows}} 125$

4. Gib jeweils die fehlende Zahl an. Rechne im Kopf.

a) $\square + 35 = 95$ **b)** $\square + 49 = 71$ **c)** $\square - 22 = 48$ **d)** $\square - 56 = 18$
$61 + \square = 87$ $33 + \square = 62$ $76 - \square = 31$ $95 - \square = 59$

5. Wegen des großen Erfolges im Vorjahr kamen in diesem Jahr 853 Besucher zum Schulfest der Erich Kästner-Grundschule. Das waren 137 mehr als im letzten Jahr. In diesem Jahr wurden 349 Lose verkauft. Das waren 63 weniger als im Vorjahr.
Wie kann man die Zahlen für das letzte Jahr berechnen?

6. Partner A notiert sich eine 3-stellige Zahl.
Partner B nennt eine 2-stellige Zahl und entscheidet, ob Partner A sie zu seiner verdeckten Zahl addieren oder subtrahieren soll.
Partner A führt im Kopf die Rechnung aus und nennt sein Ergebnis.
Partner B rechnet rückwärts und muss die von A notierte Zahl als Ergebnis erhalten.
Danach werden die Rollen vertauscht.

Information

Das Addieren einer Zahl wird durch das Subtrahieren dieser Zahl rückgängig gemacht.
Das Subtrahieren einer Zahl wird durch das Addieren dieser Zahl rückgängig gemacht.
Man sagt auch: Das Subtrahieren einer Zahl ist die **Umkehroperation** des Addierens der Zahl.

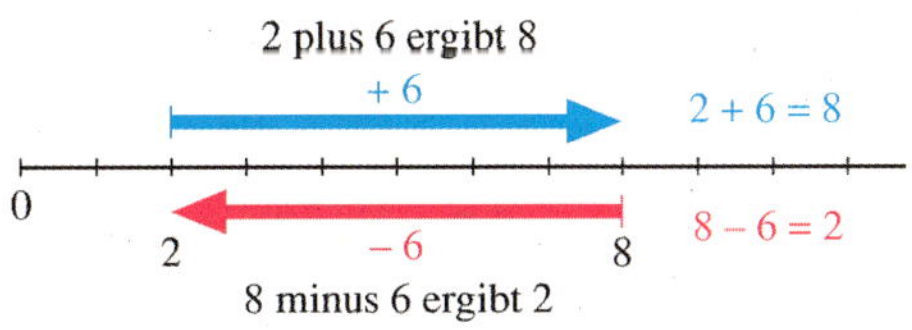

Übungen

7. Gib jeweils die fehlende Zahl an. Rechne im Kopf.

a) □ $\xrightarrow{+10}$ 80, zurück $\xleftarrow{-10}$ b) □ $\xrightarrow{+24}$ 61, zurück $\xleftarrow{-24}$ c) □ $\xrightarrow{-25}$ 42, zurück $\xleftarrow{+25}$ d) □ $\xrightarrow{-35}$ 48, zurück $\xleftarrow{+35}$

□ $\xrightarrow{+8}$ 50 □ $\xrightarrow{+280}$ 500 □ $\xrightarrow{-16}$ 34 □ $\xrightarrow{-220}$ 690

8.

a)	b)	c)
□ + 37 = 63	□ + 370 = 990	□ + 1 100 = 4 700
18 + □ = 81	40 + □ = 760	7 500 + □ = 8 000
□ − 49 = 14	□ − 440 = 440	□ − 4 000 = 2 800
54 − □ = 26	690 − □ = 30	2 000 − □ = 200

9. a)
obere Reihe: □ $\xrightarrow{+15}$ 40 $\xrightarrow{-10}$ □
senkrecht (von unten nach oben): ↑ − 7, ↑ + 11, ↑ + 8
untere Reihe: □ $\xrightarrow{-3}$ □ $\xleftarrow{+7}$ □

b)
obere Reihe: □ $\xrightarrow{+62}$ 100 $\xrightarrow{-62}$ □
senkrecht (von oben nach unten): ↓ − 28, ↓ − 35, ↓ + 49
untere Reihe: □ $\xleftarrow{-55}$ □ $\xrightarrow{+22}$ □

10. a) □ $\xrightarrow{-65}$ □ $\xrightarrow{+47}$ □ $\xrightarrow{-47}$ □ $\xrightarrow{-29}$ □ $\xrightarrow{+29}$ □ $\xrightarrow{+100}$ 135
b) 0 $\xrightarrow{□}$ □ $\xrightarrow{-40}$ 93 $\xrightarrow{□}$ 50 $\xrightarrow{□}$ 105 $\xrightarrow{□}$ 77 $\xrightarrow{□}$ 0

11. Überprüfe die Rechnung. Berichtige jedes falsche Ergebnis.

a)	b)	c)	d)
150 − 25 = 125	100 + 55 = 145	400 − 270 = 230	1 540 + 450 = 1 090
90 − 33 = 67	190 + 88 = 278	840 + 84 = 924	9 990 − 9 090 = 900

12. **a)** Um welche Zahl musst du 24 000 vergrößern, um auf 30 000 zu kommen?

b) Welche Zahl musst du um 8 000 vergrößern, damit du 50 000 erhältst?

c) Welche Zahl musst du um 7 000 verringern, um auf 28 000 zu kommen?

13. **a)** Die Summe beträgt 440. Der erste Summand ist 66.
Wie heißt der zweite Summand?

b) Die Differenz hat den Wert 290. Der Subtrahend ist 390. Wie heißt der Minuend?

c) Die Summe aus drei Summanden hat den Wert 1 000. Der erste Summand ist 120, der dritte Summand ist 750. Wie heißt der zweite Summand?

14. Übertrage die Zahlenmauern in dein Heft und ergänze die fehlenden Zahlen.

a)

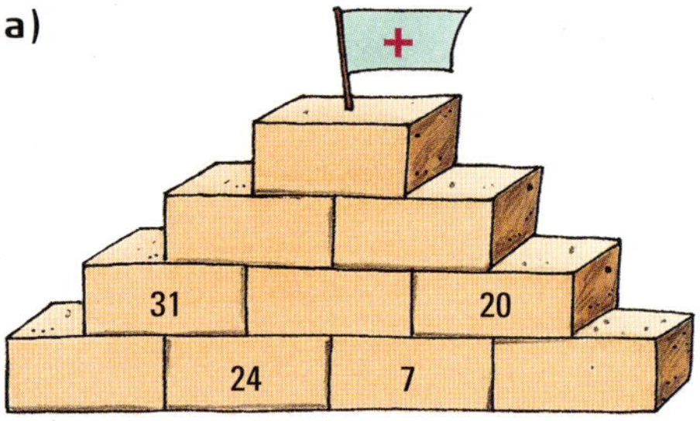

b)

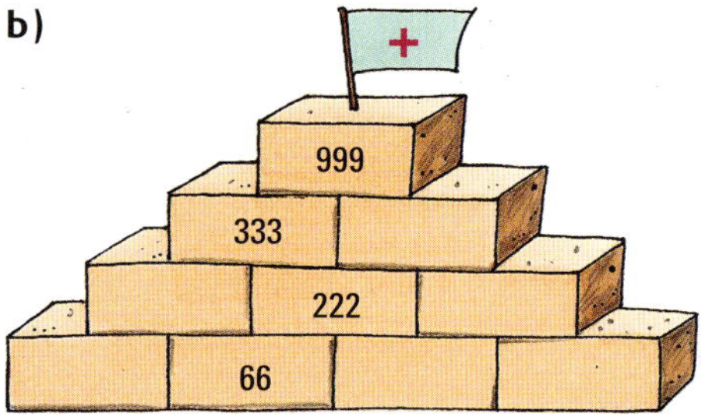

15. **a)** Der Jugendabteilung eines Sportvereins gehören 180 Mädchen und 172 Jungen an.
Wie viele Jugendliche sind das insgesamt?

b) Die Mitgliederzahl eines Sportvereins hat sich im Laufe eines Jahres um 240 erhöht und beträgt am Jahresende 970.
Wie viele Mitglieder hatte der Verein zu Beginn des Jahres.

c) Am Anfang des Jahres zählte ein Sportverein 415 Mitglieder, am Ende des Jahres waren es 495. Um wie viele Mitglieder hat sich der Verein vergrößert?

16. Stelle geeignete Fragen und beantworte sie.

a) Im Januar wurden insgesamt 120 Bücher verliehen. Im Februar waren es 24 Bücher mehr.

b) Im Januar hat sich die Zahl der Besucher gegenüber dem Dezember um 40 auf 362 erhöht.

c) In der Bücherei stehen 815 Bücher zur Verfügung. Nachdem einige Bücher dazu gekauft wurden, sind es nun 840.

d) Im Juli wurden nur 68 Bücher ausgeliehen. Das waren 27 Bücher weniger als im Vormonat.

17. Maria hat bei den Bundesjugendspielen im 50-m-Lauf 217 Punkte und im Weitsprung 245 Punkte erreicht.
Sie sieht in der Wettkampfkarte nach, wie weit sie den Schlagball werfen müsste, um eine Siegerurkunde (625 Punkte) oder eine Ehrenurkunde (825 Punkte) zu erhalten.

Schlagball 80 g	11,0	11,5	12,0	12,5	13,0	13,5	14,0	14,5	15,0
	147	156	164	173	181	188	196	204	211
	23,5	24,0	24,5	25,0	25,5	26,0	26,5	27,0	27,5
	323	329	334	340	346	351	357	363	368
	36,0	36,5	37,0	37,5	38,0	38,5	39,0	39,5	40,0
	455	459	464	469	473	478	483	487	492
	48,5	49,0	49,5	50,0	50,5	51,0	51,5	52,0	52,5
	565	569	573	577	581	585	589	593	597
	61,0	61,5	62,0	62,5	63,0	63,5	64,0	64,5	65,0
	662	665	669	673	676	680	683	687	690
	73,5	74,0	74,5	75,0	75,5	76,0			
	749	752	756	759	762	765			

Schriftliches Addieren und Subtrahieren

Wiederholung

1. Addiere schriftlich: 27 217 + 31 956. Mache zunächst einen Überschlag. Runde dazu die Summanden angenähert so, dass du im Kopf rechnen kannst.

Lösung

Überschlag: 30 000 + 30 000 = 60 000 oder 25 000 + 32 000 = 57 000
oder 27 000 + 32 000 = 59 000

Du weißt, wie man schriftlich addiert. Dabei können Überträge vorkommen.

Wir addieren (Übertrag)

die Einer:	6 + 7 = **13**
die Zehner:	1 + 5 + 1 = **7**
die Hunderter:	9 + 2 = **11**
die Tausender:	1 + 1 + 7 = **9**
die Zehntausender:	3 + 2 = **5**

	ZT	T	H	Z	E
	2	7	2	1	7
+	3	1	9	5	6
		1		1	
	5	9	1	7	3

	2	7	2	1	7
+	3	1	9	5	6
		1		1	
	5	9	1	7	3

Information

Beachte die Schrittfolge:

(1) Wähle den Überschlag so, dass du im Kopf leicht rechnen kannst.
(2) Schreibe Einer unter Einer, Zehner unter Zehner, ...
(3) Addiere zuerst die Einer, dann die Zehner, ...; beachte den Übertrag.
(4) Vergleiche das Ergebnis mit dem Überschlag.

Wiederholung

2. Subtrahiere schriftlich: 75 927 − 29 354

Lösung

Überschlag: 75 000 − 30 000 = 45 000 oder auch 80 000 − 30 000 = 50 000

Du weißt, wie man schriftlich durch Ergänzen subtrahiert. Du musst auch hier auf den Stellenwert der Ziffern und auf die Überträge achten.

	ZT	T	H	Z	E
	7	5	9	2	7
−	2	9	3	5	4
	1		1		
	4	6	5	7	3

Wir überlegen:	Wir ergänzen:
E: von 4 bis 7 sind es **3**	4 + **3** = 7
Z: von 5 bis 12 sind es **7**	5 + **7** = 12
H: **1** + 3 = 4	
von 4 bis 9 sind es **5**	1 + 3 + **5** = 9
T: von 9 bis 15 sind es **6**	9 + **6** = 15
ZT: **1** + 2 = 3	
von 3 bis 7 sind es **4**	1 + 2 + **4** = 7

	7	5	9	2	7
−	2	9	3	5	4
	1		1		
	4	6	5	7	3

Übungen

3. Welcher Überschlag ist möglich? Finde zwei Möglichkeiten.

a)	b)	c)	d)	e)
241	791	6 283	355	54 321
+ 97	+ 927	+ 2 415	+ 1 957	+ 87 033

4.

a)	b)	c)	d)	e)
354	622	8 338	1 501	66 477
− 47	− 189	− 3 883	− 239	− 7 883

5. Addiere schriftlich. Beachte den Überschlag.

a) 62 783 + 24 615 b) 67 009 + 53 098 c) 953 + 179 082 d) 4 327 060 + 3 700 985 e) 7 305 087 195 + 2 870 534 907

6. Schreibe die Summanden stellengerecht untereinander, addiere schriftlich.

a) 729 + 146 c) 2 158 + 621 e) 35 178 + 46 720 g) 14 385 + 21 907
b) 470 + 853 d) 4 365 + 815 f) 40 960 + 22 401 h) 183 500 + 7 316

7. Berechne.

a) 205 + 87 + 417 b) 5 585 + 4 911 + 769 c) 41 714 + 147 + 7 447 d) 8 969 + 38 603 + 9 389 e) 2 143 858 + 6 092 333 + 1 416 009

8. a) 6 881 + 926 + 77 + 12 116 c) 47 803 + 92 031 + 25 276 + 60 017 + 74 876
b) 2 194 + 7 246 + 8 055 + 1 403 + 3 324 d) 582 + 26 914 + 403 820 + 95 + 25 378

9. Das Reiseunternehmen „Happy Holidays" hat vor drei Jahren einen neuen Bus gekauft. Im ersten Jahr fuhr der Bus 119 216 km, im zweiten Jahr waren es 92 405 km. Wie viel km ist der Bus insgesamt gefahren? Mache zunächst einen Überschlag.

10. Die Stadt Frankfurt/Oder will den Dachboden des Jugendzentrums ausbauen. Mit den Handwerkern wurden die Preise rechts vereinbart. Wie hoch sind die Gesamtkosten? Mache zunächst einen Überschlag.

Tischlerarbeiten	17 254 €
Sanitärinstallation	8 764 €
Elektroarbeiten	5 687 €
Malerarbeiten	6 298 €

11. Subtrahiere schriftlich. Beachte den Überschlag. Kontrolliere durch Rückwärtsrechnen.

a) 587 − 234 b) 963 − 453 c) 718 − 356 d) 5 817 − 2 364 e) 481 796 − 245 028 f) 1 483 614 − 629 321

12. Schreibe stellengerecht untereinander, subtrahiere schriftlich.

a) 61 493 − 22 814 b) 19 000 − 8 473 c) 7 463 092 − 4 813 d) 9 188 670 − 433 000

13. Berechne.

a) 8 327 − 3 145 − 1 719 b) 743 112 − 9 378 − 62 583 c) 849 − 213 − 314 d) 782 − 143 − 325 e) 51 896 − 12 724 − 18 392 f) 90 000 − 41 813 − 36 055

Fichtelberg

14. Der höchste Berg Deutschlands ist mit 2 962 m die Zugspitze in Bayern. Der höchste Berg Sachsens ist mit 1 214 m der Fichtelberg.
Wie viel Meter ist die Zugspitze höher als der Fichtelberg?

15. In einem Mischfutterwerk werden 946 kg Roggen, 4 068 kg Gerste, 2 583 kg Weizen geschrotet und mit Sojaschrot gemischt. Durch Hinzugabe von 408 kg Mineralstoffen und Vitaminen erhält man 10 000 kg Schweinefutter. Wie viel kg Sojaschrot sind im Futter?

Vermischte Übungen zum Addieren und Subtrahieren

1. Judiths Mutter kauft einen Neuwagen, der zum Grundpreis von 12 485 € angeboten wird. Sie wählt ein Modell mit Sonderausstattung, für das sie 1 972 € mehr bezahlen muss. Der Händler nimmt ihr altes Auto zum Preis von 4 500 € in Zahlung.
Wie viel Euro muss Judiths Mutter bezahlen?

2. Das sind die Besucherzahlen für den Zoologischen Garten Berlin 2003.

Januar	101 253	Juli	274 923
Februar	125 887	August	321 002
März	201 260	September	204 411
April	283 905	Oktober	231 404
Mai	250 956	November	119 499
Juni	245 316	Dezember	95 705

a) Wie viele Besucher waren das?

b) In welchem Monat hatte der Zoopark die höchsten, in welchem die niedrigsten Besucherzahlen?

c) Stelle selbst weitere geeignete Aufgaben und löse sie.

3. Rechts findest du Zahlen über die Altersstruktur des Raumes Brandenburg-Berlin (Ende 2002).

unter 15 Jahre	126 176
von 15 bis unter 40 Jahre	332 790
von 40 bis unter 65 Jahre	358 945
65 Jahre und älter	148 939

a) Wie viele Einwohner sind unter 40 Jahre?

b) Wie viele Einwohner sind 40 Jahre und älter?

c) Wie viele Einwohner hat der Gesamtraum?

d) Stelle weitere geeignete Aufgaben und löse sie.

e) In der Zeitung steht: Ende 2002 hatte der Raum Brandenburg-Berlin 967 000 Einwohner.
Was meinst du dazu?

4. Auf einer Wanderkarte sind die Längen einzelner Wege in Metern angegeben.

a) Tim und seine Mutter möchten vom Parkplatz P über E nach B den kürzesten Weg gehen.
Wie lang ist dieser Weg?

b) Eine Schulklasse möchte bei P starten und dorthin zurückkehren. Dabei soll kein Einzelweg ausgelassen und nur einer in beide Richtungen durchwandert werden.
Gib einen solchen Weg mithilfe der Punkte an.

c) Wie lang ist die bei Teilaufgabe b) gewählte Wanderstrecke insgesamt?

5. Ein Busunternehmen beförderte im ersten Vierteljahr (von Januar bis März) 13 405 Personen. Im zweiten Vierteljahr nahm die Zahl der Fahrgäste um 748 ab, im dritten Vierteljahr nochmals um 148 ab, im vierten Vierteljahr wieder um 1 248 zu. Berechne die Anzahl der Fahrgäste **a)** im vierten Vierteljahr; **b)** im gesamten Jahr.

6. Die Uhren in Hongkong gehen gegenüber den Uhren in Deutschland um 7 Stunden vor. Die Uhren in New York gehen gegenüber den Uhren in Deutschland um 6 Stunden nach.
Notiere die fehlenden Uhrzeiten:

Hongkong	Berlin	New York
	12.00 Uhr	
20.00 Uhr		
		4.00 Uhr
	18.30 Uhr	
11.20 Uhr		

7. Der englische Mathematiker und Astronom Edmond Halley lebte von 1656 bis 1742. Nach ihm wurde der Halleysche Komet benannt. Dieser Komet ist alle 76 Jahre am Himmel als Stern mit Schweif zu sehen. Zuletzt wurde er 1986 beobachtet.
Wie alt war Edmond Halley, als er den Kometen sah?

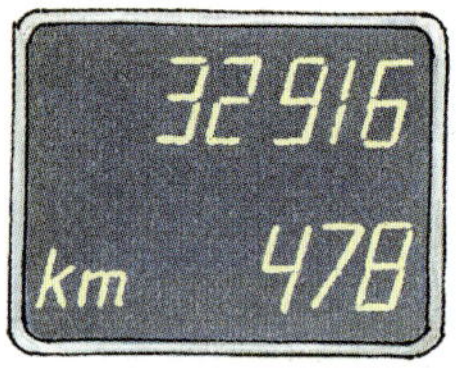

8. Saskias Mutter ist Handelsvertreterin. Sie ist viel mit dem Auto unterwegs. Am Anfang der Woche zeigt der Kilometerzähler 32 916, am Ende der Woche 35 093 an.
Den Tageszähler ihres Wagens stellt sie nicht täglich zurück. Dieser steht zu Beginn der Woche auf 478 und an den folgenden Abenden jeweils auf 783, 209, 504, 022, 655.

a) Wie viel km ist Saskias Mutter insgesamt in der Woche gefahren?

b) Wie viel km hat sie jeweils an den einzelnen Tagen zurückgelegt?

c) Notiere die Anzeigen des Hauptkilometerzählers an den einzelnen Abenden.

9. Die Tabelle gibt die Müllmengen (in Tonnen) einer Großstadt an.
Stellt geeignete Aufgaben und löst sie.

Bezirk	2000	2001	2002	2003	
A	34 768	33 804	35 617	33 296	
B	29 840	30 916	29 212	28 950	
C	36 175	35 422	36 480	35 377	
Gesamt					

Zum Knobeln

10. Übertrage in dein Heft und fülle die Lücken mit den richtigen Ziffern aus.

a) 58□ + 294 = □81
b) 423□5 + 3□718 = 74113
c) 1□5□7 + □8□1□ = 55103
d) 7□8645 + □3□5□6 = 879□5□
e) □3□7□9 + 1□8□3□ = 342819

11. Übertrage in dein Heft und fülle die Lücken mit den richtigen Ziffern aus.

a) 67□ + 185 = □60
b) 8092 − □4□5 = 4597
c) 9□5□6 − □4□71 = 64515
d) 7□2□4 − □6□52 = 53282
e) 8□5431 + 13□□16 = □605□7

MULTIPLIZIEREN UND DIVIDIEREN

Fachbegriffe – Schrittweises Multiplizieren und Dividieren

Einstieg

Biankas Vater will Abwasserrohre verlegen. Mit einem Minibagger könnte er es in 6 Stunden schaffen.
Der Geräteverleih macht ihm zwei Angebote:
(1) Er kann den Minibagger stundenweise für 25 € pro Stunde ausleihen.
(2) Er kann den Minibagger tageweise (8 – 18 Uhr) leihen; dann muss er insgesamt 156 € zahlen.
Wofür sollte er sich entscheiden?

Aufgabe

1. *Multiplizieren und Dividieren von Anzahlen*

a) Auf dem Parkplatz siehst du Autos in 4 Reihen geparkt. In jeder Reihe stehen 6 Pkw.
Wie viele Pkw stehen auf dem Parkplatz?

b) Ein Automobilwerk plant einen neuen Abstellplatz für 240 Pkw; in jeder Reihe sollen 20 Autos stehen.
Wie viele Reihen müssen angelegt werden?

c) Ein anderer Automobilhersteller plant einen Abstellplatz für 180 Pkw; es sollen 15 Reihen angelegt werden. Wie viele Pkw müssen dann in einer Reihe stehen?

Lösung

a) In jeder Reihe stehen 6 Pkw.
In 4 Reihen stehen dann insgesamt $6 + 6 + 6 + 6 = 4 \cdot 6 = 24$ Pkw.
Ergebnis: Auf dem Parkplatz stehen 24 Pkw.

b) 240 Pkw sollen auf Reihen mit je 20 Autos aufgeteilt werden.
Das gibt $240 : 20 = 12$ Reihen.
Ergebnis: Es müssen 12 Reihen angelegt werden.

c) 180 Pkws müssen gleichmäßig auf 15 Reihen verteilt werden.
Dann stehen in jeder Reihe $180 : 15 = 12$ Pkw.
Ergebnis: In jeder Reihe stehen 12 Pkw.

Information

$6 \cdot 57$ nennt man das **Produkt** der Zahlen 6 und 57. Das Ergebnis 342 nennt man den *Wert des Produktes*, kurz auch Produkt.
Die Zahlen 6 und 57 heißen *Faktoren*.

6	·	57	=	342
Faktor	**·**	**Faktor**	**=**	*Wert des* **Produkts**

272 : 4 nennt man den **Quotienten** der Zahlen 272 und 4. Das Ergebnis 68 nennt man den *Wert des Quotienten*, kurz auch Quotient.
Die Zahl 272 heißt *Dividend*, die Zahl 4 heißt *Divisor*.

272	:	4	=	68
Dividend	**:**	**Divisor**	**=**	*Wert des* **Quotienten**

Aufgabe

2. *Schrittweises Rechnen durch Zerlegen*

Familie Sänger wohnte 6 Tage in einem Zimmer ohne Balkon, Familie Nolte eine Woche in einem Zimmer mit Balkon.

a) Wie hoch war die Rechnung der Familie Sänger?

b) Wie viel Euro zahlte Familie Nolte pro Tag?

Rechne vorteilhaft im Kopf.

Lösung

a) Berechne 6 · 27 €, zerlege geschickt:

$27 = 20 + 7$
$6 \cdot 20 = 120$
$6 \cdot 7 = 42$
$6 \cdot 27 = 162$

Ergebnis: Familie Sänger zahlte insgesamt 162 €.

b) Berechne 217 € : 7. Zerlege geschickt:

$217 = 210 + 7$
$210 : 7 = 30$
$7 : 7 = 1$
$217 : 7 = 31$

Ergebnis: Familie Nolte zahlte pro Tag 31 €.

Zum Festigen und Weiterarbeiten

3. **a)** Um die Höhe eines Sendemastes zu berechnen, zählt man die abwechselnd rot und weiß gestrichenen Felder. Jedes Feld ist 5 m hoch.

b) Für die Jahrgangsstufe 1 der Gauß-Grundschule sind 84 Schüler angemeldet. Sie sollen gleichmäßig auf 3 Klassen verteilt werden.

c) In einer 132 m langen Straße werden Kanalisationsrohre verlegt. Jedes Rohr ist 4 m lang.

4. **a)** Im Supermarkt werden CDs zu 13 € das Stück angeboten. Christian und Melanie kaufen je 5 dieser CDs und bezahlen an verschiedenen Kassen. Vergleiche die beiden Kassenzettel, erläutere die beiden Rechnungen.

b) Ersetze die Summe durch ein Produkt. Gib auch das Ergebnis an.

(1) $20 + 20 + 20 + 20$
(2) $18 + 18 + 18$
(3) $25 + 25 + 25 + 25 + 25$
(4) $11 + 11 + 11 + 11 + 11 + 11 + 11$
(5) $1 + 1 + 1 + 1 + 1 + 1 + 1 + 1 + 1$
(6) $0 + 0 + 0 + 0 + 0 + 0$

5. Prüfe deine Rechenfertigkeit. Rechne im Kopf.

a)	b)	c)	d)	e)	f)
5 · 12	70 : 5	4 · 19	72 : 4	5 · 102	321 : 3
2 · 17	60 : 4	6 · 16	85 : 5	6 · 304	856 : 8
3 · 24	75 : 5	7 · 32	96 : 6	7 · 190	448 : 4

6. **a)** Notiere das Produkt aus 23 und 4, berechne.

b) Notiere den Quotienten aus 96 und 8, berechne.

c) Die Faktoren sind 4, 3 und 5. Notiere das Produkt und berechne.

d) Der Dividend ist 196, der Divisor ist 7. Notiere den Quotienten und berechne.

7. Rechne im Kopf. Zerlege wie in den Beispielen.

17 · 30 17 $\xrightarrow{\cdot 3}$ 51 $\xrightarrow{\cdot 10}$ 510

240 : 80 240 $\xrightarrow{:10}$ 24 $\xrightarrow{:8}$ 3

a)	**b)**	**c)**	**d)**	**e)**
45 · 10	15 · 20	7 · 200	280 : 10	480 : 20
45 · 100	21 · 40	18 · 200	800 : 100	350 : 50
45 · 1 000	43 · 200	21 · 5 000	15 000 : 1 000	960 : 30

Information

Man *multipliziert* eine Zahl mit 10, 100, 1 000, . . . , indem man 1, 2, 3, . . . *Nullen* als Endziffer *anhängt*.

Man *dividiert* eine Zahl durch 10, 100, 1 000, . . . , indem man 1, 2, 3, . . . *Nullen* als Endziffer *weglässt*.

· 100, also 2 Nullen dran

: 100, also 2 Nullen weg

Übungen

8. **a)** Schreibe die Summe als Produkt. Gib auch das Ergebnis an.
(1) 5 + 5 + 5 + 5 + 5 + 5 + 5 + 5 (2) 35 + 35 (3) 1 + 1 + 1 + 1 + 1 + 1

b) Schreibe das Produkt als Summe. Gib auch das Ergebnis an.
(1) 4 · 8 (2) 7 · 17 (3) 5 · 20 (4) 4 · 25 (5) 3 · 125 (6) 2 · 3 020

9. Rechne im Kopf.

a)	**b)**	**c)**	**d)**	**e)**	**f)**	**g)**
3 · 21	5 · 32	4 · 112	68 : 2	75 : 3	78 : 3	408 : 4
4 · 23	7 · 45	3 · 215	80 : 5	78 : 6	84 : 7	654 : 6
3 · 33	3 · 64	7 · 122	60 : 4	96 : 6	95 : 5	936 : 9

10. **a)** Notiere das Produkt aus 23 und 7, berechne dann.

b) Notiere den Quotienten aus 96 und 6, berechne dann.

c) Die Faktoren sind 2, 3 und 9. Notiere das Produkt und berechne.

11. Sina, Christoph und Janin trainieren für die Meisterschaften im Schwimmen.

a) Sina benötigt für eine Bahn 37 s.
Wie viel Sekunden benötigt sie für 8 Bahnen bei gleichem Tempo?

b) Janin schwimmt auch 8 Bahnen in 336 s.
Wie viel Sekunden benötigt sie für eine Bahn?

c) Christoph benötigt für eine Bahn 30 s.
Wie viele Bahnen schwimmt er in 390 s?

12. Multipliziere jede der Zahlen 28, 74, 90, 370, 805, 600, 7 000, 12 000

a) mit 10; **b)** mit 100; **c)** mit 1 000; **d)** mit 10 000; **e)** mit 1 000 000.

13. **a)** Dividiere jede der Zahlen durch 10: 120; 540; 700; 1 400; 8 000; 306 000.

b) Dividiere jede der Zahlen durch 100: 1 300; 6 500; 9 000; 20 000; 300 000; 7 908 000.

c) Dividiere jede der Zahlen durch 1 000: 9 000; 15 000; 60 000; 820 000; 4 050 000.

14. Rechne im Kopf.

a)	b)	c)	d)	e)	f)
$3 \cdot 40$	$80 : 20$	$13 \cdot 30$	$480 : 40$	$7 \cdot 400$	$1800 : 20$
$7 \cdot 50$	$60 : 30$	$17 \cdot 20$	$720 : 60$	$17 \cdot 500$	$5600 : 70$
$8 \cdot 40$	$150 : 50$	$90 \cdot 40$	$510 : 30$	$3 \cdot 9000$	$24000 : 60$

15. **a)** Berechne jeweils das Doppelte von: (1) 30 000; (2) 7 000 000; (3) 20 Millionen.

b) Berechne jeweils die Hälfte von: (1) 80 000; (2) 1 000 000; (3) 12 Millionen.

c) Berechne jeweils das Dreifache von: (1) 5 000; (2) 25 000; (3) 4 Millionen.

d) Berechne jeweils den vierten Teil von: (1) 80 000; (2) 1 000; (3) 280 Millionen.

16. **a)** Im Sekretariat einer Schule werden 50 Schachteln mit Tafelkreide angeliefert. Jede Schachtel enthält 144 Stück. Wie viele Kreidestücke sind das insgesamt?

b) Für die AG Kunst werden 320 Blätter Zeichenkarton benötigt. Dazu müssen 20 Zeichenblöcke bestellt werden. Wie viele Blätter enthält ein Block?

c) Herr Döring benötigt 800 Schrauben. Eine Packung enthält 40 Stück. Wie viele Packungen muss er kaufen?

In 1 s legt der Schall 333 m zurück.

17. Tim will feststellen, wie weit ein Gewitter entfernt ist. Er sieht einen Blitz und hört den Donner 3 Sekunden später. Den Donner eines zweiten Blitzes hört er nach 10 Sekunden.

18. Ein Paket Kopierpapier mit 500 Blatt wiegt 3 kg. Es werden 60 Pakete geliefert.
Stelle selbst Aufgaben und löse sie.

19.

Quotient: 60 g : 30
Rechengeschichte: Inga muss Hustentee trinken. Auf der Dose liest sie: „Inhalt 60 g Teepulver. Reicht für 30 Tassen."
Wie viel g Teepulver muss man für 1 Tasse nehmen?
Rechnung: 60 g : 30 = 2 g
Ergebnis: Für 1 Tasse muss man 2 g Teepulver nehmen.

Erfinde selbst Rechengeschichten zu folgenden Produkten bzw. Quotienten.

a) 60 g : 3 g **b)** 3 m · 6 **c)** 5 · 45 min **d)** 32 m : 4 **e)** 4 · 333 s

Zusammenhang zwischen Multiplizieren und Dividieren

Einstieg

Information der Energieberatung:
Eine Energiesparlampe ist siebenmal so teuer wie eine gleich helle Glühlampe. Sie hat aber eine wesentlich höhere Lebensdauer und verursacht nur ein Fünftel der Stromkosten.

Herr Sparmann kauft für sein Eigenheim Energiesparlampen im Wert von 84 €. Die Energieberatung hat ihm dafür jährliche Stromkosten von 43 € vorausberechnet.

a) Wie viel Euro hätte Herr Sparmann für Glühlampen zahlen müssen?

b) Wie hoch wären die jährlichen Stromkosten für die Glühlampen gewesen?

Aufgabe

1. Welche Zahlen haben sich Jana und Marco ausgedacht?

Lösung

Gesucht ist die gedachte Zahl.
Man erhält sie, indem man die Rechnung rückgängig macht, also rückwärts rechnet.

Zahlenrätsel von Jana

Gedachte Zahl → $\square \cdot 6 = 84$

Pfeilbild: $\square \underset{:6}{\overset{\cdot 6}{\rightleftarrows}} 84$

Rechnung: $84 : 6 = 14$

Ergebnis: Die gedachte Zahl heißt 14.

Zahlenrätsel von Marco

Gedachte Zahl → $\square : 7 = 9$

Pfeilbild: $\square \underset{\cdot 7}{\overset{:7}{\rightleftarrows}} 9$

Rechnung: $9 \cdot 7 = 63$

Ergebnis: Die gedachte Zahl heißt 63.

Information

Das Multiplizieren (Vervielfachen) mit einer Zahl wird durch das Dividieren (Teilen) durch diese Zahl rückgängig gemacht.
Das Dividieren durch eine Zahl wird durch das Multiplizieren mit dieser Zahl rückgängig gemacht.
Man sagt auch: Das Dividieren durch eine Zahl ist die *Umkehroperation* des Multiplizierens mit der Zahl.

$20 \cdot 3 = 60$ Das 20fache von 3 ist 60.

$20 \underset{:3}{\overset{\cdot 3}{\rightleftarrows}} 60$ Multiplizieren / Dividieren

$60 : 3 = 20$ Der 3. Teil von 60 ist 20.

Zum Festigen und Weiterarbeiten

2. Gib jeweils die fehlende Zahl an.

a) □ $\xrightarrow[:8]{\cdot 8}$ 40 **b)** □ $\xrightarrow[:4]{\cdot 4}$ 240 **c)** □ $\xrightarrow[\cdot 4]{:4}$ 8 **d)** □ $\xrightarrow[\cdot 3]{:3}$ 120

□ $\xrightarrow{\cdot 7}$ 42 □ $\xrightarrow{\cdot 9}$ 99 □ $\xrightarrow{:5}$ 10 □ $\xrightarrow{:4}$ 205

3. Rechne im Kopf. Kontrolliere mithilfe der Umkehroperation.

a) 288 : 6 **b)** 45 · 5 **c)** 154 : 7
477 : 9 72 · 6 75 · 7
744 : 8 56 · 4 308 : 4

Aufgabe:
210 : 6 = 35
Kontrolle:
35 · 6 = 210

Pfeilbild:
210 $\xrightarrow[\cdot 6]{:6}$ 35

4. Gib jeweils die fehlende Zahl an.

a) □ · 7 = 21
9 · □ = 81
□ · 8 = 120

b) □ · 5 = 80
25 · □ = 200
□ · 6 = 150

c) □ : 100 = 10
70 : □ = 7
□ : 20 = 9

d) □ : 20 = 20
8 000 : □ = 4
1 000 : □ = 50

5. *Rechnen mit der Null und der Eins.*
Überprüfe durch Rückwärtsrechnen.

a) 4 : 4 = 1 d) 26 : 1 = 26 g) 41 : 0 = 41
b) 0 · 15 = 0 e) 62 : 0 = 0 h) 0 · 1 = 1
c) 1 · 37 = 37 f) 0 : 7 = 0 i) 1 : 1 = 0

17 : 0 geht nicht, weil es keine Zahl gibt, die mit 0 multipliziert 17 ergibt.

Information

Durch 0 kann man nicht dividieren.

(1) Rechnen mit der Null

Wenn man eine Zahl mit 0 multipliziert, erhält man 0.

Beispiele
0 · 18 = 0 45 · 0 = 0

Wenn man 0 durch eine andere Zahl als 0 dividiert, erhält man 0.

0 : 9 = 0

Durch 0 kann man nicht dividieren.

17 : 0 geht nicht
0 : 0 geht nicht

(2) Rechnen mit der Eins

Wenn man eine Zahl mit 1 multipliziert, erhält man dieselbe Zahl.

Beispiele:
1 · 43 = 43 98 · 1 = 98

Wenn man eine Zahl durch sich selbst dividiert, erhält man 1.

5 : 5 = 1

Wenn man eine Zahl durch 1 dividiert, erhält man dieselbe Zahl.

32 : 1 = 32

Übungen

6. Gib jeweils die fehlende Zahl an.

a) □ $\xrightarrow[:3]{\cdot 3}$ 24 **b)** □ $\xrightarrow[:5]{\cdot 5}$ 90 **c)** □ $\xrightarrow[\cdot 4]{:4}$ 6 **d)** □ $\xrightarrow[\cdot 7]{:7}$ 11

□ $\xrightarrow{\cdot 5}$ 45 □ $\xrightarrow{\cdot 7}$ 84 □ $\xrightarrow{:6}$ 9 □ $\xrightarrow{:3}$ 50

7. a)
□ $\xrightarrow{\cdot 4}$ 80 $\xrightarrow{\cdot 3}$ □
↑ : 5 ↑ · 8 ↓ : 2
□ $\xrightarrow{:10}$ □ $\xrightarrow{\cdot 12}$ □

b)
□ $\xrightarrow{\cdot 12}$ 72 $\xrightarrow{:3}$ □
↓ · 8 ↓ : 6 ↑ : 5
□ $\xrightarrow{:4}$ □ $\xrightarrow{\cdot 10}$ □

8. Gib jeweils die fehlende Zahl an. Rechne im Kopf.

a) 9 · 7 = □	**b)** 11 · 12 = □	**c)** 80 : 4 = □	**d)** 140 : 7 = □
□ · 8 = 72	□ · 4 = 72	□ : 8 = 4	□ : 12 = 9
6 · □ = 60	15 · □ = 45	60 : □ = 30	56 : □ = 7
□ · 5 = 55	□ · 7 = 0	□ : 2 = 60	420 : □ = 42

9. Johann hat seine Aufgaben erledigt. Kontrolliere durch Rückwärtsrechnen.

a) 84 : 14 = 6	b) 136 : 21 = 6	c) 210 : 21 = 20	d) 220 : 10 = 22
144 : 18 = 9	126 : 18 = 7	234 : 234 = 0	132 : 11 = 123

10.

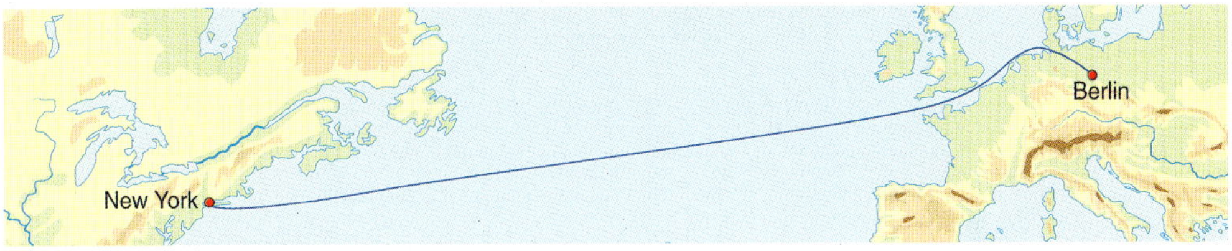

Eine Flugreise von Berlin nach New York dauert 9 Stunden. Das ist nur der 24. Teil der Zeitdauer, die man vor 100 Jahren mit dem Schiff benötigte.

11. **a)** Im Jahre 2000 gab es in Mannheim 145 000 Pkw. Das waren fünfmal so viel wie im Jahre 1958.

b) Im Jahre 2000 gab es in Deutschland 3 Mio. Krafträder. Das ist der siebente Teil der Anzahl der Pkw.

12. Gib die fehlende Zahl an.

a) □ · 12 = 120	**b)** □ : 1 = 19	**c)** 15 · 0 = □	**d)** 1 · □ = 1
80 · □ = 0	5 : □ = 1	0 : □ = 0	69 : □ = 69
□ · 1 = 0	□ : 8 = 0	12 · □ = 72	0 : 7 = □
0 · □ = 24	15 : □ = 0	41 : 0 = □	0 · □ = 1

13. **a)** Versuche eine Zahl zu finden, die mit 9 multipliziert 0 ergibt.

b) Versuche eine Zahl zu finden, die mit 0 multipliziert 9 ergibt.

c) Versuche eine Zahl zu finden, die beim Dividieren durch 9 die Zahl 0 ergibt.

d) Versuche eine Zahl zu finden, die beim Dividieren durch 0 die Zahl 9 ergibt.

14. **a)** Von welcher Zahl ist 240 der fünfte Teil?

b) Von welcher Zahl ist 600 das Dreifache?

c) Wie heißt die Zahl, die man mit 7 multiplizieren muss, um 2 800 zu erhalten?

d) Wie heißt die Zahl, die man durch 9 dividieren muss, um 9 000 zu erhalten?

e) Durch welche Zahl muss man 108 dividieren, um 12 zu erhalten?

15. **a)** Ein Produkt ist 2 400. Ein Faktor ist 60. Wie heißt der andere Faktor?

b) Der Divisor ist 25. Der Quotient ist 8. Wie heißt der Dividend?

c) Der Dividend ist 200, der Quotient ist 5. Wie heißt der Divisor?

d) Das Produkt von 3 Faktoren ist 1 000. Der erste Faktor ist 10 und der zweite 25. Wie heißt der dritte Faktor?

Schriftliches Multiplizieren

Wiederholung

1. Multipliziere schriftlich: **a)** 1 394 · 7 **b)** 3 528 · 400 **c)** 417 · 238
Führe zunächst einen Überschlag durch. Wähle dazu die Faktoren angenähert so, dass du im Kopf rechnen kannst.

Lösung

a) *Überschlag:*
1 400 · 7 = 9 800

```
1 3 9 4 · 7
-----------
    9 7 5 8
```

E: 7 · 4 = 28
Z: 7 · 9 + 2 = 65
H: 7 · 3 + 6 = 27
T: 7 · 1 + 2 = 9

b) *Überschlag:*
3 500 · 400 = 1 400 000

```
3 5 2 8 · 4 0 0
---------------
  1 4 1 1 2 0 0
```

c) *Überschlag:*
400 · 250 = 100 000

```
4 1 7 · 2 3 8
    8 3 4
    1 2 5 1
      3 3 3 6
        1
-------------
    9 9 2 4 6
```

Zum Festigen und Weiterarbeiten

2. Ein sächsischer Hersteller von Pkw-Hängern produziert im Monat 4 500 Anhänger.

a) Wie viele Hänger werden dann in 5 Monaten produziert?

b) Berechne die zu erwartende Jahresproduktion.

3. Multipliziere schriftlich. Führe zunächst einen Überschlag durch.

a) 213 · 3	**b)** 3 126 · 4	**c)** 212 · 40	**d)** 74 · 23	**e)** 843 · 74
547 · 4	2 403 · 6	282 · 30	279 · 35	906 · 98
809 · 5	3 070 · 7	7 388 · 50	134 · 87	789 · 56

4. Ben ist ein Pechvogel. Er hat die Aufgabe 728 · 13 dreimal gerechnet und jedes Mal ein anderes Ergebnis erhalten: 90 464; 1 964; 9 464
Welche Ergebnisse sind auf jeden Fall falsch? Begründe.

5. Multipliziere in der angegebenen Reihenfolge.

a) 79 · 8	**b)** 11 · 93	**c)** 17 · 395	**d)** 22 · 534	**e)** 139 · 400
8 · 79	93 · 11	395 · 17	534 · 22	400 · 139

Welche Rechnung war jeweils günstiger? Woran liegt das?

Information

Beim schriftlichen Multiplizieren ist es vorteilhaft, eine Zahl als zweiten Faktor zu schreiben,
(1) wenn sie weniger Stellen als die andere hat;
(2) wenn bei ihr gleiche Ziffern vorkommen;
(3) wenn Nullen als Ziffern auftreten.

Beispiele:
379 · 45
87 · 333
946 · 50

Übungen

6. Multipliziere schriftlich. Führe zunächst einen Überschlag durch.

a)	b)	c)	d)	e)
423 · 2	1627 · 5	28 143 · 7	9610 · 9	14 325 · 2
512 · 6	7093 · 6	59 028 · 6	9990 · 3	70 532 · 9

8 a) – f)

2 880
58 433 30 100
46 057 22 800 3 850
704 26 697 55 440
3 720 3 915 4 884

7.

a)	b)	c)	d)	e)
132 · 30	513 · 40	920 · 70	655 · 80	1 416 · 300
476 · 50	518 · 60	4 860 · 80	702 · 40	5 087 · 700

8.

a)	b)	c)	d)	e)	f)
22 · 32	45 · 87	823 · 71	583 · 79	275 · 14	924 · 60
60 · 62	60 · 48	407 · 12	809 · 33	860 · 35	400 · 57

9. Wo steckt der Fehler?

(1)	(2)	(3)	(4)
215 · 35	580 · 67	723 · 408	374 · 320
645	3481	2892	1122
1075	4061	5784	748
1720	38871	34704	11968

10. Multipliziere vorteilhaft.

a)	b)	c)	d)
4 000 · 39	77 · 538	370 · 245	873 · 602
5 436 · 79	18 000 · 746	658 · 44	99 · 238

11. Berechne.

a) 143 · 267 c) 718 · 496 e) 2525 · 606 g) 19048 · 456
b) 235 · 309 d) 386 · 717 f) 7447 · 393 h) 98 098 · 678

12. Berechne das Dreifache, das Fünffache, das Neunfache und das Vierzigfache von

a) 111 111 c) 230 023 e) 371 000
b) 777 777 d) 350 206 f) 123 456

13. Berechne das Produkt. Führe zunächst einen Überschlag durch. Die Faktoren heißen:

a) 812; 595; 9 b) 411 000; 89; 11 c) 41; 998; 25

14. Familie König bezahlt den neuen Fernsehapparat in 9 Monatsraten zu je 118 €. Wie viel Euro wird sie insgesamt dafür bezahlen?

15. An einem Verkaufsstand wird ein neues Reinigungsmittel für Teppiche angeboten, die Flasche zu 13 €. Der Verkäufer verkauft an einem Tag

a) 120 Flaschen; b) 203 Flaschen; c) 347 Flaschen.

16. Das Herz eines 14-Jährigen schlägt durchschnittlich 85-mal in der Minute. Berechne die Anzahl der Herzschläge in 1 Stunde, an 1 Tag, in einer Woche, in 1 Jahr. Miss deinen Puls und rechne ebenso.

17. In der Sächsischen Schweiz ist die Festung Königstein ein beliebtes Reiseziel. Im Sommer fahren oft Schiffe nach Königstein.

a) Ein Schiff kann 175 Fahrgäste aufnehmen. Es fährt 68-mal nach Königstein.

b) Der Fahrpreis von Dresden nach Königstein beträgt für einen Erwachsenen 9 € und für ein Kind 4 €. Für eine Fahrt wurden 83 Fahrscheine an Kinder und 79 an Erwachsene verkauft.

18. Wie viele Stunden hat der Dezember, wie viele der Februar?

19. Berechnet. Notiert euch vom jeweiligen Ergebnis nur die Hunderterziffer. Wie heißt der Lösungssatz?

0 = A | 2 = E | 4 = P | 6 = S | 8 = W | 1 = D | 3 = I | 5 = R | 7 = T | 9 = Z

322 · 308	539 · 120
477 · 128	345 · 207
199 · 199	256 · 388
613 · 145	370 · 210
618 · 149	473 · 169
297 · 214	281 · 218

20. Der Mond umkreist die Erde und legt dabei in jeder Stunde 3 680 km zurück.

a) Wie lang ist der Weg des Mondes an einem Tag?

b) Für einen vollen Umlauf benötigt der Mond 27 Tage und 8 Stunden. Wie lang ist der Weg, den er in dieser Zeit zurücklegt?

Zum Knobeln

21. Fülle die Lücken mit den richtigen Ziffern aus.

a)
3□ · □5
74
□□□
□25

b)
4□ · 3□
1□7
□□4
□□□□

c)
64 · □□
3□0
□7□
□□□6

d)
□□ · 23
□4□
□□□
1□56

Schriftliches Dividieren

Aufgabe

1. Ein Sponsor will den acht Sportvereinen seiner Stadt 7 416 € spenden.

a) Die Spende soll zu gleichen Teilen vergeben werden.
Wie viel Euro erhält jeder Verein?

b) Ein Verein hat sich aufgelöst. Wie viel Euro erhält dadurch jeder Verein zusätzlich?

Lösung

a) *Überschlag:* Wähle dazu die Höhe der Spende angenähert so, dass sich der Betrag leicht durch 8 dividieren lässt: 7 200 € : 8 = 900 €

Schriftliche Rechnung: Du kennst das schriftliche Divisionsverfahren. Dabei musst du den Stellenwert der einzelnen Ziffern beachten. Dies fällt dir leichter, wenn du dir vorstellst, dass die Spende in 100- und 10-Euro-Scheinen, sowie in 1-Euro-Münzen ausgezahlt wird.

		T	H	Z	E		H	Z	E
74 H vorhanden		7	4	1	6	: 8 =	9	2	7
72 H werden verteilt	−	7	2			· 8			
2 H + 1 Z = 21 Z			2	1					
16 Z werden verteilt		−	1	6		· 8			
5 Z + 6 E = 56 E				5	6				
56 E werden verteilt			−	5	6	· 8			
					0				

Kurzschreibweise:
7 4 1 6 : 8 = 9 2 7
7 2
  2 1
  1 6
    5 6
    5 6
      0
Kontrolle: 9 2 7 · 8
7 4 1 6

Ergebnis: Jeder Verein erhält 927 €.

b) 927 € sind auf die übrigen 7 Vereine gleichmäßig zu verteilen.

Überschlag: 910 € : 7 = 130 €

Schriftliche Rechnung:

9 H vorhanden	9 2 7 : 7 = 1 3 2 Rest 3	Kontrolle: 1 3 2 · 7
7 H werden verteilt	7	9 2 4
2 H + 2 Z = 22 Z	2 2	
21 Z werden verteilt	2 1	9 2 4 + 3 = 9 2 7
1 Z + 7 E = 17 E	1 7	
14 E werden verteilt	1 4	
Rest 3 €	3	

Ergebnis: Jeder erhält 132 € mehr. Der Rest von 3 € müsste auch noch auf die 7 Vereine verteilt werden.

Rechne im Kopf:
Wie viel Cent erhält jeder noch?
Wie viel Cent bleiben übrig?

Aufgabe

2 · 500 €
= 1 000 €

2. Bei einem Preisausschreiben gibt es 23 Gewinner. Der Preis von 54 970 € wird gleichmäßig an alle Gewinner verteilt.
Wie viel Euro erhält jeder? Mache vorher eine Überschlagsrechnung.

Lösung

Mögliche Überschlagsrechnung: 54 970 € : 23 ≈ 50 000 € : 20 = 2 500 €

Schriftliche Rechnung: Beachte den Stellenwert der einzelnen Ziffern. Dies fällt dir wieder leichter, wenn du dir vorstellst, dass der Gewinn in Euro-Scheinen ausgezahlt wird.

	T	H	Z	E		T	H	Z	E
54 T vorhanden	54	9	7	0	: 23 =	2	3	9	0
46 T werden verteilt	− 46				· 23				
8 T + 9 H = 89 H	8	9							
69 H werden verteilt	− 6	9			· 23				
20 H + 7 Z = 207 Z	2	0	7						
207 Z werden verteilt	2	0	7		· 23				
0 Z + 0 E = 0 E			0	0					
0 E werden verteilt				0	· 23				
				0					

Kurzschreibweise:

```
5 4 9 7 0 : 2 3 = 2 3 9 0
4 6
  8 9
  6 9
  2 0 7
  2 0 7
      0 0
        0
        0
```

Kontrolle:

```
2 3 9 0 · 2 3
    4 7 8 0
      7 1 7 0
    5 4 9 7 0
```

Ergebnis: Jeder Gewinner des Preisausschreibens erhält 2 390 €.

Zum Festigen und Weiterarbeiten

3. 6 Studenten machen eine gemeinsame Studienreise nach New York. Die Flug- und Hotelkosten betragen insgesamt 8 736 €.
Wie viel Euro muss jeder Student bezahlen?
Mache vorher eine Überschlagsrechnung.

4. Führe zunächst eine Überschlagsrechnung durch. Rechne anschließend schriftlich und Kontrolliere dein Ergebnis durch Rückwärtsrechnen.

a)	b)	c)	d)	e)
879 : 3	1 704 : 8	49 380 : 4	91 944 : 6	250 356 : 5
824 : 7	2 838 : 6	26 927 : 7	75 499 : 3	386 108 : 8

5. In einer Fabrik sollen 2 180 kg Farbe in Eimer abgefüllt werden. Ein kleiner Eimer fasst 5 kg. Ein großer Eimer fasst 8 kg.

6. Dividiere schriftlich und achte dabei – wie in dem Beispiel – besonders auf die Null.

a) 740 : 2
820 : 4

b) 1 221 : 3
7 500 : 5

c) 30 300 : 6
36 072 : 9

d) 28 140 : 7
45 600 : 8

e) 200 500 : 5
122 800 : 4

f) 642 540 : 6
700 420 : 7

```
270360 : 9 = 30040
27
 00
  0
  03
   0
   36
   36
    00
     0
     0
```

0 Tausender sind zu verteilen.

Beim Verteilen von 3 Hundertern erhält jeder 0 Hunderter.

Nach den Zehnern die Einer nicht vergessen.

7. Wo steckt der Fehler?

```
a) 9142 : 7 = 136
   7
   21
   21
    042
     42
      0
```

```
b) 15680 : 4 = 392
   12
    36
    36
     08
      8
      0
```

```
c) 744 : 8 = 813
   64
   10
    8
    24
    24
     0
```

8. Führe zunächst eine Überschlagsrechnung durch. Dividiere anschließend schriftlich und kontrolliere deine Ergebnisse durch Multiplizieren.

a) 2 592 : 12
6 090 : 15

b) 39 180 : 30
94 720 : 20

c) 96 685 : 25
92 870 : 35

d) 140 610 : 39
322 700 : 28

9. Dividiere vereinfacht.

a) 125 000 : 5 000

b) 18 000 : 600

c) 96 000 : 40

d) 204 000 : 200

e) 995 000 : 5 000

f) 7 200 000 : 3 000

Rechne z. B. in Tausendern.
840 000 : 3 000 = 840 T : 3 T
= 840 : 3
= 280

Übungen

10. Dividiere schriftlich und kontrolliere dein Ergebnis. Führe vorher eine Überschlagsrechnung durch.

a) 2 322 : 6
2 545 : 5

b) 43 276 : 7
72 728 : 6

c) 23 280 : 3
30 909 : 9

d) 284 816 : 8
280 086 : 4

e) 2 553 460 : 7
6 912 060 : 8

11. Geeignete Fragen wirst du schnell selber finden. Runde sinnvoll.

a) 216 kg Kartoffeln wurden gleichmäßig auf 9 Säcke verteilt.

b) 6 Tip-Freunde gewinnen im Lotto zusammen 48 540 €.

c) Von einer Baustelle sind 2 500 t Erdaushub abzutransportieren. Ein Lkw kann 20 t laden.

d) In Beutel zu je 3 kg werden 168 kg Äpfel verpackt.

e) Frau Fahrig fährt auf der Autobahn in 4 Stunden 473 km.

12a) und b)

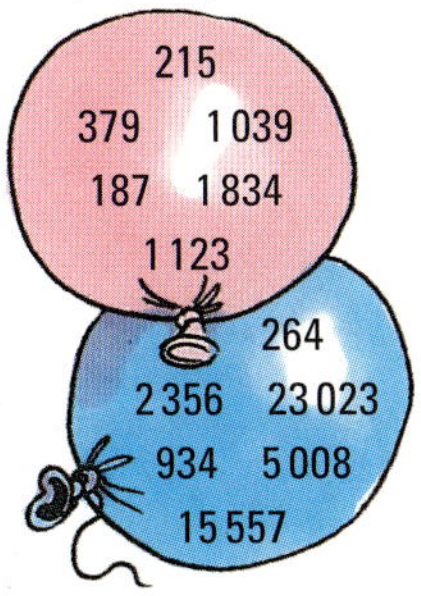

12c) und d)

12. Berechne.

a) 5685 : 15; 8228 : 44; 8170 : 38
b) 34846 : 19; 90963 : 81; 43638 : 42
c) 80104 : 34; 52304 : 56; 22968 : 87
d) 560052 : 36; 385616 : 77; 552552 : 24

13. Führe zunächst eine Überschlagsrechnung durch. Rechne anschließend schriftlich und kontrolliere dein Ergebnis durch Rückwärtsrechnen. Es sind Reste möglich.

a) 5846 : 18 **c)** 14993 : 47 **e)** 131104 : 68 **g)** 5655440 : 56
b) 7446 : 73 **d)** 48795 : 32 **f)** 263085 : 85 **h)** 4680040 : 92

14. Suche den Fehler.

a) 9180 : 27 = 34
81
108
108
0

b) 282 : 47 = 51
235
47
47
0

c) 1650 : 25 = 74
175
100
100
0

d) 7210 : 35 = 26
70
210
210
0

15. Dividiere vereinfacht.

a) 2376600 : 600 **c)** 3481000 : 5900 **e)** 20900000 : 38000
b) 6732900 : 900 **d)** 28090820 : 790 **f)** 39690000 : 63000

16. Stelle geeignete Fragen und beantworte sie.

a) 30 Teilnehmer bezahlen für einen Zoobesuch mit Busfahrt insgesamt 510 €.

b) Eine Supermarktkette kauft 93 DVD-Player für 8091 €.

c) An einer 1260 m langen Landstraße werden auf beiden Straßenseiten Bäume gepflanzt. Der Abstand zwischen den Bäumen beträgt im Durchschnitt 35 m.

d) Eine E-Lok legte im Monat April 42630 km zurück.

17. In einem Ferienort dauert die Hauptsaison 13 Wochen. In dieser Zeit wurden 22477 Übernachtungen gezählt.

a) Wie viele Übernachtungen waren das durchschnittlich pro Woche?

b) Wie viele Übernachtungen kamen in dieser Zeit durchschnittlich auf einen Tag?

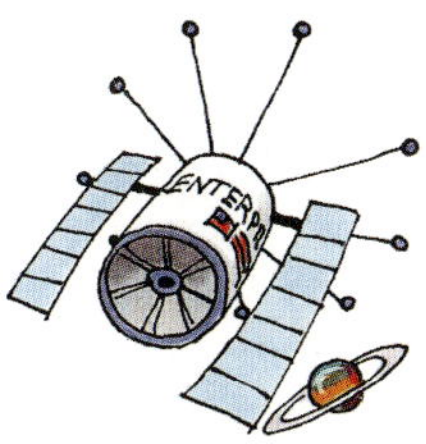

18. Eine Raumsonde ist 23632 Stunden unterwegs.

a) Wie viele Tage sind das? **b)** Wie viele Wochen sind das?

Führe zunächst eine Überschlagsrechnung durch.

19. Der Planet Venus benötigt 225 Tage, um einmal die Sonne zu umkreisen. Er legt dabei 680400000 km zurück.
Wie viel km legt der Planet

a) an einem Tag zurück;
b) in einer Stunde zurück;
c) in einer Minute zurück?

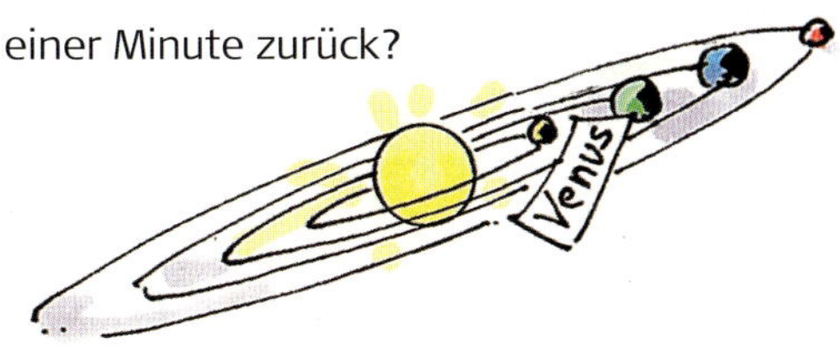

VERMISCHTE ÜBUNGEN ZU ALLEN RECHENOPERATIONEN

1. Berechne. Führe vorher eine Überschlagsrechnung durch.

a) 6 000 + 79 − 5 454
33 750 : 54
25 · 25

b) 3 003 − 207 − 1 068
12 · 12 · 12
20 736 : 12

c) 324 · 324
24 · 81 · 54
7 473 411 : 11

2. **a)** Wie groß ist die Differenz der Zahlen 73 521 und 26 732?

b) Um wie viel ist die Summe der Zahlen 851 und 432 größer als ihre Differenz?

c) Wie viel musst du zu 1 234 addieren, um die größte 4-stellige Zahl zu erhalten?

d) Ein Quotient ist 8, der Divisor ist 23. Wie heißt der Dividend?

3. Die Zuschauer sollen entscheiden, welcher Film gesendet werden soll. Der Sender startet dazu eine Telefonaktion.
Wie viele Anrufe sind insgesamt ausgewertet worden?

4. Am 1. 1. 2004 gab es in der Bundesrepublik 54 082 169 Kraftfahrzeuge, davon 45 022 926 Personenkraftwagen.
Wie viele übrige Fahrzeuge gab es?

5. Bis Ende des Jahres 2003 hatte ein Werk 829 175 Personenwagen vom Typ „Speedy" hergestellt.
Wie viele Wagen müssen noch vom Band laufen, bis die Zahl 1 000 000 voll ist?

6. Herr Großmann sammelt europäische Briefmarken. Im Jahr 2001 besaß er 3 409 Marken aus Europa. 2002 kamen 512 hinzu. Weitere 747 Briefmarken erwarb er 2003. Seine Sammlung europäischer Marken soll einmal 5 000 Stück umfassen.

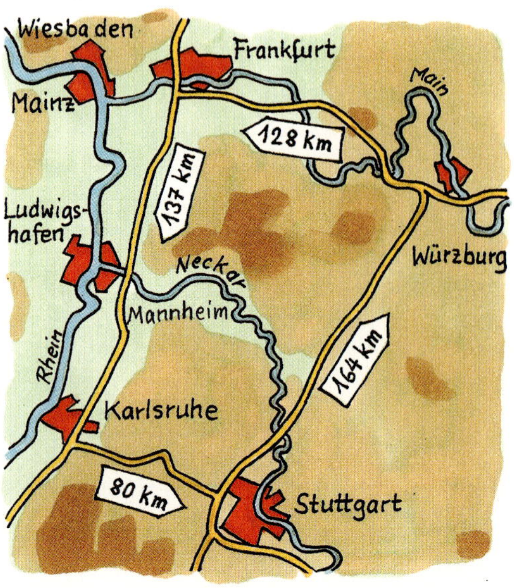

7. Lenas Vater ist Fernfahrer. Er fährt auf der Autobahn von Stuttgart nach Würzburg und von dort weiter nach Frankfurt.

a) Wie lang ist der Weg, den er zurücklegt?

b) Zurück nimmt er den Weg über Karlsruhe.

8. Frau Köster ist Busfahrerin. Sie notiert von Montag bis Freitag die täglich gefahrenen Kilometer: 284, 359, 307, 410 und 296. Am Ende der Woche zeigt der Kilometerzähler 89 056 an.

a) Wie viele Kilometer ist Frau Köster mit ihrem Bus in dieser Woche gefahren?

b) Welche Zahl zeigte der Kilometerzähler am Wochenanfang?

9. Das Herz eines Jugendlichen schlägt 85-mal in einer Minute.
Berechne die Anzahl der Herzschläge in zwei Stunden und an einem halben Tag.

10.

Sperling	Kolibri	Marienkäfer	Biene	Hummel	Stechmücke
13	48	82	190	240	290

Die Tabelle gibt für verschiedene Tiere die Anzahl der Flügelschläge je Sekunde an.

a) Berechne jeweils die Anzahl der Flügelschläge innerhalb einer Minute.

b) Wie viele volle Sekunden vergehen, bis mindestens 3 500 Flügelschläge erfolgt sind?

11. Frau Seiler hat für 7 Übernachtungen in einem Wellness-Hotel 399 € bezahlt.

a) Wie teuer ist eine Übernachtung?

b) Wie viel hätte Frau Seiler bezahlt, wenn sie 5 Tage länger geblieben wäre?

12. Für die Kreismeisterschaft im Badminton kauft Herr Jenke 8 Dosen mit je 12 Bällen. Er denkt, dass für die einzelnen Spiele 80 Badminton-Bälle benötigt werden.

13. Stelle sinnvolle Fragen und beantworte sie.

a) Julias Vater möchte einen Obstgarten anlegen. Er vergleicht die Preisangebote:
Eine Baumschule verlangt 264 € für 12 Apfelbäumchen.
Eine Gärtnerei bietet 15 Bäumchen der gleichen Sorte für 345 € an.

b) Zwei Händler bieten den gleichen Fotoapparat an.

c) Ein Bauunternehmen soll 750 t Erde abtransportieren. Hierfür stehen ihm 3 Lkw zur Verfügung, die jeweils 12 t Erde laden können.

14. Die Klassen 5 a (24 Kinder), 5 b (23 Kinder), 6 a (26 Kinder) und 6 b (22 Kinder) der Brüder-Grimm-Schule fahren gemeinsam auf Klassenfahrt. Jedes Kind hat 63 € zu bezahlen. Herr Scholz, der für alle Klassen das Geld einsammelt, zählt in seiner Kasse 5 229 €.
Wie viele Kinder müssen noch bezahlen?

Spiel (4 bis 6 Spieler)

15. *Super 60*
Jeder Spieler hat zu Beginn 10 Punkte. Dann wird reihum gewürfelt. Wirft ein Spieler eine Zahl, durch die sich seine Punktzahl ohne Rest dividieren lässt, dann muss er dividieren; lässt sich seine Punktzahl nicht durch die gewürfelte Zahl dividieren, dann multipliziert er damit.
Beispiel: Wirft er eine 5, dann rechnet er $10 : 5 = 2$. Seine neue Punktzahl ist dann 2.
Wirft er eine 3, dann rechnet er $3 \cdot 10 = 30$. Seine neue Punktzahl ist dann 30.
Der Spieler notiert sich seine neue Punktzahl, dann würfelt der nächste Spieler.
Gewonnen hat, wer als erster mehr als 60 Punkte erreicht hat.

BIST DU FIT?

1. Rechne schriftlich. Schätze zuvor das Ergebnis durch sinnvolles Runden.

a) 14073 + 12106 **d)** 40000 − 24888 **g)** 712 + 34806 + 5132
b) 28195 − 11083 **e)** 200533 + 7813 **h)** 6440300 − 221045 − 1070288
c) 52311 + 6904 **f)** 4000000 − 1809315 **i)** 456789 + 234567 + 555222

2. Judiths Mutter kauft einen Neuwagen, der zum Grundpreis von 12 485 € angeboten wird. Sie wählt ein Modell mit Sonderausstattung, für das sie 1 972 € mehr bezahlen muss. Der Händler nimmt ihr altes Auto zum Preis von 4 500 € in Zahlung.
Wie viel Euro muss Judiths Mutter bezahlen?

3. Rechne schriftlich. Du erhältst auffallende Ergebnisse.

a) 38885 : 7; 74070 : 6 **b)** 3737 · 12; 1372 · 48 **c)** 176042 : 23; 302192 : 34 **d)** 7992 · 125; 999 · 370 **e)** 21756 : 28; 27195 : 49

4. Berechne die fehlende Zahl.

a) □ · 15 = 585 **b)** 57 · □ = 46113 **c)** □ : 9 = 46 **d)** □ : 17 = 45

5. Suche passende Zahlen. Gibt es mehrere Möglichkeiten?

a) □ · □ = 192 **b)** □ : □ = 14

6. Ein Kino hat 516 Plätze zum Preis von 6 €, 348 Plätze zum Preis zu 8 € und 174 Plätze zu 11 €. Bei einem erfolgreichen Film ist das Kino 16-mal voll besetzt gewesen.
Wie viel Geld wurde eingenommen?

7. Den Weltrekord im Siebenkampf der Frauen hält seit dem 24. 09. 1988 Jackie Joyner-Kersee aus den USA mit 7 291 Punkten. Dabei erreichte sie in den Einzeldisziplinen die angegebenen Punkte. Wie viele Punkte erreichte sie im abschließenden 800 m-Lauf?

100 m-Lauf	Hochsprung	Kugelstoßen	200 m-Lauf	Weitsprung	Speerwurf
1 172	1 054	915	1 123	1 264	776

8. Eine Stadt mit 61 348 Einwohnern hat zwei Nachbarorte mit 19 170 und 17 835 Einwohnern. Diese Nachbarorte werden mit der Stadt zusammengelegt (eingemeindet).

a) Um wie viele Einwohner wächst die Bevölkerung der Stadt?

b) Wie groß ist die neue Einwohnerzahl?

c) Wie viele Einwohner fehlen der Stadt dann noch, damit sie eine Großstadt mit (mindestens) 100 000 Einwohnern wird?

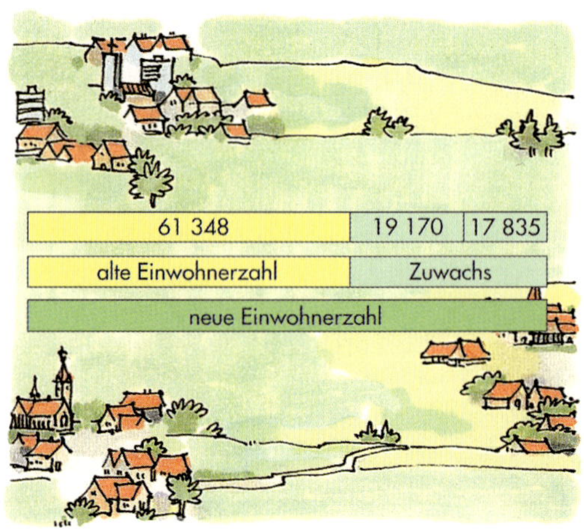

9. In einem Zuschauerraum gibt es 23 Sitzreihen zu je 54 Plätzen. Bei einer überfüllten Veranstaltung mussten 95 Zuschauer stehen.

a) Wie viele Sitzplätze sind vorhanden?

b) Wie viele Zuschauer hatte die überfüllte Veranstaltung?

10. Ein Kreuzfahrtschiff kann 1 900 Passagiere an Bord nehmen. Jedes Rettungsboot hat Platz für 86 Passagiere.
Wie viele Rettungsbote muss das Schiff für seine Passagiere mitführen?

11. Stelle geeignete Fragen und beantworte sie.

a) Daniel hat 186 € gespart. Er kauft sich davon ein Paar Fußballschuhe für 83 € und ein Trikot für 39 €.

b) Bauer Griewel füllt 1 200 kg Kartoffeln in Säcke zu je 25 kg.

c) Jana hat auf einer Videokassette (240 min Spielzeit) bereits drei Sendungen aufgenommen: einen Film mit 72 min, eine Musiksendung mit 57 min und eine Sportsendung mit 45 min. Sie möchte noch eine Sendung aufnehmen, die 55 min dauert.

d)

12. Familie Koch isst zu Abend in einem italienischen Restaurant. Kathrin bestellt Spaghetti Bolognese für 8,30 €, Guido eine Pizza Funghi für 6,50 €, Frau Koch Thunfisch für 11,30 € und Herr Koch Muscheln für 9,90 €. Kathrin und Guido trinken je eine Cola für 2,40 € und die Eltern teilen sich eine Karaffe Wein für 6,50 €. Beim Bezahlen rundet Herr Koch auf volle Zehner auf.
Wie viel Trinkgeld bekommt der Kellner?

13. Ulrike ist 10 000 m-Läuferin. Sie trainiert mit Freundinnen in einem Leichtathletikstadion. Die ersten 13 Runden ist sie in 18 Minuten und 25 Sekunden gelaufen. Eine Runde ist 400 m lang.
Formuliere mit diesen Angaben geeignete Aufgaben und löse sie.

14. Der Eintritt in ein Stadion kostet 17 €. Prüfe, ob die Einnahmen von 14 331 € an Kasse 1 und 10 924 € an Kasse 2 stimmen können.

RECHENWEGE „AUF EINEN BLICK" – KLAMMERN

Terme mit Klammern

Einstieg

Am Sonntag ist Taschengeldtag. Frau Groß hat 125 € in ihrer Geldbörse. Davon bekommt Johann 16 €, Tanja 14 € und Tina 7 €. Wie viel Euro hat Frau Groß anschließend noch in ihrer Geldbörse? Finde verschiedene Lösungswege.

Aufgabe

1. In Lauras Schule nahmen 476 Jungen und Mädchen an den Bundesjugendspielen teil. 287 Teilnehmer erhielten eine Siegerurkunde. 63 Kinder erhielten sogar eine Ehrenurkunde.
Wie viele Schüler haben es nicht geschafft eine Urkunde zu bekommen?

a) Man kann auf zwei Arten rechnen. Gib beide Rechenwege an.

b) Man kann jeden Rechenweg mit einem einzigen Rechenausdruck schreiben. Mit Klammern zeigt man an, dass nicht von links nach rechts gerechnet werden soll, sondern in einer anderen Reihenfolge. Versuche es.

c) Kann man den Rechenausdrücken „ansehen", welcher Rechenweg einfacher ist?

Lösung

a) *Tims Weg:* 476 − 287 = 189; 189 − 63 = 126   *Julias Weg:* 287 + 63 = 350; 476 − 350 = 126

Ergebnis: 126 Schüler haben keine Urkunde bekommen.

b) *Term:* 476 − 287 − 63   *Term:* 476 − (287 + 63)

c) Bei Julias Weg kann man sehen, dass man in der Klammer mit 350 eine „runde" Zahl erhält. Damit kann man leichter weiterrechnen.

Information

Man kann jeden Rechenweg mit einem einzigen Rechenausdruck, **Term** genannt, schreiben. So kann man den Rechenweg „auf einen Blick" überschauen und Rechenvorteile leichter erkennen. Wenn nicht von links nach rechts gerechnet werden soll, dann muss man angeben, welche Rechnung zuerst ausgeführt werden soll. Dies erfolgt mit **Klammern.**
Was in einer Klammer steht, wird zuerst berechnet.

(a) 200 − (50 − 30) = 200 − 20 = 180

(b) 96 : (12 · 4) = 96 : 48 = 2

(c) 196 − (78 + 62) = 196 − 140 = 56

Klammer zuerst

Zum Festigen und Weiterarbeiten

2. Eine Großpackung Kaubonbons enthält 12 Stangen mit je 6 Päckchen. Insgesamt sind in einer Großpackung 360 Kaubonbons. Wie viele Kaubonbons sind in jedem Päckchen? Rechne auf zwei Arten. Schreibe zu jedem Rechenweg einen Term.

3. Berechne den Term. Beschreibe den Termaufbau wie in den Beispielen.

a) 183 − (62 + 58)
183 − 62 + 58
183 − (62 − 58)

b) 172 + (98 − 56)
172 + 98 + 56
172 + (98 + 56)

c) 128 · (8 : 4)
128 · 8 : 4
128 · (8 · 4)

d) 300 : (5 · 3)
300 : 5 · 3
300 : 5 : 3

(1) 297 − (57 + 43) (Summe)
= 297 − 100 (Differenz)
= 197

(2) 7 · (120 : 5) (Quotient)
= 7 · 24 (Produkt)
= 168

4. Schreibe den Term und berechne ihn.

a) Subtrahiere von der Zahl 183 die Differenz der Zahlen 69 und 27.

b) Subtrahiere von der Differenz der Zahlen 275 und 125 die Summe aus 37 und 43.

c) Addiere zur Summe der Zahlen 65 und 13 die Differenz aus 93 und 49.

5. Schreibe drei verschiedene Terme mit Klammern auf. Das Ergebnis soll jeweils 75 sein.

Übungen

6. Berechne die Terme. Vergleiche.

a) 800 − (64 + 36) und 800 − 64 + 36

b) 90 : (5 · 2) und 90 : 5 · 2

c) 600 + (87 − 56) und 600 + 87 − 56

d) 96 : (4 · 2) und 96 : 4 · 2

7. a) Berechne.

(1) 273 − 96 − 45
(358 + 39) − 63
159 − (89 − 42)

(2) 464 − 51 + 38
418 + (69 − 48)
(767 − 29) + 47

(3) 120 : (5 · 8)
(12 · 8) : 12
60 : (100 : 5)

(4) 600 : 15 : 5
17 · (108 : 4)
(36 : 36) · 6

b) Beschreibe den Termaufbau wie in den Beispielen zu Aufgabe 3.

8. a) 836 − (83 + 67)

b) (83 + 27) · 5

c) 997 − (53 + 45)

d) 6 · (32 + 118)

e) 735 − (126 − 83) + 37

f) 825 − (137 + 215) − 88

g) 654 − (298 − 165) + 118

h) 935 − 127 − (215 + 338)

i) (63 : 7) · (72 − 56)

j) (74 + 56) : (256 − 243)

k) (48 − 35) · (45 : 9)

l) (67 + 53) : (143 − 113)

9. Schreibe einen Term und berechne ihn.

a) Subtrahiere von 212 die Summe der Zahlen 56 und 83.

b) Multipliziere die Differenz der Zahlen 97 und 68 mit 9.

c) Dividiere die Zahl 108 durch die Differenz der Zahlen 63 und 27.

10. a) Maren und Katja tragen Werbeprospekte aus. Insgesamt müssen sie 800 Faltblätter verteilen. Am ersten Nachmittag schaffen sie 265 Stück, am zweiten 230 Stück und am dritten Nachmittag 220. Wie viele Prospekte sind noch nicht verteilt?

b) Carlos sammelt Fußballbilder; er hat schon 13 verschiedene. Sein Taschengeld setzt er gleich in 45 neue Bilder um. Zu seiner Enttäuschung hat er danach 17 Bilder doppelt. Wie viele verschiedene Bilder hat er?

Zum Knobeln

11. Schreibe die Aufgabe in dein Heft. Ergänze die fehlenden Klammern.

a) 38 − 14 + 12 = 12

b) 78 − 36 + 17 = 59

c) 48 : 16 : 4 = 12

d) 72 : 8 · 3 = 27

e) 5 945 − 1 428 + 1 275 = 3 242

f) 7 456 − 3 214 − 1 312 = 2 930

Punktrechnung vor Strichrechnung

Einstieg

Josephin trainiert regelmäßig im Rollsportverein.
In wenigen Wochen wird sie bei den Berlinmeisterschaften starten. Vorher möchte Josephin für ihre Inline-Skates acht neue Rollen kaufen. Dafür hat sie 105 € gespart.
Eine Rolle kostet 12 €.
Wie viel Geld bleiben Josephin nach dem Kauf übrig?

Aufgabe

1. Lies dir die Zeitungsnotiz durch. Schreibe dann den Rechenweg mithilfe eines einzigen Terms; kennzeichne mit Klammern, was zuerst gerechnet werden muss.

Zirkus Mondial ein Zuschauermagnet
Schon 12 500 Zuschauer haben das tolle Programm gesehen. Es ist zu erwarten, dass die restlichen 8 Vorstellungen mit je 850 Besuchern ausverkauft sein werden.

Mit wie vielen Besuchern kann der Zirkus insgesamt rechnen?

Lösung

Rechenschritte: (1) $8 \cdot 850 = 6800$
(2) $12\,500 + 6800 = 19\,300$

Term:

$12\,500 + (8 \cdot 850)$
$= 12\,500 + 6800$
$= 19\,300$

Rechenbaum:

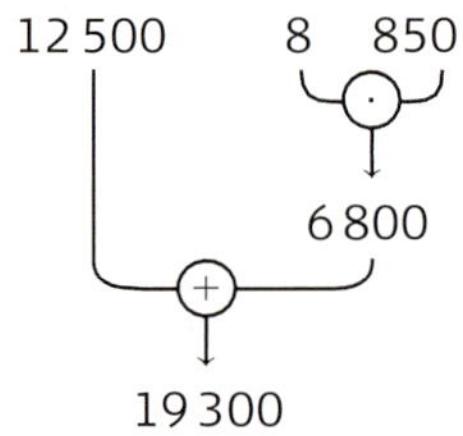

Ergebnis: Der Zirkus kann mit 19 300 Besuchern rechnen.

Information

Vorrangregeln für das Berechnen von Termen

(1) Klammern werden zuerst berechnet.
(2) Punktrechnung geht vor Strichrechnung.
(3) In allen anderen Fällen wird von links nach rechts gerechnet.

Rechne von links nach rechts

(a) $(19 - 7) \cdot 8 = 12 \cdot 8 = 96$

(b) $7 \cdot 8 + 48 : 6 = 56 + 8 = 64$

(c) $35 - 2 \cdot (8 + 7) = 35 - 2 \cdot 15 = 35 - 30 = 5$

(d) $72 : 4 \cdot 3 = 18 \cdot 3 = 6$

Zum Festigen und Weiterarbeiten

2. **a)** 28 + 42 : 7 **b)** 67 − 12 · 4 **c)** 56 : 7 + 74 **d)** 12 · 9 − 84 **e)** 6 · 7 + 9 · 8 **f)** 48 : 6 + 6 · 9 **g)** 48 + 9 · 8 − 4 **h)** 63 − 96 : 6 + 35

3. **a)** Berechne und vergleiche.
(1) 200 − 60 · 3 und (200 − 60) · 3
(2) 400 + 64 : 8 und (400 + 64) : 8
(3) 12 · 5 + 25 · 4 und 12 · (5 + 25) · 4
(4) 96 : (2 · 8) − 6 und 96 : 2 · (8 − 6)

b) Beschreibe den Termaufbau (vgl. Aufgabe 3, Seite 67).

4. Schreibe den Term und berechne ihn.

a) Subtrahiere von der Zahl 256 das Produkt der Zahlen 12 und 9.

b) Addiere zur Zahl 288 den Quotienten der Zahlen 126 und 9.

Übungen

5. Rechne im Kopf.

a) 8 + 72 : 8 **b)** 36 + 24 : 6 **c)** 84 : 7 − 7 **d)** 12 + 78 : 6 **e)** 105 − 45 : 15 **f)** 45 : 3 + 12 : 2 **g)** 84 : 12 + 91 : 7 **h)** 12 · 8 + 14 : 7 **i)** 78 : 6 − 2 · 5 **j)** 135 : 45 − 48 : 16 **k)** 117 − 17 · 5 + 25 **l)** 123 + 27 · 3 − 2

6. Kontrolliere die Rechnung. Hier fehlen manchmal Klammern. Schreibe die Aufgaben – wenn nötig – mit Klammern in dein Heft.

a) 12 + 13 · 8 = 200
b) 95 − 48 : 6 = 87
c) 11 · 8 + 7 − 15 = 150
d) 13 · 5 − 96 : 12 = 57
e) 100 + 432 − 18 · 9 = 370
f) 600 : 60 + 60 − 65 : 13 = 0
g) 237 · 73 + 84 − 27 413 = 9 796
h) 532 980 : 36 · 47 − 5 · 63 = 0

7. Schreibe einen Term und berechne ihn.

a) Addiere zur Zahl 200 das Produkt der Zahlen 12 und 8.

b) Subtrahiere von der Zahl 57 den Quotienten der Zahlen 35 und 7.

c) Multipliziere die Summe der Zahlen 12 und 8 mit der Differenz der Zahlen 36 und 9.

8. Henning und sein Bruder Thorben wünschen sich sehnlichst eine Streethockeyausrüstung. Sie haben gemeinsam 120 € zur Verfügung. Aus einem Katalog entnehmen sie die Preise.

a) Sie bestellen mit ihren Eltern 2 Tore, 1 Puck und 2 Schläger. Wie viel Euro behalten sie noch übrig? Notiere den Lösungsweg mit *einem* Term.

b) Stelle ähnliche Aufgaben und löse sie.

Zum Knobeln

9. Setze für ■ +, −, · ein; du kannst auch Klammern setzen.
(1) 15 ■ 4 ■ 7 ■ 2 = (2) 3 ■ 11 ■ 5 ■ 6 = (3) 12 ■ 5 ■ 7 ■ 3 =

a) Das Ergebnis soll möglichst groß sein.

b) Das Ergebnis soll möglichst klein sein.

c) Das Ergebnis soll möglichst nahe an 30 herankommen.

VORTEILHAFT RECHNEN – RECHENGESETZE

Verbindungs- und Vertauschungsgesetze

Einstieg

Tanja hat sich die Aufgaben durch „geschicktes" Vertauschen und Verbinden vereinfacht. Welche Rechenvorteile hat sie erkannt?

Aufgabe

1. Bei den Kopfrechenaufgaben rechts rechnet Martina sehr geschickt.
Wie rechnet sie?

Lösung

1) $232 + 117 + 68 + 83$
$= 232 + 68 + 117 + 83$ (Vertauschen)
$= 232 + 68 + (117 + 83)$
$= 300 + 200$
$= 500$
(117 und 83 passen gut zusammen: verbinden)

2) $9 \cdot 125 \cdot 7 \cdot 8$
$= 9 \cdot 7 \cdot 125 \cdot 8$ (Vertauschen)
$= 9 \cdot 7 \cdot (125 \cdot 8)$
$= 63 \cdot 1\,000$
$= 63\,000$
(125 und 8 passen gut zusammen, also: verbinden)

Hinweis: Bei Subtraktions- und Divisionsaufgaben darf man nicht vertauschen.
Beispiele: $9 - 5 \neq 5 - 9$; $4 : 2 \neq 2 : 4$

Bei Subtraktions- und Divisionsaufgaben darf man nicht beliebig verbinden, also nicht beliebig Klammern setzen.
Beispiele: $98 - 47 - 17 \neq 98 - (47 - 17)$; $162 : 18 : 9 \neq 162 : (18 : 9)$

Information

Gilt nicht beim Subtrahieren und Dividieren

Kommutativgesetze *(Vertauschungsgesetze)*

(1) In einer Summe darf man zwei Summanden miteinander vertauschen.
Beispiel: $3 + 4 = 4 + 3$

(2) In einem Produkt darf man zwei Faktoren miteinander vertauschen.
Beispiel: $5 \cdot 6 = 6 \cdot 5$

Assoziativgesetze *(Verbindungsgesetze)*

(1) In einer Summe aus mehr als zwei Zahlen darf man Klammern beliebig setzen oder weglassen. Dabei ändert sich der Wert der Summe nicht.
Beispiel:
$(16 + 5) + 9 = 16 + (5 + 9) = 16 + 5 + 9$

(2) In einem Produkt aus mehr als zwei Zahlen darf man Klammern beliebig setzen oder weglassen. Dabei ändert sich der Wert des Produktes nicht.
Beispiel:
$(8 \cdot 9) \cdot 7 = 8 \cdot (9 \cdot 7) = 8 \cdot 9 \cdot 7$

Zum Festigen und Weiterarbeiten

2. Rechne vorteilhaft durch geschicktes Vertauschen der Zahlen.

a) 63 + 169 + 37
48 + 223 + 52

b) 27 + 59 + 13 + 31
68 + 97 + 112 + 23

c) 2 · 19 · 5
4 · 67 · 25

d) 8 · 7 · 125 · 5
25 · 73 · 4 · 2

4 · 25 = 100
8 · 125 = 1 000

3. Die Verbindungsgesetze kann man zum vorteilhaften Rechnen benutzen (siehe Beispiel):
Setze geeignet Klammern.

69 + (57 + 43)
= 69 + 100
= 169

a) 76 + 67 + 33
b) 123 + 77 + 244
c) 17 · 5 · 2
d) 25 · 4 · 29
e) 27 · 125 · 8
f) 20 · 5 · 45

Übungen

4. **a)** 37 + 74 + 26
b) 75 + 43 + 25
c) 167 + 33 + 48 + 352
d) 222 + 478 + 24 + 76
e) 384 + 567 + 33 + 16
f) 37 + 82 + 418 + 563

5. **a)** 4 · 25 · 7
6 · 125 · 8

b) 2 · 12 · 5
25 · 9 · 4

c) 50 · 7 · 2
4 · 8 · 250

d) 2 · 50 · 3 · 4
5 · 9 · 4 · 20

6. Du kannst auf zwei Arten rechnen. Wähle aus.

a) Ein Theater hat 950 Plätze. Im Vorverkauf sind 583 Karten verkauft worden. Weitere 267 Karten werden an der Abendkasse verkauft.
Wie viele Plätze bleiben frei?

b) Die vier Klassen des Jahrgangs 5 machen eine gemeinsame Busfahrt. Das Busunternehmen berechnet für zwei Busse insgesamt 400 €. Jede Klasse hat 25 Schüler.
Wie viel Euro muss jeder Schüler bezahlen?

7. Thomas spielt leidenschaftlich gern Basketball. Er hat 82 € gespart. Ein komplettes Basketball-Set kostet 43 €. Ein neuer Basketball kostet 17 €.
Wie viel Euro behält Thomas übrig?

8. Michaels älterer Bruder hatte einen Ferienjob. Er verdiente an 9 Arbeitstagen insgesamt 720 €. Täglich hat er 8 Stunden gearbeitet.
Wie hoch war sein Stundenlohn?

Zum Knobeln

9. Hier fehlen die Klammern. Setze die Klammern richtig.

a) 48 : 16 : 4 = 12

b) 192 : 24 : 8 : 2 = 2

c) 256 − 178 − 56 − 18 = 116

Verteilungsgesetz – geschicktes Multiplizieren von Summen und Differenzen

Einstieg

Ein Platz, auf dem 4 Baumreihen stehen, wird durch eine Straße geteilt. Wie viele Bäume stehen insgesamt auf dem Platz? Rechne auf zwei Arten und schreibe zu jedem Rechenweg einen Term.

Aufgabe

1. a) Betrachte die Rechenaufgabe rechts. Tina und Kai können auf verschiedene Arten rechnen. Schreibe die Rechenwege mithilfe von Termen.
Beschreibe den Unterschied.
Kannst du eine Regel angeben?

b) Schreibe die Terme
(1) $7 \cdot (200 + 8)$ (2) $9 \cdot 17 + 9 \cdot 13$
so um, dass du vorteilhaft rechnen kannst. Verwende die Regel aus Teilaufgabe a). Berechne den Term.

c) Zerlege im Term $8 \cdot 512$ die Zahl 512 so, dass du leicht im Kopf multiplizieren kannst.

Lösung

a) *Tinas Weg:*

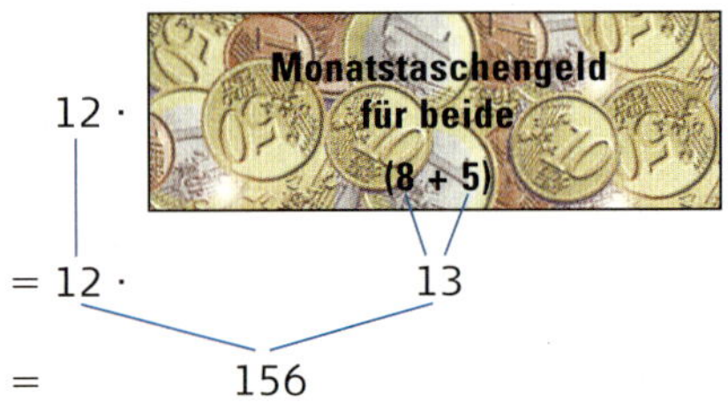

Tina berechnet erst die Summe der Taschengelder für einen Monat und multipliziert dann mit 12.
Beide erhalten das gleiche Ergebnis.

Kais Weg:

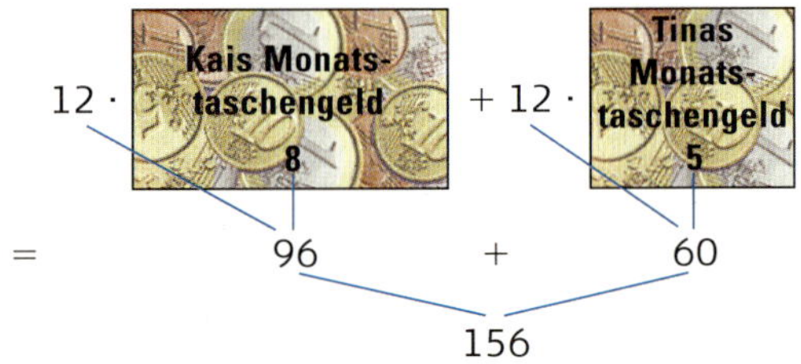

Kai multipliziert erst jedes Monatstaschengeld einzeln mit 12 und addiert danach.

$$\mathbf{12 \cdot (8 + 5) = 12 \cdot 8 + 12 \cdot 5}$$

b) (1) $7 \cdot (200 + 8) = 7 \cdot 200 + 7 \cdot 8$
$= 1400 + 56$
$= 1456$

(2) $9 \cdot 17 + 9 \cdot 13 = 9 \cdot (17 + 13)$
$= 9 \cdot 30$
$= 270$

c) $8 \cdot 512 = 8 \cdot (500 + 12)$
$= 8 \cdot 500 + 8 \cdot 12$
$= 4000 + 96$
$= 4096$

Information

Distributivgesetze *(Verteilungsgesetze)*

(1) $5 \cdot (10 + 3) = 5 \cdot 10 + 5 \cdot 3 = 65$
$a \cdot (b + c) = a \cdot b + a \cdot c$

(2) $7 \cdot (30 - 1) = 7 \cdot 30 - 7 \cdot 1 = 203$
$a \cdot (b - c) = a \cdot b - a \cdot c$

Zum Festigen und Weiterarbeiten

2. Bei welchem Term ist die Rechnung vorteilhafter?

a) $4 \cdot 19 + 4 \cdot 6$ oder $4 \cdot (19 + 6)$ **b)** $9 \cdot 100 + 9 \cdot 7$ oder $9 \cdot (100 + 7)$

3. Beim Kopfrechnen hast du schon immer ein Verteilungsgesetz benutzt. Rechne wie im Beispiel.

a) $7 \cdot 36$
$9 \cdot 107$
$8 \cdot 1\,008$

b) $26 \cdot 6$
$307 \cdot 4$
$415 \cdot 5$

$6 \cdot 27$
$= 6 \cdot (20 + 7)$
$= 6 \cdot 20 + 6 \cdot 7$
$= 120 + 42$
$= 162$

4. Berechne und vergleiche:
(1) $8 \cdot (12 - 7)$ und $8 \cdot 12 - 8 \cdot 7$ (2) $(15 - 8) \cdot 9$ und $15 \cdot 9 - 8 \cdot 9$

Übungen

5. Berechne und vergleiche.

a) $9 \cdot (10 + 7)$
$9 \cdot 10 + 9 \cdot 7$

b) $(20 + 3) \cdot 8$
$20 \cdot 8 + 3 \cdot 8$

c) $6 \cdot (40 - 2)$
$6 \cdot 40 - 6 \cdot 2$

d) $(50 - 3) \cdot 4$
$50 \cdot 4 - 3 \cdot 4$

e) $12 \cdot (12 + 5)$
$12 \cdot 12 + 12 \cdot 5$

f) $(25 + 13) \cdot 8$
$25 \cdot 8 + 13 \cdot 8$

g) $(65 - 12) \cdot 5$
$65 \cdot 5 - 12 \cdot 5$

h) $(78 - 49) \cdot 37$
$78 \cdot 37 - 49 \cdot 37$

6. Berechne möglichst einfach.

a) $4 \cdot 27 + 4 \cdot 33$
$7 \cdot 48 + 7 \cdot 52$

b) $53 \cdot 7 + 17 \cdot 7$
$67 \cdot 8 + 23 \cdot 8$

c) $293 \cdot 4 + 7 \cdot 4$
$186 \cdot 7 + 14 \cdot 7$

d) $401 \cdot 9 - 9$
$1\,005 \cdot 5 - 25$

7. Rechne. Verwende ein Verteilungsgesetz.

a) $7 \cdot 81$
$22 \cdot 13$

b) $6 \cdot 49$
$14 \cdot 99$

c) $7 \cdot 69$
$8 \cdot 93$

d) $14 \cdot 81$
$9 \cdot 420$

e) $4 \cdot 248$
$8 \cdot 253$

8. Nina hat in der Pause Zahlen von der Tafel weggewischt. Welche waren es?

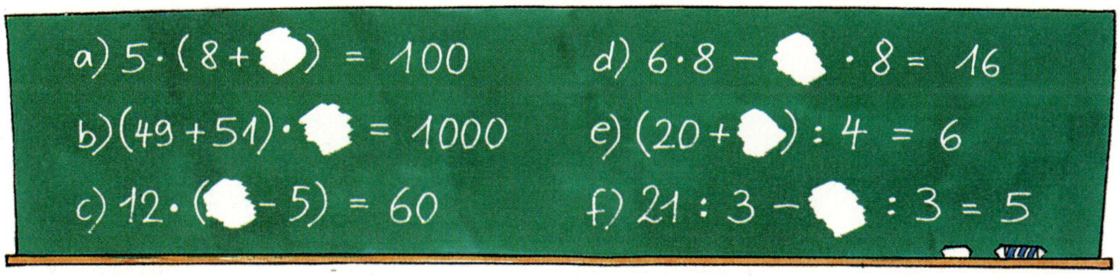

9. a) In den Ferien machen 6 Radsportler eine Rundreise. Jeder schickt aus den Niederlanden 3 und aus Belgien 5 Ansichtskarten nach Hause.

b) Die Klassen 5 a (24 Schüler) und 5 b (26 Schüler) machen einen gemeinsamen Ausflug mit dem Bus. Jeder Schüler muss 5 € bezahlen.

GLEICHUNGEN UND UNGLEICHUNGEN

Lösen durch systematisches Probieren

Einstieg

Felix hat seine Katze mit einigen Wägestücken auf eine Waage gesetzt. Die Waage befindet sich im Gleichgewicht.
Wie schwer ist seine Katze?

Aufgabe

1. Tanja und Lars würfeln abwechselnd mit einem Spielwürfel. Die Lehrerin hat folgende Spielregel festgelegt:
Verdreifache die gewürfelte Augenzahl und addiere dann 4.
Ist das Ergebnis gleich oder größer als 16, so hat man gewonnen, sonst verloren.

a) Bei welchen Augenzahlen gewinnt man, bei welchen verliert man? Lege eine Tabelle an.

b) Stelle beide Gewinnmöglichkeiten gegenüber.

Lösung

a)

Augenzahl	Dreifache Augenzahl	dazu 4 addiert	Ergebnis	Aussage	Spiel
1	$3 \cdot 1$	$3 \cdot 1 + 4$	7	$7 < 16$	verloren
2	$3 \cdot 2$	$3 \cdot 2 + 4$	10	$10 < 16$	verloren
3	$3 \cdot 3$	$3 \cdot 3 + 4$	13	$13 < 16$	verloren
4	$3 \cdot 4$	$3 \cdot 4 + 4$	16	$16 = 16$	gewonnen
5	$3 \cdot 5$	$3 \cdot 5 + 4$	19	$19 > 16$	gewonnen
6	$3 \cdot 6$	$3 \cdot 6 + 4$	22	$22 > 16$	gewonnen

b) $3 \cdot$ Augenzahl $+ 4 = 16$

Setzt man für Augenzahl die 4 ein, so entsteht für die **Gleichung** eine **wahre Aussage.**
Die Zahl 4 nennt man **Lösung** der Gleichung.
Das Einsetzen der Zahlen 1, 2, 3, 5 oder 6 ergibt jeweils eine **falsche Aussage.**

$3 \cdot$ Augenzahl $+ 4 > 16$

Setzt man für Augenzahl die 5 oder 6 ein, so entsteht für die **Ungleichung** eine **wahre Aussage.**
Die Zahlen 5 und 6 nennt man **Lösungen** der Ungleichung.
Das Einsetzen der Zahlen 1, 2, 3 oder 4 ergibt eine **falsche Aussage.**

Information

Zeichen wie □, ○, △, ▭ halten den Platz für Zahlen frei. Diese Zeichen heißen **Variable.** In der Mathematik verwendet man meist Buchstaben wie x, y, a, b als Variable.
Beispiele: (1) $3 \cdot \square + 4 > 18$ (2) $4 \cdot y - 4$ ist durch 2 teilbar

Zum Festigen und Weiterarbeiten

2. Tanja hat sich für das Spiel in der Aufgabe 1 folgende Gewinnbedingung ausgedacht:

a) $3 \cdot \square + 8$ ist eine ungerade Zahl. **c)** $4 \cdot x - 3$ ist 13.

b) $4 \cdot \bigcirc + 4$ ist kleiner als 20. **d)** $4 \cdot y - 3$ ist durch 2 teilbar.

3. Welche der Zahlen 3, 4, 5 und 6 ist eine Lösung der Gleichung?

a) $129 + x = 133$; $15 \cdot y = 45$ **b)** $10^x = 1\,000$; $102 - y = 97$ **c)** $40 \cdot x = 320$; $y + 123 = 129$

4. Welche der Zahlen 1 bis 5 sind Lösungen der Ungleichung?

a) $4 \cdot x < 20$; $4 \cdot y > 20$ **b)** $x + 17 > 19$; $y + 17 < 19$ **c)** $9 \cdot x > 25$; $36 - y > 10$

Übungen

5. Auf einem Glücksrad sind die Zahlen von 1 bis 20 notiert. Die Gewinnbedingung lautet:
(1) $3 \cdot \square$ ist kleiner als 19 (3) $7 \cdot \square - 5$ ist größer als 79
(2) $2 \cdot \triangledown$ ist durch 3 teilbar (4) $7 \cdot \square - 5$ ist kleiner als 79
Bestimme die Gewinnzahlen.

6. Ist (1) die Zahl 11; (2) die Zahl 7 eine Lösung der Gleichung bzw. Ungleichung?

a) $3 \cdot x < 45$ **b)** $4 \cdot y > 35$ **c)** $5 \cdot z = 55$ **d)** $6 \cdot x = 65$ **e)** $7 \cdot x = 75$ **f)** $8 \cdot y < 95$

7. Welche der Zahlen 0, 1, 2, ..., 9 sind Lösungen der Gleichung bzw. Ungleichung?

a) $5 \cdot y < 24$ **c)** $8 \cdot z > 24$ **e)** $z + 7 = 12$ **g)** $x : 2 = 4$ **i)** $7 \cdot x + 3 = 24$

b) $3 \cdot x = 24$ **d)** $6 \cdot x = 24$ **f)** $x + 7 < 12$ **h)** $56 : y = 8$ **j)** $4 \cdot z + 5 > 24$

8. Welche der Zahlen 4, 5, 6, ..., 10, 11 sind eine Lösung der Gleichung bzw. Ungleichung?

a) $3 \cdot x = 30$ **c)** $5 \cdot x = 30$ **e)** $z + 24 < 30$ **g)** $66 : x = 6$ **i)** $7 \cdot x > 30$

b) $4 \cdot 7 < 30$ **d)** $6 \cdot y = 30$ **f)** $z + 24 > 30$ **h)** $6 + y = 14$ **j)** $2^z = 32$

9. Welche der Zahlen 2, 3, ..., 8, 9 sind Lösungen?

a) $3 \cdot x + 2 = 20$ **b)** $5 \cdot x + 4 < 20$ **c)** $5 \cdot (x + 2) = 30$ **d)** $5 \cdot (z + 4) > 30$

10. Welche der Zahlen 0 bis 9 sind Lösungen?

a) $3 \cdot x + 9 = 6 \cdot x$ **b)** $2 \cdot x + 8 > 5 \cdot x$ **c)** $6 \cdot x + 9 < 8 \cdot x$ **d)** $x + x = x \cdot x$

Anmerkung: Hier tritt dieselbe Variable *mehrfach* auf. In solchen Fällen musst du an *jeder* Stelle *dieselbe* Einsetzung vornehmen.

11. Welche der angegebenen Zahlen sind Lösungen?

a) {1; 3; 5; 7; 9} (1) $8 \cdot x = 56$ (2) $6 \cdot z = 63$ (3) $x + 13 = 18$

b) {0; 2; 4; 6; 8} (1) $7 \cdot x < 40$ (2) $9 \cdot x > 30$ (3) $x + 23 < 31$

12. Welche Zahlenpärchen lösen die Gleichungen? Gib jeweils 3 Möglichkeiten an.

$780 - x = y$
$x = 10$ und $y = 770$

a) $430 + x = y$ **b)** $x - 99 = y$ **c)** $x = y + 72$

13. **a)** $x \cdot y = 42$ **b)** $x \cdot 9 = y$ **c)** $7 \cdot a = b$ **d)** $a \cdot b = 72$

14. Felix möchte seine 36 Modellautos in gleich langen Reihen aufstellen.

Lösen einer Gleichung durch Rückwärtsrechnen – Zahlenrätsel

Einstieg

Max hat sich eine Zahl gedacht. Wird zu 11 das Doppelte dieser Zahl addiert, so erhält man 59. Schreibe dazu eine Gleichung.

Aufgabe

1. In manchen Fällen kann man die Lösung einer Gleichung auch berechnen.

a) Zur Gleichung $x \cdot 3 = 96$ gehört das Pfeilbild rechts. Bestimme die Lösung mit dem Pfeilbild.

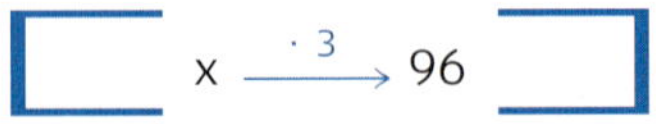

b) Zeichne ein Pfeilbild zu der Gleichung $x - 27 = 131$ und bestimme dann die Lösung.

c) Verfahre entsprechend bei der Gleichung $4 \cdot x + 25 = 73$.
Beachte: $4 \cdot x$ bedeutet dasselbe wie $x \cdot 4$.

Lösung

a) Wir machen die Rechenanweisung **· 3** rückgängig, wir rechnen also rückwärts **: 3.**
Lösung: $x = 32$

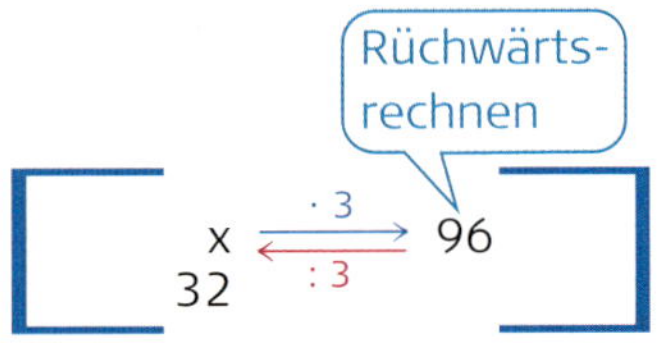

b) Zu der Gleichung gehört das Pfeilbild rechts.
Wir machen die Rechenanweisung **– 27** rückgängig, wir rechnen also rückwärts + 27.
Lösung: $x = 158$

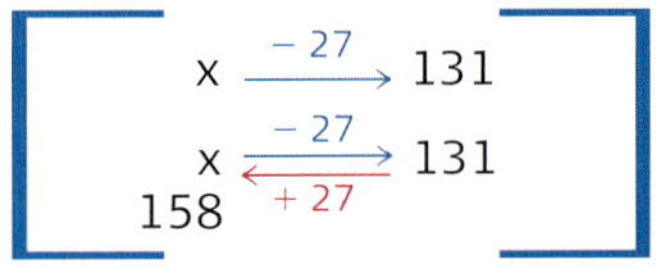

c) Hier erhalten wir die Pfeilkette rechts.
Die beiden Rechenanweisungen **· 4** und **+ 25** machen wir in umgekehrter Reihenfolge rückgängig, wir rechnen also erst – 25 und dann : 4.
Lösung: $x = 12$

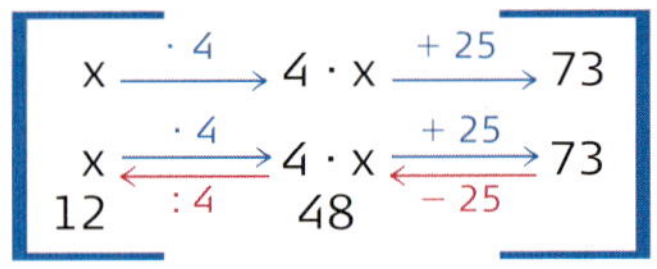

Zum Festigen und Weiterarbeiten

2. Bestimme jeweils die Lösung.

a) $x \cdot 6 = 126$; $x : 2 = 83$
b) $x - 42 = 238$; $x + 38 = 242$
c) $170 = 84 + x$; $33 = 3 \cdot x$
d) $2 \cdot x - 13 = 151$; $3 \cdot y + 34 = 157$

Übungen

3. **a)** $x - 399 = 500$; $x + 399 = 500$
b) $12 \cdot y = 144$; $y : 13 = 7$
c) $120 = b : 4$; $169 = c + 96$
d) $2 \cdot x + 31 = 93$; $3 \cdot x - 31 = 44$

4. Schreibe die Gleichung auf. Löse sie.

a) Addiere zu x die Zahl 9. So erhältst du 32.

b) Multipliziere eine Zahl mit 4. Du erhältst 72.

c) Subtrahiere von einer Zahl die Zahl 15. Du erhältst 15.

d) Dividiere eine Zahl mit 3. Du erhältst 36.

5. Schreibe Zahlenrätsel wie in Aufgabe 4 mit den Gleichungen aus den Aufgaben 3.

6. Aus des Müllers altem Rechenbuch: Täglich trägt der Esel für den Müller einige Mehlsäcke.

a) Wenn du die Anzahl der Mehlsäcke verfünffachst, so erhältst du 15.

b) Wenn du von der doppelten Anzahl der Säcke 4 Säcke wegnimmst, so trägt er keine mehr.

△ POTENZIEREN

Einstieg

André zeichnet den Stammbaum seiner Familie. Für die erste Generation zeichnet er 2 Kästchen (Vater und Mutter), für die zweite Generation sind es bereits vier.

- ➜ Wie viele Kästchen müssen in der dritten (vierten, fünften,..., neunten) Generation gezeichnet werden?
- ➜ Man rechnet etwa 30 Jahre für eine Generation. Ein Ahnenforscher hat seine Familiengeschichte bis ins Jahr 1550 zurückverfolgt.

Aufgabe

△ **1.** Falte einen Papierbogen mehrmals nacheinander.

a) Falte 5-mal. Wie viele Felder kannst du nach dem Auseinanderfalten erkennen?

b) Wie viele Felder müssten nach dem zehnten Falten erkennbar sein?

Lösung

a) Bei jedem Falten verdoppelt sich die Anzahl der Felder.

vor dem Falten	nach dem 1. Falten	nach dem 2. Falten	nach dem 3. Falten	nach dem 4. Falten	nach dem 5. Falten
1	$\xrightarrow{\cdot 2}$ 2	$\xrightarrow{\cdot 2}$ 4	$\xrightarrow{\cdot 2}$ 8	$\xrightarrow{\cdot 2}$ 16	$\xrightarrow{\cdot 2}$ 32
	2	$2 \cdot 2$	$2 \cdot 2 \cdot 2$	$2 \cdot 2 \cdot 2 \cdot 2$	$2 \cdot 2 \cdot 2 \cdot 2 \cdot 2$
	2^1	2^2	2^3	2^4	2^5

b) Beim weiteren Falten kommst du bald in Schwierigkeiten.
Anzahl der Felder nach dem 10. Falten: $2 \cdot 2 \cdot 2 \cdot 2 \cdot 2 \cdot 2 \cdot 2 \cdot 2 \cdot 2 \cdot 2 = 2^{10} = 1\,024$.
Es müssten 1 024 Felder erkennbar sein.

Information

Anstelle des Produktes $2 \cdot 2 \cdot 2 \cdot 2 \cdot 2$ schreibt man auch 2^5 (gelesen: *2 hoch 5*).
Man nennt 2^5 eine **Potenz** von 2 (die fünfte Potenz von 2).

Beispiele:

$5^3 = 5 \cdot 5 \cdot 5 = 125$

$10^4 = 10 \cdot 10 \cdot 10 \cdot 10 = 10\,000$

$7^1 = 7$

$2^5 = 2 \cdot 2 \cdot 2 \cdot 2 \cdot 2 = 32$

$$2^5 = 32$$

Basis (Grundzahl) – 2; Exponent (Hochzahl) – 5; Wert der Potenz – 32

Zum Festigen und Weiterarbeiten

△ **2.** Schreibe als Potenz und berechne.

a) $10 \cdot 10 \cdot 10$ **b)** $5 \cdot 5 \cdot 5 \cdot 5$ **c)** $2 \cdot 2 \cdot 2 \cdot 2 \cdot 2 \cdot 2 \cdot 2$ **d)** $9 \cdot 9$ **e)** $11 \cdot 11$ **f)** 13

△ **3.** Berechne die Potenz, schreibe diese vorher als Produkt.

a) 4^3 **b)** 7^2 **c)** 2^8 **d)** 10^6 **e)** 1^4 **f)** 0^3

$7^4 = 7 \cdot 7 \cdot 7 \cdot 7 = 2\,401$

△ **4.** Vergleiche die Ergebnisse.

a) $4 + 3$; $4 \cdot 3$; 4^3 **b)** $6 + 2$; $6 \cdot 2$; 6^2 **c)** 5^2; 2^5 **d)** 4^2; 2^4

Übungen

△ **5.** Schreibe als Potenz und berechne.

a) $10 \cdot 10 \cdot 10 \cdot 10$ **c)** $4 \cdot 4 \cdot 4 \cdot 4$ **e)** $2 \cdot 2 \cdot 2 \cdot 2 \cdot 2 \cdot 2$ **g)** $1 \cdot 1 \cdot 1 \cdot 1 \cdot 1 \cdot 1 \cdot 1 \cdot 1 \cdot 1 \cdot 1$

b) $6 \cdot 6 \cdot 6$ **d)** $8 \cdot 8$ **f)** 15 **h)** $0 \cdot 0 \cdot 0 \cdot 0 \cdot 0$

△ **6.** Schreibe als Produkt und berechne.

a) 12^2 **c)** 2^{10} **e)** 8^3 **g)** 1^5 **i)** 20^3 **k)** 100^3 **m)** 80^3

b) 5^3 **d)** 10^2 **f)** 11^3 **h)** 0^4 **j)** 100^2 **l)** 50^3 **n)** 30^4

Quadratzahlen

$1^2 = 1$

$2^2 = 4$

$3^2 = 9$

$4^2 = 16$

△ **7.** Notiere die Ergebnisse und lerne sie auswendig.

a) 1^2; 2^2; 3^2; ...; 10^2 *(Quadratzahlen)* **c)** 10^1; 10^2; 10^3; ...; 10^9 *(Zehnerpotenzen)*

b) 11^2; 12^2; 13^2; ...; 20^2 *(Quadratzahlen)* **d)** 2^1; 2^2, 2^3; ...; 2^{10} *(Zweierpotenzen)*

△ **8.** Berechne und vergleiche.

a)	**b)**	**c)**	**d)**	**e)**
5^2	3^3	6^1	2^2	10^5
$5 \cdot 2$	$3 \cdot 3$	1^6	$2 \cdot 2$	$10 \cdot 5$
$5 + 2$	$3 + 3$	$6 \cdot 1$	$2 + 2$	$10 : 5$
2^5	$3 : 3$	$1 + 6$	$2 - 2$	$10 - 5$

▲ **9.** Setze anstelle von ■ das richtige Zeichen =, < bzw. >.

a) 3^2 ■ 6 **b)** 2^4 ■ 4^2 **c)** 4^3 ■ 81 **d)** 111^1 ■ 111 **e)** 1^5 ■ 5^1 **f)** 50^2 ■ 250

▲ **10.** In einer offenen Milchflasche befinden sich Keime, deren Anzahl sich jede Stunde vervierfacht. Anfangs ist 1 Keim vorhanden.
Wie viele Keime befinden sich nach 8 Stunden in der Milchflasche?

▲ **11.** Bei einem Quiz erhält ein Kandidat zunächst einen Punkt als Einsatz. Für jede richtig beantwortete Frage verdreifacht sich die Punktzahl.

a) Wie viele Punkte hat ein Kandidat nach vier richtigen Antworten?

b) Wie viele richtige Antworten braucht er, um auf 729 Punkte zu kommen?

c) Wie viele richtige Antworten braucht er, um 2 000 Punkte zu überschreiten?

▲ **12.** Ein König wollte den Erfinder des Schachspiels belohnen. Die Lege auf das 1. Feld ein Reiskorn, auf das 2. Feld das Doppelte, auf das 3. Feld das Doppelte vom 2. Feld usw.

a) Wie viele Körner liegen auf dem 8. Feld, wie viele auf dem 11. Feld?

b) Jedes Reiskorn wiegt 40 mg. Welches ist das erste Feld, auf dem mehr als 1 t Reiskörner liegt?

TEILER UND VIELFACHE – TEILBARKEITSREGELN – PRIMZAHLEN

Teiler – gemeinsamer Teiler

Wiederholung

1. Stefanie will 28 quadratische Memory-Karten als Rechteck auslegen.
Wie viele Karten können senkrecht und wie viele waagerecht liegen?
Bestimme alle Möglichkeiten.

Lösung

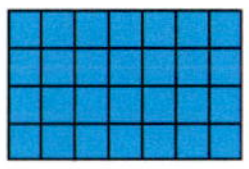

$28 = 4 \cdot 7$

4 Memory-Karten senkrecht,
7 Memory-Karten waagerecht.

$28 = 2 \cdot 14$

2 Memory-Karten senkrecht,
14 Memory-Karten waagerecht.

$28 = 1 \cdot 28$

1 Memory-Karten senkrecht,
28 Memory-Karten waagerecht.

Weitere Möglichkeiten gibt es nicht.

Information

(1) Wiederholung: Teiler einer Zahl

32 ist durch 4 (ohne Rest) teilbar,
$32 : 4 = 8$.
Wir sagen: 4 **ist Teiler von** 32.
Wir schreiben: $4 \mid 32$

32 ist nicht durch 9 (ohne Rest) teilbar,
$32 : 9 = 3$ Rest 5.
Wir sagen: 9 **ist nicht Teiler von** 32.
Wir schreiben: $9 \nmid 32$

(2) Strategie zur Bestimmung aller Teiler einer Zahl – Teilermenge

Es sollen Teiler einer Zahl, z. B. von 20 bestimmt werden. Finde jeweils zwei Zahlen, die miteinander multipliziert 20 ergeben, beispielsweise $4 \cdot 5 = 20$.
4 und 5 sind Teiler von 20.
Suche *alle* Möglichkeiten. Beginne mit der 1.
Die Zahlen 1, 2, 4, 5, 10, 20 sind alle Teiler von 20.

$20 = 1 \cdot 20$
$20 = 2 \cdot 10$
$20 = 4 \cdot 5$

20	
1	20
2	10
4	5

Alle Teiler einer Zahl fassen wir zu einer *Menge*, ihrer **Teilermenge**, zusammen.
Beispiel: Für die Teilermenge von 20 schreiben wir: $T_{20} = \{1, 2, 4, 5, 10, 20\}$.
2 ist ein Teiler von 20, also gehört 2 zu T_{20}.

Zum Festigen und Weiterarbeiten

2. In einer Kiste sind 48 Apfelsinen. An wie viele Schüler kann man die Apfelsinen verteilen, sodass jeder Schüler gleich viele erhält? Notiere alle Möglichkeiten.

3. Richtig oder falsch? Erkläre.

a)	b)	c)	d)	e)	f)
8 | 56	8 | 48	8 | 5	15 ∤ 255	6 ∤ 18	7 | 78
7 | 7	56 | 7	3 | 96	12 ∤ 111	8 ∤ 18	12 ∤ 25
6 | 46	1 | 29	7 | 87	1 ∤ 145	9 ∤ 46	4 | 279

4. Übertrage die Tabellen in dein Heft. Bestimme die fehlenden Teiler.

a)

27	
1	
	9

b)

22	
2	

c)

34	
	34

d)

32	
	8

e)

44	
4	

5. Gib die Teilermenge an von **a)** 14; **b)** 18; **c)** 7; **d)** 16; **e)** 36; **f)** 42; **g)** 1.

6. Hier fehlen einige Zahlen. Vervollständige die Teilermenge.

a) $T_{12} = \{1, \square, 3, \square, \square, 12\}$ **b)** $T_{38} = \{1, \square, \square, 38\}$ **c)** $T_{56} = \{1, 2, \square, \square, 8, \square, \square, 56\}$

7. Melanie will für ihren Bruder Bauklötze basteln. Sie hat zwei Holzleisten, die 12 cm und 20 cm lang sind.
Alle Bauklötze sollen gleich lang (in vollen cm) werden und es sollen keine Holzreste beim Zerteilen übrig bleiben.

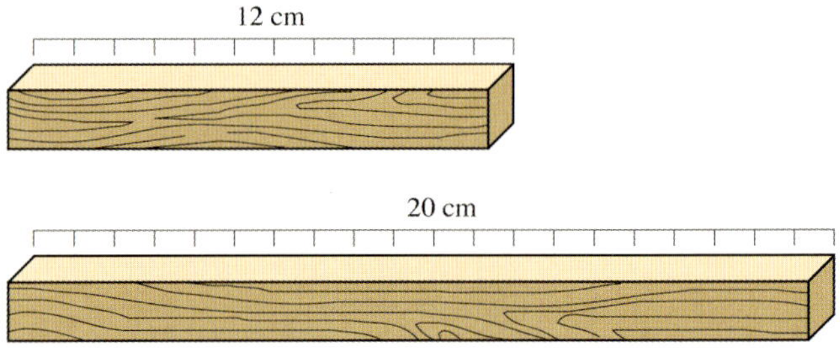

In welchen Längen (in vollen cm) kann Melanie die Bauklötze herstellen?

8. Bestimme alle gemeinsamen Teiler von

a) 6 und 9; **b)** 12 und 15; **c)** 54 und 48; **d)** 36 und 49; **e)** 72 und 12.

Information

Die gemeinsamen Teiler von 8 und 12 bestimmen wir wie folgt.
Wir notieren alle Teiler von 8 und von 12:

Teiler von 8: 1, 2, 4, 8,
Teiler von 12: 1, 2, 3, 4, 6, 12

Gemeinsame Teiler von 8 und 12 sind: 1, 2, 4

Übungen

9. Setze passend ein: *Ist Teiler von* (|) oder *ist nicht Teiler von* (∤).

a)	b)	c)	d)	e)	f)
4 ▪ 32	20 ▪ 20	6 ▪ 76	5 ▪ 75	12 ▪ 60	35 ▪ 210
5 ▪ 16	1 ▪ 13	7 ▪ 29	8 ▪ 58	14 ▪ 96	18 ▪ 198
3 ▪ 12	21 ▪ 22	11 ▪ 88	6 ▪ 86	16 ▪ 64	22 ▪ 222
7 ▪ 51	21 ▪ 7	7 ▪ 84	9 ▪ 72	75 ▪ 15	15 ▪ 280
8 ▪ 8	7 ▪ 21	1 ▪ 99	9 ▪ 1	15 ▪ 75	33 ▪ 233

10. Teile die Schüler der Klasse in gleich große Gruppen ein. Notiere in einer Tabelle alle Möglichkeiten.

Anzahl der Gruppen				
Schüler je Gruppe				

a) 21 Schüler **b)** 26 Schüler **c)** 25 Schüler **d)** 22 Schüler

11. Schreibe die Zahlen heraus, die teilbar sind

a) durch 5: 17; 25; 44; 45; 65; 66
b) durch 6: 26; 36; 42; 54; 68; 48
c) durch 8: 56; 73; 88; 48; 51; 72
d) durch 13: 39; 56; 65; 91; 53; 52

12. Welche Zahlen zwischen 50 und 100 haben als Teiler

a) die Zahl 10; **b)** die Zahl 9; **c)** die Zahl 4; **d)** die Zahl 7?

13. Schreibe die Teilermengen auf.

a) T_{30}, T_{50} **b)** T_{64}, T_{96} **c)** T_{45}, T_{11} **d)** T_{17}, T_{76} **e)** T_{84}, T_{83} **f)** T_{101}, T_{144} **g)** T_{113}, T_{160} **h)** T_{361}, T_{225}

1+1=3

14. Hier hat Markus Fehler gemacht. Berichtige.

a) $T_{32} = \{1, 2, 3, 4, 5, 6, 8, 12, 16, 32\}$
b) $T_{31} = \{1, 3, 13, 31\}$
c) $T_{48} = \{1, 2, 3, 4, 6, 8, 10, 12, 16, 18, 24, 48\}$
d) $T_{46} = \{1, 2, 3, 4, 16, 23, 26, 46\}$

15. Welche Teilermenge sind angegeben? Vervollständige.

a) $T_{\square} = \{1, 2, \square, \square, \square, 12\}$
b) $T_{\square} = \{1, \square, \square, 35\}$
c) $T_{\square} = \{1, 3, 11, \square\}$
d) $T_{\square} = \{1, 2, 19, \square\}$
e) $T_{\square} = \{1, 2, 31, \square\}$
f) $T_{\square} = \{1, \square, \square, 106\}$

16. Angela braucht zum Basteln gleich lange Drahtstücke. Sie hat noch Stücke von 24 cm und 30 cm Länge.
Wie groß können die gleich langen Stücke werden, wenn beim Zerteilen kein Abfall entstehen soll?

17. Bestimme alle gemeinsamen Teiler von:

a) 36 und 48; 21 und 28; 8 und 52
b) 19 und 115; 14 und 28; 60 und 75
c) 18 und 64; 96 und 120; 60 und 90
d) 17 und 68; 144 und 75; 57 und 95

18. Schreibe drei Teilermengen auf, die genau

a) 2 Zahlen, **b)** 3 Zahlen, **c)** 4 Zahlen, **d)** 5 Zahlen

enthalten.

$T_{17} = \{1, 17\}$ 2 Zahlen
$T_9 = \{1, 3, 9\}$ 3 Zahlen

19. Bilde die Teilermengen von (1) 4, 9, 16, 25 und von (2) 6, 10, 24, 30.
Vergleiche die Anzahl der Teiler von (1) mit denen von (2). Was fällt dir auf?

Spiel (2 Spieler)

20. *Eins ist Spitze*
Ihr benötigt 3 Würfel. Würfelt zunächst mit 2 Würfeln und bildet aus den Augenzahlen – wenn möglich – 2 zweistellige Zahlen. Jetzt wird der dritte Würfel geworfen. Einen Punkt erhält man, wenn die Augenzahl des dritten Würfels Teiler einer der beiden zweistelligen Zahlen ist. Wer zuerst 10 Punkte erreicht hat, ist Sieger.

Vielfache – gemeinsame Vielfache

Einstieg

Im Handel werden Farbstifte in 12er-Packungen verkauft.
Wie viele Farbstifte kann man kaufen, wenn es nur volle 12er-Packungen gibt?

Aufgabe

1. Mini-Tafeln Schokolade gibt es in Packungen zu je 9 Stück.
Wie viele Mini-Tafeln kann man jeweils nur kaufen?

Lösung

Anzahl der Packungen	1	2	3	4	5	6	7	8	9	10	11
Anzahl der Minitafeln	9	18	27	36	45	54	63	72	81	90	99

Information

(1) Vielfache – Vielfachenmenge

Das ist doch die 7er-Reihe

Die Zahlen 7, 14, 21, 28, . . . heißen **Vielfache** von 7.
21 *ist Vielfaches von* 7, denn $21 = 3 \cdot 7$.
20 ist *nicht* Vielfaches von 7.

Alle Vielfachen einer Zahl fassen wir zu einer Menge, ihrer **Vielfachenmenge**, zusammen.

Beispiel: Für die Vielfachenmenge von 7 schreiben wir: $V_7 = \{7, 14, 21, 28, ...\}$
Vielfachenmengen haben unendlich viele Zahlen;
Teilermengen haben nur endlich viele Zahlen.

(2) Zusammenhang zwischen *ist Teiler von* und *ist Vielfaches von*

Aus $8 \cdot 4 = 32$ folgt:

4 —ist Teiler von→ 32; 32 —ist Vielfaches von→ 4

4 ist Teiler von 32,
also ist 32 Vielfaches von 4.

8 —ist Teiler von→ 32; 32 —ist Vielfaches von→ 8

8 ist Teiler von 32,
also ist 32 Vielfaches von 8.

Zum Festigen und Weiterarbeiten

2. Notiere die Vielfachenmenge. Gib die ersten zwölf Zahlen an.

a) V_2 **b)** V_5 **c)** V_9 **d)** V_{12} **e)** V_{11}

3. Notiere w oder f.

a) 25 ist Vielfaches von 5
65 ist Vielfaches von 8
9 ist Vielfaches von 9

b) 5 ist Vielfaches von 25
42 ist Vielfaches von 66
81 ist Vielfaches von 1

c) 88 ist Vielfaches von 11
50 ist Vielfaches von 7
36 ist Vielfaches von 36

d) 125 ist Vielfaches von 25
45 ist nicht Vielfaches von 15
24 ist nicht Vielfaches von 7

4. Aus der Gleichung $18 = 3 \cdot 6$ lesen wir ab:

(1) 3 ist Teiler von 18
18 ist Vielfaches von 3

(2) 6 ist Teiler von 18
18 ist Vielfaches von 6

Lies entsprechende Aussagen aus der angegebenen Gleichung ab.

a) $24 = 4 \cdot 6$ **b)** $42 = 6 \cdot 7$ **c)** $36 = 6 \cdot 6$ **d)** $17 = 1 \cdot 17$ **e)** $39 = 3 \cdot 13$

5. Von einer U-Bahn-Station fährt ab 6 Uhr alle 5 Minuten ein Zug und alle 4 Minuten ein Bus ab.
Nach wie vielen Minuten fahren wieder ein Zug und ein Bus gleichzeitig ab?

6. Bestimme die ersten drei gemeinsamen Vielfachen der Zahlen.

a) 4; 8 **b)** 5; 7 **c)** 4; 10 **d)** 20; 18 **e)** 15; 25 **f)** 10; 55 **g)** 200; 800

Information

Die gemeinsamen Vielfachen von 4 und 6 bestimmen wir wie folgt:
Wir notieren Vielfache von 4 und von 6:
Vielfache von 4: 4, 8, 12, 16, 20, 24, 28, 32, 36, . . .
Vielfache von 6: 6, 12, 18, 24, 30, 36, . . .

Gemeinsame Vielfache von 4 und 6 sind: 12, 24, 36, . . .

Übungen

7. **a)** Nenne Beträge, die man mit 5-Euro-Scheinen bezahlen kann (ohne zu wechseln).

b) Kann man die folgenden Beträge mit 5-Euro-Scheinen bezahlen?
(1) 76 € (2) 135 € (3) 254 € (4) 245 €

8. Notiere jeweils die ersten 8 Zahlen.

a) V_{11}, V_{30} **b)** V_9, V_{14} **c)** V_{17}, V_{19} **d)** V_{20}, V_{15} **e)** V_{24}, V_{38} **f)** V_{23}, V_{47} **g)** V_{55}, V_{99} **h)** V_{101}, V_{304}

9. Hier hat Anne Fehler gemacht. Berichtige.

a) 54 ist Vielfaches von 7
34 ist Vielfaches von 6
48 ist Vielfaches von 3

b) 63 ist Vielfaches von 9
54 ist Vielfaches von 8
45 ist Vielfaches von 7

c) 108 ist Vielfaches von 12
168 ist Vielfaches von 14
270 ist Vielfaches von 15

10. Von welcher Zahl sind jeweils einige Vielfache abgebildet?

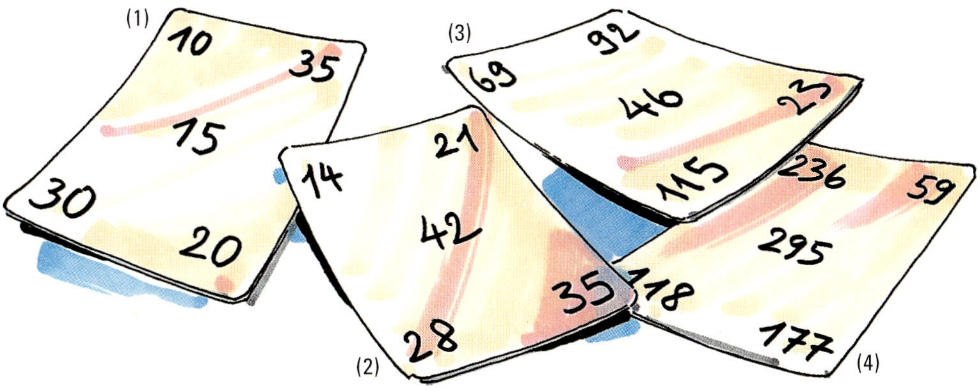

11. Welche Vielfachenmenge ist das? Vervollständige.

a) $V_{\square} = \{7, 14, 21, \square, \square, ...\}$

b) $V_{\square} = \{13, 26, \square, \square, \square, ...\}$

c) $V_{\square} = \{14, 28, \square, \square, \square, ...\}$

d) $V_{\square} = \{\square, 50, 75, \square, \square, \square, \square, ...\}$

e) $V_{\square} = \{\square, \square, 81, 108, \square, \square, \square, ...\}$

f) $V_{\square} = \{\square, \square, 96, 128, \square, \square, \square, ...\}$

12. Setze passend ein: *ist Vielfaches von* (V) oder *ist nicht Vielfaches von* (nV).

a) 32 ■ 4	**b)** 6 ■ 6	**c)** 6 ■ 18	**d)** 65 ■ 15	**e)** 147 ■ 11	**f)** 1430 ■ 11
4 ■ 32	18 ■ 6	51 ■ 17	11 ■ 6	2808 ■ 12	1887 ■ 111
64 ■ 32	42 ■ 11	60 ■ 12	645 ■ 15	2112 ■ 12	5860 ■ 130

13. Welche Menge ist eine Vielfachenmenge?

(1) $\{1, 3, 5, 7, 9, 11, ...\}$ (2) $\{2, 4, 6, 8, 10, 12, ...\}$ (3) $\{1, 10, 100, 1000, ...\}$

14. In einer Klasse werden für den Ausflug von jedem Schüler 6 € eingesammelt. In der Klassenkasse sind anschließend 158 €.
Kann der Geldbetrag stimmen?

15. Ein Bordstein ist 90 cm lang. Kann man mehrere Bordsteine zu einer Kantenlänge von 6 m aneinander legen?

16. Setze passend ein: *ist Vielfaches von* oder *ist Teiler von*.

a) 84 ■ 6	**b)** 72 ■ 9	**c)** 84 ■ 12	**d)** 375 ■ 125
8 ■ 96	9 ■ 72	15 ■ 90	19 ■ 171
96 ■ 6	8 ■ 56	625 ■ 25	300 ■ 12

17. Tanjas Vater möchte eine neue Leiste aus Metall an der Kellerwand anschrauben.
Die neue Leiste hat Bohrungen im Abstand von 9 cm. An der Kellerwand befinden sich bereits Bohrungen im Abstand von 6 cm vom linken Rand.

a) In welchen Abständen kann man Schrauben einsetzen ohne zusätzlich bohren zu müssen?

b) In welchen Abstand vom linken Rand befindet sich das *erste gemeinsame* Loch?

18. Bestimme die ersten drei gemeinsamen Vielfachen der Zahlen.

a) 4; 8	**b)** 4; 10	**c)** 20; 18	**d)** 10; 155
5; 7	6; 8	15; 25	20; 80
3; 8	10; 12	14; 21	25; 35
6; 10	6; 15	15; 50	28; 42

19. Stefan hat eine zweispurige Autorennbahn. Er lässt seine zwei Autos gleichzeitig abfahren. Das erste Auto benötigt 8 Sekunden, das zweite 6 Sekunden für eine Runde.
Wann fahren beide Autos wieder gleichzeitig über die Start-Ziel-Linie?

Prüfen auf Teilbarkeit durch geschicktes Zerlegen

Einstieg

Der Eintritt in einen Zirkus kostet 15 €. Die Tageseinnahmen an der Kasse 1 betragen 3 035 €, an der Kasse 2 sind es 4 650 €. Der Zirkusdirektor behauptet, dass die Einnahmen nicht stimmen können.

Aufgabe

1. Annes Mutter will eine Wand mit Holz verkleiden. Die Wand ist 384 cm breit. Im Baumarkt werden Bretter mit 9 cm und 16 cm Breite angeboten. Annes Mutter möchte keine Bretter längs zersägen.
Welche Sorte Bretter kann sie verwenden?

Lösung

Annes Mutter muss prüfen, ob 384 durch 9 oder durch 16 teilbar ist.
Dazu zerlegt sie 384 in geeignete Summen und wendet das Verteilungsgesetz der Division an.

(1)
$$\begin{aligned}\mathbf{384} : 9 &= (\mathbf{360} + \mathbf{24}) : 9\\ &= 360 : 9 + 24 : 9\\ &= 40 + 2 \text{ Rest } 6\\ &= 42 \text{ Rest } 6\end{aligned}$$

(2)
$$\begin{aligned}\mathbf{384} : 16 &= (\mathbf{320} + \mathbf{64}) : 16\\ &= 320 : 16 + 64 : 16\\ &= 20 + 4\\ &= 24\end{aligned}$$

Ergebnis: 384 ist nicht (ohne Rest) durch 9 teilbar, aber durch 16. Annes Mutter kann die 16 cm breiten Bretter verwenden. 24 Bretter passen genau nebeneinander.

Information

Verfahren zum Prüfen auf Teilbarkeit durch geschicktes Zerlegen in eine Summe

Ist 864 durch 8 teilbar?
Zerlegung: 864 = 800 + 64
(800: durch 8 teilbar; 64: durch 8 teilbar)
Ergebnis: 864 ist durch 8 teilbar.

Ist 9 374 durch 9 teilbar?
Zerlegung: 9 374 = 9 000 + 360 + 14
(9 000: durch 9 teilbar; 360: durch 9 teilbar; 14: nicht durch 9 teilbar)
Ergebnis: 9 374 ist nicht durch 9 teilbar.

So kannst du prüfen, ob eine Zahl a durch eine andere Zahl b teilbar ist:
Zerlege die zu prüfende Zahl a in zwei oder mehr geeignete Summanden.
Ist jeder dieser Summanden durch die Zahl b teilbar, so ist es auch die Summe.
Ist ein Summand nicht durch die Zahl b teilbar, aber alle anderen, so ist die Summe nicht durch die Zahl b teilbar.

Zum Festigen und Weiterarbeiten

2. Prüfe durch geeignete Zerlegung in Summanden.

a) 735 ist teilbar durch 7
333 ist teilbar durch 11

b) 7 ist Teiler von 427
17 ist Teiler von 1 785

c) 7 ist Teiler von 2 163
19 ist Teiler von 3 876

d) 47 ist Teiler von 14 194
265 106 ist teilbar durch 53

Übungen

3. Welche Zahlen sind durch 7 teilbar? Entscheide durch geeignete Zerlegungen.

a) 749, 771, 791, 1 435, 2 170, 7 145 **b)** 2 814, 3 515, 28 056, 70 357, 70 496

4. Welche Zahlen sind durch 17 teilbar? Zerlege geschickt.

a) 1 717, 1 758, 3 485, 5 151, 6 834 **b)** 17 177, 17 850, 17 894, 18 700, 34 187

1+1=3

5. Suche die Fehler durch geeignete Zerlegung in Summanden. Korrigiere

a) $7 \mid 756$ $11 \mid 1177$	c) $13 \mid 1326$ $9 \mid 947$	e) $9 \mid 18056$ $19 \mid 19390$	g) $41 \nmid 164082$ $29 \mid 145298$
b) $15 \mid 615$ $9 \nmid 1872$	d) $17 \nmid 1785$ $15 \mid 1570$	f) $23 \nmid 6946$ $25 \mid 75575$	h) $97 \mid 194970$ $71 \mid 284144$

6. Welche Zahlen sind durch 41 teilbar? Entscheide durch geeignete Zerlegungen.

a) 4 182, 451, 892, 8 405, 4 592 **b)** 41 082, 82 482, 45 176, 123 861

7. Ein Schullandheim-Aufenthalt kostet für die Klasse 5 a (21 Schüler) 2 142 €, für die Klasse 6 b (23 Schüler) 2 324 €. Können die Beträge stimmen, wenn alle Schüler den gleichen Betrag zahlen? Zerlege geeignet.

8. Jans Vater ist Landwirt. Er möchte an einer Seite seiner 294 m langen Weide Pfähle für einen Zaun setzen. Sie sollen einen Abstand von 7 m haben.
Ist das möglich?

Spiel (2 – 4 Spieler)

Ist 7 Teiler von 156?
[oder von 165; 516; 561; 615; 651?]

△ **9.** *Verflixte Zehn*
Ihr benötigt 3 Würfel. Jeder Mitspieler stellt aus einem DIN-A-4-Blatt 8 Zahlenkarten her und beschriftet sie fortlaufend mit den Zahlen von 3 bis 10.
Ein Spieler mischt alle Zahlenkarten und legt sie verdeckt als Stapel auf den Tisch. Der erste Spieler nimmt die obere Karte vom Stapel und wirft die drei Würfel. Mit den Augenzahlen der Würfel versucht er so eine 3-stellige Zahl zu bilden, dass der Kartenwert Teiler dieser Zahl ist.
Gelingt das, behält er die Karte und bekommt die offen liegende(n) Karte(n) dazu. Gelingt es nicht, legt er die Karte offen neben den Stapel. Der nächste Spieler ist an der Reihe. Sieger ist, wer zum Schluss die meisten Karten hat.

Endstellenregeln

Wiederholung

Du kennst bereits die Endstellenregeln für die Teilbarkeit durch 2, durch 5 und durch 10. Die letzte Ziffer ist entscheidend.

> **Endstellenregel für Teilbarkeit durch 2, 5 und 10**
>
> Eine natürliche Zahl ist
> (1) teilbar durch 2, wenn ihre letzte Ziffer 0, 2, 4, 6 oder 8 ist, sonst nicht;
> (2) teilbar durch 5, wenn ihre letzte Ziffer 0 oder 5 ist, sonst nicht;
> (3) teilbar durch 10, wenn ihre letzte Ziffer 0 ist, sonst nicht.

Einstieg

Jana behauptet: „Ich sehe auf einen Blick, ob eine Zahl durch 4 oder 25 teilbar ist“.
Überprüfe durch eine geeignete Zerlegung.

Aufgabe

1. Überlege, welche Ziffern du anstelle der Leerstellen setzen kannst, damit die Zahl
(1) durch 25,
(2) durch 4 teilbar ist.

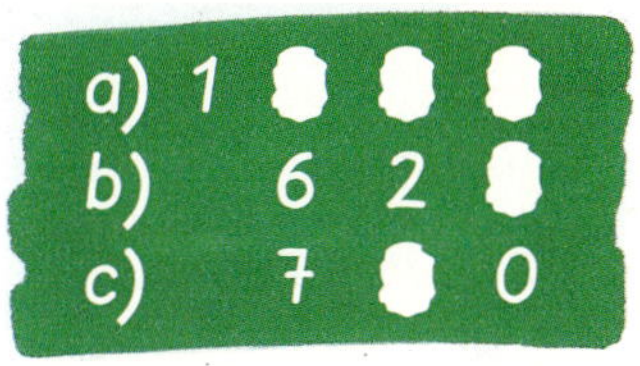

Lösung

a) Aus $4 \cdot 25 = 100$ folgt, dass 100 durch 25 und 4 teilbar ist.
Also ist auch jedes Vielfache von 100 (z. B. 300, 700 oder 1 200) durch 25 und 4 teilbar. Man kann somit an die Hunderterstelle eine beliebige Ziffer setzen (z. B. eine 3). Setzt man anstelle der beiden letzten Leerstellen eine zweistellige Zahl, die durch 25 bzw. 4 teilbar ist, so ist die Zahl insgesamt durch 25 bzw. 4 teilbar.
Mögliche Ergebnisse:

(1) Teilbar durch 25 sind 1 300, 1 325, 1 350, 1 375,
1 700, 1 725, 1 750, 1 775,
1 200, 1 225, …

(2) Teilbar durch 4 sind 1 600, 1 604, 1 608, 1 612, 1 616, 1 620, 1 624, 1 628, …
1 500, 1 504, 1 508, 1 512, 1 516, …

beliebige Ziffer

b) Nach der Hunderterziffer muss eine zweistellige Zahl stehen, die durch 25 bzw. 4 teilbar ist. Dies führt zu folgenden Ergebnissen:
(1) Durch 25 ist 625 teilbar und
(2) durch 4 sind 620, 624 und 628 teilbar.

c) (1) Durch 25 sind 700 und 750 teilbar,
(2) durch 4 sind es 700, 720, 740, 760 und 780.

Information

Die beiden letzten Ziffer entscheiden.

Endstellenregel für Teilbarkeit durch 4 und durch 25

Eine natürliche Zahl ist
(1) teilbar durch 4, wenn die aus ihren *beiden Endziffern* gebildete Zahl durch 4 teilbar ist, sonst nicht;
(2) teilbar durch 25, wenn die aus ihren *beiden Endziffern* gebildete Zahl durch 25 teilbar ist, sonst nicht.

Beispiele:
491 764 ist durch 4 teilbar, weil 64 durch 4 teilbar ist.
2 843 980 ist nicht teilbar durch 25, weil 80 nicht teilbar durch 25 ist.

Zum Festigen und Weiterarbeiten

2. **a)** Bestimme alle durch 5 teilbaren Zahlen zwischen 78 und 129.
b) Bestimme alle durch 4 teilbaren Zahlen zwischen 355 und 411.
c) Bestimme alle durch 25 teilbaren Zahlen zwischen 2840 und 3085.

3. Suche die Zahlen heraus, die (1) durch 4 teilbar sind; △ (2) durch 25 teilbar sind.

a)

b)

c)

d)

▲ **4.** Begründe die folgende Regel für die Teilbarkeit durch 8:

Teilbarkeit durch 8

Eine natürliche Zahl ist durch 8 teilbar, wenn die aus den letzten drei Ziffern gebildete Zahl durch 8 teilbar ist, sonst nicht.

▲ **5.** Prüfe für jede Zahl, ob sie durch 8 teilbar ist: 1 480; 7 336; 16 742; 59 625; 17 456.

Übungen

6. Suche die Zahlen heraus, die teilbar sind
a) durch 2; **b)** durch 4; **c)** durch 5; **d)** durch 10; △ **e)** durch 25.

348	572	712	1 250	5 216	2 175	8 415	17 700	124 110
375	855	700	1 770	4 131	7 475	7 025	44 447	324 805
441	725	780	5 216	3 555	7 557	3 175	35 296	942 107
624	635	1 000	2 552	6 300	2 936	1 065	34 572	701 234

7. Setze für die Leerstellen passende Ziffern ein, sodass die Zahl teilbar ist
a) durch 2, **b)** durch 4, **c)** durch 5, **d)** durch 10, △ **e)** durch 25, ▲ **f)** durch 8.
(1) 82■ (2) 607■ (3) 36■■ (4) 83■7■ (5) 735■ (6) 125■0 (7) 68■■0

8. **a)** Notiere alle Zahlen zwischen 246 und 324, die teilbar sind
(1) durch 2 und durch 5 (2) durch 4 und durch 5 △ (3) durch 2 und durch 25
▲ **b)** Bestimme alle durch 8 teilbaren Zahlen zwischen 970 und 1 135.

9.

Man hat festgelegt, dass alle durch 4 teilbaren Jahreszahlen *Schaltjahre* sein sollen.
Ausnahmen: Die vollen Jahrhunderte 1700, 1800, 1900, 2100, 2200 usw., die nicht durch 400 teilbar sind.
Das Jahr 1600 war ein Schaltjahr, ebenso das Jahr 2000.

a) Waren 1926, 1904, 1884, 1924, 1968, 1978, 1984, 1987, 1988, 1991, 1996, 2002 Schaltjahre?

b) Gib die kommenden 5 Schaltjahre an.

Quersummenregeln

Einstieg

Übertrage die Rechnungen in dein Heft und fülle die Lücken aus :

6 471 = 6 000 + 400 + □ + 1

6 000 : 9 = 666 Rest □
□ : 9 = □ Rest 4
70 : □ = □ Rest □
1 : □ = 0 Rest □

6 471 : 9 = □ Rest 18

Summe der Ziffern von □

18 ist durch 9 teilbar, also
ist 6 471 auch durch 9 teilbar.

2 183 = 2 000 + □ + □ + □

2 000 : □ = □ Rest □
□ : 9 = □ Rest □
□ : □ = □ Rest □
□ : □ = □ Rest □

□ : 9 = □ Rest □

?

□ ist ______ durch □ teilbar, also
ist □ auch ______ durch □ teilbar.

Information

Die Überlegungen für die Teilbarkeit durch 9 können auf die Teilbarkeit durch 3 übertragen werden, weil 9, 99, 999, 9 999,... auch durch 3 teilbar sind.

Quersummenregel für die Teilbarkeit durch 9 und durch 3

Eine natürliche Zahl ist
(1) teilbar durch 9, wenn die *Quersumme* durch 9 teilbar ist, sonst nicht.
(2) teilbar durch 3, wenn die *Quersumme* durch 3 teilbar ist, sonst nicht.

Die Quersumme einer Zahl ist die Summe der Ziffern der Zahl.

Beispiele:

Ist 762 durch 3 teilbar?
Quersumme: 7 + 6 + 2 = 15
15 ist durch 3 teilbar,
also ist auch 762 durch 3 teilbar.

Ist 5 827 durch 9 teilbar?
Quersumme: 5 + 8 + 2 + 7 = 22
22 ist nicht durch 9 teilbar,
also ist auch 5 827 nicht durch 9 teilbar.

Zum Festigen und Weiterarbeiten

1. Für die Schülerinnen und Schüler einer Jahrgangsstufe wurden bei einem Elektrofachhändler Taschenrechner für 9 € pro Stück gekauft. Auf der Rechnung stehen 1 286 €. Kann die Rechnung stimmen?

2. Schreibe die Tabelle ab und kreuze an, falls teilbar.

a)

Zahl	teilbar durch 3	teilbar durch 9
132		
243		
352		
798		
981		

b)

Zahl	teilbar durch 3	teilbar durch 9
1 236		
2 410		
2 475		
5 175		
7 869		

c)

Zahl	teilbar durch 3	teilbar durch 9
58 452		
84 798		
94 567		
662 874		
179 568		

3. Begründe anhand der Zahlen 75 798, 786 585 und 85 986 878:
Ist die Quersumme größer als 9, dann kann man von der Quersumme wieder die Quersumme bilden und diese dann zur Prüfung nutzen, ob die Zahl durch 9 oder durch 3 teilbar ist.

4. Untersuche die Teilbarkeit durch 6: **a)** 162 **b)** 177 **c)** 152 **d)** 233
Erläutere und begründe anhand der Beispiele:
Eine natürliche Zahl ist durch 6 teilbar, wenn sie durch 2 und durch 3 teilbar ist, sonst nicht.

Übungen

5. Suche die Zahlen heraus, die teilbar sind (1) durch 3; (2) durch 9; (3) durch 6.

45, 105, 190, 270, 647, 816, 981, 1215, 4271, 6780, 7431, 11081, 31854, 42975, 87948, 278370

6. Übertrage die Aufgabe in dein Heft. Setze ein: *ist Teiler von* (|) oder *ist nicht Teiler von* (∤). Benutze die Quersummenregel.

a) 3 ■ 126	**b)** 9 ■ 279	**c)** 3 ■ 2 714	**d)** 9 ■ 8 586	**e)** 9 ■ 87 453
3 ■ 173	9 ■ 456	3 ■ 6 816	9 ■ 5 837	3 ■ 783 159
3 ■ 510	9 ■ 351	3 ■ 7 577	9 ■ 7 218	9 ■ 438 607

7. Am Montag gelten im Kino ermäßigte Eintrittspreise. Am Abend werden die Einnahmen gezählt.

Kasse 1:	**Kasse 2:**	**Kasse 3:**
1 656 €	2 087 €	1 962 €

Können die Einnahmen jeweils stimmen? Begründe.

8. **a)** Setze für ■ eine passende Ziffer ein, sodass die Zahl durch 3 teilbar ist.
(1) 27■3 (2) 58■4 (3) 72■573 (4) 8■172 (5) 52■3■24 (6) 6■125■8

b) Setze für ■ eine passende Ziffer ein, sodass die Zahl durch 9 teilbar ist.
(1) 58■7 (2) 654■ (3) 81■54 (4) 7■635 (5) 3■7■85 (6) 64■9■7

c) Setze für ■ eine passende Ziffer ein, sodass die Zahl durch 6 teilbar ist.
(1) 78■6 (2) 432■ (3) 68■72 (4) 6■492 (5) 4■5■18 (6) 51■6■4

9. Wahr oder falsch? Begründe und korrigiere.

a) *9 ist nicht Teiler von 1 053*
3 ist nicht Teiler von 2 647
9 ist Teiler von 384
6 ist Teiler von 1 302

b) *7 425 ist Vielfaches von 9*
10 759 ist Vielfaches von 3
120 336 ist nicht Vielfaches von 6
123 456 ist nicht Vielfaches von 3

10. **a)**

Kennst du jetzt die Hausnummer?

b)

Weißt du jetzt die Postleitzahl?

Primzahlen

Einstieg

Natascha behauptet, dass große Zahlen viele Teiler haben müssen.
Was meinst du dazu?

Zahl	1	2	3	4
Teiler	1	1; 2	1; 3	1; 2; 4
Anzahl der Teiler	1	2	2	3

Aufgabe

1. Schreibe die Zahlen 70, 14, 132, 25 und 23 als Produkt mit möglichst vielen Faktoren. Lasse den Faktor 1 dabei weg.

Lösung

$70 = 7 \cdot 10 = 7 \cdot 2 \cdot 5$

$14 = 2 \cdot 7$

$132 = 4 \cdot 33 = 2 \cdot 2 \cdot 3 \cdot 11$

$25 = 5 \cdot 5$

$23 =$ Kann man nicht zerlegen.

Information

Primzahlen

Bei der Lösung der Aufgabe 1 erhalten wir schließlich Zahlen, die sich nicht weiter in von 1 verschiedene Faktoren zerlegen lassen. Diese Zahlen nennen wir **Primzahlen.**
Du erkennst sie daran, dass sie *genau zwei Teiler* haben:

$T_2 = \{1; 2\}$ $T_3 = \{1; 3\}$ $T_5 = \{1; 5\}$ $T_7 = \{1; 7\}$
$T_{11} = \{1; 11\}$ $T_{13} = \{1; 13\}$ $T_{17} = \{1; 17\}$ $T_{19} = \{1; 19\}$

Alle natürlichen Zahlen außer 0 und 1 lassen sich in Primzahlen als ihre „Bausteine" zerlegen.

> Natürliche Zahlen, die *genau zwei* Teiler haben, nennt man **Primzahlen.**
> Primzahlen sind: 2, 3, 5, 7, 11, 13, 17, 19, 23, 29, 31, 37, 41, ...
> Keine Primzahlen sind z. B. 1, 4, 6, 8, 9, 10, 12, 14, 15, 16, 18, 20, ...

Primzahlen: genau zwei Teiler

Zum Festigen und Weiterarbeiten

2. Finde alle einstelligen Primzahlen.

3. Ist die Zahl eine Primzahl?

a) 24 **b)** 42 **c)** 47 **d)** 74 **e)** 101 **f)** 110

4. Schreibe alle Primzahlen auf, die zwischen den folgenden Zahlen liegen.

a) 0 und 20 **b)** 20 und 40 **c)** 40 und 60

Übungen

5. Suche die Primzahlen heraus. Es sind jeweils 5 Primzahlen.

a)

b)

c)

6. Finde alle Primzahlen, die zwischen folgenden Zahlen liegen.

a) 10 und 30 **b)** 35 und 55 **c)** 65 und 85 **d)** 100 und 130

7. Suche die Primzahlen heraus. Du erhältst ein *Lösungswort*, wenn du die Buchstaben geeignet anordnest.

8. Mit Primzahlen könnt ihr Nachrichten verschlüsseln. Ordnet wie rechts den Primzahlen Buchstaben in alphabetischer Reihenfolge zu.

2	3	5	7	...
A	B	C	D	...

a) Entschlüsselt die Nachricht:
41-2-71-19-11 41-2-5-19-71 13-61-11-73-7-11

b) Schreibt euch selber verschlüsselte Nachrichten.

Eratosthenes von Kyrene (heute Shahat in Libyen) lebte etwa um 275 bis 195 v. Chr. Er war Erzieher am Königshof von Alexandria und Direktor der dortigen Bibliothek.

9. Ein Verfahren, das nach einem bestimmten Plan übersichtlich und schnell aus den natürlichen Zahlen von 1 bis zu einer Zahl (z. B. bis 30) alle Primzahlen „aussiebt", soll von dem griechischen Gelehrten *Eratosthenes* stammen.

a) Notiere die Zahlen von 1 bis 30.
(1) Streiche 1.
(2) Umrahme 2 und streiche das 2, 3, 4, ... fache von 2.
(3) Umrahme 3 und streiche das 2, 3, 4, ... fache von 3, falls noch nicht geschehen.
(4) Umrahme 5 und streiche das 2, 3, 4, ... fache von 5, falls noch nicht geschehen.
Was für Zahlen bleiben übrig?

~~1~~	2	3	~~4~~	5	~~6~~	7	~~8~~	~~9~~	~~10~~
11	~~12~~	13	~~14~~	~~15~~	~~16~~	17	~~18~~	19	~~20~~
~~21~~	~~22~~	23	~~24~~	~~25~~	~~26~~	~~27~~	~~28~~	29	~~30~~

b) Warum muss man nach dem 3. Schritt nicht die Vielfachen von 4 streichen?

c) Warum endet das Verfahren mit der 5? Begründe dazu, dass die Vielfachen von 6 (bis 30) bereits gestrichen sind.

d) Führe das Verfahren für die Zahlen (1) bis 100, (2) bis 200 durch.

10. Man könnte denken, dass sehr große Zahlen keine Primzahlen sind, da sie bestimmt viele Teiler haben. Dies ist jedoch ein Irrtum.
Man kann zeigen, dass es unendlich viele Primzahlen gibt.
Viele Mathematiker versuchen heutzutage, mithilfe von Computern sehr große Primzahlen zu finden.
Die größte Primzahl, die man im Jahr 2004 kannte, passt hingegen auf keine Buchseite mehr. Sie hat 7 235 733 Stellen.

a) Ein DIN-A4-Blatt (kleinkariert) hat etwa 2 400 Kästchen. Stelle dir vor, dass du in jedes Kästchen eine Ziffer dieser Primzahl schreibst.
Überschlage, wie viele DIN-A4-Blätter zu beschreiben sind.

b) Wie viele Stellen hat die größte heute bekannte Primzahl? Informiere dich im Internet.

VERMISCHTE UND KOMPLEXE ÜBUNGEN

1. Ordne die Karten nach der Größe des Ergebnisses.

I: $(15 \cdot 8) + 3 \cdot (103 - 78) - (5 \cdot 13) \cdot 2$

S: $45 + (44 - 33) \cdot 5 + (14 \cdot 3) \cdot (101 - 98)$

L: $200 - (87 + 14) - (6 \cdot 3) \cdot 5 + (14 + 6 \cdot 9)$

E: $(20 \cdot 5 \cdot 9 - 16 \cdot 50) \cdot (3 \cdot 6) \cdot 2 + 8 \cdot 13$

2. **a)** Dividiere die Summe der Zahlen 83 und 187 durch das Produkt der Zahlen 15 und 3.

b) Subtrahiere von dem Quotienten der Zahlen 325 und 25 die Differenz der Zahlen 309 und 298.

c) Multipliziere das Produkt der Zahlen 30 und 6 mit dem Quotienten der Zahlen 30 und 6.

3. **a)** Wie ändert sich der Wert des Quotienten zweier Zahlen, wenn man den Dividenden halbiert?

b) Wie verändert sich der Wert der Summe zweier Zahlen, wenn man den ersten Summanden um 38 erhöht und den zweiten Summanden um 12 vermindert?

c) Wie ändert sich der Wert des Produktes zweier Zahlen, wenn beide Faktoren verdoppelt werden?

d) Wie verändert sich die Differenz zweier Zahlen, wenn man den Minuenden und den Subtrahenden um jeweils 53 erhöht?

4. Die Summe zweier nebeneinander stehenden Zahlen ist im Feld darüber. Übertrage in dein Heft und fülle aus.

a)

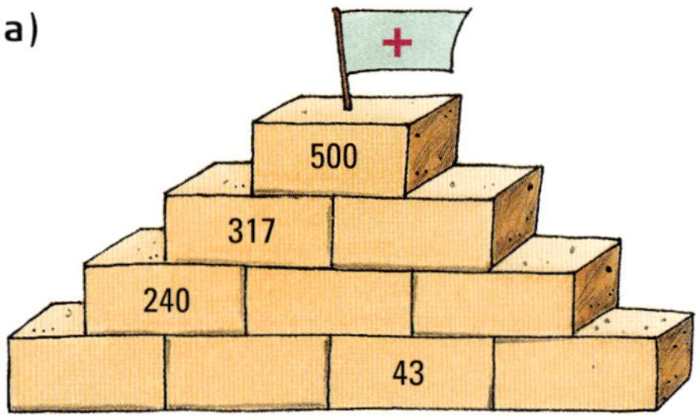

b)

5. (1) 465 ▯ (2) 463 ▯ 0 (3) 739 ▯ 5 (4) 6 ▯ 50 (5) 9 876 ▯ (6) 787 ▯

Setze – wenn möglich – für die Leerstellen passende Ziffern ein, sodass die Zahl durch

a) 2, **b)** 3, **c)** 4, **d)** 5, **e)** 9, **f)** 10, **g)** 25 teilbar ist.

Wenn es mehrere Möglichkeiten gibt, versuche alle herauszubekommen.

6. Richtig oder falsch? Gib jeweils zwei Beispiele oder Gegenbeispiele an.

a) Wenn eine Zahl durch 2 und durch 3 teilbar ist, dann ist sie auch durch 6 teilbar.

b) Wenn eine Zahl durch 3 und durch 5 teilbar ist, dann ist sie auch durch 15 teilbar.

c) Wenn eine Zahl durch 3 und durch 6 teilbar ist, dann ist sie auch durch 18 teilbar.

d) Wenn eine Zahl durch 18 teilbar ist, dann ist sie auch durch 6 teilbar.

7. Rechne vorteilhaft.

a) $17 + 83 + 49$ | $119 + 54 + 46$ | $291 + 37 + 9$
b) $37 - 13 + 63 - 87$ | $19 + 11 + 81 - 110$ | $76 - 100 + 134 - 98$
c) $5 \cdot 17 \cdot 20$ | $25 \cdot 4 \cdot 9$ | $8 \cdot 125 \cdot 7$
d) $4 \cdot 71 \cdot 25$ | $20 \cdot 38 \cdot 5$ | $5 \cdot 57 \cdot 200$

8. Achte auf die Vorrangregeln.

a) $93 - (21 + 36)$ | $4 + 6 \cdot 8 - 2$
b) $4 \cdot 9 - (9 - 7)$ | $8 + 8 + 8 \cdot 8$
c) $2 + 3 \cdot (4 + 5)$ | $9 + 8 \cdot 7 - 6$
d) $(9 + 8) \cdot (7 - 6)$ | $240 - 180 : 6$

9. Berechne.

a) $9344 - (2154 + 3640)$
b) $46 \cdot 938 - (4692 - 3844)$
c) $(14706 + 7448) : 38 - 19$
d) $274 \cdot 68 + 138936 : 84$
e) $290 + 67 \cdot (5623 - 3811 - 792)$
f) $17^3 - 17 \cdot 53 + 147$
g) $840 \cdot 39 : 26 : 18 - 6$
h) $394 \cdot 87 - 24885 + 50508 : 46$

10. Schreibe als Term und berechne.

a) Addiere zur Zahl 977 das Produkt der Zahlen 45 und 69.
b) Dividiere die Differenz der Zahlen 15 092 und 3 938 durch die Zahl 26.
c) Subtrahiere von der Summe der Zahlen 6 251 und 3 907 den Quotienten der Zahlen 172 592 und 56.
d) Multipliziere die Zahl 394 mit der Differenz der Zahlen 1 273 und 529 und subtrahiere davon die Summe der Zahlen 80 725 und 39 284.
e) Um wie viel ist das Produkt der Zahlen 527 und 283 größer als ihre Summe?

△ **11.** Welche der Zahlen 1 bis 10 sind Lösungen?

a) $4 \cdot x = 32$
b) $17 + x = 25$
c) $32 - x = 28$
d) $25 : x = 25$
e) $x + 7 < 11$
f) $34 < 7 \cdot x$
g) $5 \cdot x + 2 = 17$
h) $5 \cdot (x + 2) < 30$

△ **12.** Bestimme jeweils die Lösung.

a) $8 \cdot x = 64$
b) $7 + x = 70$
c) $x - 44 = 9$
d) $x : 1 = 44$
e) $88 = x + 19$
f) $2 \cdot x + 3 = 11$
g) $x^2 = 100$
h) $2^x = 8$

13. Der Rhein ist der längste Fluss in Deutschland. Er ist ab Flusskilometer 438 (von der Quelle aus gemessen) für große Schiffe befahrbar.
Die Mosel ist ab km 242 schiffbar, der Main ab km 140, der Neckar ab km 166 und die Ruhr ab km 194.
Wie viel Kilometer sind die Flüsse zusammen schiffbar?

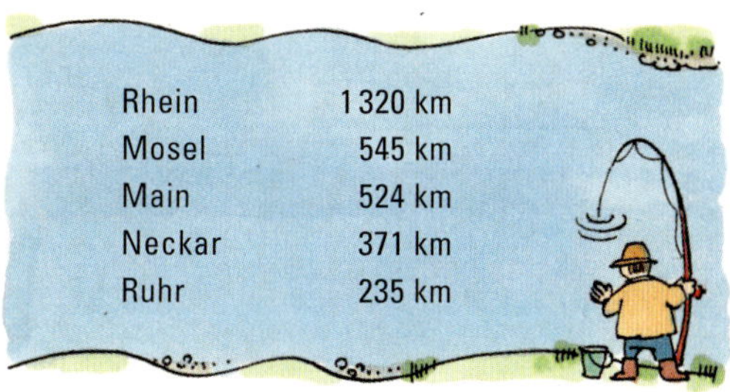

14. Berechne.

a) $126000 + 38000$ | $52000 - 4300$ | $1700 \cdot 90$ | $900 : 12$
b) $493078 + 701533$ | $804000 - 488488$ | $12345 \cdot 240$ | $432432 : 78$
c) $82119 + 4600929$ | $932062 - 931987$ | $512 \cdot 4875$ | $62000 : 63$
d) $987654 + 456789$ | $987654 - 456789$ | $2228 \cdot 3978$ | $132999 : 133$

15. Ein Straßenstück ist 270 m lang. Es soll an einer Seite mit Bordsteinen eingefasst werden. Wie viele 90 cm lange Bordsteine werden benötigt?

16. Ein Lkw hat 5 t Tragfähigkeit. Auf ihm befinden sich bereits Ladungen mit den Massen 420 kg, 790 kg und 2 t 100 kg. Wie viel Kilogramm dürfen noch dazu geladen werden?

17. Tims Eltern besitzen ein Grundstück (Bild rechts). Es soll eingezäunt werden. Die Pfosten sollen auf allen Seiten denselben Abstand (in vollen Metern) haben.

a) Welche Abstände kommen in Betracht?

△ **b)** Welches ist der größtmögliche Abstand?

18. Ein Obstgroßhändler kauft vom Erzeuger 25 Kisten mit je 50 Äpfeln. Er muss dem Erzeuger pro Kiste 5 € bezahlen. Der Preis des Obstgroßhändlers für einen Apfel beträgt 20 Cent. Während des Lagerns verderben 75 Äpfel.

a) Wie viel Geld hat der Obstgroßhändler eingenommen?

△ **b)** Wie viel Geld bleibt ihm als Gewinn übrig?

19. Annas ältere Schwester hat in den Semesterferien an 25 Arbeitstagen gejobbt und dadurch insgesamt 1 800 € verdient. Täglich hat sie 8 Stunden gearbeitet.
Wie hoch war ihr Stundenlohn?

20. Ein Kopierer benötigt für jede Kopie 3 Sekunden. Ein Drucker schafft 2 Seiten pro Minute.

a) Wie viel Minuten benötigt jedes Gerät für 10 Seiten?

b) Wie viele Kopien kann man mit jedem Gerät in einer Stunde anfertigen?

21. In einem Schiffshebewerk wird ein Schiff in einer Sekunde 12 cm nach oben gehoben. Wie lange dauert es, bis das höhere Niveau von 36 m erreicht wird?

22. Ein Baumstamm von 12 m Länge soll in Stücke zu je 1,50 m Länge zersägt werden. Wie lange muss gesägt werden, wenn ein Schnitt 30 s dauert?

23. Vier Freunde treffen sich an fünf Sonntagen nacheinander zu einer Radtour. Dabei sind sie jeweils 6 Stunden unterwegs, nur am 5. Sonntag brechen sie ihre Tour wegen eines Unwetters schon nach 5 Stunden ab. In einer Stunde legen sie 25 km zurück und nach jeweils 3 Stunden Fahrt machen sie eine Pause von 30 Minuten.
Wie viel km haben die vier insgesamt zurückgelegt?

24. Wenn ein Gummiball zu Boden springt, springt er die Hälfte der Strecke wieder hoch. Der Ball wird von einem 18 m hohen Dach fallen gelassen.
Welche Gesamtstrecke hat der Ball zurückgelegt, wenn er das dritte Mal den Boden berührt?

BIST DU FIT?

1. Rechne im Kopf.

a) $45 \cdot 80$; $38 \cdot 70$; $6 \cdot 340$

b) $960 : 80$; $780 : 30$; $910 : 70$

c) $207 \cdot 4$; $520 \cdot 3$; $16 \cdot 25$

d) $624 : 12$; $143 : 13$; $800 : 25$

2. Rechne vorteilhaft.

a) $627 + 63 + 27$; $637 + 173 + 189$; $148 + 346 + 252$

b) $5 \cdot 51 \cdot 20$; $4 \cdot 25 \cdot 73$; $125 \cdot 43 \cdot 8$

c) $3\,600 : (360 : 24)$; $5\,454 : 9 : 6$; $4\,800 : 32$

d) $428 + 237 + 372 + 563$; $1\,547 - (698 + 447)$; $12 \cdot 25 \cdot 5 \cdot 4 \cdot 7$

e) $(24 + 12) : 4$; $45 - 15 : 3$; $120 : (30 - 15) + 48 : 3$

f) $5\,749 + 13\,347 + 4\,251$; $125 \cdot 734 \cdot 80$; $6\,433 + 4\,819 + 3\,567 + 5\,181$

3. a) Marina läuft eine Sportplatzrunde in 72 s. Sie rechnet sich aus, wie viel Zeit sie für 5 Runden benötigt. Wie viel Sekunden sind das? Rechne auch in min um. Wird sie diese Zeit auch einhalten können?

b) Tim läuft 4 Runden in 4 min 32 s. Wie viel hat er im Durchschnitt für 1 Runde benötigt?

4. Schreibe den Term und berechne ihn.

a) Multipliziere die Differenz der Zahlen 87 und 63 mit der Summe von 17 und 23.

b) Subtrahiere von dem Quotienten der Zahlen 960 und 12 das Produkt von 13 und 6.

5. Melissa und Steffen vergleichen die Preise für eine Flugreise. Die Eltern von Melissa haben für 7 Tage 2 170 € bezahlt, Steffens Eltern für 10 Tage 3 040 €.

6. Wahr oder falsch?

a) $3 \mid 56$; $11 \mid 77$; $1 \mid 34$; $5 \nmid 93$

b) $4 \mid 356$; $10 \mid 530$; $6 \nmid 160$; $12 \nmid 248$

c) $2 \nmid 2\,345$; $9 \mid 6\,543$; $25 \nmid 3\,300$; $45 \mid 9\,945$

d) 156 ist Vielfaches von 12; 372 ist Vielfaches von 9; 270 ist Vielfaches von 15; 158 ist Vielfaches von 14

7.

35	72	927	6172	37 850	5 687 469
36	125	1017	7620	60 002	7 231 943
45	310	2225	9186	87 904	8 041 563
64	400	5316	9700	185 558	72 856 392

Suche die Zahlen heraus, die teilbar sind durch

a) 2, **b)** 3, **c)** 4, **d)** 5, **e)** 6, **f)** 9, **g)** 10, △ **h)** 25.

8. Setze anstelle von ■ das richtige Zeichen (<, =, >) ein.

a) 4^2 ■ 8 **b)** 3^2 ■ 2^3 **c)** 27 ■ 27^1 **d)** 5^3 ■ 8^3

9. Suche die Primzahlen heraus.

12 15 17 33 13 19 29 39 56 49 101 81 71

IM BLICKPUNKT: EIN BLICK INS WELTALL

Hast du schon einmal an einem sternklaren Abend in den Himmel geschaut? Man hat dann einen fantastischen Blick in die Weite des Weltraums und man sieht eine Unmenge von Himmelskörpern. Etwa 5 000 Sterne kann man mit bloßem Auge erkennen, aber es gibt noch viel, viel mehr.

1. Allein in unserem Sternensystem, der so genannten Milchstraße, gibt es über 200 Milliarden Sterne.
Schreibe die Zahl 200 Milliarden aus.
Wie viele Nullen hat diese Zahl?
Wie viele Millionen sind das?

2. Wissenschaftler haben herausgefunden, dass es außer der Milchstraße weitere 100 Milliarden Sternensysteme, so genannte Galaxien, gibt. Man kann annehmen, dass in jeder dieser Galaxien etwa 200 Milliarden Sterne sind wie in der Milchstraße.
Wie viele Sterne sind das insgesamt?

3. Um die gigantischen Ausmaße der Milchstraße besser zu beschreiben, hat man eine neue, sehr große, Längeneinheit eingeführt: das Lichtjahr.
Ein Lichtjahr ist die Länge der Strecke, die ein Lichtstrahl in einem Jahr zurücklegt. Das ist eine für uns unvorstellbar große Strecke.
Bereits in einer Sekunde legt das Licht 300 000 km zurück.
Wie viel Kilometer sind dann ein Lichtjahr?

4. Mit der neuen Längeneinheit Lichtjahr können wir nun auch die Ausmaße unserer Milchstraße beschreiben:
Vom einen zum anderen Ende der Milchstraße sind es ca. 100 000 Lichtjahre.
Angenommen, im Zentrum unserer Milchstraße verglüht ein Stern mit einem hellen Lichtschein.
Wie lange dauert es, bis man dies am Rande der Galaxis sieht?

5. Kann es sein, dass Sterne, deren Licht wir abends sehen, in Wirklichkeit schon lange nicht mehr existieren?

Auf dem Bild oben sind die Planeten unseres Sonnensystems abgebildet. Die Ausmaße der abgebildeten Himmelskörper entsprechen dabei den wirklichen Größenverhältnissen, sie sind im Maßstab 1 : 4 Milliarden verkleinert, d. h. 1 cm entspricht 4 Milliarden cm in Wirklichkeit. Im oberen Teil des Bildes ist die Sonne angedeutet; sie ist so groß, dass sie in unserer Abbildung nur zum Teil dargestellt werden kann. Die Abstände zwischen den einzelnen Planeten sind nicht maßstabgetreu. Sie müssten – bei gleichem Maßstab – viel größer sein. Das würde in kein Buch und keinen Atlas mehr passen.

	Abstand von der Sonne	**Durchmesser des Äquators**
Merkur	57 900 000 km	4 800 km
Venus	108 200 000 km	12 100 km
Erde	149 600 000 km	12 756 km
Mars	227 900 000 km	6 800 km
Jupiter	778 300 000 km	143 000 km
Saturn	1 427 000 000 km	120 500 km
Uranus	2 869 600 000 km	51 100 km
Neptun	4 496 600 000 km	49 500 km
Pluto	5 900 000 000 km	2 400 km
Sonne	–	1 392 000 km

6. Wonach sind die Planeten in der Tabelle geordnet, wonach auf dem Bild?

7. Bastelt euch Pappscheiben, um die Sonne und Planeten darzustellen.
Überlegt euch zuvor einen günstigen Maßstab, zum Beispiel:
1 mm auf dem Papier entspricht 1000 km in Wirklichkeit.

8. Stellt die Größe der Umlaufbahnen der Planeten auf einem Sportplatz oder auf dem Schulhof dar. Wenn ihr viel Platz habt, könnt ihr den Maßstab so wählen:
1 cm auf dem Schulhof entspricht 1 Million Kilometer im Weltall.

9. Wie lange braucht ein Lichtstrahl von der Sonne bis zur Erde [zum Pluto]?

3 Geometrische Figuren in Ebene und Raum

Das unten stehende Bild hat der Künstler W. Kandinsky 1923 gemalt.
Das Ölgemälde trägt den Titel „Komposition 8". Es ist 2,00 m lang und 1,40 m hoch und hängt im Guggenheim-Museum in New York.

- Welche geometrischen Formen sind zu finden?
- Welche Besonderheiten kannst du noch entdecken?
- Welche Werkzeuge hat Kandinsky beim Malen wohl verwendet?

In diesem Kapitel lernst du ...

... geometrische Grundformen herzustellen, zu zeichnen und zu beschreiben.

FIGUREN IM KOORDINATENSYSTEM

Einstieg

Der New Yorker Stadtteil Manhattan hat ein regelmäßig aufgebautes Straßensystem. Die *Streets* verlaufen in Ost-West-Richtung, die *Avenues* in Nord-Süd-Richtung. Beide sind durchnummeriert.

Der Eingang zum Hauptbahnhof (Grand Central Terminal) ist an der Ecke 42nd Street / 4th Avenue. Finde ihn auf der Karte.

→ Wo befindet sich das Empire State Building?

→ Welche Gründe sprechen für eine solche Benennung der Straßen?

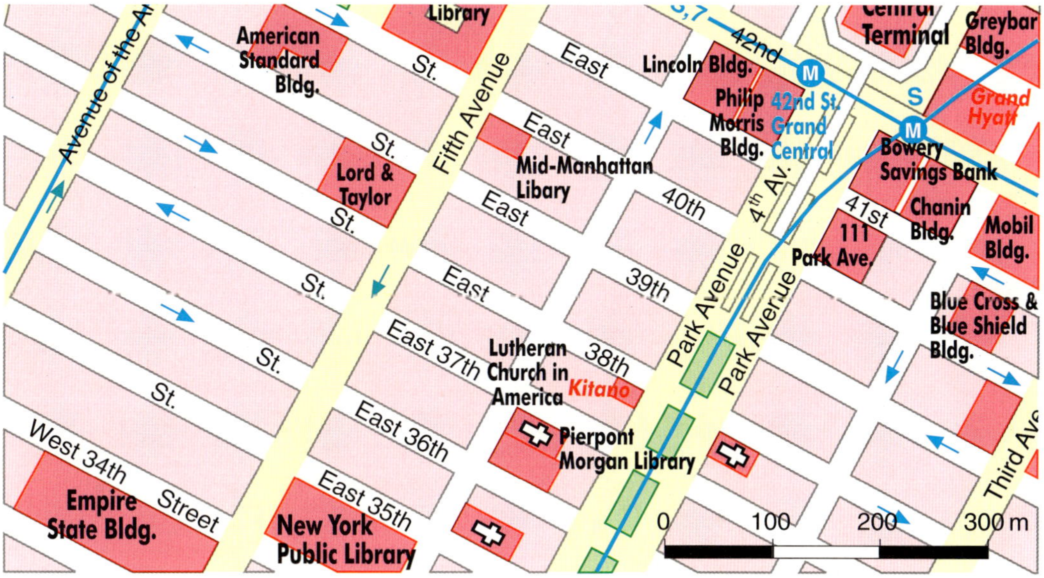

Information

Wo haben die Bankräuber das Geld versteckt? Auf einem Notizzettel fand die Polizei den Hinweis:
Jägerstand (J), 50 m Ost – 30 m Nord.
Kurze Zeit später fand sie das Versteck.

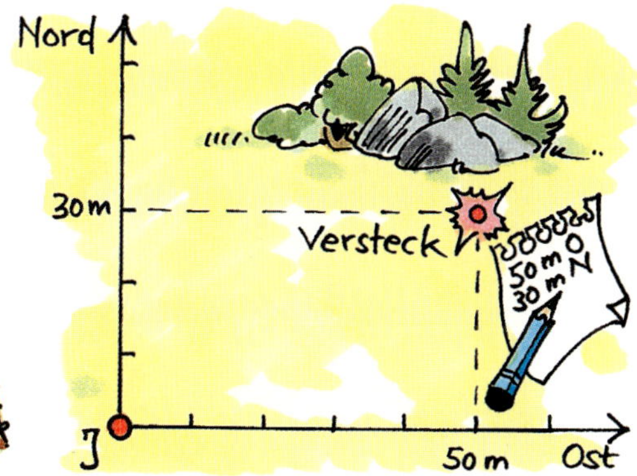

Entsprechend kann man die Gitterpunkte eines Quadratgitters durch zwei natürliche Zahlen festlegen.

Beispiel: Der Punkt A wird durch das Zahlenpaar (5|3) festgelegt. Man schreibt: A(5|3).
Man gelangt von O aus nach A, indem man 5 Schritte nach rechts und 3 Schritte nach oben geht.

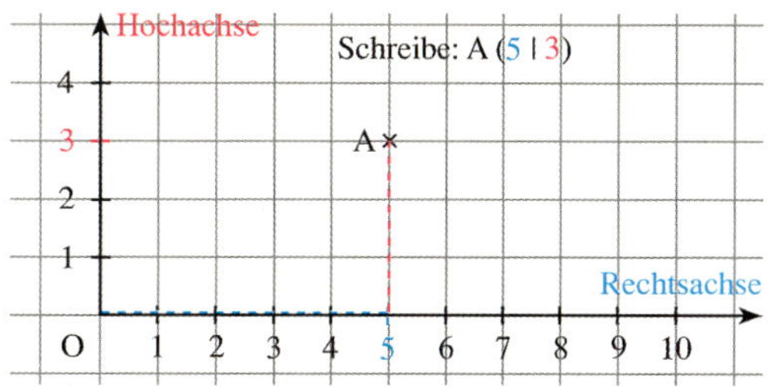

Koordinatensystem

Ein Zahlenstrahl ist nach rechts als **x-Achse** gezeichnet; der zweite Zahlenstrahl nach oben heißt **y-Achse**. Beide beginnen im gemeinsamen Nullpunkt (*Ursprung*) und sind senkrecht zueinander.
Auf der x-Achse kann man die **x-Werte** ablesen, auf der y-Achse die **y-Werte**. Mit solchen Werten kann man die Lage eines Punktes genau festlegen.

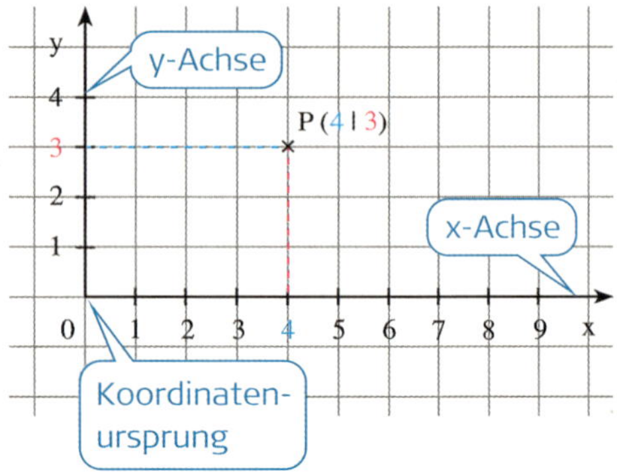

Beispiel: Der Punkt P hat den x-Wert 4 und den y-Wert 3.
Man schreibt: P(4|3).

x-Wert und y-Wert nennt man auch **Koordinaten** des Punktes. Beide Achsen zusammen bilden ein **Koordinatensystem**.

Zum Festigen und Weiterarbeiten

1. Notiere jeden Punkt mit seinen Koordinaten, z. B. G(7|2).

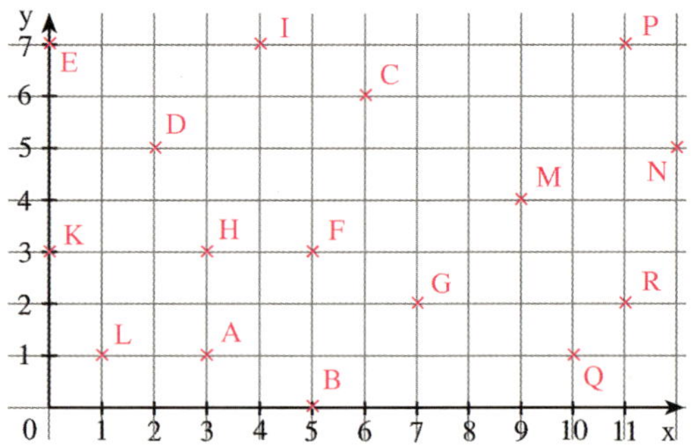

2. Trage die Punkte in ein Koordinatensystem (Einheit 1 cm) ein. Verbinde sie der Reihe nach durch Strecken. Die Strecken umranden eine Fläche; färbe sie. Wie heißt die Figur? Miss auch die Länge der Strecken.
(1) A(2|5); B(4|1); C(5|7)
(2) A(2|1); B(8|3); C(5|9); D(1|5)
(3) A(3|2); B(9|3); C(5|4); D(4|8)
(4) A(0|1); B(5|2); C(7|5); D(4|9); E(1|7)

3. a) Markiere in einem Koordinatensystem (Einheit 1 cm) den Punkt M(5|4). Zeichne den Kreis um M mit dem Radius r = 3 cm. Wähle geeignete Punkte auf dem Kreis und gib ihre Koordinaten an.

b) Markiere in einem Koordinatensystem (Einheit 1 cm) die Punkte M(4|5) und P(3|2). Zeichne um M den Kreis durch den Punkt P.
Miss den Radius des Kreises. Wie lang ist sein Durchmesser?

4. Ein Hydrant ist eine Wasserzapfstelle auf der Straße, z. B. für die Feuerwehr. Ein Schieber dient zum Öffnen oder Schließen einer Leitung. Entlang einer Straße findest du z. B. an Laternenmasten Schilder wie auf dem Foto. Sie geben die Lage eines Hydranten (H) und eines Schiebers (S) mit dem Rohrdurchmesser 100 (mm) an.

Wie musst du gehen, um den Hydranten und den Schieber vom Masten aus zu finden?

Information

(1) Strecken – Länge einer Strecke

Bei den Figuren in Aufgabe 2 werden die Punkte jeweils durch eine *Strecke* verbunden; sie ist geradlinig und die kürzeste Verbindungslinie zweier Punkte.

Die *geradlinige* Verbindungslinie zweier Punkte A und B nennt man die **Strecke** mit den **Endpunkten** A und B. Wir bezeichnen sie mit $\overline{AB}$.

Die **Länge** der Strecke messen wir mit dem Lineal oder Geodreieck.

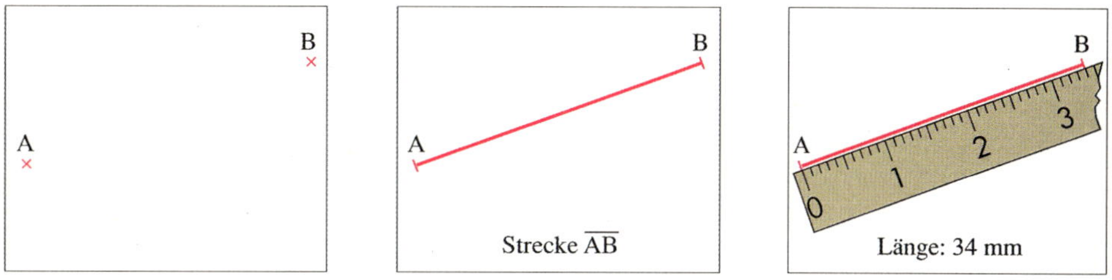

Die Länge der Strecke $\overline{AB}$ beträgt 34 mm (3 cm 4 mm).

(2) Vielecke

Eine Fläche, die von Strecken begrenzt wird, heißt **Vieleck.**
Ein Dreieck hat drei **Eckpunkte,** ein Viereck hat vier Eckpunkte, ein Fünfeck hat fünf Eckpunkte usw.
Die begrenzenden Strecken heißen **Seiten** des Vielecks.
Die Summe aller Seitenlängen ergibt den **Umfang** des Vielecks.

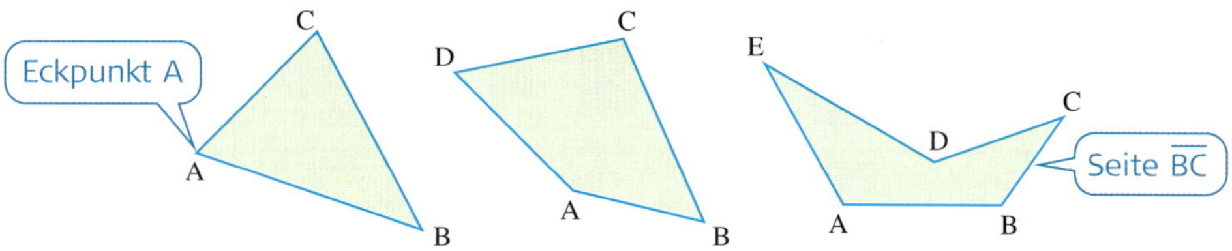

Ein Vieleck gibt man mithilfe der Eckpunkte an. Das obige Fünfeck heißt ABCDE.

(3) Kreis

Alle Punkte auf einem **Kreis** haben von dem festen Punkt M denselben Abstand r.

Der Punkt M heißt **Mittelpunkt des Kreises**; den Abstand r nennt man den **Radius des Kreises.**

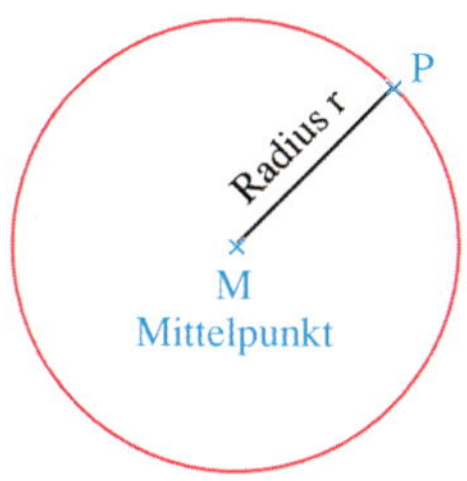

Der **Durchmesser** eines Kreises ist die Länge einer Strecke, die zwei Kreispunkte verbindet und die durch den Mittelpunkt des Kreises geht.
Ein Durchmesser ist doppelt so groß wie der Radius: $\mathbf{d = 2 \cdot r}$

Übungen

5. a) Notiere jeden Eckpunkt der Vielecke mithilfe seiner Koordinaten. Um was für ein Vieleck handelt es sich?

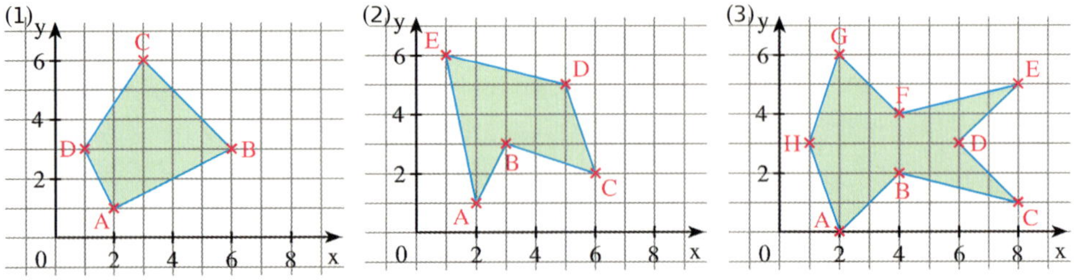

b) Übertrage die Vielecke von Teilaufgabe a) in dein Heft. Wähle als Einheit 1 cm. Notiere jeweils die Seiten des Vielecks und gib ihre Länge an.

6. Zeichne in ein Koordinatensystem das Viereck ABCD mit den angegebenen Punkten.

a) A(1|6); B(6|2); C(8|5); D(5|8) **b)** A(1|1); B(5|4); C(8|2); D(3|8)

7. Zeichne das Viereck ABCD mit A(1|3), B(4|1), C(5|2) und D(3|4) in ein Koordinatensystem. Hier die Lösung zweier Schüler.

David

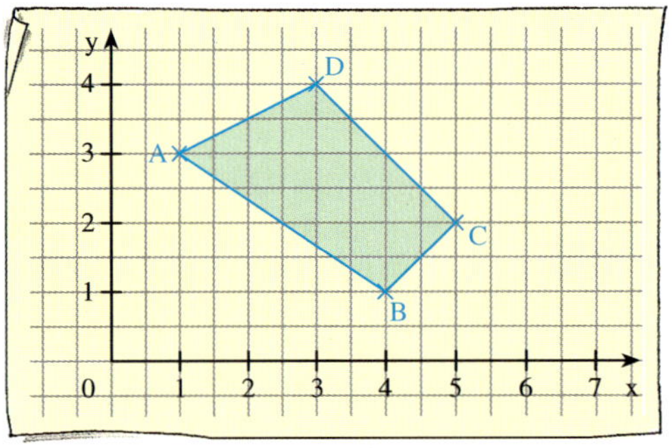

Lukas

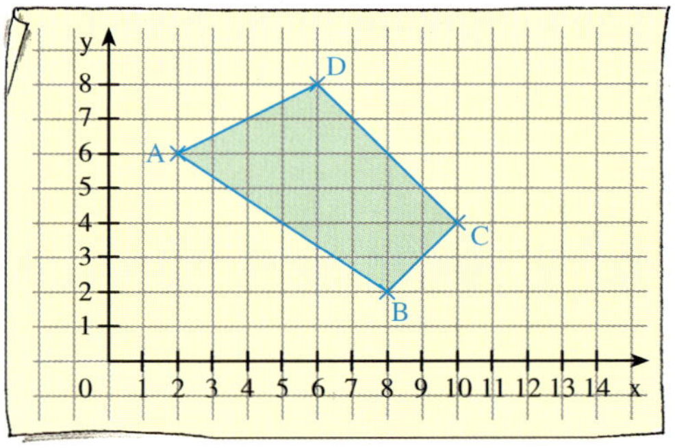

Was meinst du dazu?

8. Zeichne in ein Koordinatensystem (Einheit 1 cm) einen Kreis. Der Mittelpunkt soll der Punkt M(5|6) sein. Der Radius beträgt 5 cm.
Beachte: In der Abbildung rechts ist die Einheit $\frac{1}{2}$ cm gewählt.
Zeichne nun die folgenden Punkte ein:
A(5|1), B(8|4), C(3|2), D(10|12), E(1|9), F(8|2), G(5|10), H(1|2).
Welche dieser Punkte liegen
(1) auf dem Kreis;
(2) im Inneren des Kreises;
(3) außerhalb des Kreises?

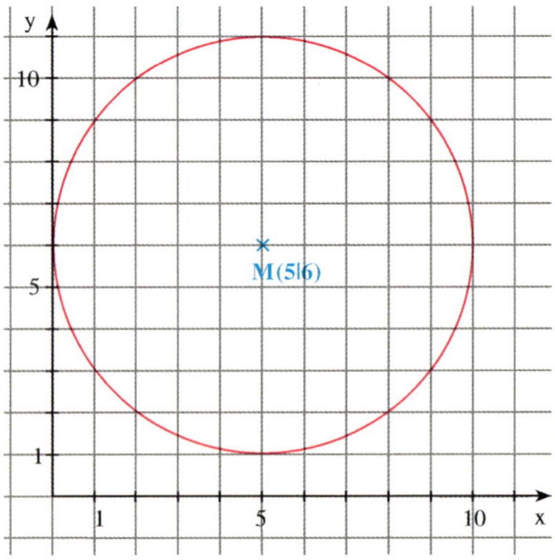

9. Markiere in einem Koordinatensystem die Punkte M(3|3) und N(7|7). Zeichne um M den Kreis mit dem Radius 3 cm und um N den Kreis mit dem Radius 4 cm. Gib die Koordinaten der Schnittpunkte P und Q der beiden Kreise an. Miss die Länge der Strecke $\overline{PQ}$.

10. a) Trage Punkte in ein Koordinatensystem ein, bei denen beide Koordinaten übereinstimmen. Was fällt dir auf?

b) Notiere jeweils die Koordinaten der markierten Punkte. Was fällt dir auf?

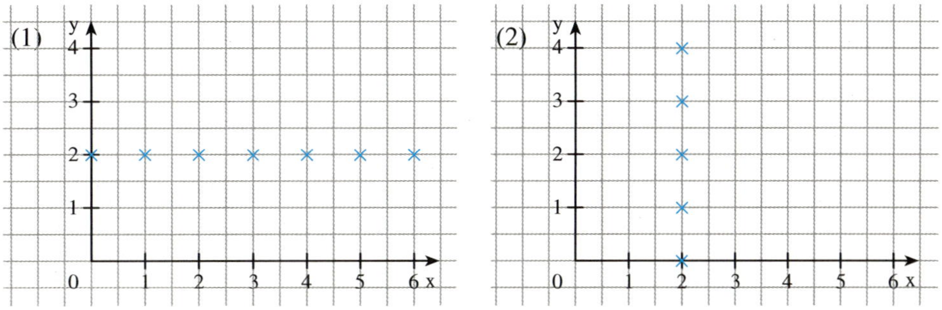

11. Trage die Punkte in ein Koordinatensystem ein. Verbinde sie dann der Reihe nach zu einer Figur.

a) A(5|0); B(6|4); C(10|5); D(6|6); E(5|10); F(4|6); G(0|5); H(4|4)

b) A(0|0); B(2|0); C(3|1); D(8|1); E(8|0); F(10|2); G(8|4); H(8|3); K(3|3); L(2|4); M(0|4); N(2|2)

c) A(4|0); B(5|3); C(8|3); D(6|5); E(8|7); F(5|7); G(4|10); H(3|7); K(0|7); L(2|5); M(0|3); N(3|3)

12. Zeichne die Strecke $\overline{AB}$, markiere den Mittelpunkt M und lies seine Koordinaten ab.

a) A(5|8); B(11|4) **b)** A(2|0); B(6|8); **c)** A(9|3); B(1|1) **d)** A(5|5); B(1|1)

13. Zeichne in ein Koordinatensystem (Einheit 1 cm) die Punkte A(8|0), B(14|6), C(8|12) und D(2|6).

a) Zeichne den Kreis, der durch alle vier Punkte geht.

b) Gib die Koordinaten seines Mittelpunktes an.

c) Beschreibe, wie du den Mittelpunkt gefunden hast.

14. Denke dir eine Figur im Koordinatensystem aus. Gib die Koordinaten deinem Nachbarn und lasse daraus die Figur zeichnen. Du findest hier einige Anregungen.

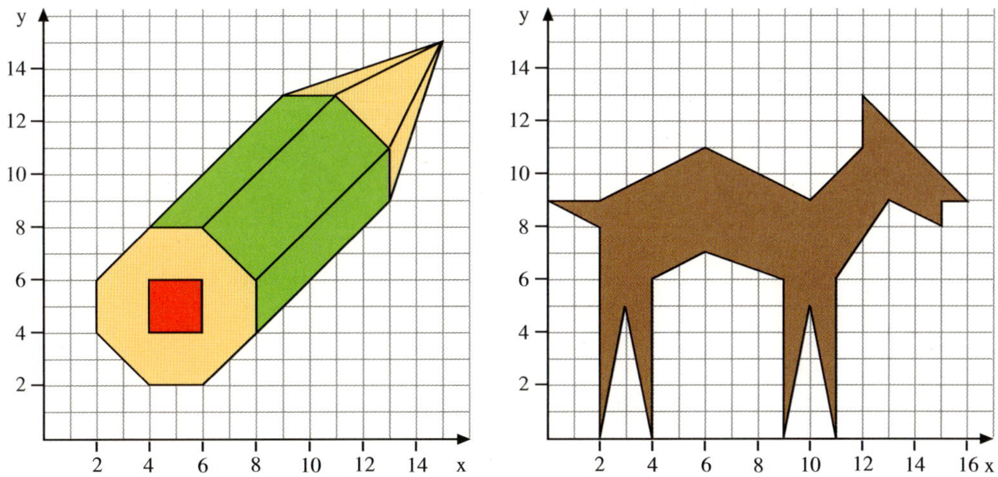

STREIFEN – PARALLELOGRAMM, RECHTECK, QUADRAT, RHOMBUS

Einstieg

Zwei Straßen bilden eine Kreuzung.
Welche besonderen Formen kann der Kreuzungsbereich haben?

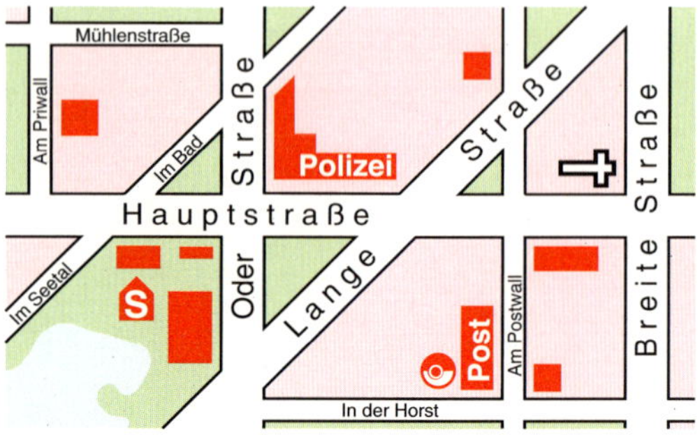

Aufgabe

1. *Herstellen von Parallelogramm, Rechteck, Raute und Quadrat*
Schneide aus dünnem Papier Streifen aus. Achte darauf, dass sie von zueinander parallelen Geraden begrenzt werden. Klebe dann jeweils zwei Streifen so übereinander, dass sie sich kreuzen. Verwende gleich breite und auch verschieden breite Streifen.
Auf diese Weise entstehen Vierecke mit besonderen Eigenschaften. Beschreibe sie.

Lösung

(1) Bei allen Vierecken, die entstehen, sind die gegenüberliegenden Seiten parallel zueinander und auch gleich lang. Es handelt sich um ein *Parallelogramm*.

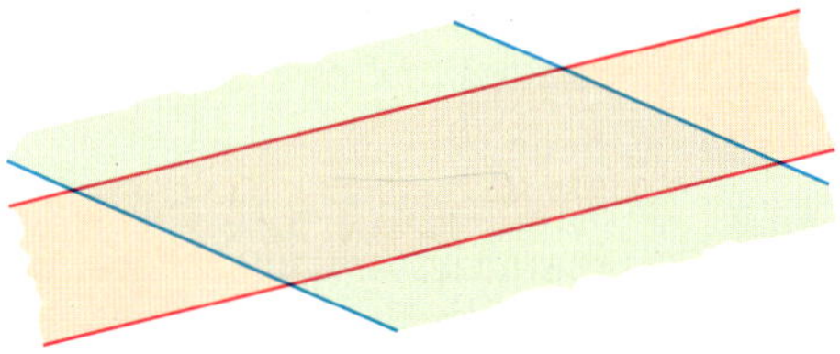

(2) Legt man die Streifen so übereinander, dass die Begrenzungslinien sogar senkrecht zueinander sind, so entsteht ein *Rechteck*.

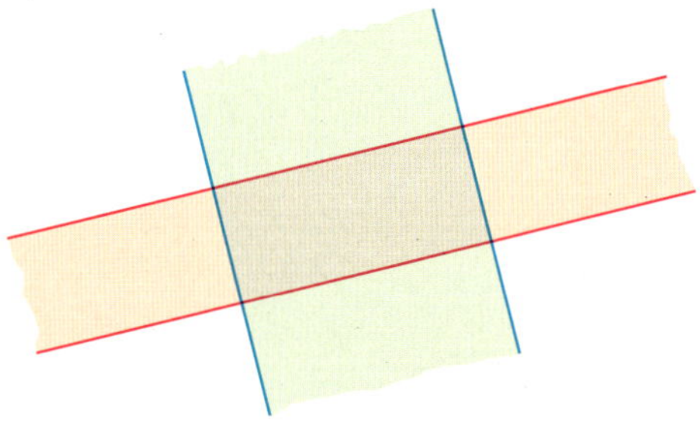

(3) Bei jedem Übereinanderlegen von zwei gleich breiten Streifen entsteht ein Viereck, dessen gegenüberliegende Seiten parallel zueinander sind und dessen vier Seiten alle gleich lang sind. Es entsteht ein *Rhombus*.

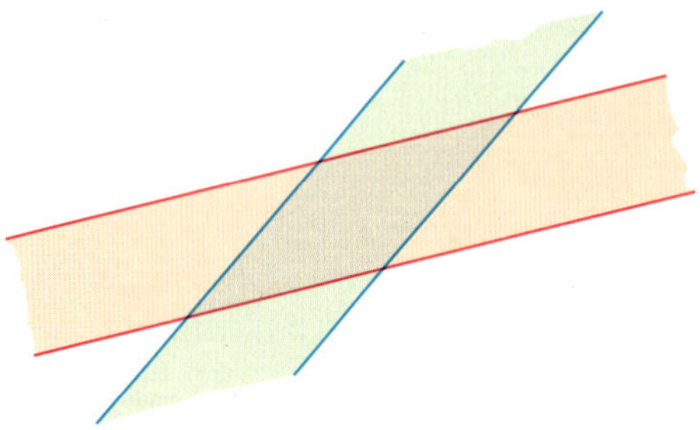

(4) Verwendet man gleich breite Streifen und legt diese senkrecht übereinander, so entsteht ein *Quadrat*.

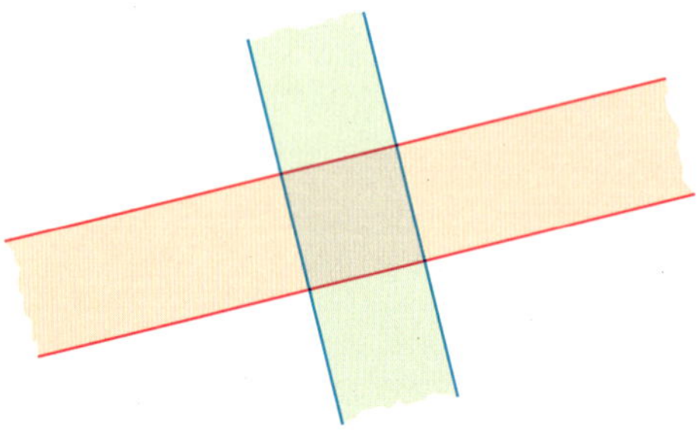

Information

(1) Parallelogramme als besondere Vierecke

Jedes Viereck, bei dem die gegenüberliegenden Seiten jeweils parallel zueinander sind, nennen wir ein **Parallelogramm.**
An dieser Eigenschaft erkennst du das Parallelogramm.

Eine weitere Eigenschaft ist:
Einander gegenüberliegende Seiten sind jeweils gleich lang.

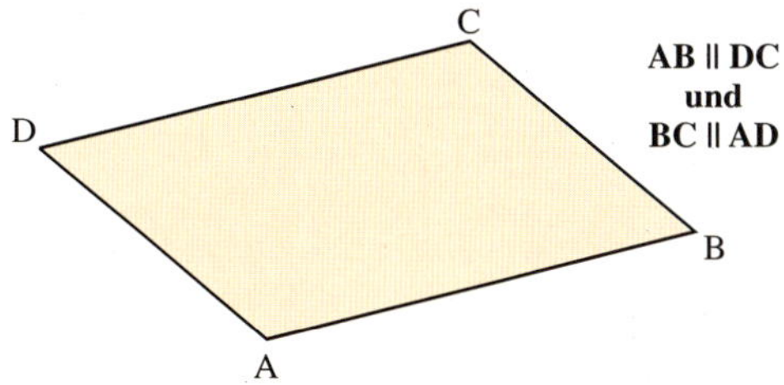

(2) Rechtecke als besondere Parallelogramme

Jedes Viereck, bei dem benachbarte Seiten jeweils senkrecht zueinander sind, nennen wir ein **Rechteck.**
An dieser Eigenschaft erkennst du das Rechteck.

Weitere Eigenschaften sind:
Einander gegenüberliegende Seiten sind jeweils parallel zueinander und gleich lang.

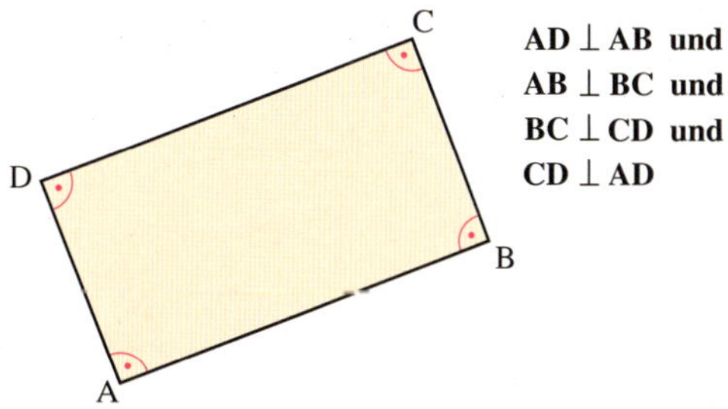

(3) Rhomben als besondere Parallelogramme

Jedes Parallelogramm, bei dem alle vier Seiten gleich lang sind, nennen wir ein **Rhombus** (eine *Raute*).
An dieser Eigenschaft erkennst du den Rhombus.

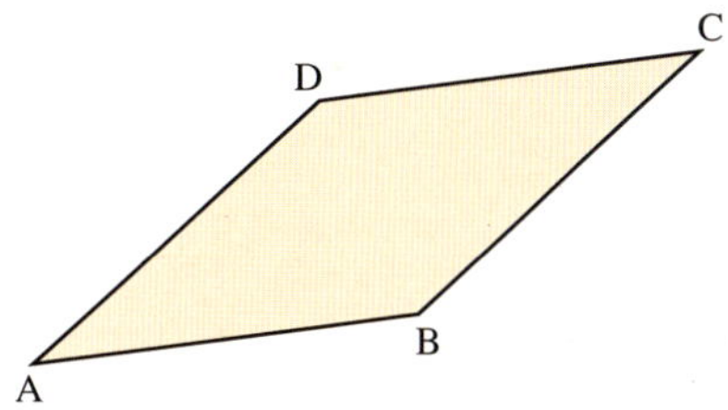

(4) Quadrate als besondere Rechtecke

Jedes Rechteck, bei dem alle vier Seiten gleich lang sind, nennen wir ein **Quadrat.**
An dieser Eigenschaft erkennst du das Quadrat.

Eine weitere Eigenschaft ist:
Einander gegenüberliegende Seiten sind parallel zueinander.

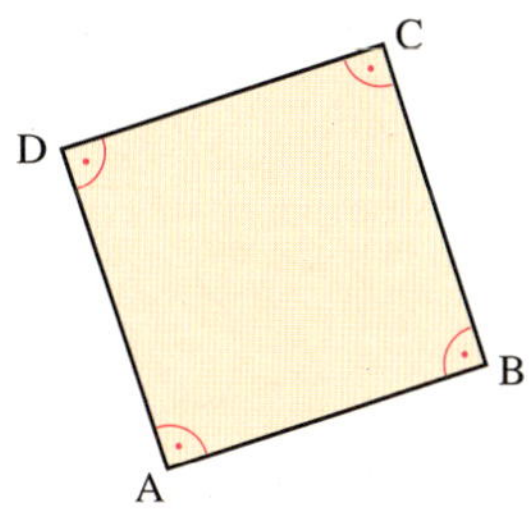

Aufgabe

2. *Zeichnen eines Rechtecks*

Zeichne mit dem Geodreieck ein Rechteck mit den Seitenlängen
a = 5 cm und b = 3 cm.

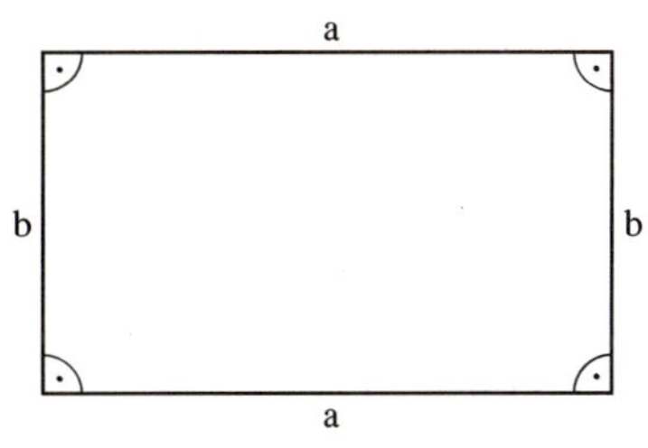

Lösung

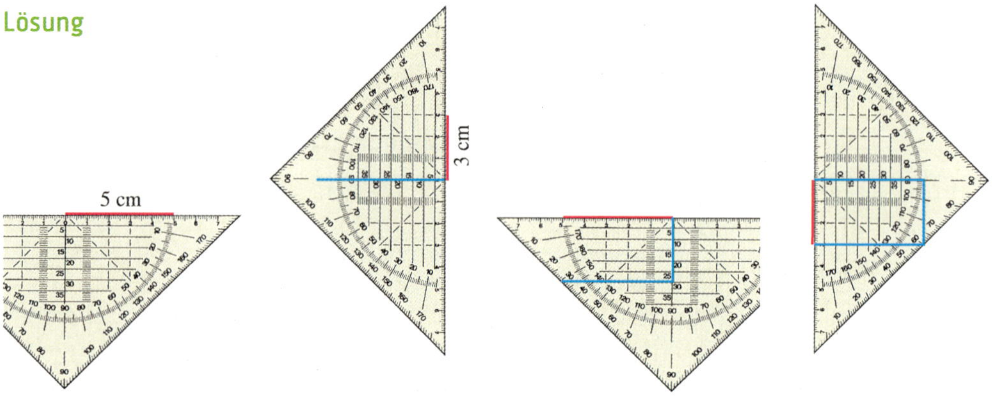

Zum Festigen und Weiterarbeiten

3. *Quadrate* sind *besondere* Rechtecke.
Zeichne mit dem Geodreieck ein Quadrat mit der Seitenlänge a = 4 cm.

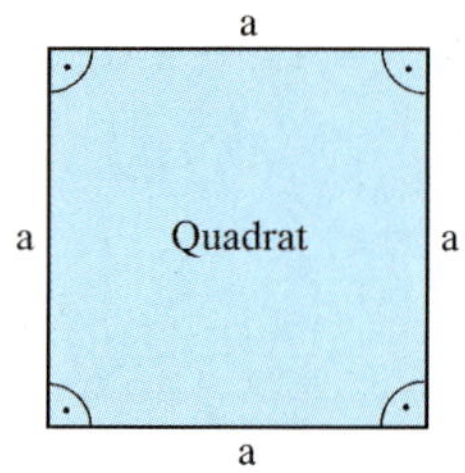

4. *Gehe auf Entdeckungsreise:*

Nenne aus deiner Umwelt Flächen, die
(1) Rechtecke, (2) Quadrate
(3) Parallelogramme (4) Rhomben sind.

5.

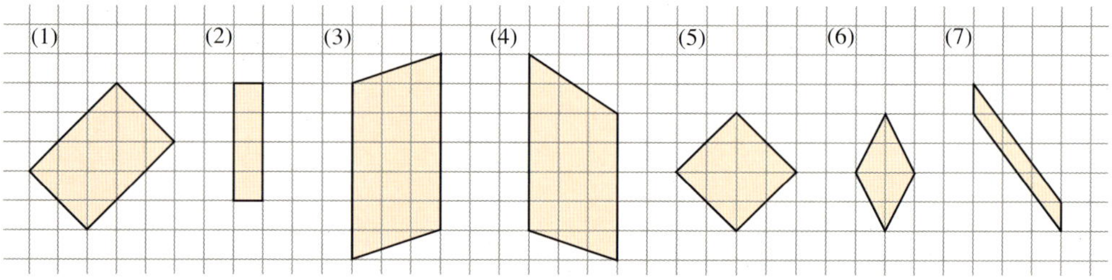

Um welches besondere Viereck handelt es sich jeweils?
Stelle deine Antworten in einer Tabelle zusammen. Begründe sie auch.

Viereck	Parallelogramm	Rechteck	Quadrat	Rhombus
(1)	ja	ja	nein	nein
(2)				

6. Nimm ein unregelmäßig umrandetes Stück Papier. Stelle durch Falten ein Rechteck her.

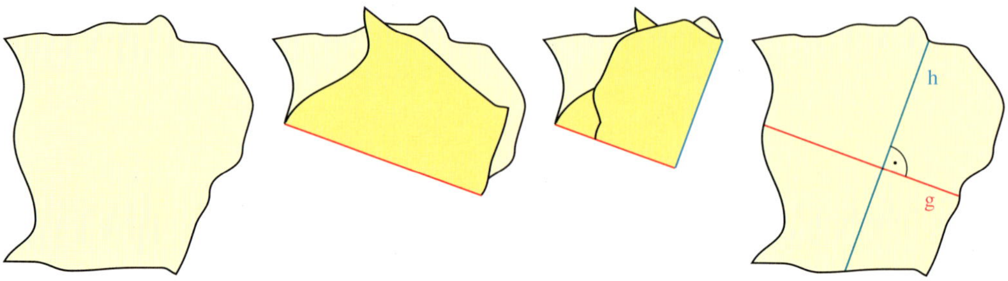

Übungen

7. Schneide dir einen Streifen, der 5 cm breit ist, und einen Streifen, der 3 cm breit ist.

a) Zeichne mithilfe der beiden Streifen drei verschiedene Parallelogramme in dein Heft.

b) Zeichne ein Rechteck mithilfe der beiden Streifen.

8. Schneide dir zwei Streifen, jeder soll 6 cm breit sein.

a) Zeichne mithilfe der beiden Streifen drei verschiedene Rhomben in dein Heft.

b) Zeichne ein Quadrat mithilfe der beiden Streifen.

9. Zeichne auf unliniertem Papier ein Rechteck mit den Seitenlängen:

a) a = 8 cm; b = 6 cm **b)** a = 25 mm; b = 35 mm **c)** a = 54 mm; b = 43 mm

10. Zeichne auf unliniertem Papier ein Quadrat mit der Seitenlänge:

a) a = 5 cm **b)** a = 45 mm **c)** a = 7 cm 2 mm **d)** a = 4 cm 7 mm

11. Zeichne ein Rechteck mit den Seitenlängen a = 6 cm und b = 4 cm. Zeichne dazu
(1) ein maßstäblich vergrößertes Rechteck, indem du alle Seitenlängen verdoppelst;
(2) ein maßstäblich verkleinertes Rechteck, indem du alle Seitenlängen halbierst.

12. a) Zeichne ein Parallelogramm, das weder ein Rechteck noch ein Rhombus ist.

b) Zeichne ein Parallelogramm, das sowohl ein Rechteck als auch ein Rhombus ist.

13. a) Zeichne zwei verschiedene Parallelogramme mit den Seitenlängen 6 cm und 4 cm.

b) Zeichne zwei verschiedene Rhomben mit der Seitenlänge 55 mm.

14. Zeichne das Muster in dein Heft und färbe es.

a)

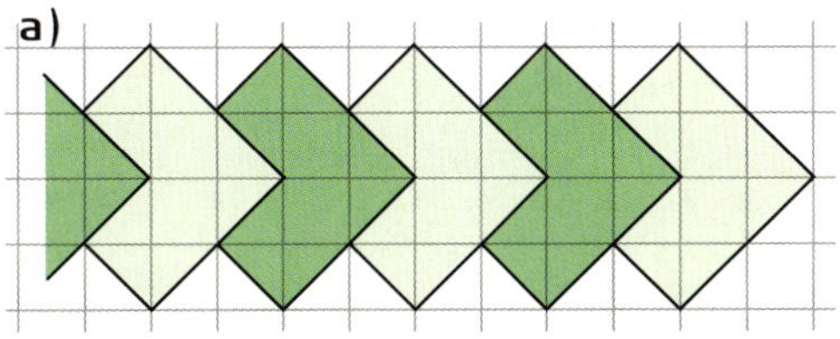

b)

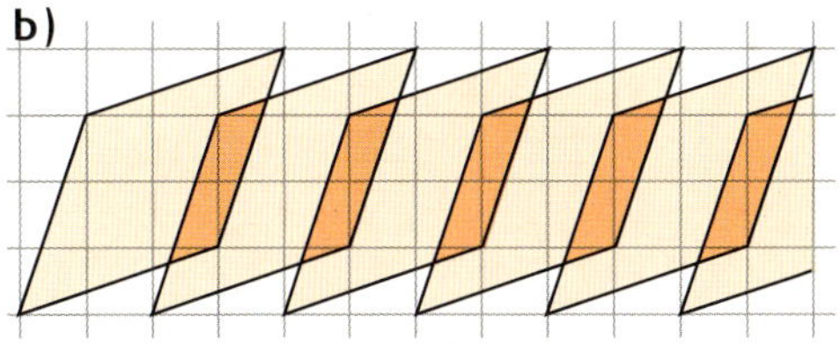

15. Zeichne das Viereck ABCD in ein Koordinatensystem mit der Einheit 1 cm. Welches besondere Viereck liegt vor?

a) A(0|5); B(5|0); C(10|5); D(5|10) **c)** A(0|2); B(3|1); C(5|7); D(2|8)

b) A(1|6); B(5|2); C(8|1); D(4|5) **d)** A(9|0); B(5|3); C(0|3); D(4|0)

16. Zeichne die beiden Punkte A und B in ein Koordinatensystem ein. Zeichne zwei weitere Punkte C und D so, dass ein Quadrat ABCD entsteht.
Gib die Koordinaten von C und D an.

a) A(3|3); B(6|3) **b)** A(5|1); B(5|4) **c)** A(3|6); B(5|4) **d)** A(6|6); B(3|3)

17. Ein Architekt hat für einen Kirchturm das nebenstehende Fenster aus Dreiecken entworfen.

a) Kannst du auch Parallelogramme darin erkennen? Wie viele?

b) Kannst du auch Rhomben darin erkennen, wie viele?

BEZIEHUNGEN ZWISCHEN GERADEN

Zueinander senkrechte Geraden

Einstieg

Nimm ein Zeichenblatt und falte es zweimal wie im folgenden Bild angegeben.
Die beiden Faltlinien bestimmen zwei Geraden, nenne sie g und h.

➜ Lege dein Geodreieck wie im Bild an die Faltlinien.

➜ Suche noch andere Möglichkeiten zum Anlegen des Geodreiecks.

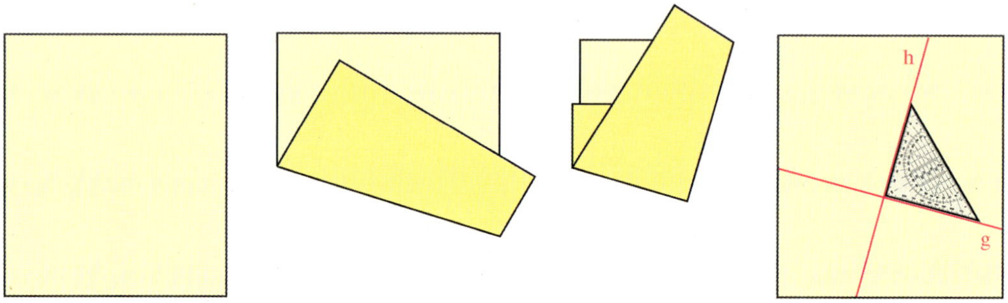

Information

(1) Gerade

Eine gerade Linie, die man sich über das Zeichenblatt hinaus beliebig verlängert denkt, nennen wir **Gerade.** Geraden werden meist mit kleinen Buchstaben bezeichnet, z. B. mit g.

(1) **Strecken** und **Geraden** sind *gerade Linien.* Beachte aber den Unterschied zwischen einer *Strecke* und einer *Geraden.*

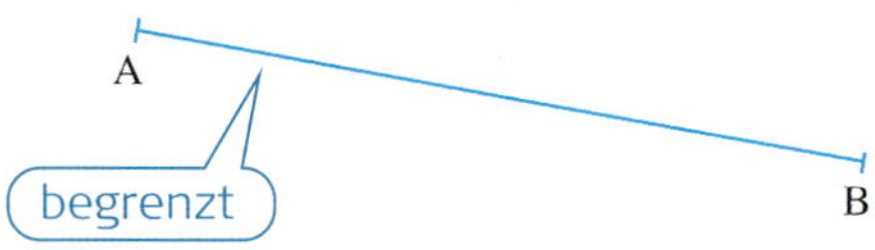

Eine *Strecke* hat stets *zwei Endpunkte.* Sie hat deshalb auch eine bestimmte Länge, die man mit dem Lineal messen kann.

Eine *Gerade* hat *keine Endpunkte.* Eine Gerade kann man nicht messen, sie hat keine Länge. Wir können immer nur ein Stück der Geraden zeichnen.

(2) Zu zwei Punkten A und B kann man immer die **Verbindungsgerade** zeichnen.
Wir bezeichnen sie mit AB oder BA.

Wir sagen:
Die Gerade g geht durch die Punkte A und B.
Oder: Die Punkte A und B liegen auf der Geraden g.

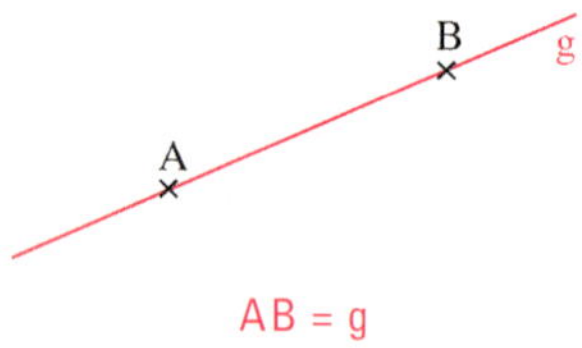

(3) Haben zwei Geraden genau einen gemeinsamen Punkt, so sagt man auch, dass die beiden Geraden sich schneiden, und nennt diesen Punkt ihren **Schnittpunkt.**

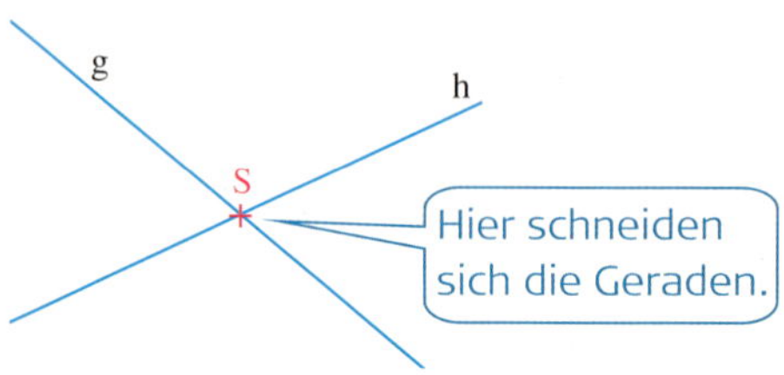

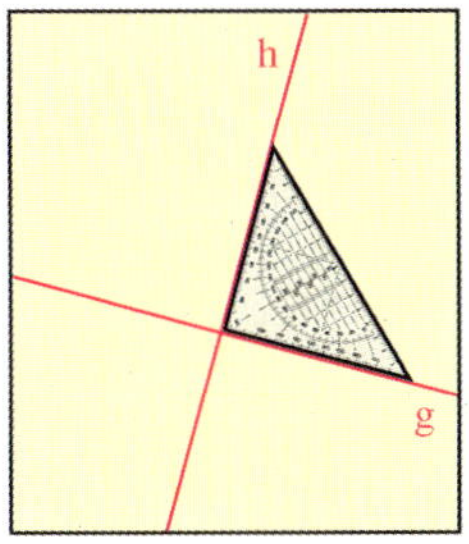

(2) Zueinander senkrechte Geraden

Die Geraden g und h stehen **senkrecht** aufeinander. Man schreibt: $g \perp h$.
Mit dem Geodreieck kann man zueinander senkrechte Geraden zeichnen:

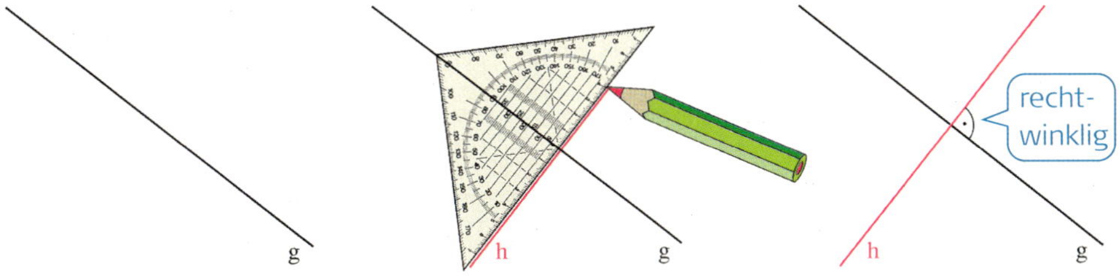

Zum Festigen und Weiterarbeiten

1. Prüfe mit dem Geodreieck, ob die Geraden a und b senkrecht zueinander sind.

a)

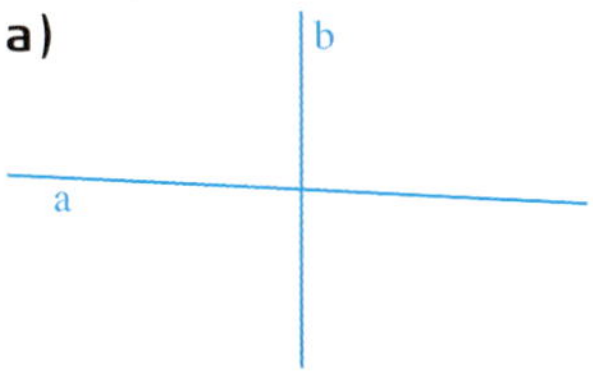

b)

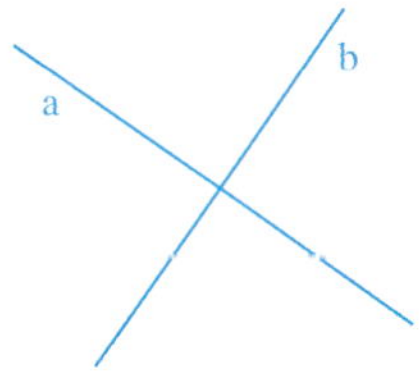

c)

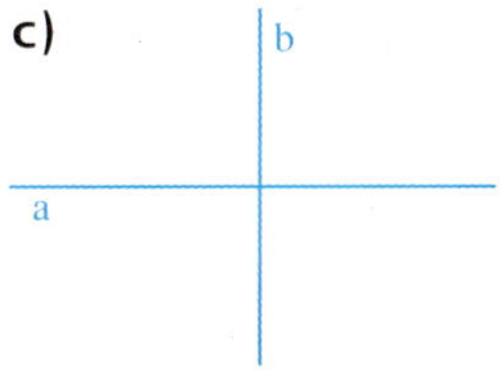

2. Julias Vater benutzt einen Anschlagwinkel (siehe Bild links). Wozu?

3. *Gehe auf Entdeckungsreise:*

a) Gib im Klassenraum gerade Linien an, die zueinander senkrecht sind. Überprüfe das mit einem Tafelgeodreieck oder einem Anschlagwinkel.

b) Finde auf deinem Geodreieck zueinander senkrechte Linien.

4. Zeichne eine Gerade a. Zeichne nun mithilfe des Geodreiecks weitere Geraden b, c und d, die zur Geraden a senkrecht sind.

5. Zeichne eine Gerade g und einen Punkt P, der nicht auf der Geraden g liegt. Zeichne nun die Gerade, die durch P geht und zu g senkrecht ist; nenne sie h.

Man nennt die Gerade h die **Senkrechte** zu der Geraden g durch den Punkt P.

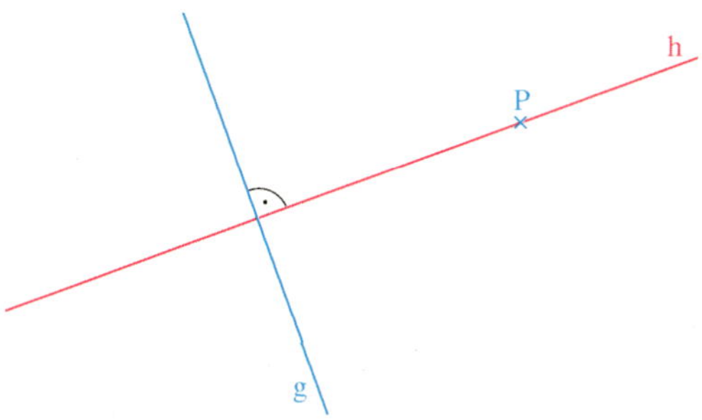

6. Zeichnet nach Augenmaß zwei zueinander senkrechte Geraden. Tauscht die Zeichnungen mit eurem Nachbarn aus und kontrolliert.

Übungen

7. Prüfe, ob die Geraden senkrecht zueinander sind. Schreibe z. B. $g \perp h$.

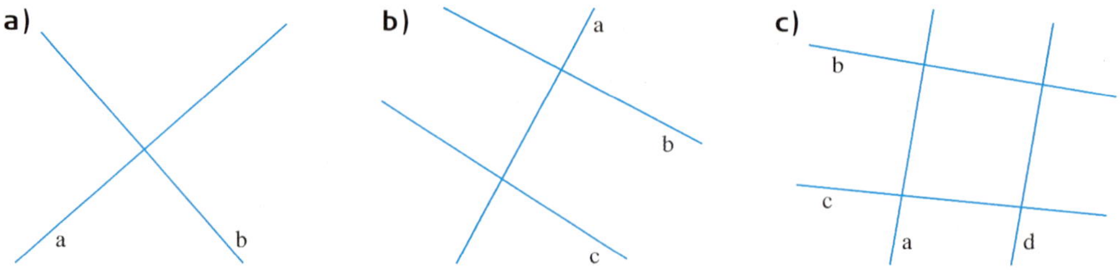

8. Übertrage die Gerade g und die Punkte in dein Heft. Zeichne durch jeden Punkt eine Senkrechte zu g.

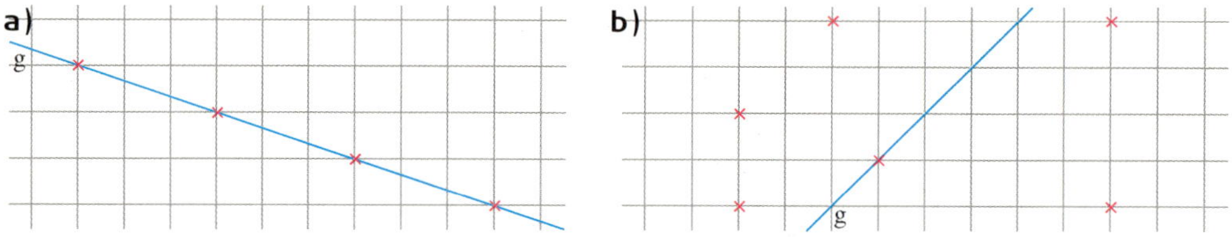

9. Zeichne die Gerade durch die Punkte A(3 | 6) und B(12 | 3). Zeichne anschließend durch den Punkt C(6 | 5) die Senkrechte zu der Geraden AB.
Gib zwei Punkte auf der Senkrechten an. Einer soll unterhalb und einer oberhalb von AB liegen.

10. Zeichne eine 1 cm lange Strecke. Zeichne an einem Endpunkt eine dazu senkrechte Strecke von 1,5 cm Länge. An deren Endpunkt zeichnest du wieder eine dazu senkrechte Strecke der Länge 2 cm. Fahre so fort.

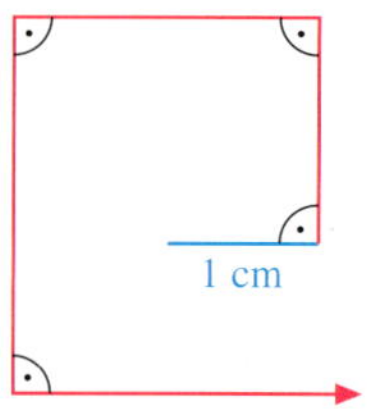

Abstand eines Punktes von einer Geraden

Einstieg

Das Haus von Swantjes Eltern liegt abseits der Straße. Es soll an das Kabelfernsehnetz angeschlossen werden. Die Hauptleitung verläuft längs der Straße.
Wie wird man die Abzweigleitung zweckmäßig verlegen? Zeichne dazu mehrere Möglichkeiten und vergleiche.

Aufgabe

1. Anstelle der Hauptleitung ist eine Gerade g und anstelle des Hauses ein Punkt P gegeben. Bestimme den **Abstand** (Länge der kürzesten Verbindung) des Punktes P von der Geraden g.

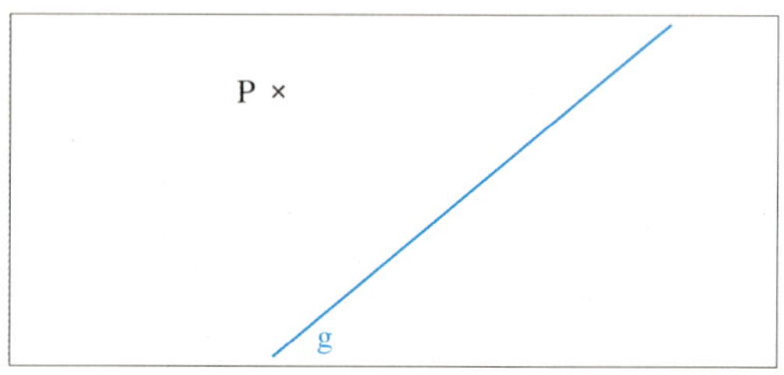

Lösung

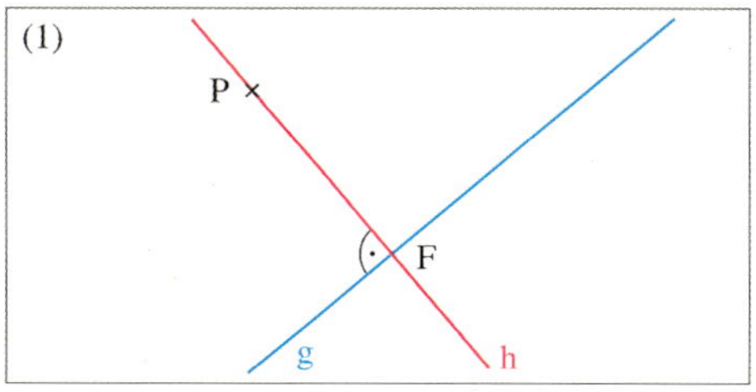

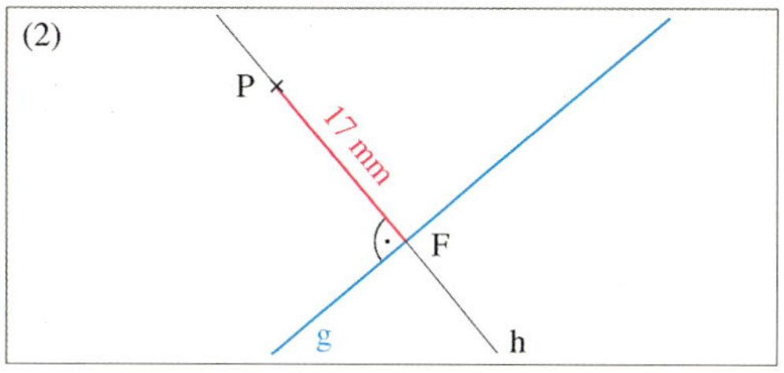

(1) Zeichne durch P die Senkrechte zur Geraden g; nenne sie h. Bezeichne den Schnittpunkt von g und h mit F.

(2) Miss die Länge der Strecke $\overline{PF}$.

Ergebnis: Der Abstand des Punktes P von der Geraden g beträgt 17 mm.

Information

Die Gerade PF ist senkrecht zu g.

Die Strecke $\overline{PF}$ heißt das **Lot** von Punkt P auf die Gerade g. Es verbindet den Punkt P senkrecht mit der Geraden g und ist die kürzeste Verbindung des Punktes P mit der Geraden g.

Die Länge des Lotes heißt der **Abstand des Punktes P von der Geraden g.**

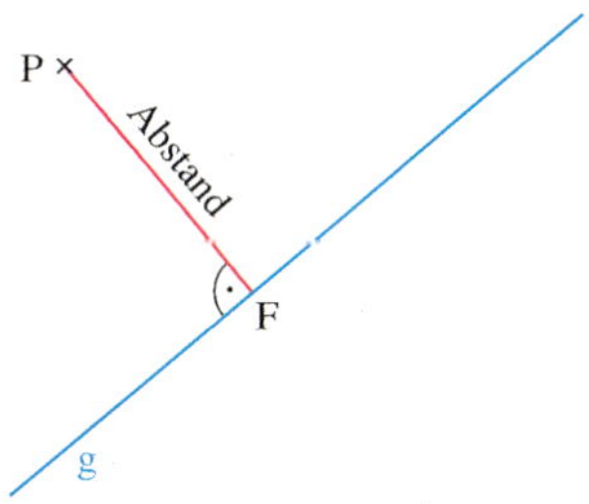

Zum Festigen und Weiterarbeiten

2. a) Zeichne eine Gerade g und einen Punkt A, der von der Geraden g den Abstand 3 cm hat. Benutze das Geodreieck wie folgt:

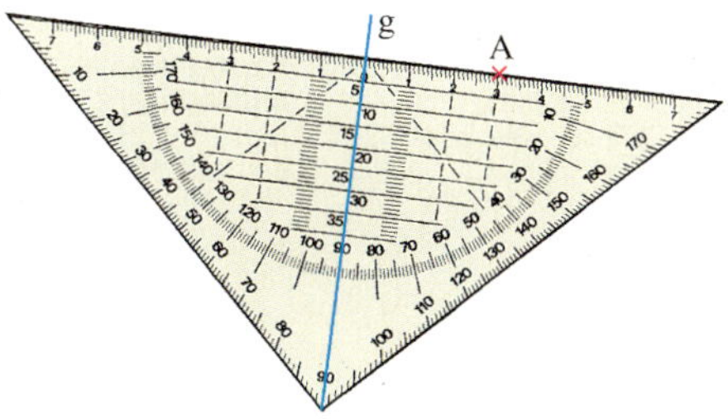

b) Bestimme die Abstände der Punkte von der Geraden g.

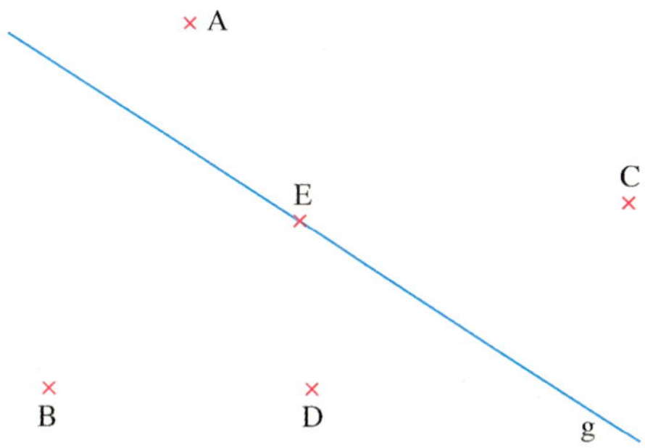

Übungen

3. Übertrage die Gerade g und die Punkte A, B, C, D, E in dein Heft. Bestimme die Abstände dieser Punkte von g.
Schreibe: Abstand A von g: 18 mm.

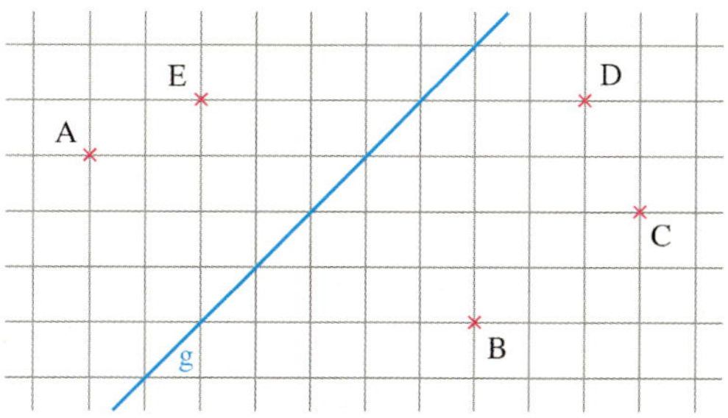

4. Zeichne eine Gerade g in dein Heft. Zeichne dann einen Punkt

a) F, der von g den Abstand 3 cm hat;

b) G, der von g den Abstand 48 mm hat;

c) H, der von g den Abstand 8 mm hat.

5. Zeichne in ein Koordinatensystem (Einheit 1 cm) die Gerade AB und bestimme den Abstand des Punktes C von der Geraden.

a) A(0|4); B(9|2); C(5|7) **b)** A(1|9); B(7|8); C(2|3) **c)** A(2|3); B(6|7); C(1|1)

6. Zeichne in ein Koordinatensystem die Punkte A(1|3), B(8|10), C(2|9), D(11|5).

a) Bestimme den Abstand des Punktes C von der Geraden AB.

b) Bestimme den Abstand des Punktes D von der Geraden AB.

c) Bestimme den Abstand des Punktes A von der Geraden CD.

d) Bestimme den Abstand des Punktes B von der Geraden CD.

7. Übertrage die Figur in dein Heft. Bestimme jeweils die Abstände der Eckpunkte von den gegenüberliegenden Seiten bzw. ihren Verlängerungen.

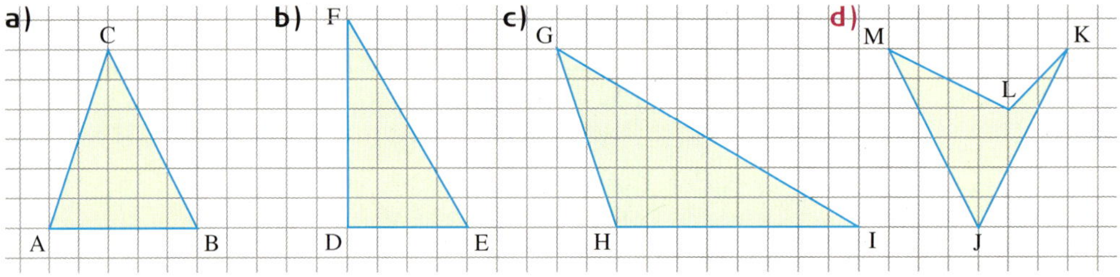

8. Zeichne die Punkte A(1|1), B(6|1), C(4|7) und P(4|3). Von welcher der Geraden AB, BC und AC hat P den kleinsten Abstand?

9. Zeichne einen Punkt P und dann möglichst viele Geraden, die von P den Abstand 3 cm haben. Welchen Eindruck erweckt das fertige Bild?

10. Eltern ermahnen ihre Kinder, „richtig über die Straße zu gehen".

a) Beschreibe diesen Weg in der Sprache der Geometrie.

b) Erläutere, warum dieser Weg der „richtige" ist.

Zueinander parallele Geraden

Einstieg

Eine Gärtnerin will Johannisbeersträucher in zwei Reihen anpflanzen. Die Reihen sollen den Abstand 1,20 m haben. Dazu benutzt sie Pflöcke und Spannseile.
Beschreibe, wie sie das machen kann.
Skizziere dein Vorgehen.

Aufgabe

1. Gegeben ist eine Gerade g. Zeichne eine Gerade h, deren Abstand von der Geraden g überall 12 mm beträgt.

Lösung

Es gibt zwei Möglichkeiten:

1. Möglichkeit

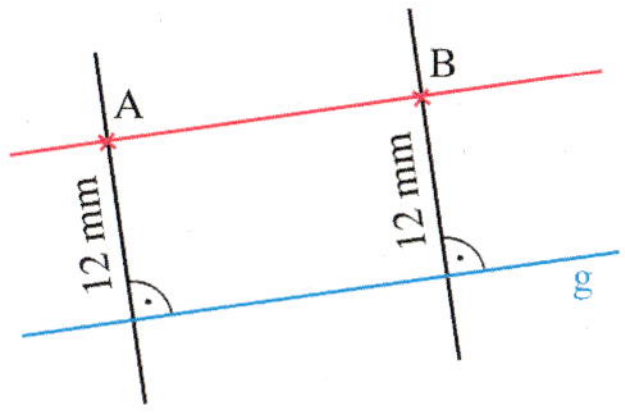

Zeichne zwei Punkte A und B, die von g jeweils einen Abstand von 12 mm haben. Zeichne dann die gesuchte Gerade AB.

2. Möglichkeit

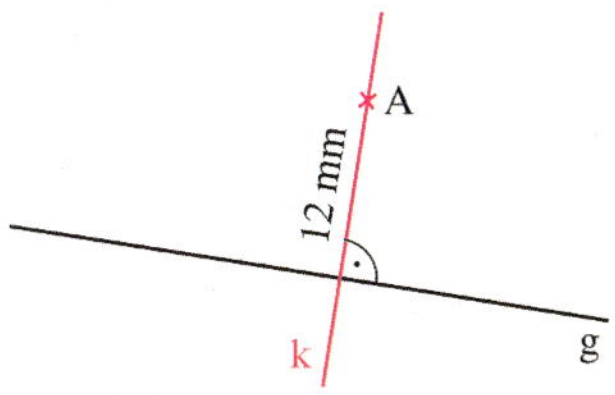

Zeichne zuerst einen Punkt A, dessen Abstand von g 12 mm beträgt.
Die Senkrechte zu g durch den Punkt A nenne k.

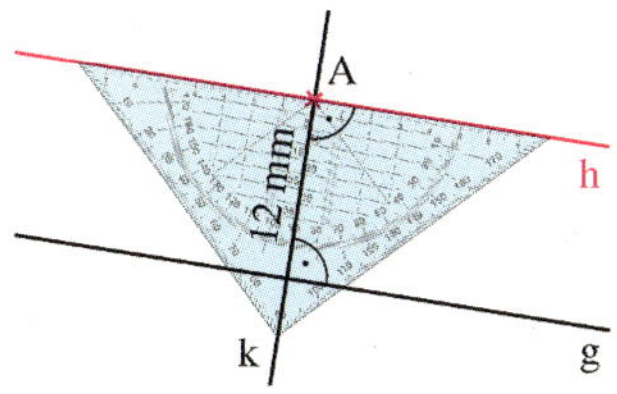

Zeichne dann die Senkrechte durch A zu k; nenne sie h. Die Gerade h ist die gesuchte Gerade.

Information

Zwei Geraden g und h, die überall denselben Abstand haben, nennt man **parallel** zueinander und schreibt: **g || h**.
Zwei zueinander parallele Geraden schneiden sich nicht.
Sind zwei Geraden a und b *nicht* parallel zueinander, so schreibt man: **a ∦ b**.

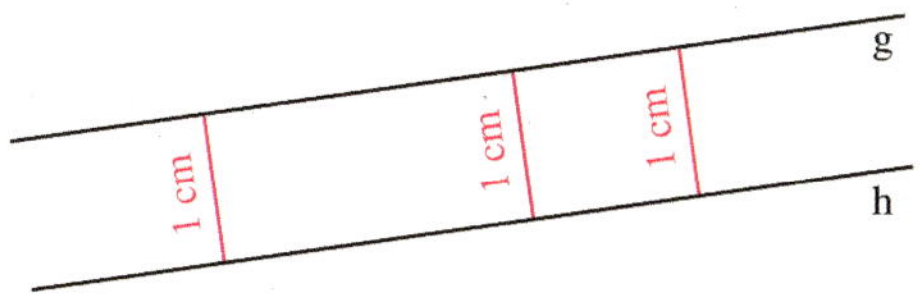

Zum Festigen und Weiterarbeiten

2. *Gehe auf Entdeckungsreise:*

a) Suche im Klassenraum gerade Linien, die zueinander parallel sind.

b) Suche auf deinem Geodreieck zueinander parallele Linien. Bestimme ihren Abstand.

3. Prüfe, ob die beiden Geraden a und b parallel zueinander sind. Beschreibe, wie du vorgegangen bist.

a)

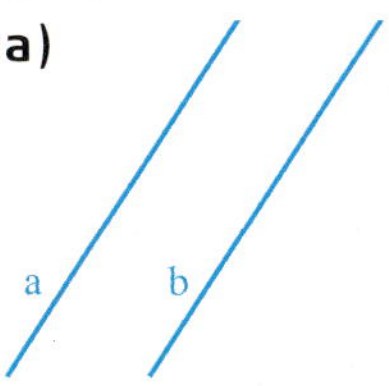

b)

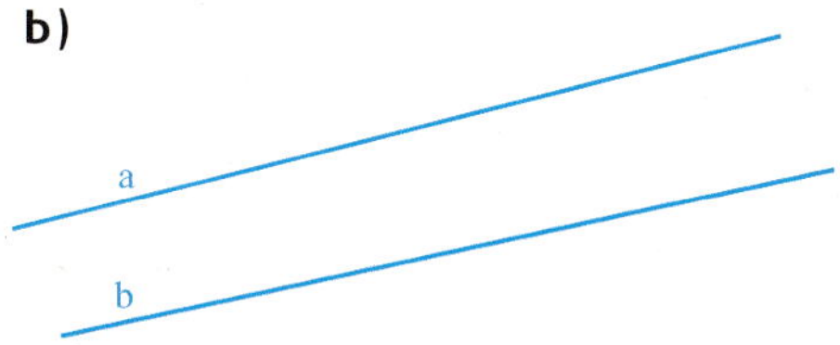

c)

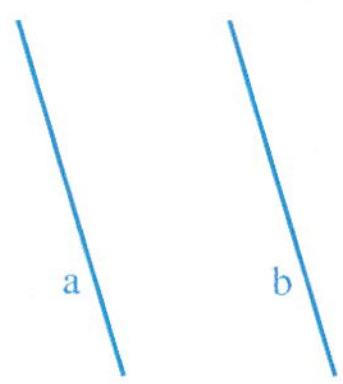

4. Zeichne zwei zueinander parallele Geraden, deren Abstand

a) 15 mm, **b)** 3 cm, **c)** 2 cm 1 mm beträgt.

5. Zeichne eine Gerade a. Zeichne nun zwei zu a senkrechte Geraden b und c.
Wie liegen die Geraden b und c zueinander?

6. Versuche durch Falten zueinander parallele Faltlinien zu erzeugen. Es gibt mehrere Möglichkeiten.

7. Gegeben sind eine Gerade g und ein Punkt P, der nicht auf g liegt. Zeichne diejenige Gerade, die zu g parallel ist und durch den Punkt P geht. Löse die Aufgabe wie folgt:

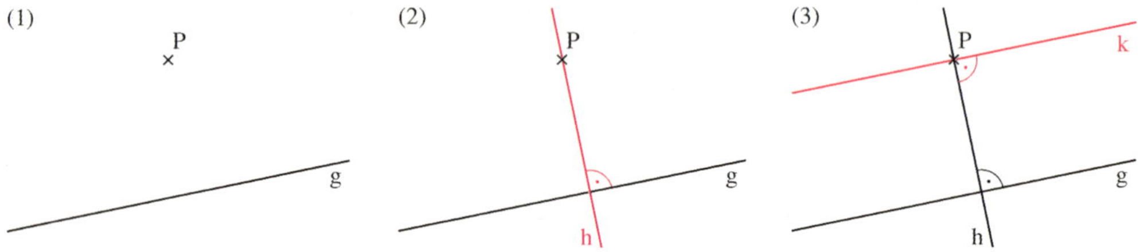

Gegeben: g und P

Zeichne die Senkrechte zu g durch P; nenne sie h.

Zeichne die Senkrechte zu h durch P; nenne sie k.

Information

Die Gerade k (im Bild (3)) ist die **Parallele** zu der Geraden g durch den Punkt P.

Übungen

8. Welche geraden Linien sind zueinander parallel?

a)

b)

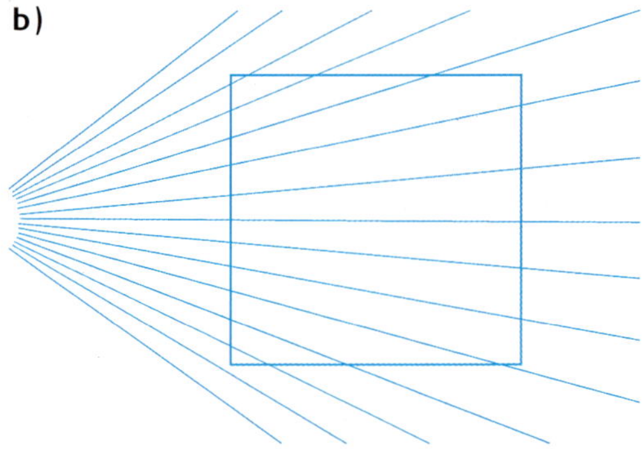

9. Prüfe, welche Geraden parallel zueinander sind. Schreibe z. B.: g || h.

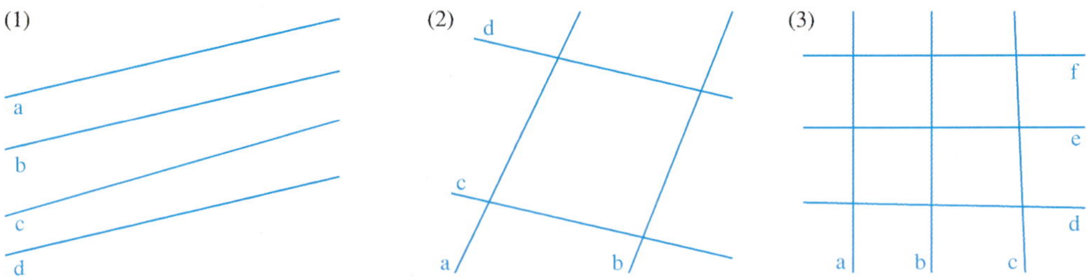

10. Zeichne in deinem Heft durch jeden der Punkte eine Parallele zur Geraden g.

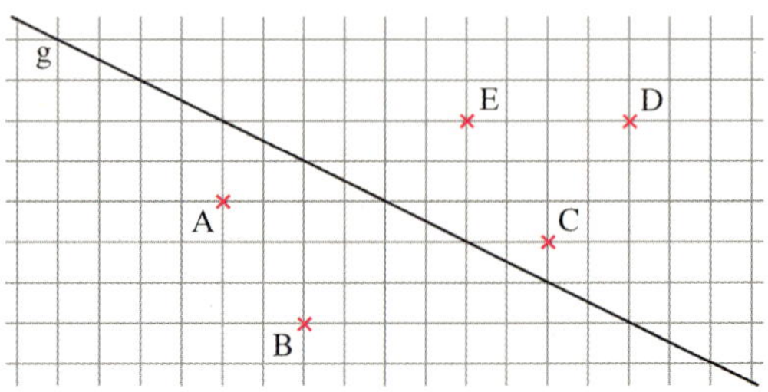

11. Zeichne zwei zueinander parallele Geraden mit dem Abstand:

a) 4 cm **c)** 2 cm 1 mm **e)** 39 mm

b) 3 cm **d)** 4 cm 7 mm **f)** 52 mm

12. Zeichne eine Gerade AB und einen Punkt P, der nicht auf ihr liegt. Zeichne anschließend die Parallele zu AB durch P. Beschreibe dein Vorgehen.

a) A(1|2); B(7|3); P(5|5)

b) A(2|4); B(3|9); P(5|5)

13. **a)** Zeichne einen Kreis (z. B. durch Umfahren eines Zwei-Euro-Stückes). Schraffiere ihn mit dem Geodreieck.

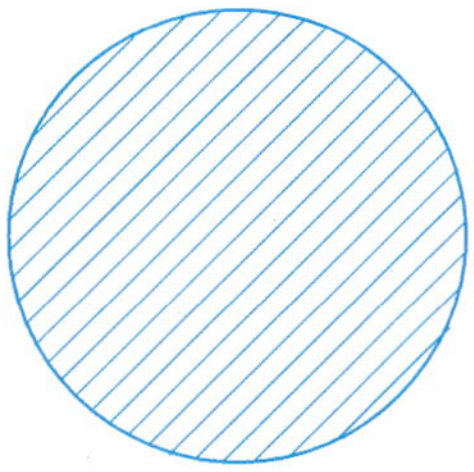

b) Zeichne ein Dreieck durch Umfahren deines Geodreiecks und schraffiere es.

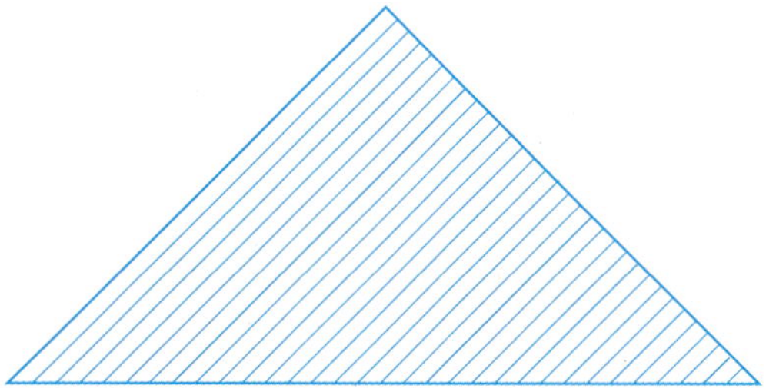

14. Zeichne die Figur auf unliniertem Papier mithilfe der Parallelen auf dem Geodreieck.

a)

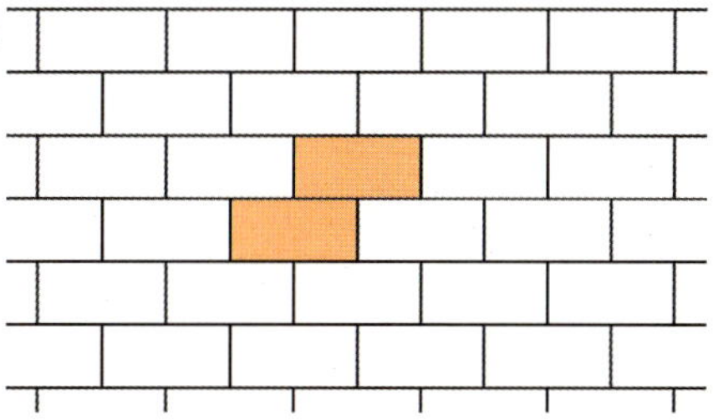

b)

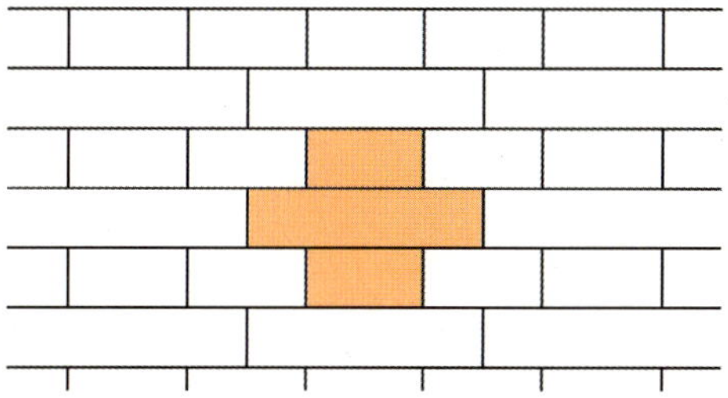

15. Zeichne auf ein unliniertes Blatt Papier eine Gerade g.
Zeichne nun eine Gerade h, die zu g parallel ist und den Abstand 1 cm hat.
Die nächste parallele Gerade soll zu h den Abstand 15 mm haben.
Zeichne weitere Geraden und vergrößere jeweils den Abstand um 5 mm.
Zeichne dann eine Gerade k, die zu g senkrecht ist.
Zeichne nun parallele Geraden zu k und vergrößere den Abstand wieder jeweils um 5 mm.
Du kannst das entstandene Muster farbig ausmalen.

Vermischte Übungen

1. Beschreibe den Ausschnitt aus dem nebenstehenden Stadtplan von Mannheim.

2. Welche der Geraden sind parallel zueinander, welche senkrecht zueinander? Schreibe das Ergebnis mit den entsprechenden Zeichen.

a)

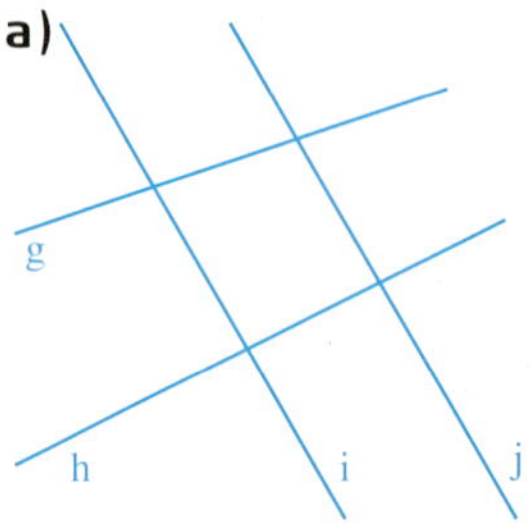

b)

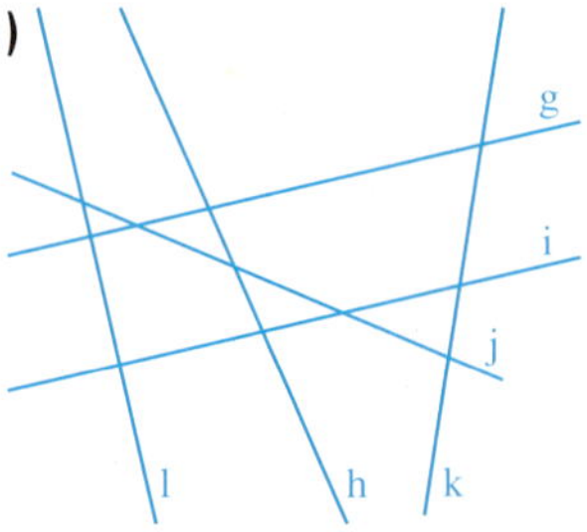

c)

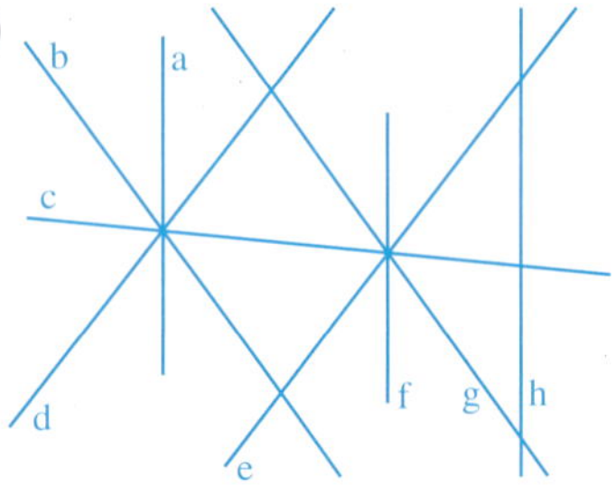

3. Zeichne ab. Vereinfache dabei die Latten zu Strecken.

4. Übertrage die Figur in dein Heft und ergänze zu einem Parallelogramm ABCD.

a)

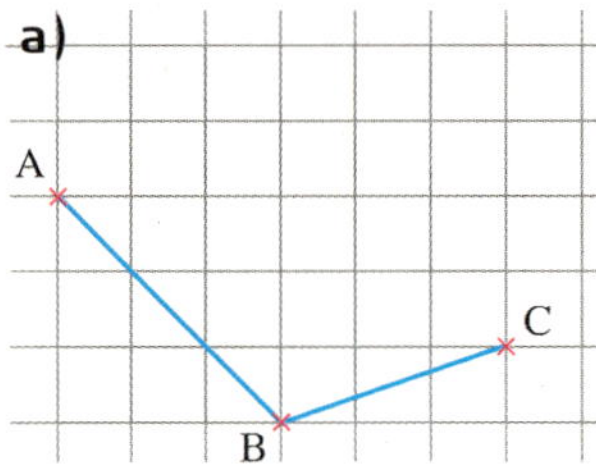

b)

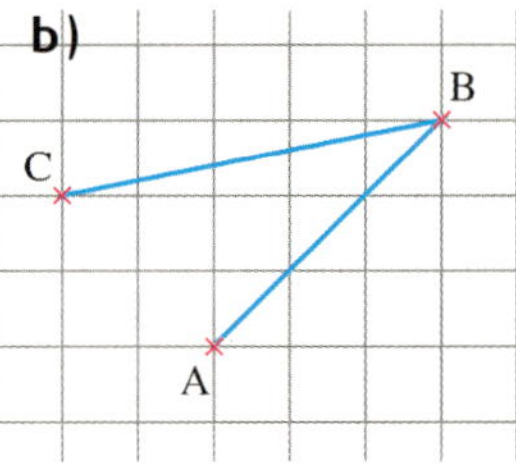

c)

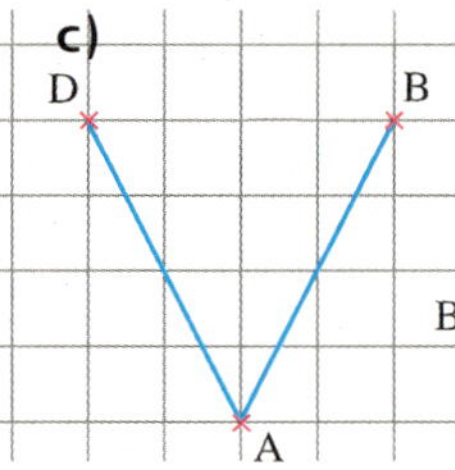

d)

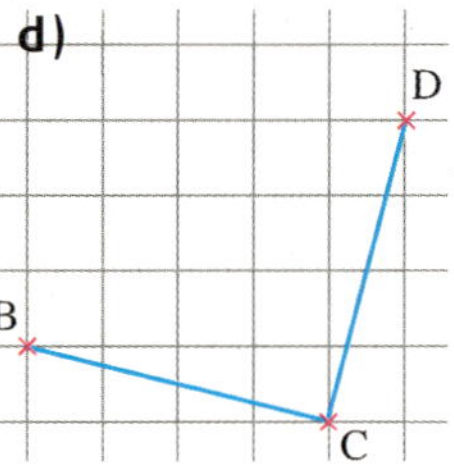

5. Zeichne die beiden Punkte A und B in ein Koordinatensystem ein. Zeichne zwei weitere Punkte C und D so, dass ein Quadrat ABCD entsteht.
Gib die Koordinaten von C und D an.

a) A(3|3); B(6|3) **b)** A(5|1); B(5|4) **c)** A(3|6); B(5|4) **d)** A(6|6); B(3|3)

6. Zeichne das Viereck ABCD in ein Koordinatensystem mit der Einheit 1 cm. Welches besondere Viereck liegt vor?

a) A(0|5); B(5|0); C(10|5); D(5|10)
b) A(1|6); B(5|2); C(8|1); D(4|5)
c) A(0|2); B(3|1); C(5|7); D(2|8)
d) A(9|0); B(5|3); C(0|3); D(4|0)

7. Zeichne die Punkte A, B, C in ein Koordinatensystem mit der Einheit 1 cm. Zeichne dann einen weiteren Punkt D so, dass ABCD ein Parallelogramm ist.
Untersuche, ob sich auch ein besonderes Parallelogramm ergibt.

a) A(4|5); B(5|2); C(10|5)
b) A(2|5); B(3|1); C(9|0)
c) A(1|3); B(4|2); C(6|8)
d) A(1|4); B(5|1); C(5|3)

8. Trage die Punkte in ein Koordinatensystem (Einheit 1 cm) ein.
Welche Beziehung besteht zwischen den Geraden AB und CD?

a) A(2|1); B(10|5); C(0|5); D(12|11) **b)** A(3|3); B(13|7); C(9|0); D(5|10)

9. *„Senkrecht" und „parallel" an Körpern*

(1)

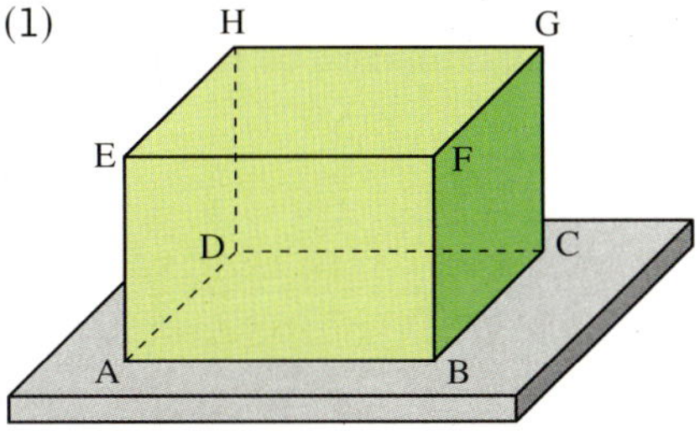

(2)

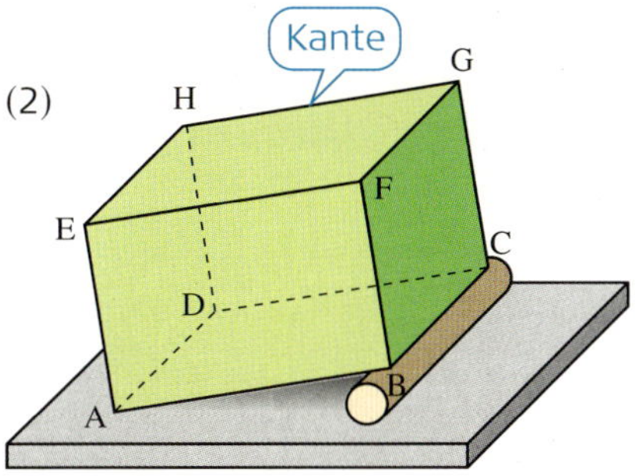

a) Welche Kanten des Quaders in Bild (1) sind senkrecht zur
(1) Kante $\overline{EF}$; (2) Kante $\overline{BC}$; (3) Kante $\overline{GC}$?

b) Welche Kanten des Quaders sind parallel zur
(1) Kante $\overline{EF}$; (2) Kante $\overline{AE}$; (3) Kante $\overline{EH}$?

c) Der Quader wird wie im Bild (2) verkantet. Treffen deine Antworten in Teilaufgabe a) und b) auch für diese Lage des Quaders zu?

10. *Lotrechte und waagerechte Kanten*

(1)

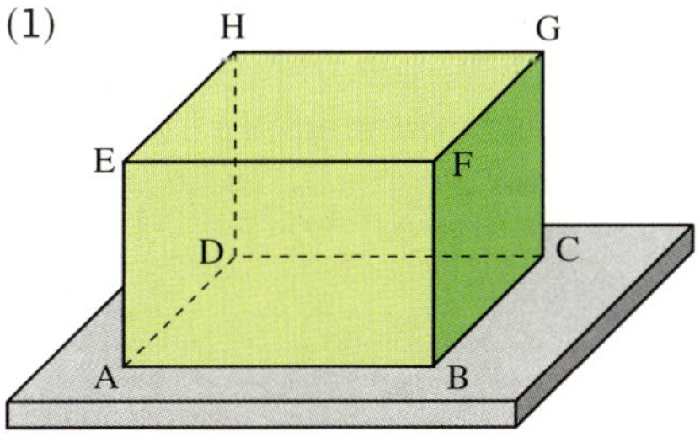

(2)

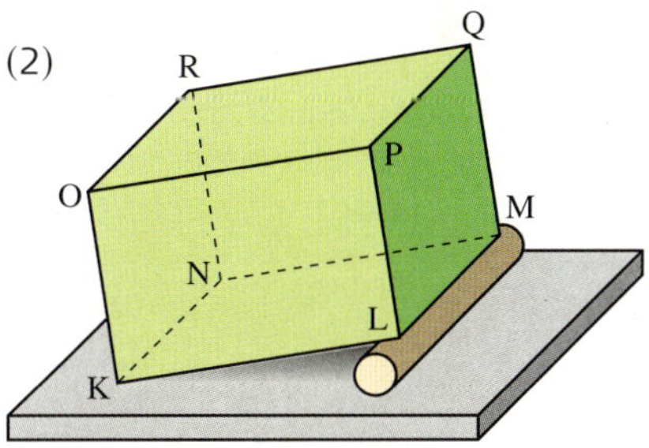

Wasserwaage und Senkblei

a) *Lotrecht* bedeutet: „Nach dem Lot recht" (d. h. richtig), also z. B. senkrecht zur Tischplatte oder zur Erdoberfläche.
Welche Kanten des Quaders (1) bzw. (2) sind *lotrecht*?

b) *Waagerecht* bedeutet: „Nach der Wasserwaage recht", also z. B. parallel zur Tischplatte oder zur Erdoberfläche.
Welche Kanten des Quaders (1) bzw. (2) sind *waagerecht*?

c) *Gehe auf Entdeckungsreise:*
Nenne „lotrechte Kanten" und „waagerechte Kanten" in deinem Klassenraum.

11. **a)** Welche Kerzen haben Kanten, die parallel zueinander sind?

b) Welche Kerzen haben Kanten, die zueinander senkrecht sind?

c) Bei welchen Kerzen verlaufen die Kanten schräg zueinander?

HERSTELLEN UND DARSTELLEN VON QUADERN

Quader und Würfel – Eigenschaften

Einstieg

In einem Supermarkt findet man viele unterschiedliche Verpackungen.
Sammelt solche Verpackungen und bringt sie mit in den Unterricht.

→ Vergleicht die Verpackungen und beschreibt sie.
Welche Unterschiede und welche Gemeinsamkeiten fallen euch auf?
→ Welche Formen erkennt ihr?
→ Welche Gründe gibt es wohl für die unterschiedlichen Formen?

Information

Flächenkanten, Ecken

Viele Verpackungen haben die Form eines **Quaders**. Ein Quader wird von Rechtecken als **Flächen** begrenzt. Zwei aneinanderstoßende Flächen bilden eine **Kante**. Aufeinanderstoßende Kanten bilden **Eckpunkte**.

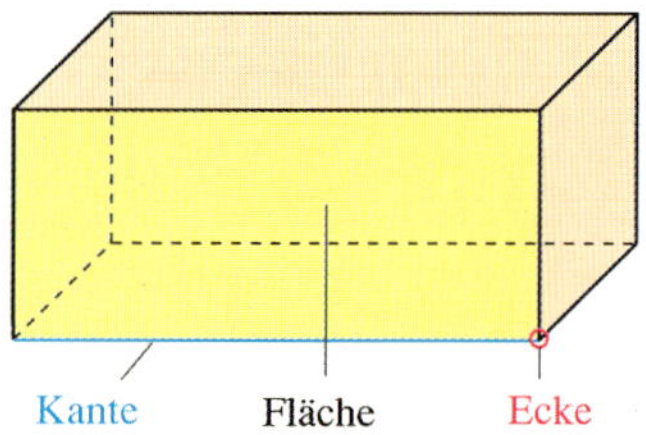

Zum Festigen und Weiterarbeiten

1. a) Schneide aus einer Kartoffel oder aus Plastilin ein *Vollmodell* eines Quaders und eines Würfels. Beschreibe, worauf du beim Schneiden achten musst.

b) Rechts siehst du zwei *Kantenmodelle* von Schachteln. Baue solche Modelle aus Strohhalmen und Plastilin. Beschreibe, worauf du beim Zuschneiden und Zusammenbauen achten musst.
Beachte: Schachteln können auch würfelförmig sein.

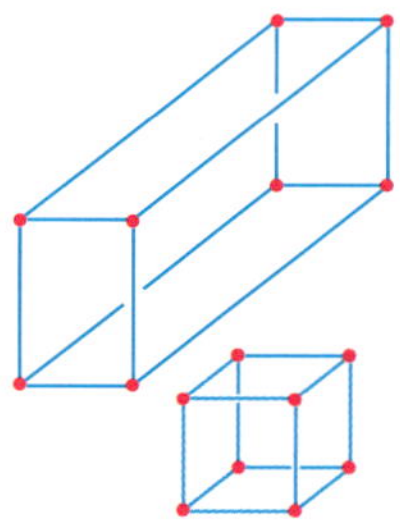

2. Im Bild siehst du das Kantenmodell eines Quaders.

a) Fertige aus Trinkhalmen ein solches Kantenmodell an.
Wie viele Trinkhalme benötigst du?

b) Wie viele Kanten stoßen an jeder Ecke zusammen?

c) Wie viele Kanten sind jeweils gleich lang?

d) Das Modell soll aus Draht hergestellt werden.
Wie viel cm Draht benötigst du?

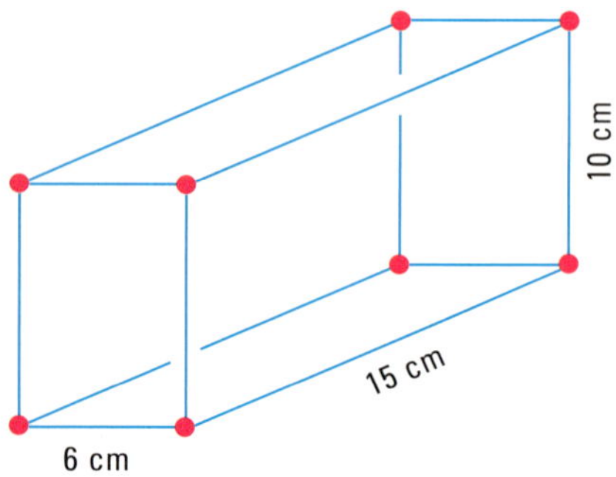

Information

Gemeinsamkeiten von Quader und Würfel
Quader und Würfel haben jeweils 8 Ecken. An jeder Ecke stoßen 3 Kanten zusammen. Je zwei Kanten sind zueinander senkrecht.
Beachte: Jeder Würfel ist ein besonderer Quader.

Unterschiede von Quader und Würfel

(1) Ein Quader hat 12 Kanten, je 4 von ihnen sind gleich lang und parallel zueinander.
(2) Ein Quader wird von 6 Rechtecken begrenzt. Gegenüberliegende Rechtecke sind gleich groß und parallel zueinander.

(1) Ein Würfel hat 12 Kanten, alle sind gleich lang. Je vier von ihnen sind zueinander parallel.
(2) Ein Würfel wird von 6 gleich großen Quadraten begrenzt. Gegenüberliegende Quadrate sind parallel zueinander.

3. Es soll aus Draht ein Kantenmodell eines Würfels mit der Kantenlänge 5 cm hergestellt werden.

a) Wie viele Drahtstücke werden benötigt?

b) Wie lang muss der Draht insgesamt sein?

4. Ein Quader wird von Rechtecken begrenzt. Zeichne das Rechteck, das du

a) von rechts (bzw. von links) siehst (*Seitenansicht*);

b) von oben siehst (*Draufsicht*);

c) von vorne siehst (*Vorderansicht*).

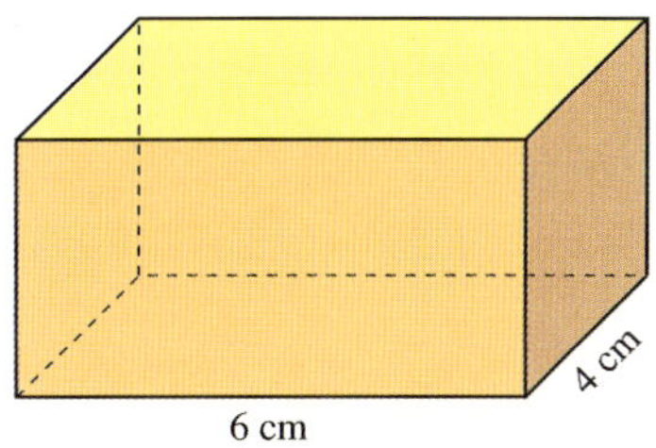

5. Ein Paket der Größe XL ist 50 cm breit, 30 cm tief und 20 cm hoch.
Zeichne verkleinert den Boden, die Vorderwand und die Seitenwand.

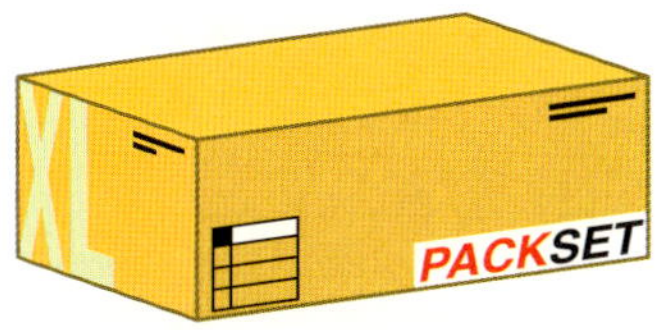

6.

Vergleiche die beim Bau der Mauer verwendeten Steine. Mit welchen Steinen lässt sich besser eine Mauer bauen? Begründe deine Vermutung.

7. a) Jemand behauptet, ein Quader hat 24 Kanten und zwar 4 unten, 4 oben, 4 rechts, 4 links, 4 vorn und 4 hinten. Widerlege die Behauptung.

b) Jan behauptet: „Ein Stück Würfelzucker hat die Form eines Würfels." Was meinst du dazu?

Herstellen von Würfeln und Quadern aus einem Netz

Einstieg

Besorge dir mehrere quaderförmige und würfelförmige Schachteln. Schneide sie längs so vieler Kanten auf, dass man die Begrenzungsflächen in die Ebene klappen kann.
Es entstehen *Netze.*
Welche Gemeinsamkeiten, welche Unterschiede weisen diese Netze auf?

Information

Netz von Würfel und Quader

Will man aus Karton ein *Flächenmodell* eines Würfels oder eines Quaders herstellen, so ist es hilfreich, sich zunächst einen Bauplan zu erstellen, bei denen die einzelnen Flächen zusammenhängen. So ergeben sich weniger Kanten, an denen geklebt werden muss.
Um eine Vorstellung von solchen Bauplänen zu erhalten, denken wir uns entsprechende Schachteln entlang der Kanten aufgeschnitten und in die Ebene ausgebreitet.
Man erhält **Netze:**

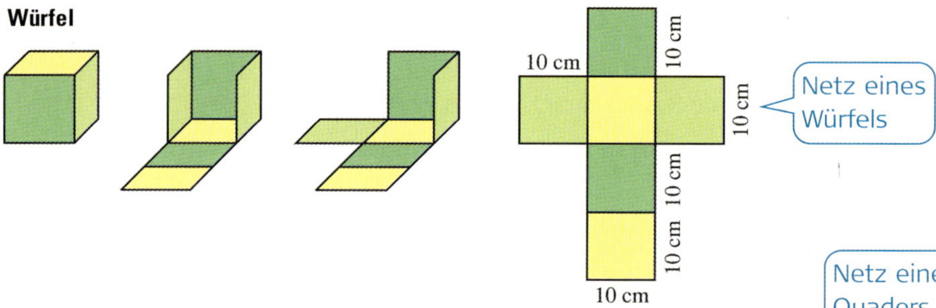

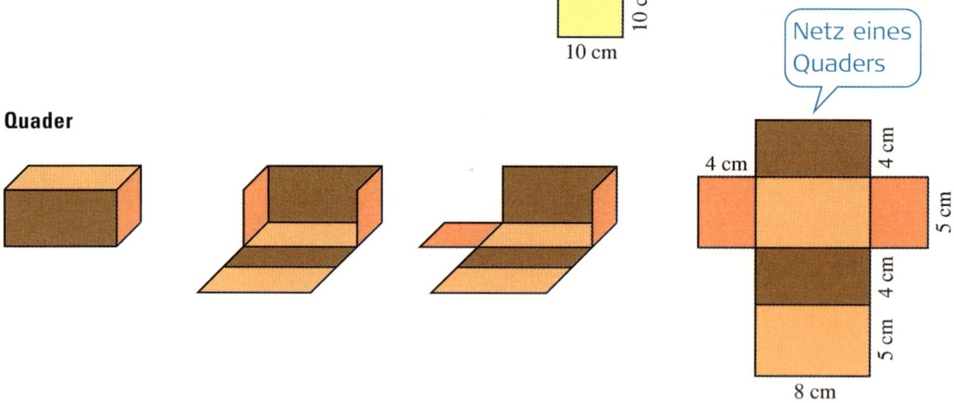

Ein Netz eines Würfels bzw. Quaders kann man zu einem Flächenmodell zusammenfalten.

Aufgabe

1. Es soll ein Flächenmodell eines Quaders mit den Seitenlängen 1,5 cm, 2,3 cm und 3,5 cm gebastelt werden.
Zeichne auf dickeres Papier ein Netz. Schneide es dann aus und klebe zusammen.

Lösung

Das Netz besteht aus 6 Rechtecken, von denen jeweils zwei genau aufeinander passen.

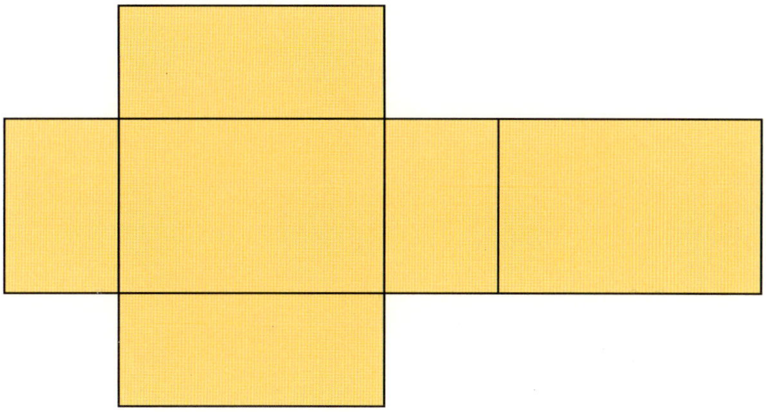

Zum Festigen und Weiterarbeiten

2. a) Zeichne ein Netz eines Würfels mit der Kantenlänge 3 cm.

b) Zeichne ein Netz eines Quaders, der 4 cm lang, 3 cm breit und 6 cm hoch ist.

3. a) In welchen Fällen liegt das Netz eines Würfels vor? Denke es dir zu einem Würfel gefaltet. Finde weitere Netze für einen Würfel.

(1)
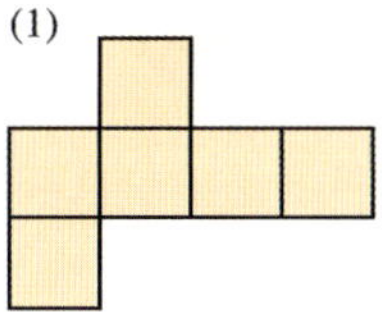

(2)
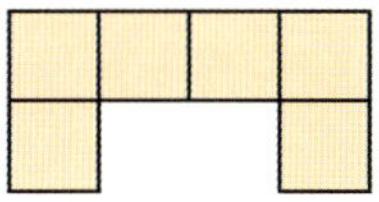

(3)
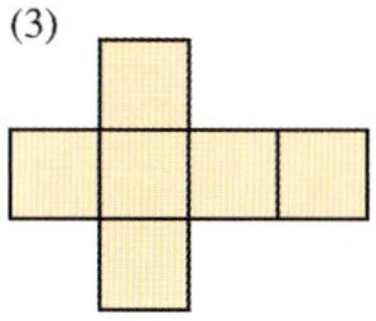

(4)
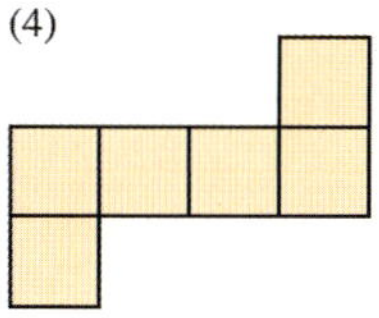

b) In welchen Fällen liegt das Netz eines Quaders vor? Denke es dir zu einem Quader gefaltet. Finde weitere Netze für einen Quader.

(1)
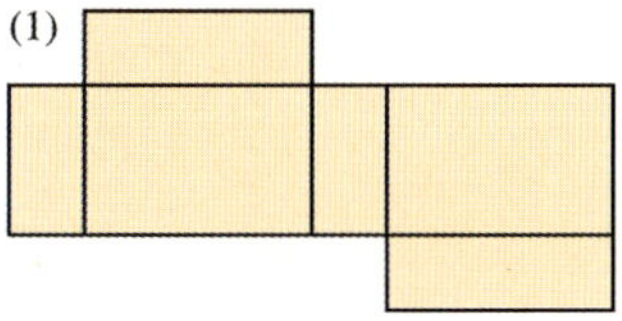

(2)
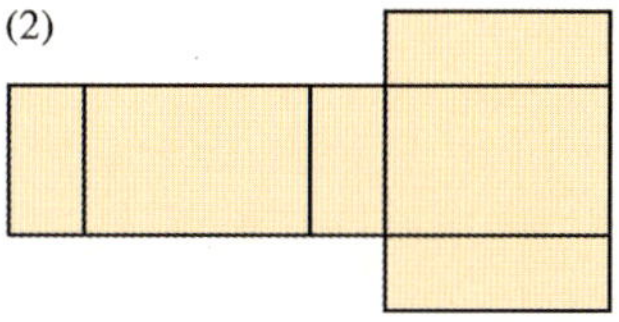

(3)
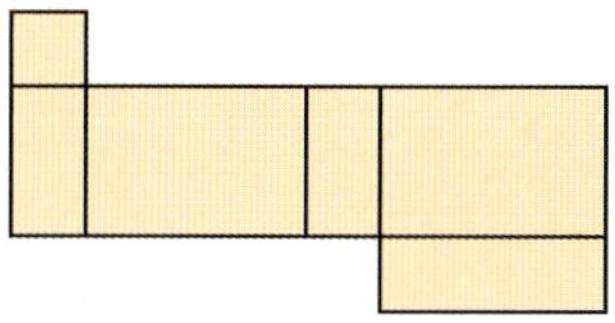

Übungen

4. Zeichne auf dünnen Karton das Netz eines Würfels mit der Kantenlänge $a = 6$ cm. Schneide es aus und falte es zu einem Würfel zusammen.

5. (1)
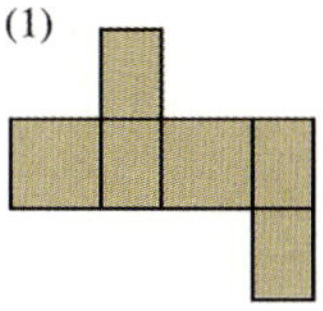

(2)
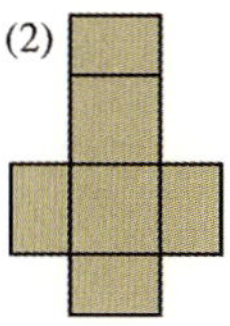

(3)
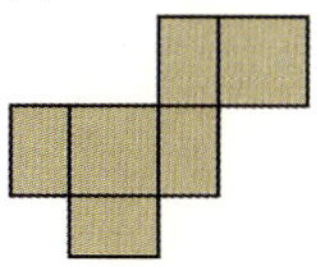

(4)
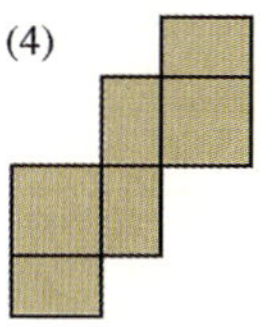

a) In welchen Fällen liegt ein Quadernetz vor? Begründe deine Antwort.

b) Wähle ein Quadernetz aus, zeichne es in dein Heft. Denke es dir zu einem Quader gefaltet. Färbe mit gleicher Farbe die Flächen, die sich dann gegenüberliegen.

c) Wähle eines der Quadernetze aus. Zeichne es in dein Heft. Färbe mit der gleichen Farbe die Kanten, die beim Falten zu einem Quader aneinander stoßen.

6. a) Ein Würfel hat die Kantenlänge 2 cm. Zeichne drei verschiedene Würfelnetze.

b) Ein Quader soll 4 cm lang, 2 cm 5 mm breit und 1 cm 5 mm hoch sein. Zeichne zwei verschiedene Quadernetze.

7. Die vier „Würfelnetze" sind unvollständig. Zeichne sie auf Karopapier und ergänze zu einem vollständigen Würfelnetz.

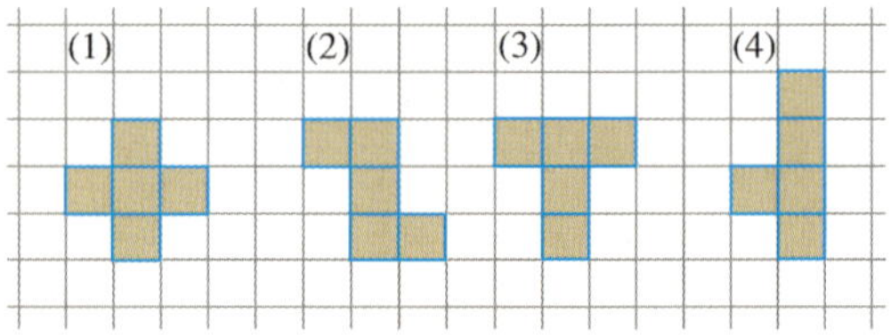

8. a) Welche Flächen eines Spielwürfels grenzen an die Fläche ?

b) Welche Würfelflächen haben mit eine gemeinsame Ecke?

c) Betrachte die Würfel (1) bis (6). Welche können aus dem Netz des Spielwürfels nicht gebaut werden? Wie sieht bei den übrigen Würfeln das untere, das linke und das hintere Augenbild aus?

d) Zeichne weitere Netze, die denselben Würfel ergeben wie das Netz oben.

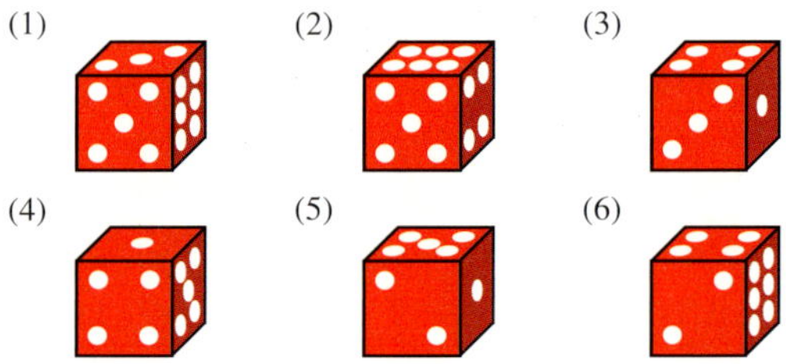

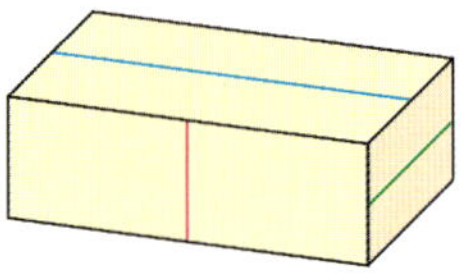

9. Ein Quader ist 3 cm lang, 2 cm breit und 1 cm hoch. Zeichne ein Netz des Quaders und übertrage die Linien in das Netz.

10. Drei Flächen des Würfels kannst du nicht sehen. Sie sind genauso gefärbt wie die gegenüberliegenden Flächen.
Zeichne ins Heft und übertrage die Färbung in das Netz.

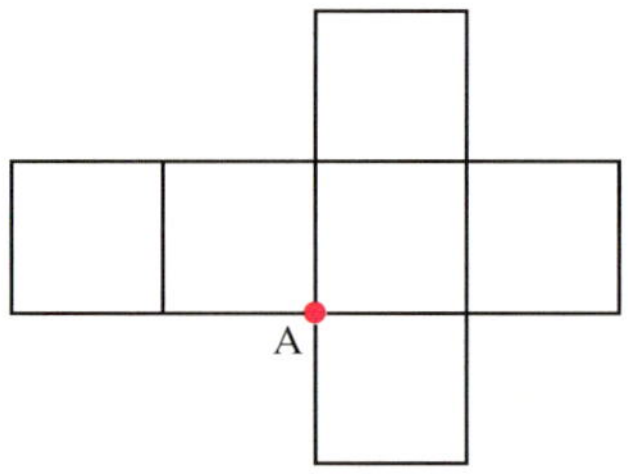

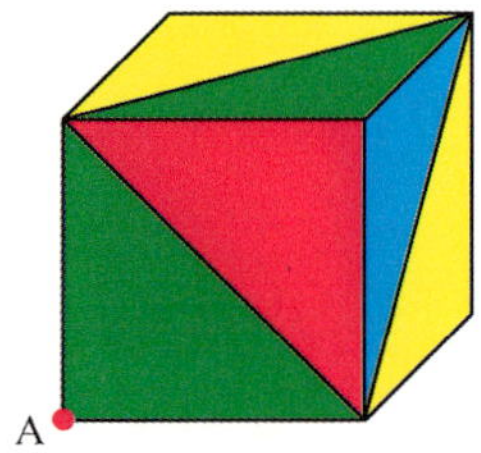

11. Wählt eines der nachstehenden Netze aus. Skizziert es auf einem Blatt Karopapier.
Partner 1 markiert (mit Bleistift oder einer Spielmarke) eine beliebige Fläche.
Das bedeutet: Im zusammengefalteten Modell soll diese Fläche unten sein.
Partner 2 markiert die Fläche, die dann im Modell oben ist. Partnerwechsel nach jeder Übung. (Bei Meinungsverschiedenheiten: Ausschneiden und Zusammenfalten.)

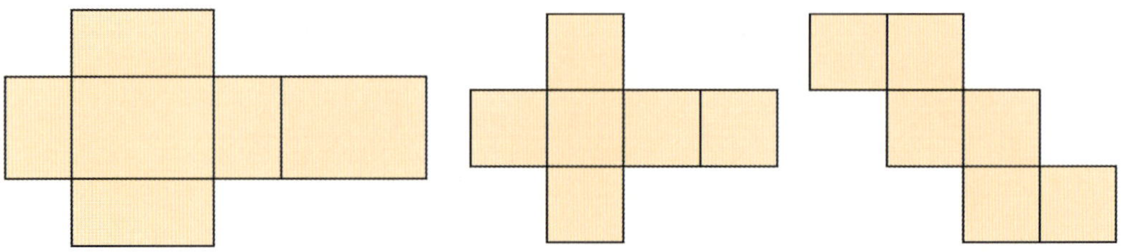

Schrägbild von Quader und Würfel

Einstieg

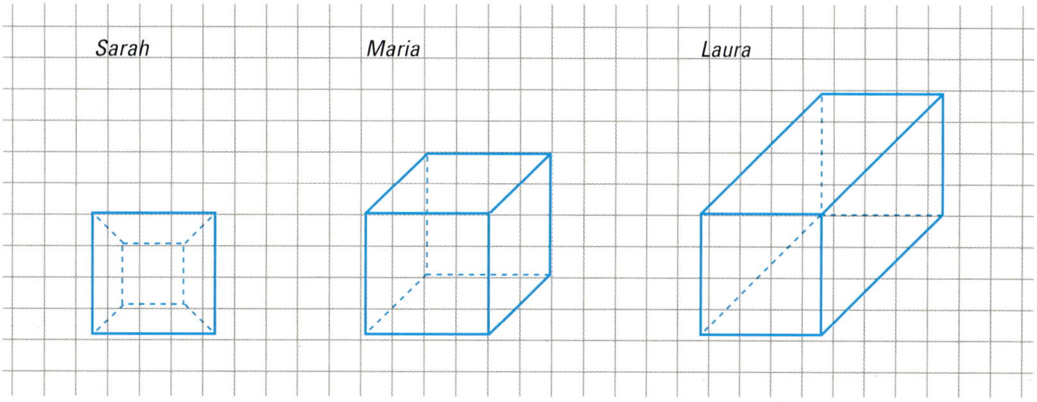

Drei Schülerinnen haben versucht, eine räumliche Darstellung eines Würfels mit der Kantenlänge 2 cm anzufertigen.

→ Vergleiche ihre Zeichnungen. Welche vermittelt den besten räumlichen Eindruck?

→ Fertige selbst ein Bild eines Quaders mit den Seitenlängen 2 cm, 3 cm und 5 cm an.

Aufgabe

1. *Zeichnen bzw. Skizzieren eines Schrägbildes auf Karopapier*

Rechts siehst du ein **Schrägbild** eines Mauersteins. Die nicht sichtbaren Kanten sind gestrichelt dargestellt.
Zeichne das Schrägbild in deinem Heft auf Karopapier in mehreren Schritten nach.

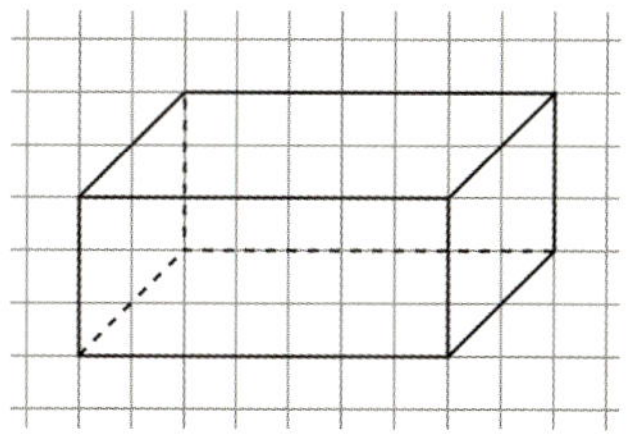

Lösung

1. Schritt:

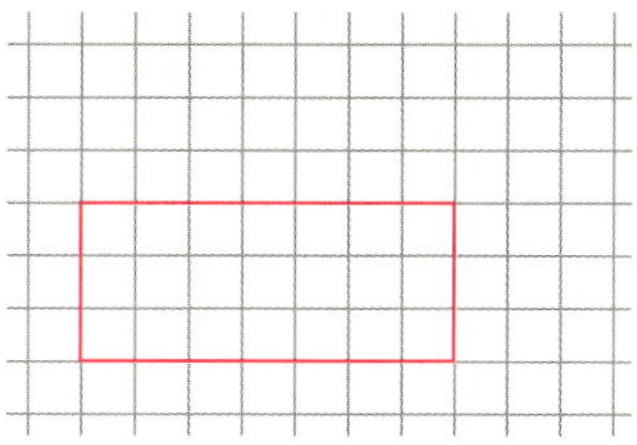

Zeichne die Vorderfläche mit den richtigen Maßen.

2. Schritt:

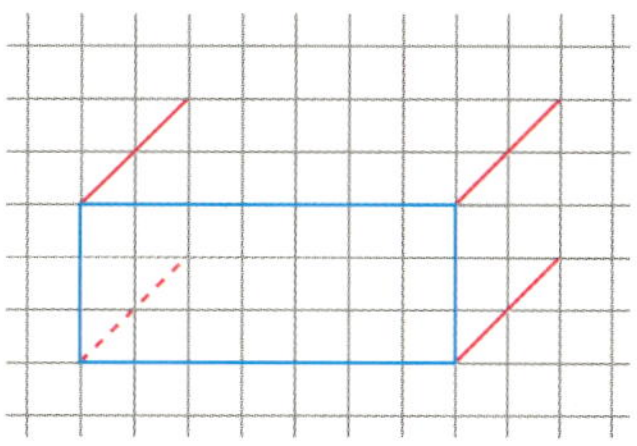

Zeichne die nach hinten verlaufenden Kanten des Quaders schräg und verkürzt (für 1 cm jeweils 1 Kästchendiagonale).

3. Schritt:

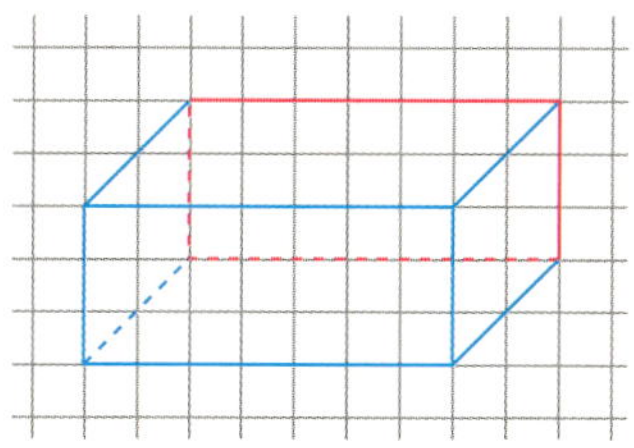

Zeichne die Rückfläche.

Nicht sichtbare Kanten werden gestrichelt gezeichnet.

Zum Festigen und Weiterarbeiten

2. **a)** Zeichne das Schrägbild eines Würfels mit der Kantenlänge 4 cm.

b) Zeichne das Schrägbild eines Quaders mit den Kantenlängen 5 cm, 4 cm und 3 cm. Notiere im Schrägbild auch die wahren Maße des Körpers.

3. Vervollständige das folgende Schrägbild eines Quaders.

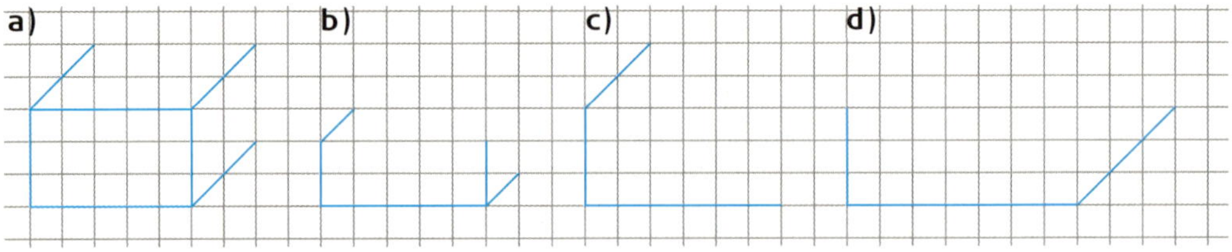

4. **a)** Notiere alle Kanten des Quaders, die im Schrägbild
(1) in gleicher Länge erscheinen wie in Wirklichkeit;
(2) kürzer sind als in Wirklichkeit.

b) Notiere alle Flächen des Quaders, die im Schrägbild nicht in gleicher Größe und Form erscheinen wie in Wirklichkeit.

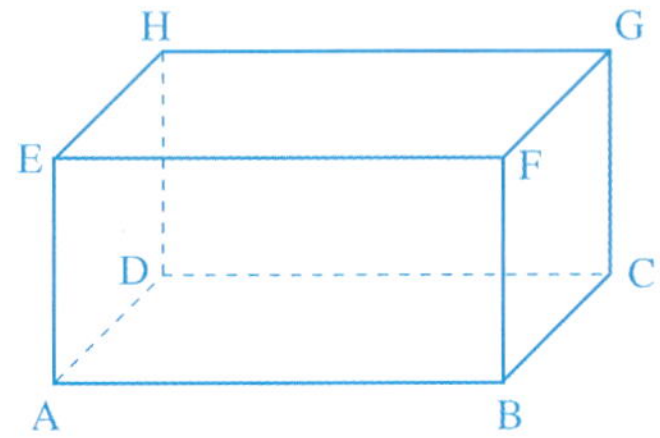

5. Man kann die schrägen Kanten auch nach links zeichnen (statt nach rechts). Dann entsteht der Eindruck, dass man den Körper „von links oben" sieht statt „von rechts oben".
Zeichne das Schrägbild eines Würfels mit der Kantenlänge 4 cm so, dass man den Körper von

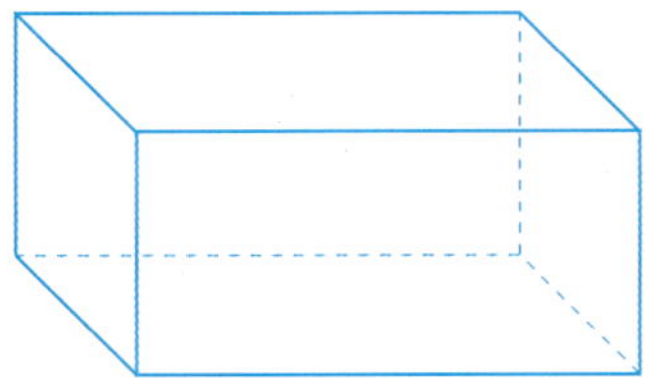

a) links oben, **b)** rechts oben, **c)** links unten, **d)** rechts unten sieht.

6. *Schrägbildskizzen*
Oft zeichnet man Körper aus freier Hand.

a) Skizziere aus freier Hand das Schrägbild eines Quaders und eines Würfels.

b) Skizziere ein Schrägbild der abgebildeten Gegenstände.

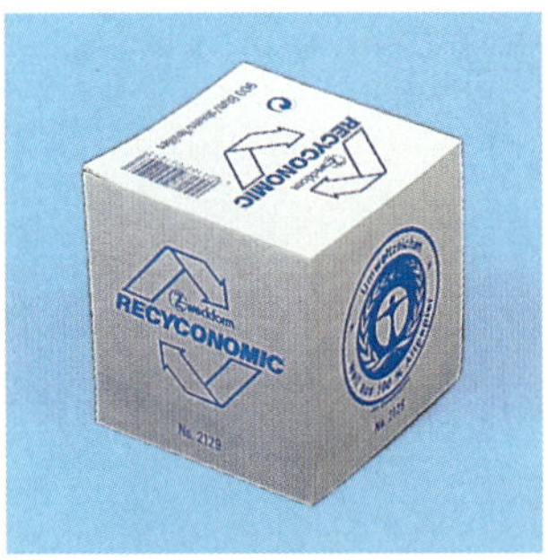

c) Skizziere aus freier Hand verschiedene Gegenstände deiner Umgebung, z. B. das Schulgebäude, die Turnhalle, einen Tisch, ein Regal.
Können deine Mitschüler erkennen, was du gezeichnet hast?

7. Begründe: Warum sind diese Bilder keine Schrägbilder von Quadern?

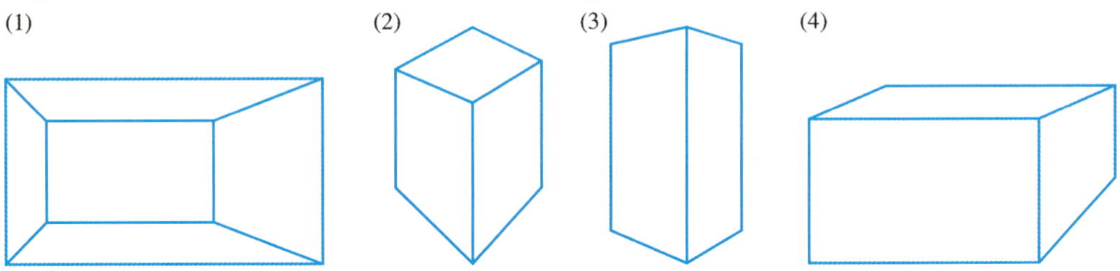

Übungen

8. a) Zeichne das Schrägbild eines Quaders mit den Kantenlängen
(1) a = 3 cm, b = 2 cm, c = 5 cm; (2) a = 40 mm, b = 60 mm, c = 30 mm.

b) Zeichne das Schrägbild eines Würfels mit den Kantenlängen
(1) a = 5 cm; (2) a = 3 cm; (3) a = 60 mm.

9. Das Schrägbild des Quaders ist unvollständig. Wähle zwei Schrägbilder aus. Übertrage sie in dein Heft und zeichne die fehlenden Linien ein.

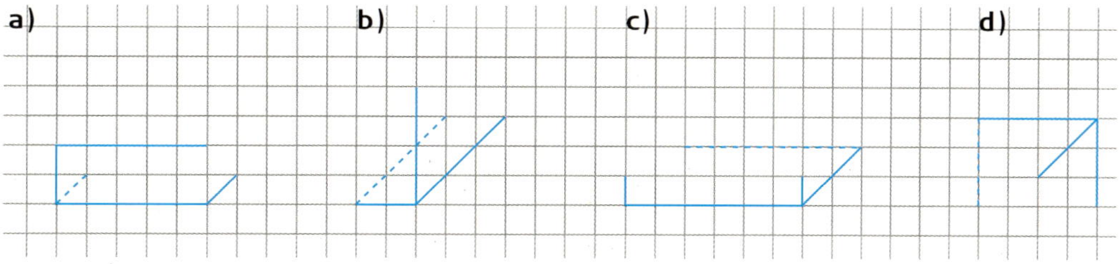

10. Eine Streichholzschachtel hat die Kantenlängen 5 cm, 3 cm und 1 cm. Zeichne Schrägbilder von ihr, wähle drei verschiedene Flächen als Standflächen aus.

11. a) Vergleiche die Längen der Kanten eines Quaders im Schrägbild mit denen des Quaders selbst. Was stellst du fest?

b) Sind zueinander senkrechte [zueinander parallele] Kanten eines Quaders im Schrägbild stets ebenfalls zueinander senkrecht [zueinander parallel]?

12. *Schrägbildskizzen*
Wähle eine Aufgabe aus (oder mehrere). Skizziere das Schrägbild „aus freier Hand" und zeichne weiter. (Zeichne dünn mit Bleistift, damit du radieren kannst.)

a)
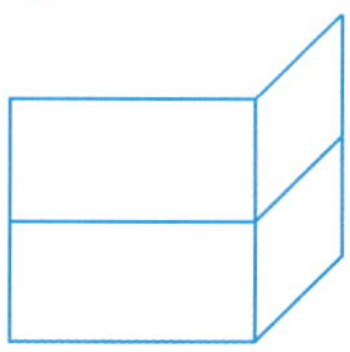
Turm aus 5 Quadern

b)
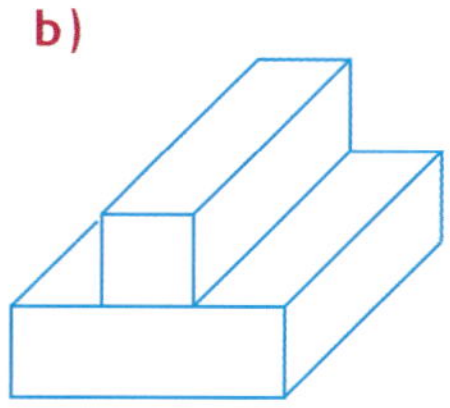
Reihe aus 3 Elementen

c)
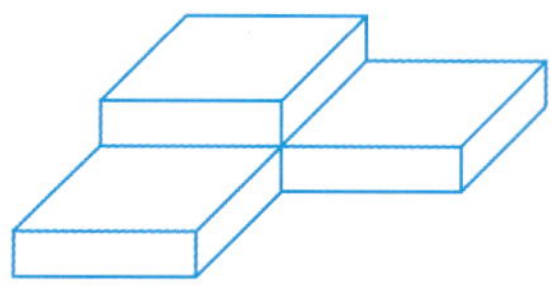
Baue 4 Quader an

d)
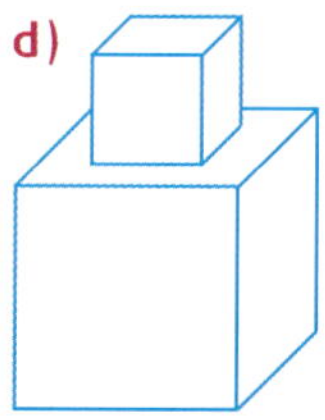
Turm aus 3 Würfeln

13.

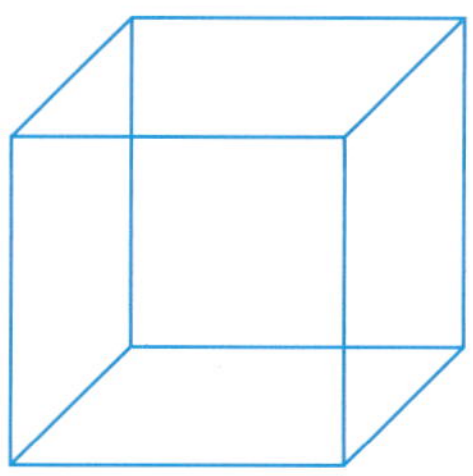
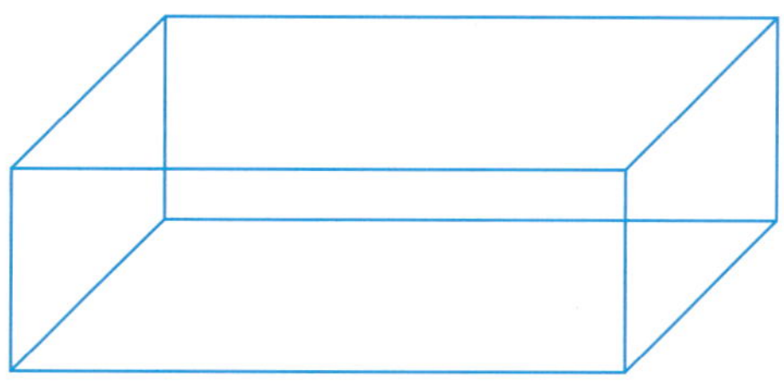
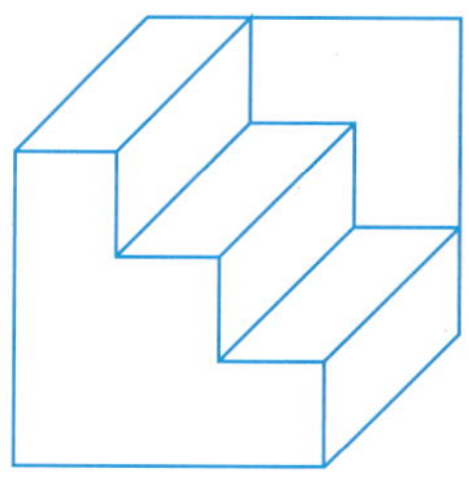

Diese Schrägbilder „sieht" das menschliche Auge unterschiedlich:
(1) von rechts oben; (2) von links unten.
Kannst du beide Bilder sehen? Solche Bilder bezeichnet man als Kippbilder.
Zeichne jedes Schrägbild zweimal; strichele dabei unsichtbare Kanten, so dass ein eindeutiger Eindruck entsteht.

WINKEL – MESSEN UND ZEICHNEN

Strahl – Winkel

Einstieg

Auf dem Bild links siehst du ein Thermometer von einem Auto. Wenn das Kühlwasser warm wird, schlägt der Zeiger langsam aus (Bild rechts). Er überstreicht dabei den Ausschnitt eines Kreises.

→ Zeichne einen solchen Ausschnitt in dein Heft; färbe ihn.

Auf dem linken Bild siehst du einen Radarturm mit Sender und Antenne. Er dreht sich und der Sender sendet dabei ständig einen Radarstrahl aus. Radarstrahlen breiten sich wie Lichtstrahlen geradlinig aus. Trifft ein Strahl auf ein Hindernis, z. B. ein Flugzeug, so wird er zurückgeworfen und von der Antenne empfangen.

→ Informiere dich, was der Fluglotse auf dem Bildschirm rechts beobachtet, und beschreibe es.

Information

Denke dir in der Zeichnung rechts den Radius des Kreises unbegrenzt geradlinig fortgesetzt. Es entsteht dann ein **Strahl** mit dem *Anfangspunkt S*.
Wie den Radarstrahl kann man den Strahl um den Punkt S drehen.
Beachte den Unterschied zwischen einer Geraden, einem Strahl und einer Strecke:

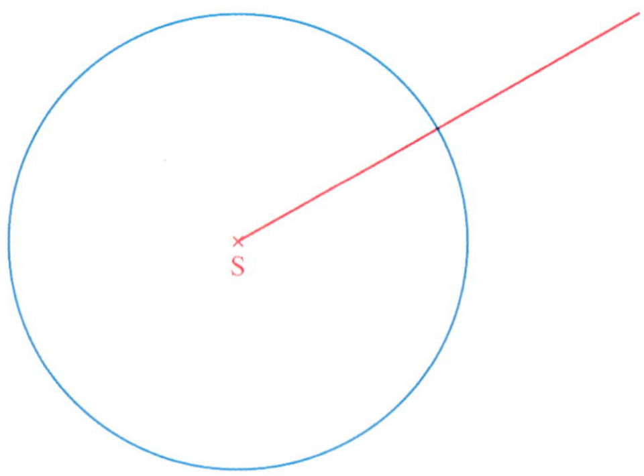

$\overline{AB}$ ist der Strahl mit dem Anfangspunkt A, der durch den Punkt B geht.

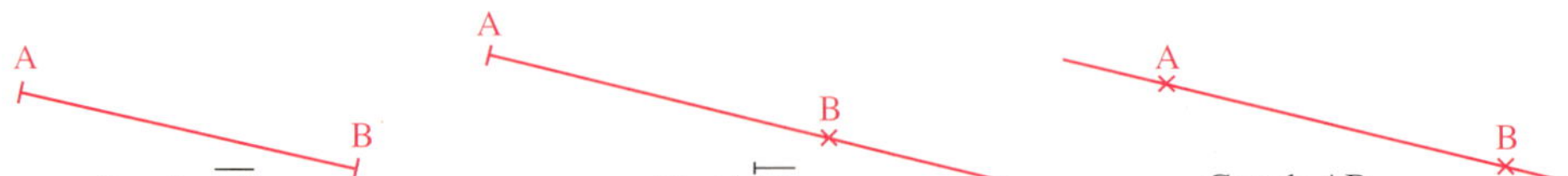

Strecke $\overline{AB}$ nach beiden Seiten begrenzt | Strahl $\overline{AB}$ nach einer Seite unbegrenzt | Gerade AB nach beiden Seiten unbegrenzt

Aufgabe

1. Zeichne die Figur in dein Heft.

a) Drehe mithilfe von Transparentpapier und Zirkelspitze den Strahl g um seinen Anfangspunkt S.
Welche Möglichkeiten gibt es, den Strahl g so zu drehen, dass er auf den Strahl h fällt?
Färbe mit verschiedenen Farben die Flächen, die der Strahl g dabei überstreicht. Sie heißen *Winkelfelder*, kurz *Winkel*.

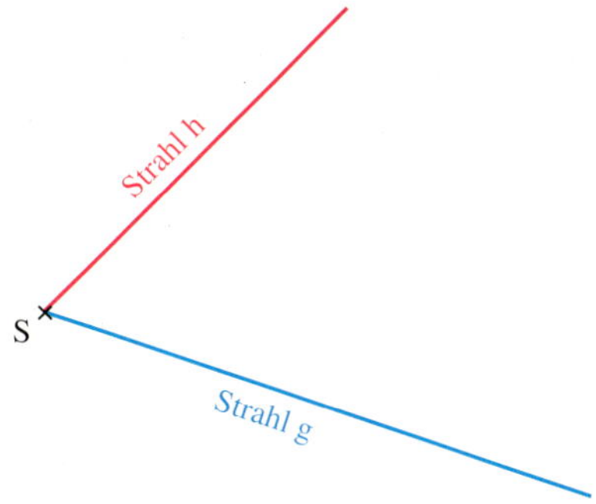

b) Drehe den Strahl h um den Punkt S, bis er auf den Strahl g fällt.
Welche Möglichkeiten gibt es?

Lösung

a) Wenn man den Strahl g linksherum dreht (gegen den Uhrzeiger), erhält man den gelben Winkel.
Dreht man den Strahl g rechtsherum (mit dem Uhrzeiger), erhält man den grünen Winkel.

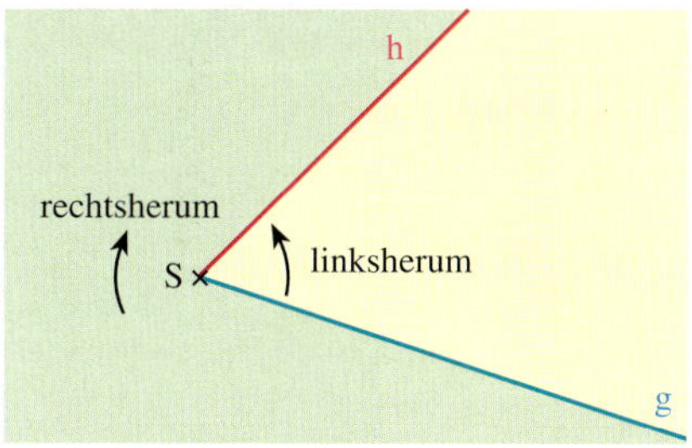

b) Wenn man den Strahl h linksherum dreht, erhält man den gelben Winkel. Dreht man den Strahl h rechtsherum, erhält man den grünen Winkel.

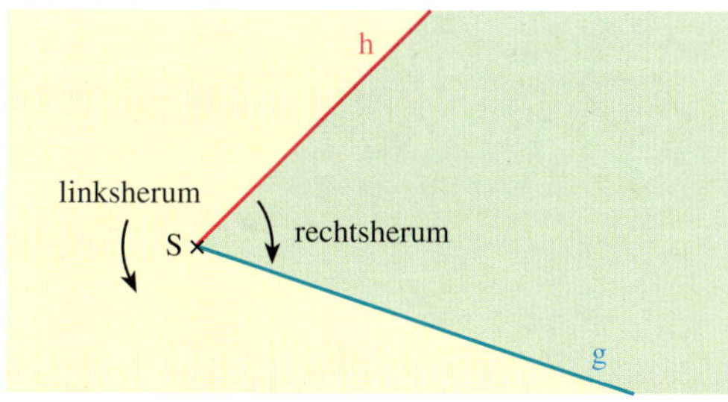

Information

(1) Erklärung des Winkels

(a) Dreht man einen Strahl um seinen Anfangspunkt S in eine neue Lage, so wird eine Fläche überstrichen. Dieses Gebiet heißt **Winkel.**
Der gemeinsame Punkt S der beiden Strahlen heißt **Scheitel** *(Scheitelpunkt)*, die beiden Strahlen heißen **Schenkel** des Winkels.

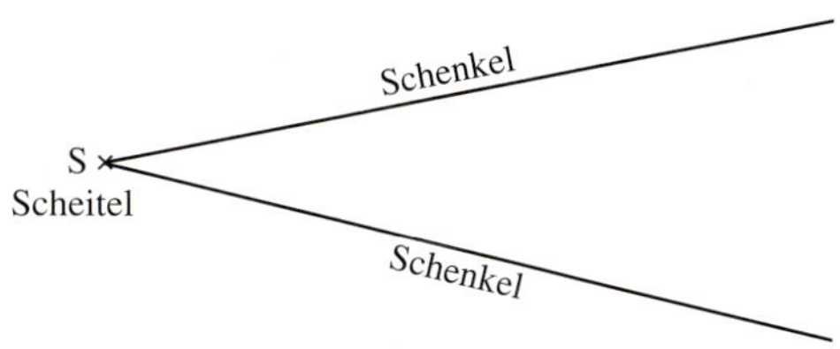

(b) Durch zwei Strahlen sind zwei Winkel festgelegt.

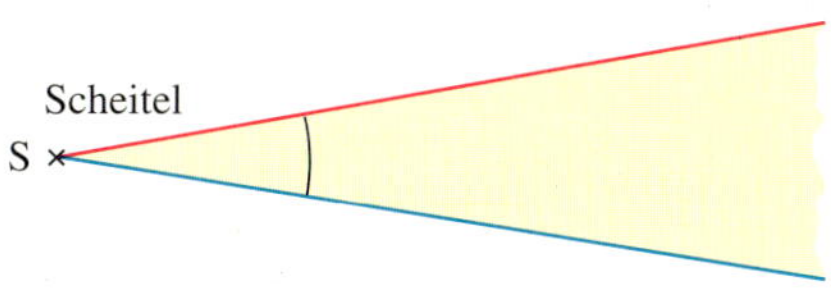

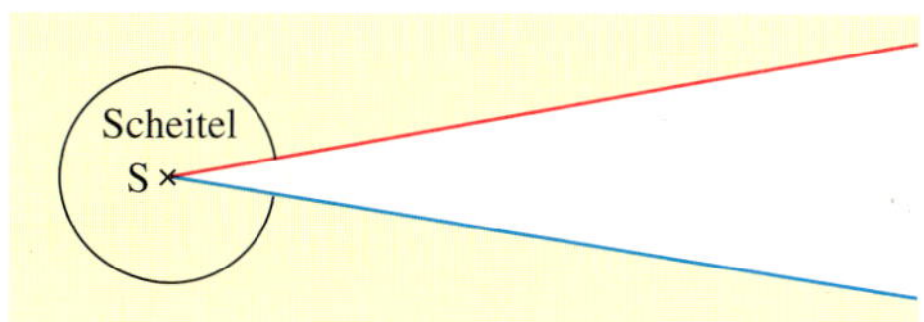

Statt einen Winkel zu färben, kann man ihn auch durch einen Kreisbogen kennzeichnen.

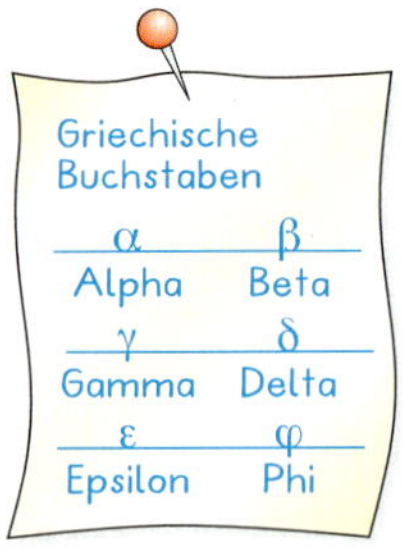

(2) Bezeichnung von Winkeln mit griechischen Buchstaben

Es ist üblich, Winkel kurz mit griechischen Buchstaben zu bezeichnen.

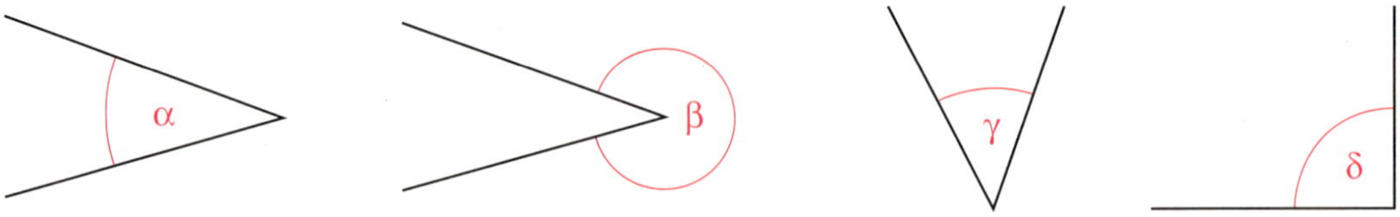

Zum Festigen und Weiterarbeiten

2. Erkläre die Entstehung des Winkels β

a) durch Drehung des Strahls d;

b) durch Drehung des Strahls c.

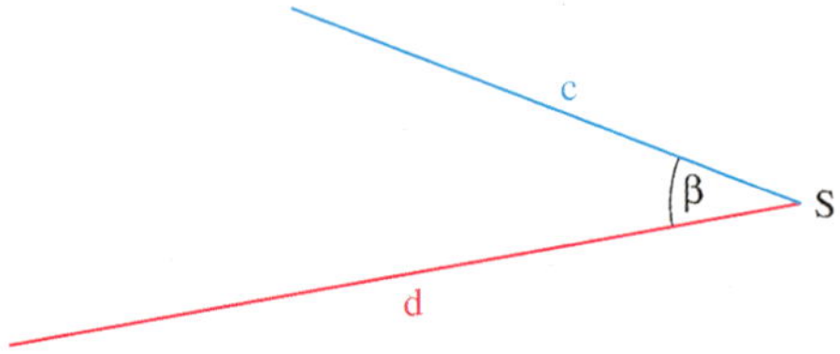

3. Übertrage die Figur nach Augenmaß in dein Heft. Durch die beiden Strahlen a und b sind zwei Winkel festgelegt. Erkläre ihre Entstehung und bezeichne jeden Winkel durch einen Bogen und einen griechischen Buchstaben.

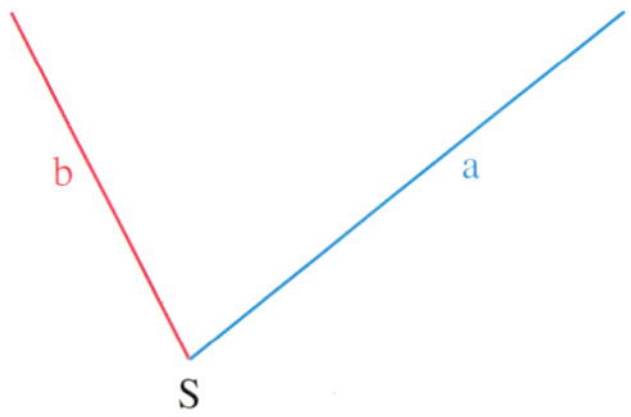

4. Auch in Figuren (z. B. im Dreieck ABC) treten Winkel auf, obgleich hier Strecken die Begrenzungslinien bilden. Man muss sich nur die Seiten (z. B. $\overline{AB}$ und $\overline{AC}$) unbegrenzt fortgesetzt denken.
In einem Dreieck werden die markierten Winkel so bezeichnet:
Zum Eckpunkt A gehört der Winkel α,
zum Eckpunkt B gehört der Winkel β,
zum Eckpunkt C gehört der Winkel γ.

a) Bezeichne im Heft die markierten Winkel.

b) Erkläre die Entstehung der Winkel durch Drehung von Strahlen.

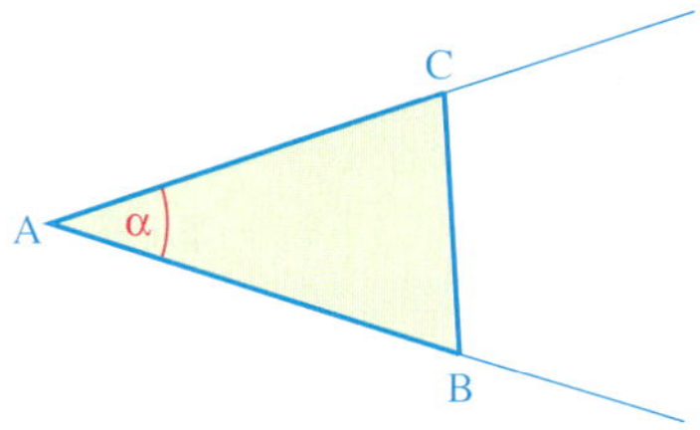

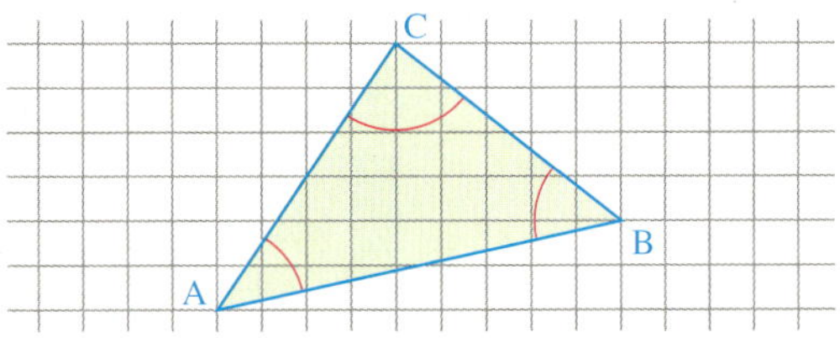

5. a) Durch die geöffnete Schere ist ein Winkel erzeugt worden. Nenne andere Gegenstände des Alltags, mit denen du einen Winkel erzeugen kannst.

b) *Gehe auf Entdeckungsreise:* Wo findest du im Alltag Winkel? Beschreibe.

Übungen

6. Schreibe eine ganze Zeile mit dem griechischen Buchstaben α, eine Zeile mit dem griechischen Buchstaben β usw.

7. Zeichne die Figur nach Augenmaß in dein Heft. Welche Winkel entdeckst du? Bezeichne sie jeweils mit einem Bogen und einem griechischen Buchstaben.

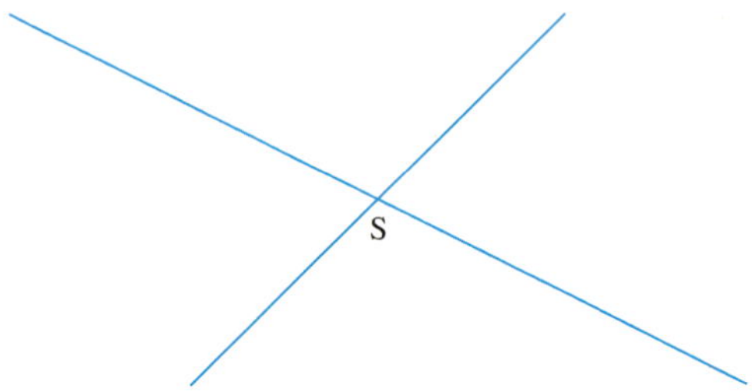

8. Übertrage nach Augenmaß die beiden Strahlen m und n in dein Heft und bezeichne die beiden Winkel, die durch die Strahlen festgelegt sind.

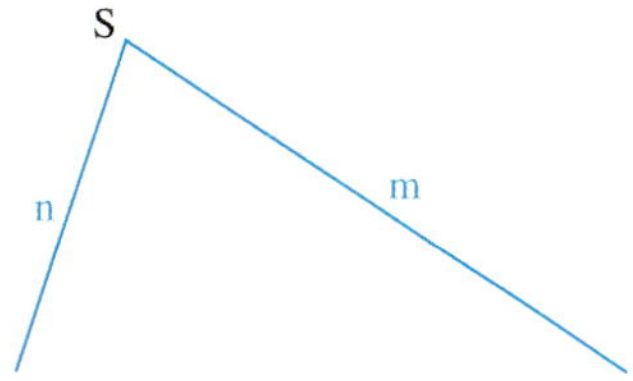

9. Suche dir einen Winkel aus. Beschreibe deinem Nachbarn den Winkel; verwende dabei die eingetragenen Bezeichnungen. Findet er den von dir gemeinten Winkel? Nun sucht sich dein Nachbar einen Winkel aus.

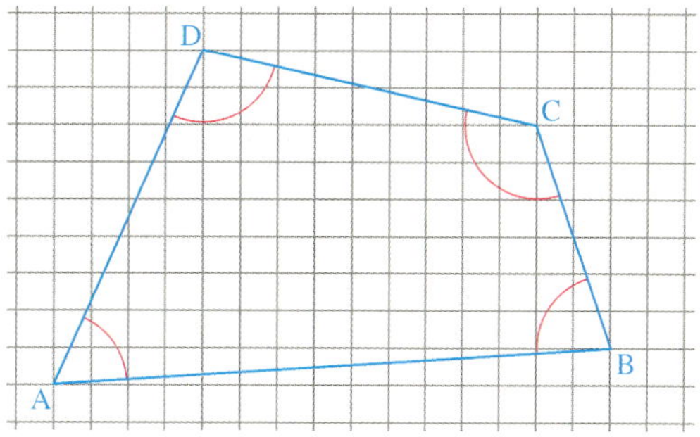

Vergleich von Winkeln – Winkelarten

Einstieg

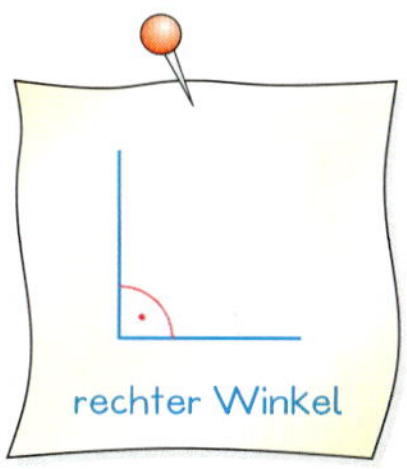

Ein Blatt Papier hat die Form eines Rechtecks. In den Ecken treten jeweils Winkel auf, die alle gleich groß sind. Die Seiten stehen senkrecht aufeinander.
Man sagt auch, die Seiten bilden einen **rechten Winkel.**

➜ Erzeuge durch zweimaliges Falten aus einem Papierschnipsel einen rechten Winkel.

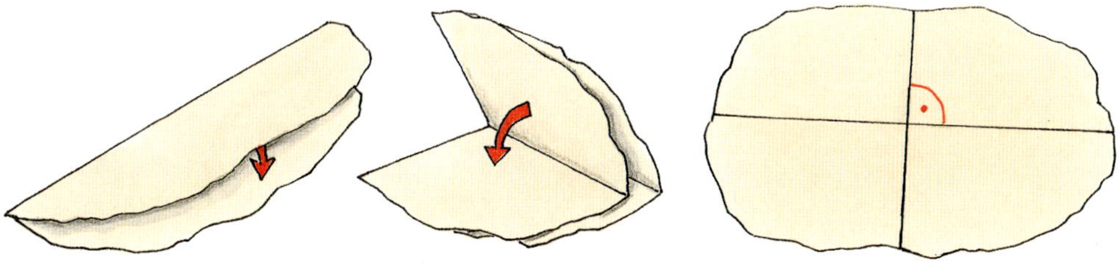

Der Winkel α in der Abbildung unten ist größer als der Winkel β.

➜ Vergleiche die Winkel γ und δ, α und ε, α und δ, β und γ. Du kannst dazu Transparentpapier verwenden.
Beschreibe dein Ergebnis. Vergleiche auch mit dem rechten Winkel.

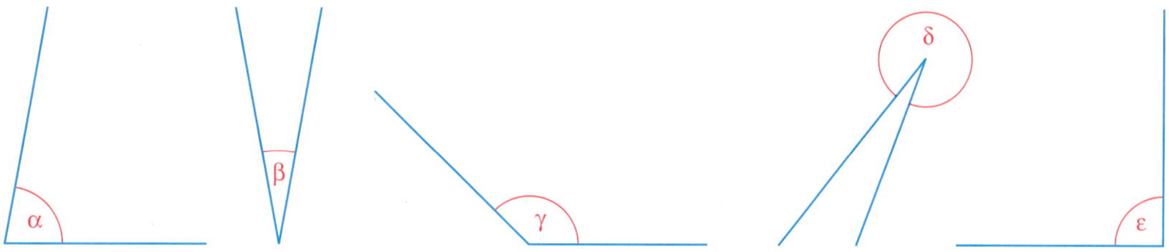

Information

Wenn die Strahlen a und b senkrecht zueinander sind, so bilden sie einen **rechten Winkel.**

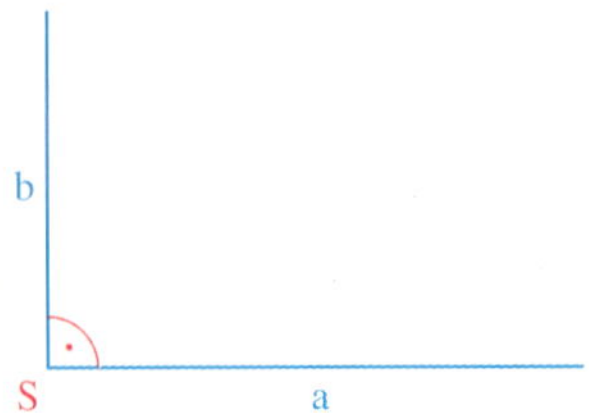

Wenn die Strahlen a und b eine Gerade ergeben, so bilden sie einen **gestreckten Winkel.**

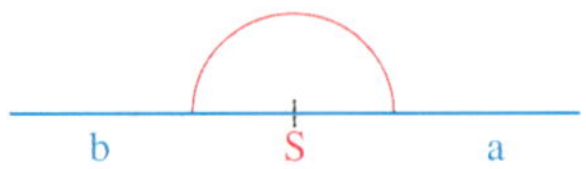

Fallen die beiden Strahlen a und b zusammen, so bilden sie einen **Vollwinkel.**

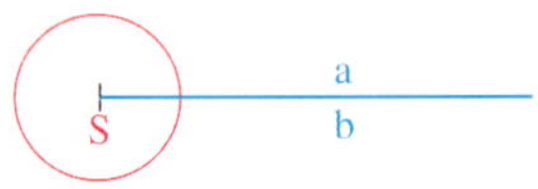

Ein Winkel, der kleiner als ein rechter Winkel ist, heißt **spitzer Winkel.**

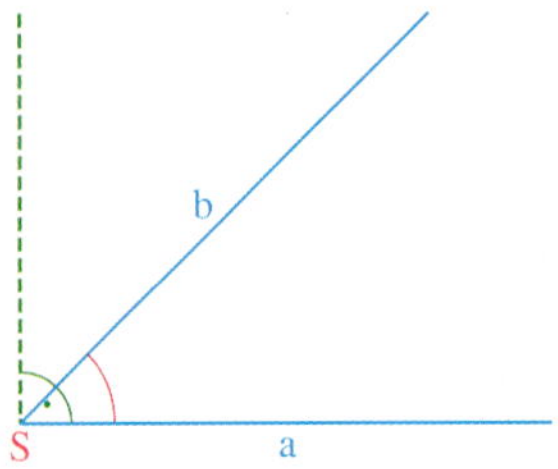

Ein Winkel, der größer als ein rechter und kleiner als ein gestreckter ist, heißt **stumpfer Winkel.**

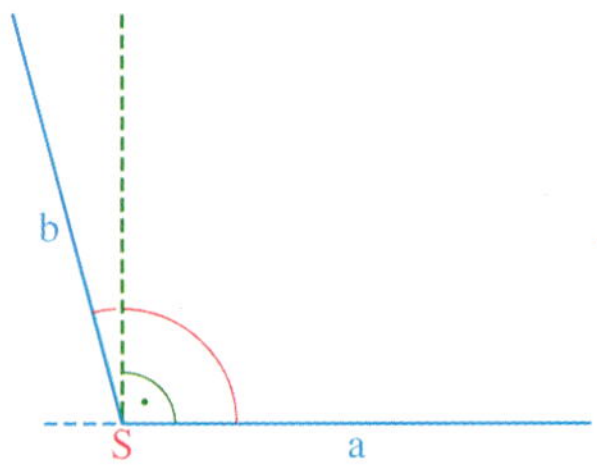

Ein Winkel, der größer als ein gestreckter ist, heißt **überstumpfer Winkel.**

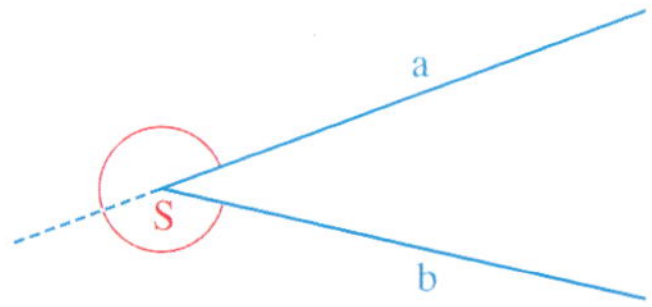

Zum Festigen und Weiterarbeiten

1. a) Julia kann Winkeltypen mit einem Zirkel einstellen.
Beschreibe, wie sie einen spitzen, stumpfen, rechten oder gestreckten Winkel zeigen kann.

b) Bilde mit deinen Armen einen spitzen, einen rechten, einen stumpfen, einen gestreckten, einen überstumpfen Winkel.

2. *Gehe auf Entdeckungsreise:*
Suche rechte Winkel, spitze Winkel und stumpfe Winkel in deiner Umwelt.

3. Vergleiche die drei Winkel α, β und γ ihrer Größe nach. Verwende Transparentpapier.
Was fällt dir auf? Beschreibe dein Ergebnis.

a)

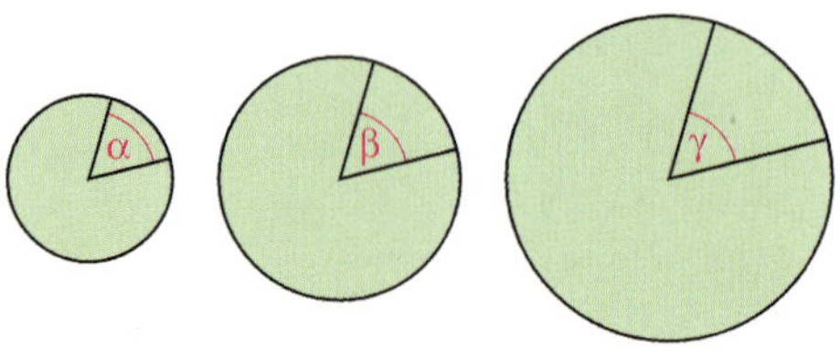

b)

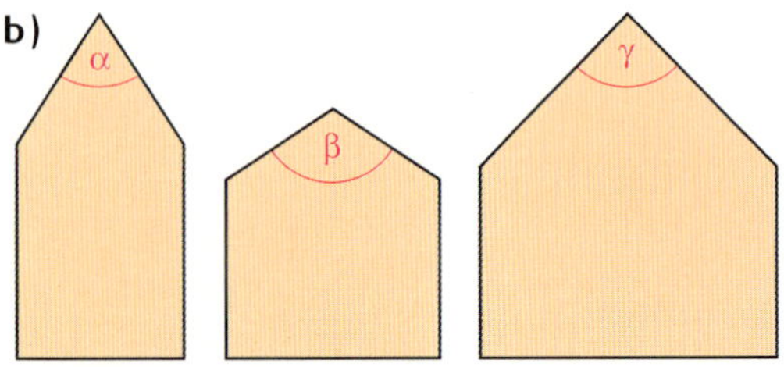

4. Vergleiche die Winkel nach der Größe. Ergänze die Tabelle in deinem Heft.

	α	β	γ	δ	ε
α		<			
β	>				
γ					

Beachte: Es kommt nicht auf die Länge der Schenkel an. Du kannst auch Transparentpapier benutzen.

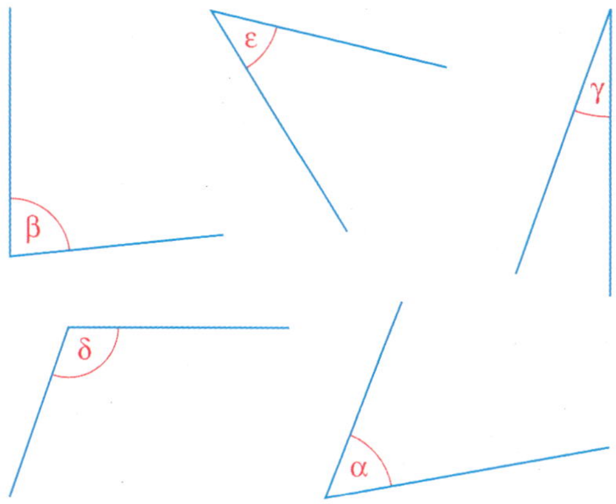

Übungen

5. Ordne die Winkel nach der Größe. Gib an, ob es sich um einen spitzen, einen stumpfen, einen überstumpfen oder einen rechten Winkel handelt.

a)

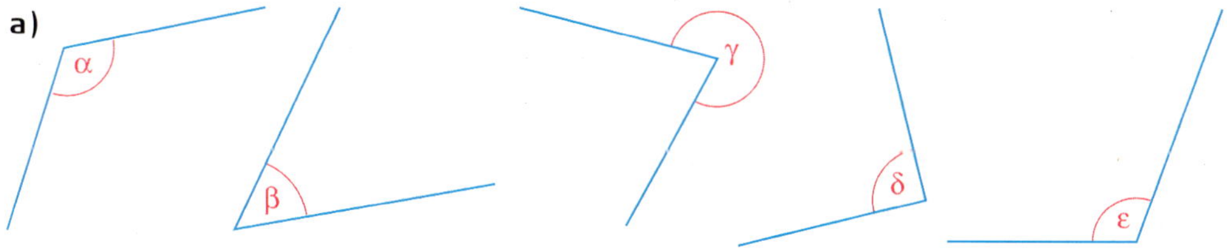

b)

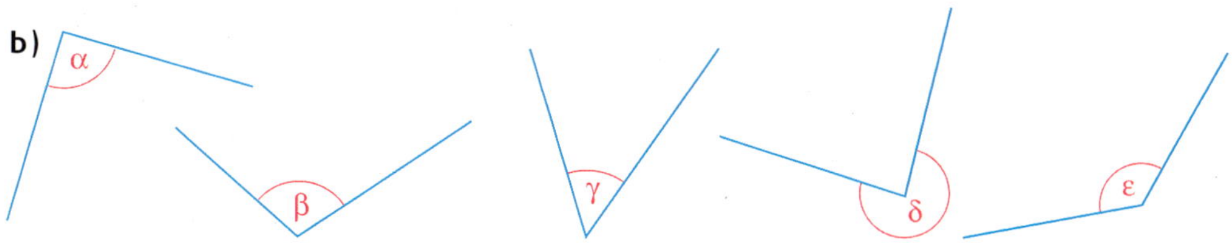

6. Gib bei jedem Winkel des Vierecks an, um was für einen Winkel es sich handelt.

a)

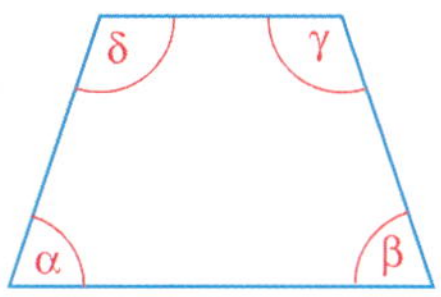

b)

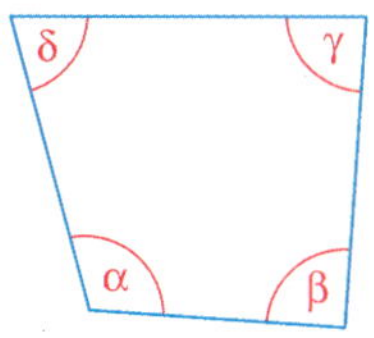

c)

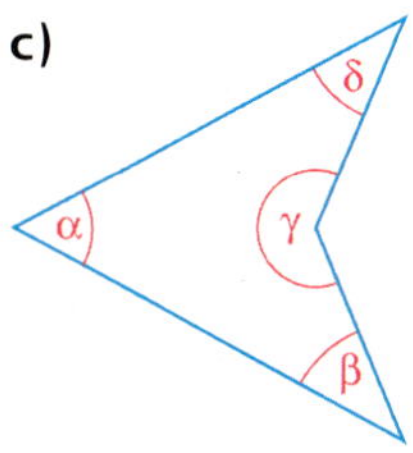

7. a) Versuche ein Dreieck zu zeichnen
(1) mit drei spitzen Winkeln;
(2) mit einem rechten Winkel;
(3) mit einem stumpfen Winkel;
(4) mit zwei rechten Winkeln.

b) Versuche ein Viereck zu zeichnen
(1) mit zwei stumpfen und zwei spitzen Winkeln;
(2) mit drei spitzen und einem stumpfen Winkel;
(3) mit mindestens einem rechten Winkel;
(4) mit einem überstumpfen Winkel;
(5) mit zwei überstumpfen Winkeln.

Messen von Winkeln

Information

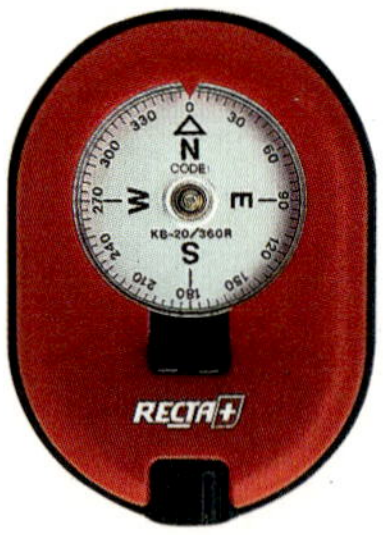

(1) Angabe der Größe eines Winkels durch Maßzahl und Maßeinheit

Die Ägypter und Babylonier haben ein Maß für Winkel benutzt, das auch noch bis heute üblich ist. Der Kreislauf der Erde in rund 360 Tagen um die Sonne war wohl der Grund für die Einteilung des Vollwinkels in 360 gleich große Teilwinkel.
Auch bei einem Kompass hat man den Vollwinkel in 360 gleich große Teilwinkel unterteilt.

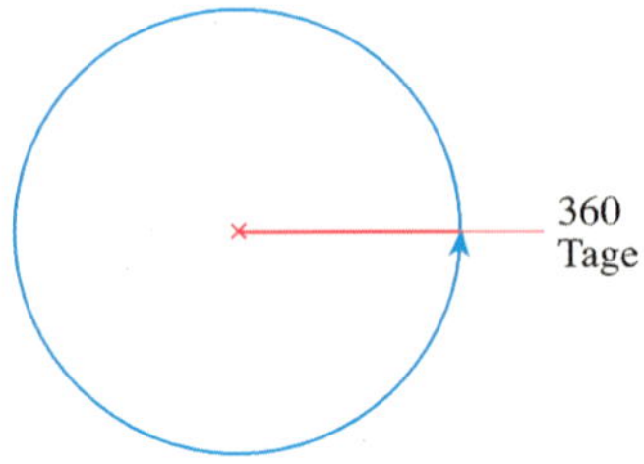

Der 360. Teil eines Vollwinkels hat die Größe **1 Grad** (geschrieben 1°). Seine Öffnungsweite ist nur sehr gering; man kann die beiden Schenkel erst in einiger Entfernung vom Scheitelpunkt voneinander unterscheiden.

Einheitswinkel der Größe 1° (Öffnungsweite 1°)

Der Winkel α hat die Größe 34°.
Das bedeutet: Der Winkel α ist so groß, wie 34 Winkel von 1° zusammen.
34° ist ein Maß für die Öffnungsweite des Winkels.

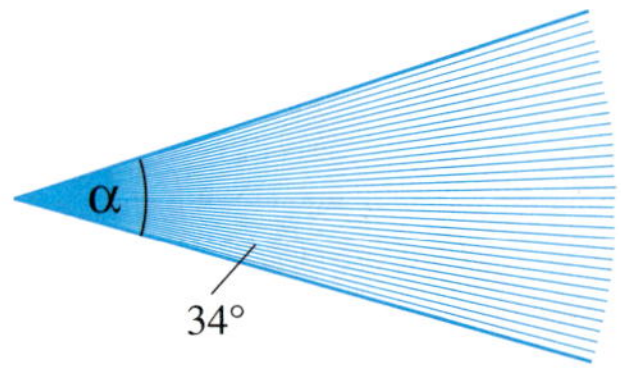

Beachte:

Wir haben α als Bezeichnung für einen Winkel eingeführt. Wir wollen den griechischen Buchstaben aber auch für die Größe dieses Winkels benutzen und schreiben deshalb $\alpha = 34°$.

$\alpha = 34°$

Maßzahl Maßeinheit

(2) Winkelmesser

Mit dem Geodreieck kannst du auch Winkel messen.
Dazu besitzt es zwei Skalen von 0° bis 180°, eine innere und eine äußere. Die innere Skala beginnt links mit 0°; die äußere Skala beginnt rechts mit 0°.
Sieh dir diese Skalen des Geodreiecks genau an.

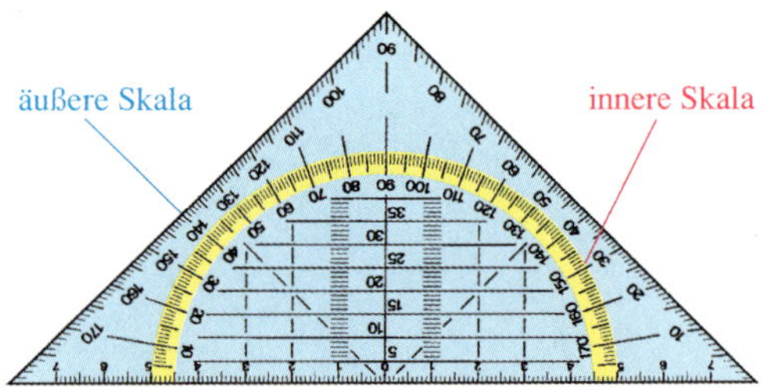

Einstieg

Übertrage die Winkel in dein Heft. Schätze ihre Größe.
Versuche dann, genau zu messen.

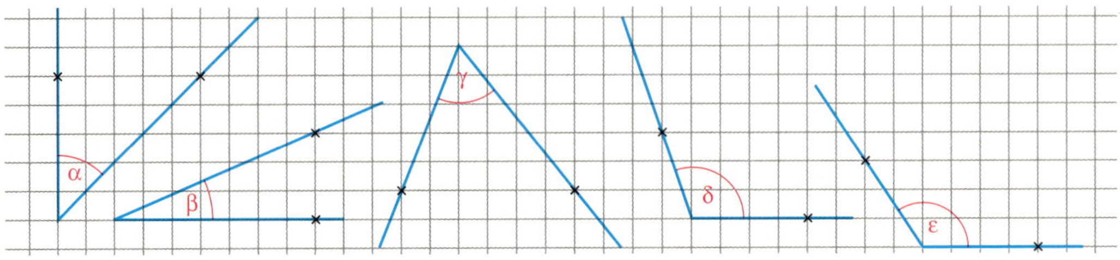

1. Zeichne den Winkel in dein Heft.
Miss mit dem Geodreieck die Größe des Winkels β.

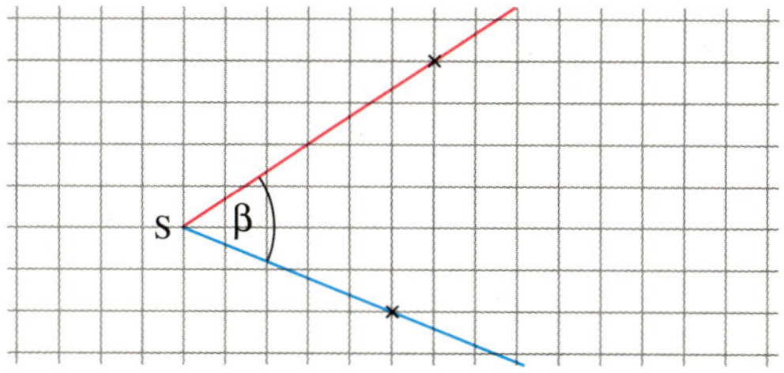

Lösung

1. Möglichkeit

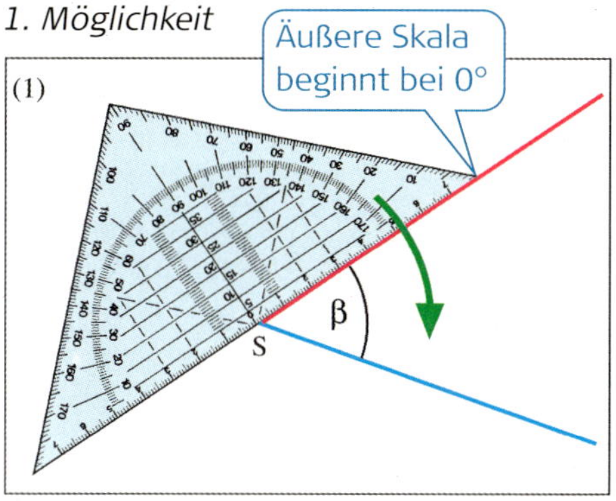

1. Schritt: Lege das Geodreieck zunächst so an wie in Bild (1).
Beachte: Der 0-Punkt der Zentimeterskala muss genau auf dem Scheitel S liegen.

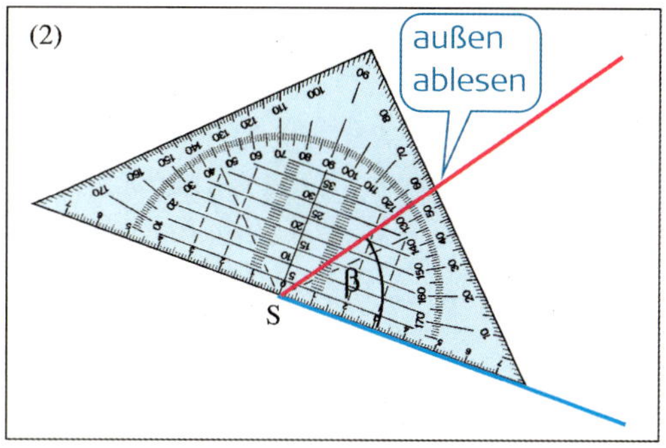

2. Schritt: Drehe das Geodreieck dann um S rechtsherum bis in die Lage von Bild (2).
Lies nun die Größe des Winkels β ab.
Ergebnis: $\beta = 55°$

2. Möglichkeit

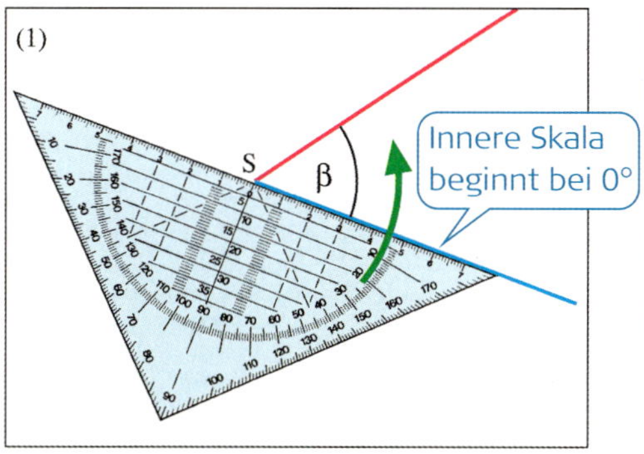

1. Schritt: Lege das Geodreieck zunächst so an wie in Bild (1).

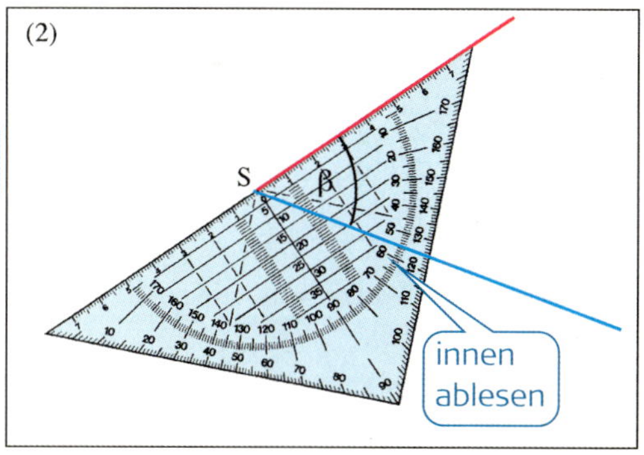

2. Schritt: Drehe das Geodreieck dann um S linksherum bis in die Lage von Bild (2).
Lies nun die Größe des Winkels β ab.
Ergebnis: $\beta = 55°$

Zum Festigen und Weiterarbeiten

2. Miss den Winkel α mit
(1) der inneren Skala des Geodreiecks.
(2) der äußeren Skala des Geodreiecks.
Beschreibe, wie du vorgehst.

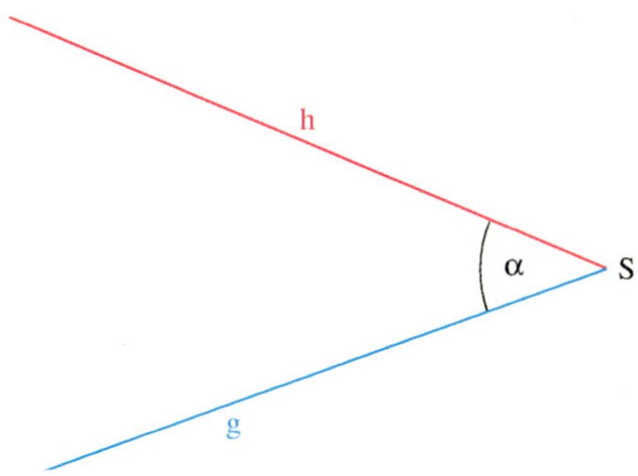

3. Übertrage die Winkel in dein Heft; miss die Größe der Winkel. Schätze vorher.
Beachte: Du musst die Schenkel der Winkel verlängern. Zum genauen Messen muss ein Schenkel bis zur Skala auf dem Geodreieck reichen.

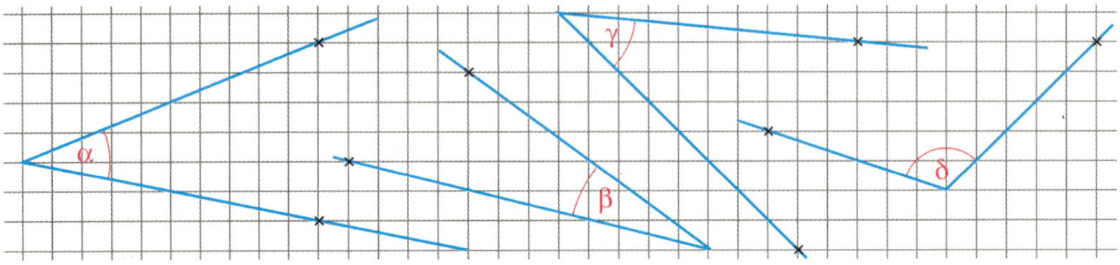

△ **4.** Die Winkelskala des Geodreiecks reicht nur bis 180°.
Übertrage den überstumpfen Winkel in dein Heft und erläutere, wie man seine Größe trotzdem bestimmen kann.
Es gibt verschiedene Möglichkeiten.

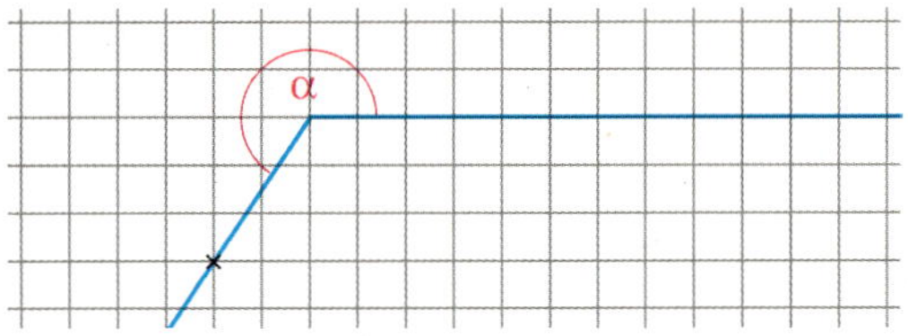

5. Was kannst du über die Größe eines spitzen, rechten, stumpfen, gestreckten und eines überstumpfen Winkels aussagen?

Information

(1) Einteilung der Winkel

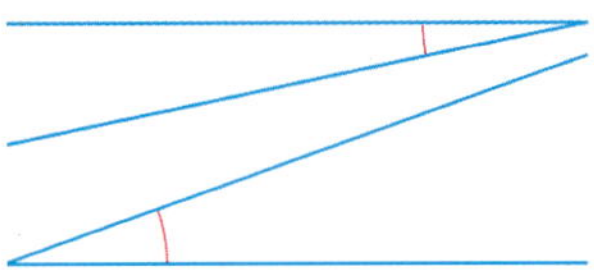

spitze Winkel
$0° < \alpha < 90°$

rechter Winkel
$\alpha = 90°$

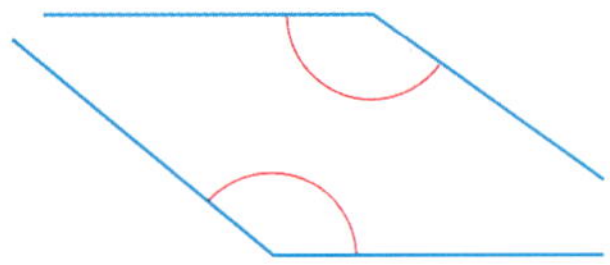

stumpfe Winkel
$90° < \alpha < 180°$

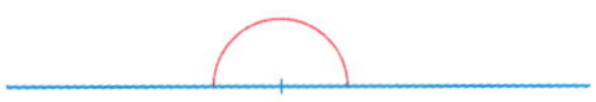

gestreckter Winkel
$\alpha = 180°$

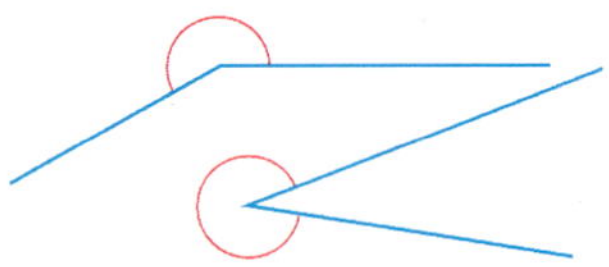

überstumpfe Winkel
$180° < \alpha < 360°$

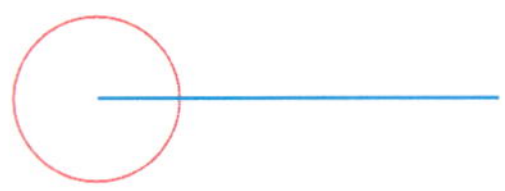

Vollwinkel
$\alpha = 360°$

(2) Messen eines überstumpfen Winkels

1. Möglichkeit

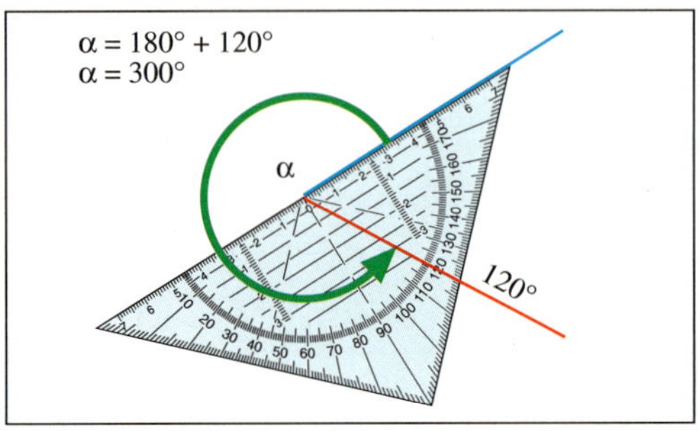

2. Möglichkeit

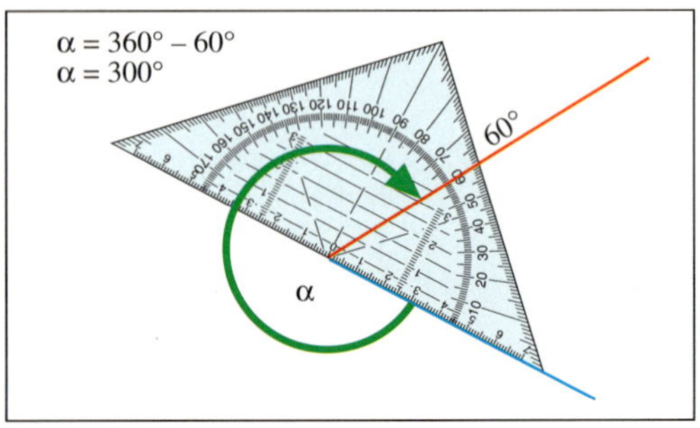

Spiel

6. Stellt euch eine „Winkelscheibe" her. Zeichnet dazu auf einen roten und einen grünen Karton jeweils einen Kreis mit demselben Radius 7 cm. Markiert den Mittelpunkt und schneidet die Kreise aus. Schneidet dann beide Kreise bis zum Mittelpunkt ein und steckt sie ineinander.
Der eine Partner stellt mit der Scheibe einen grünen Winkel ein, der andere schätzt seine Größe. Dann wird gemessen. Wechselt euch ab. Bildet die Summe der Unterschiede. Sieger ist, wer (bei gleicher Anzahl der Schätzungen) das kleinste Ergebnis hat.
Statt mit der Scheibe einen Winkel einzustellen, kann man ihn auch zeichnen.

Geschätzt	Gemessen	Unterschied

Übungen

7. Übertrage die Winkel in dein Heft. Schätze zunächst ihre Größe. Miss dann genau.

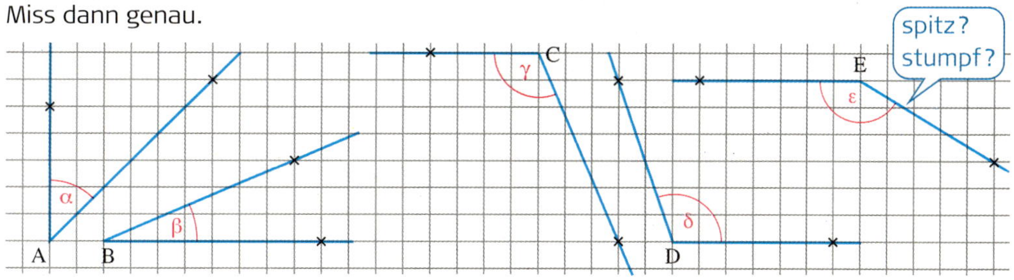

△ **8.** Zeichne die überstumpfen Winkel in dein Heft und bestimme ihre Größe. Verlängere vorher die Schenkel.

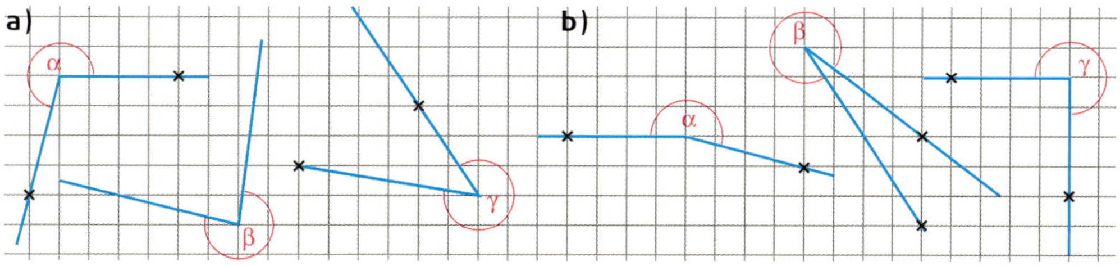

9. Übertrage das Dreieck in dein Heft. Miss die drei Winkel in dem Dreieck ABC. Schätze vorher. Addiere die Winkelgrößen. Was stellst du fest?

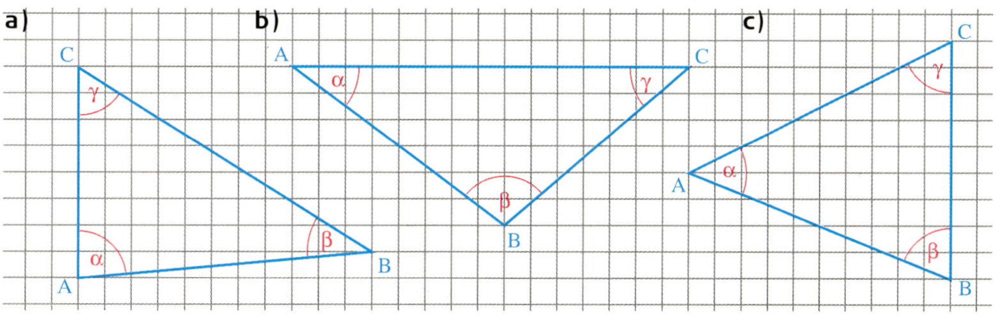

10. Zeichne das Dreieck ABC in ein Koordinatensystem (Einheit 1 cm) und miss die drei Winkel in dem Dreieck. Prüfe wie in Aufgabe 8.

a) A(1|2), B(16|1), C(13|11) **b)** A(1|10), B(9|2), C(21|8)

11. Gegeben sind Winkel mit folgenden Größen:
34°; 112°; 77°; 90°; 315°; 105°; 180°; 89°; 210°; 310°; 76°; 199°; 90°; 270°; 78°; 3°; 335°; 200°; 9°; 91°; 181°; 269°; 99°; 27°

Welche dieser Winkel sind spitze, welche rechte, welche stumpfe, welche überstumpfe?

12. **a)** Wer von den drei Fußballspielern hat den größten Einschusswinkel und damit die beste Chance ein Tor zu erzielen?
Arbeite mit Transparentpapier.

b) Äußere dich zu:
„Der Torwart verkürzt den Winkel durch Herauslaufen."

13. Der Stundenzeiger einer Uhr überstreicht in einer bestimmten Zeit einen Winkel.
Wie groß ist der Winkel, den der Stundenzeiger überstreicht

a) in 3 Stunden; **d)** in 1 Stunde;
b) in 6 Stunden; **e)** in 5 Stunden;
c) in 9 Stunden; **f)** in 11 Stunden?

14. zu **a)**

zu **b)**

a) Neben einer Treppe ist eine Auffahrt (eine „schiefe Ebene") für Rollstuhlfahrer gebaut. Zeichne verkleinert die Auffahrt in dein Heft und miss den Steigungswinkel α.

b) In der Bauvorschrift steht, dass die Dachneigung α eines Hauses in diesem Wohngebiet zwischen 30° und 40° liegen muss.
Prüfe, ob die Vorschrift hier eingehalten ist.

zu **c)**

c) Parallel zur Treppe einer Straßenunterführung für Fußgänger verläuft eine Fahrradrampe. Die Treppe hat eine Stufenhöhe von 14 cm und eine Stufentiefe von 38 cm. Zeichne einen Teil der Rampe in dein Heft und bestimme den Neigungswinkel der Rampe.

Zeichnen von Winkeln

Einstieg

Zeichne an den Strahl h den Winkel β mit dem Scheitel S und der Größe 50°.
Wie viele Möglichkeiten gibt es?

Aufgabe

1. Zeichne mit dem Geodreieck an den Strahl g nach oben einen Winkel mit dem Scheitel S und der Größe 65°.

Lösung

1. Möglichkeit

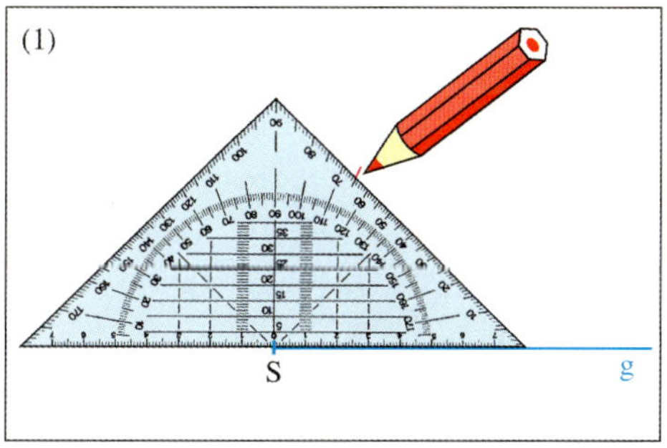

Lege das Geodreieck so auf den Strahl g wie in Bild (1). Markiere bei 65° einen Punkt.

Beachte: Der 0-Punkt des Geodreiecks muss auf dem Scheitel S liegen.

Verbinde den Markierungspunkt (Bild (2)) mit dem Scheitel S (Bild (3)).

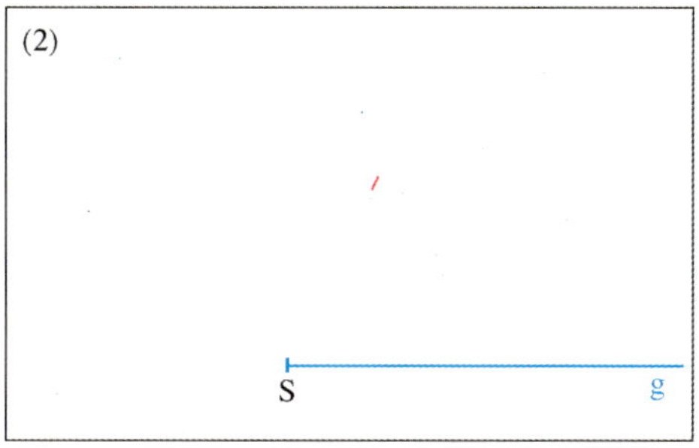

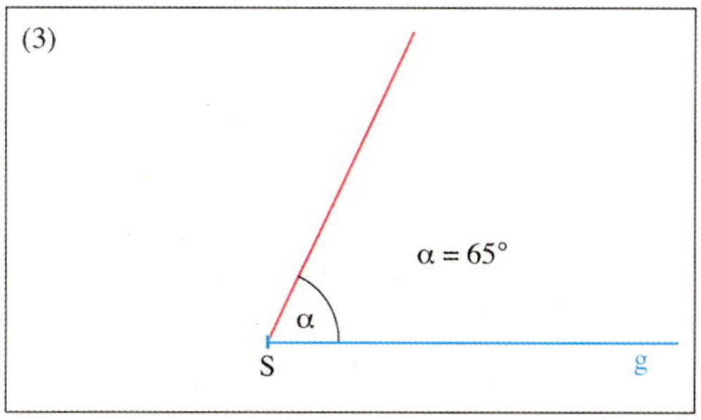

2. Möglichkeit

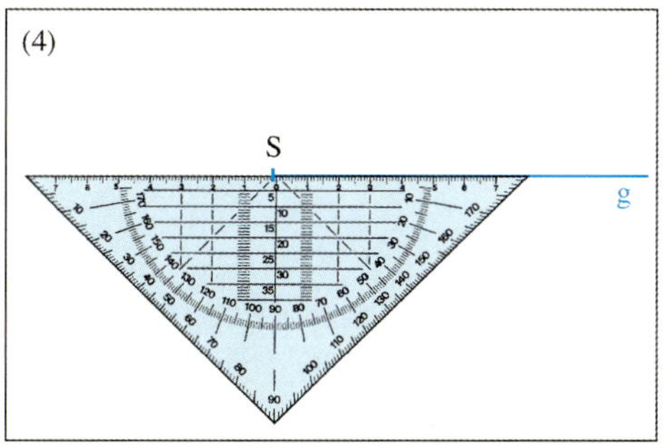

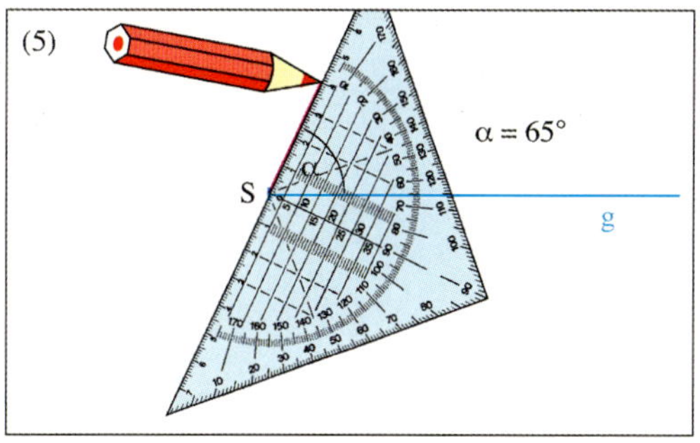

Lege das Geodreieck so auf den Strahl g wie in Bild (4).
Drehe das Geodreieck entgegen dem Uhrzeigersinn um 65°, bis es die Lage in Bild (5) erreicht hat. Zeichne den zweiten Schenkel des Winkels α von S aus.

Jnnere oder äußere Skala? Überlege: Spitz oder stumpf?

Zum Festigen und Weiterarbeiten

2. Zeichne einen Winkel mit der angegebenen Größe.

a) 30° **b)** 90° **c)** 105° **d)** 45° **e)** 150° **f)** 135° **g)** 55° **h)** 165°

△ **3.** Erkläre, wie man den überstumpfen Winkel mit der Größe 235° zeichnen kann.
Beachte: 235° = 180° + 55°
Finde noch eine zweite Möglichkeit.
Zeichne einen Winkel mit der Größe:

a) 185° **c)** 245° **e)** 305° **g)** 320°
b) 190° **d)** 270° **f)** 336° **h)** 195°

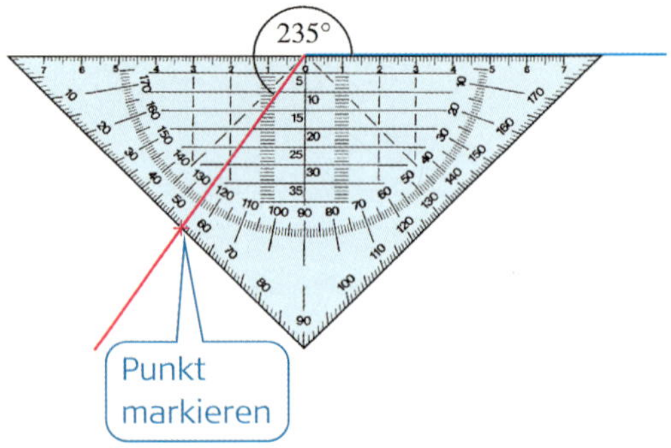

Übungen

4. Zeichne einen Winkel mit der angegebenen Größe. Überlege dir vorher, um was für einen Winkel es sich handelt.

a) 40° **d)** 26° **g)** 110° **j)** 113° △ **m)** 300° △ **p)** 267° △ **s)** 311°
b) 77° **e)** 90° **h)** 170° **k)** 147° △ **n)** 270° △ **q)** 249° △ **t)** 358°
c) 57° **f)** 180° **i)** 155° **l)** 139° △ **o)** 330° △ **r)** 293° △ **u)** 360°

5. Zeichne das Dreieck mit den angegebenen Maßen in dein Heft. Beginne mit der Strecke $\overline{AB}$. Bestimme die Größe des dritten Winkels.

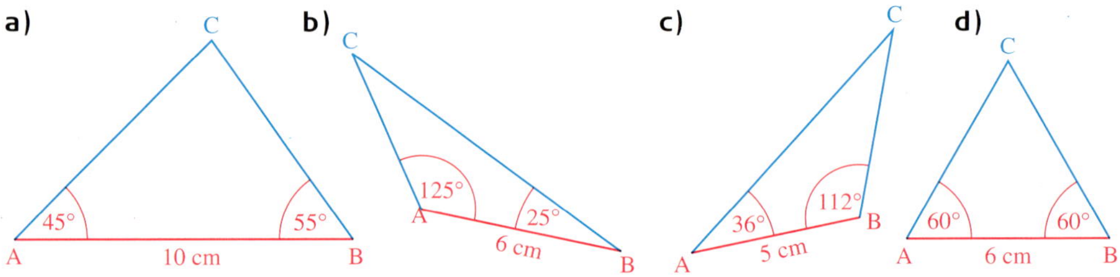

6. **a)** Eine 5 m lange Leiter ist an eine Hauswand gelehnt. Die Leiter ist unten 1,8 m von der Wand entfernt. Übertrage die Zeichnung in einem geeigneten Maßstab in dein Heft.
(1) Wie hoch reicht die Leiter?
(2) Aus Sicherheitsgründen muss der Anstellwinkel α zwischen 68° und 75° groß sein.
Trifft dies zu?

b) Eine steile Gebirgsstraße hat einen Steigungswinkel von α = 11°.
Welche Höhe würde man erreichen, wenn man 12 km geradeaus fahren könnte?
Lege eine geeignete Zeichnung an.

c) Die Sonnenstrahlen bilden mit dem waagerechten Boden einen Winkel von 30°. Dabei wirft ein Baum einen 8 m langen Schatten.
Bestimme durch eine Zeichnung die Höhe des Baumes.
Fertige zuerst eine Skizze an.

7. Beim Diskuswerfen beträgt der Radius des Wurfkreises 1,25 m, der Winkel des Wurfsektors ist 45° groß.
Zeichne die Anlage in dein Heft. Wähle 2 cm für 1 m.

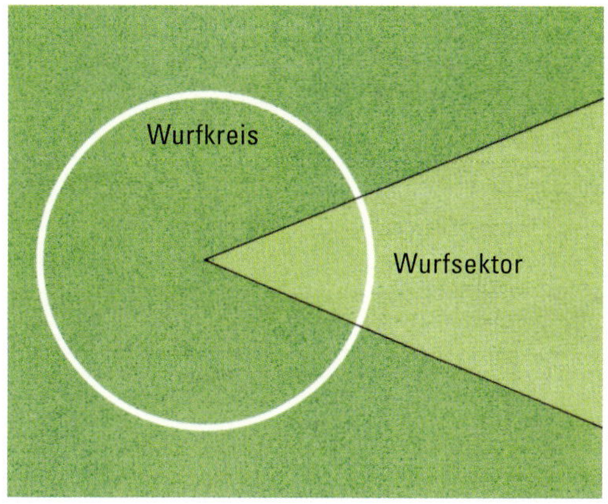

8. **a)** Zeichne einen Kreis mit dem Radius 3 cm. Markiere vorher den Mittelpunkt M.
Lege den *Zentriwinkel* (Mittelpunktswinkel) $\alpha = 72°$ von M aus fünfmal aneinander.

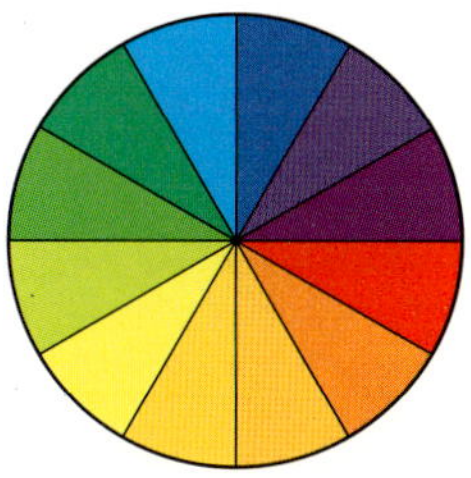

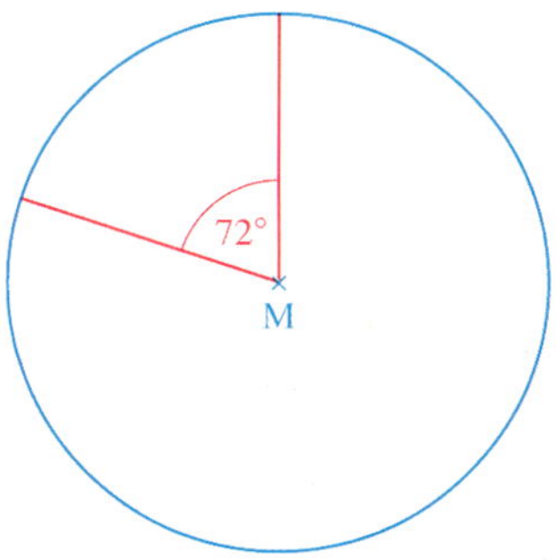

b) Zeichne einen Kreis mit dem Radius 3 cm. Teile ihn mithilfe des Zentriwinkels in drei gleiche Teile.
Zeichne ebenso einen Farbkreis, der in 6 [in 9] gleich große Teile zerlegt ist.

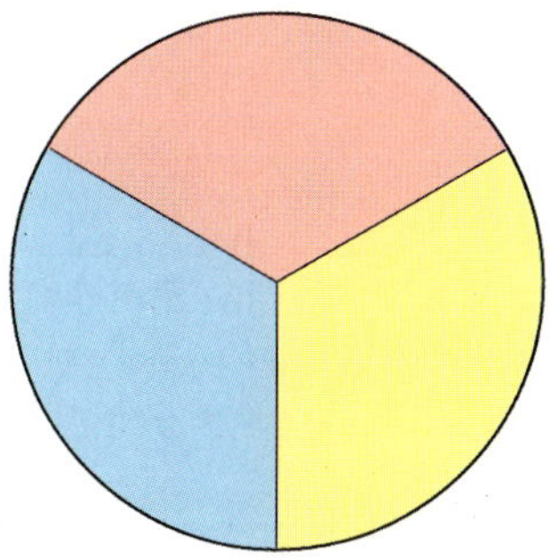

9. Zu einem Fotoapparat kann man drei Objektive mit unterschiedlichen Brennweiten erhalten.
Ein Normalobjektiv (50 mm Brennweite) hat einen Bildwinkel von 47°,
ein Weitwinkelobjektiv (28 mm Brennweite) hat einen Bildwinkel von 75°,
ein Teleobjektiv (200 mm Brennweite) hat einen Bildwinkel von 13°.
Zeichne die drei Winkel nebeneinander und erkläre, wie sich durch die unterschiedlichen Winkel (bei gleicher Entfernung) der Bildausschnitt ändert.

VERMISCHTE UND KOMPLEXE ÜBUNGEN

1. **a)** Zeichne ab und fahre entsprechend weiter fort.

b) Was ändert sich, wenn man mit nur 4 [nur 3; nur 2] Geraden durch einen gemeinsamen Punkt beginnt?

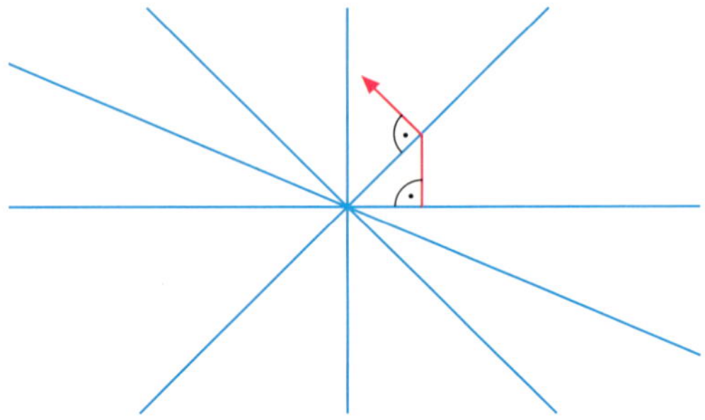

2. Zeichne einen Kreis mit einem Radius von 3 cm. Zeichne ein Rechteck, das mit seinen Ecken auf dem Kreis liegt. Eine Seite des Rechtecks soll

a) 5 cm, **b)** 4,5 cm lang sein. Wie lang ist die andere Seite?

3. Zeichne mit dem Zirkel einen Kreis mit dem angegebenen Radius r bzw. Durchmesser d. Markiere zuerst den Mittelpunkt M. Gib den Durchmesser d bzw. Radius r des Kreises an.

a) r = 3 cm **c)** r = 36 mm **e)** r = 2 cm 3 mm **g)** r = 50 mm
b) d = 8 cm **d)** d = 64 mm **f)** d = 8 cm 4 mm **h)** d = 50 mm

4. Das Bild zeigt dir, wie du ein schönes Ei in beliebiger Größe zeichnen kannst. Beginne mit dem Kreis und den beiden eingezeichneten Durchmessern.

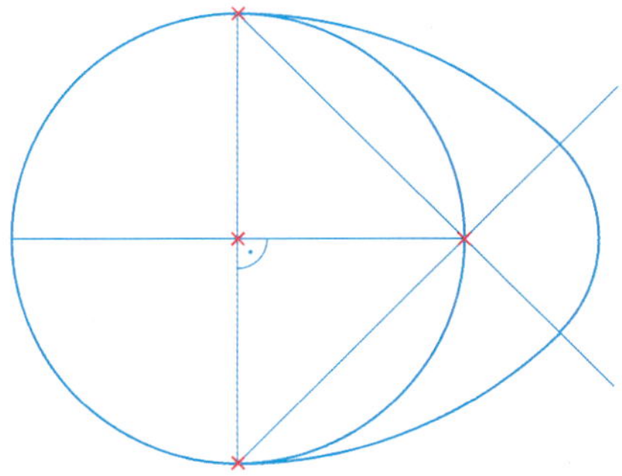

5. Zeichne zwei Kreise mit den Radien 2 cm und 3 cm, die
(1) keinen Punkt gemeinsam haben;
(2) sich in zwei Punkten schneiden;
(3) sich in einem Punkt berühren.

6. In Neustrelitz, Brandenburg, Berlin und Bad Saarow sind Rettungshubschrauber stationiert.
Sie haben einen Einsatzradius von 50 km, d. h. sie können Orte bis zu einer Entfernung von 50 km anfliegen.

a) Bestimme auf der Landkarte diejenigen Gebiete, die von diesen Rettungshubschraubern erreicht werden können.
Arbeite mit Transparentpapier und Zirkel.

b) Markiere den Standort für einen fünften Hubschrauber.
Begründe die Wahl des Standortes.

7. In wie vielen Punkten können sich zwei, drei, vier, ... Geraden höchstens schneiden? Fülle die Tabelle in deinem Heft aus. Kannst du eine Gesetzmäßigkeit entdecken?

Anzahl der Geraden	2	3	4	5	6	7	8
Anzahl der Schnittpunkte							

8. Die Erde dreht sich in 24 Stunden einmal um ihre Achse. Um wie viel Grad dreht sie sich in

a) 1 Stunde; **b)** 6 Stunden; **c)** 8 Stunden; **d)** 20 Stunden?

9. Auf dem Quader ist der Weg einer Spinne eingezeichnet. Sie kriecht geradlinig von A nach B, dann von B nach C, von C nach D und von D nach E.
Zeichne drei verschiedene Netze des Quaders. Trage den Weg der Spinne jeweils in das Netz ein.
Beachte: Es kann vorkommen, dass der Weg der Spinne im Netz „Sprünge" hat.

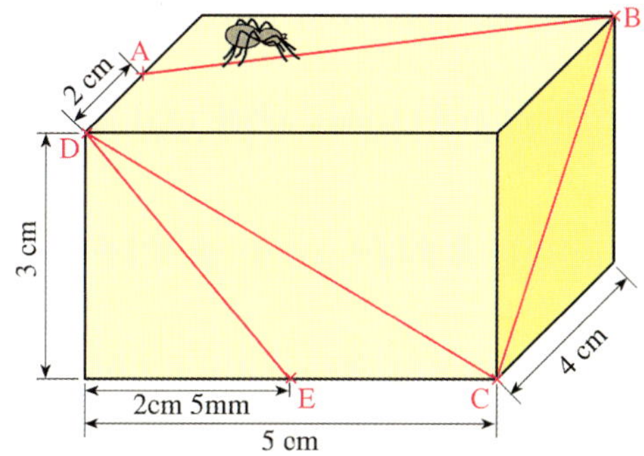

10. Eine quaderförmige Schachtel ist 3 cm lang, 2 cm breit und 1 cm hoch. Die Schachtel ist

a) oben offen; **b)** rechts offen; **c)** vorne offen.

Zeichne ein Netz der Schachtel.

11. Alle Seitenflächen des Würfels im Bild seien rot angestrichen. Er sei in kleine Würfel von 1 cm Kantenlänge zersägt.

a) In wie viele kleine Würfel ist der Würfel zersägt?

b) Wie viele kleine Würfel haben drei rote Flächen, wie viele zwei rote Flächen, wie viele eine rote Fläche, wie viele keine rote Fläche?
Gibt es kleine Würfel, die mehr als drei rote Flächen haben?

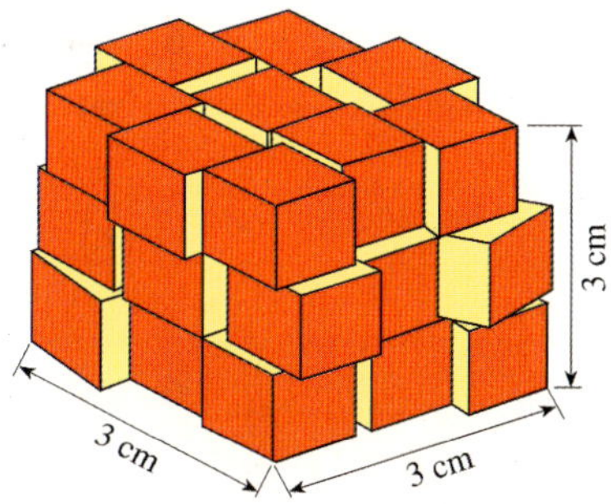

12. a) Wie muss man einen Zylinder, einen Kegel, eine Kugel durchschneiden, damit als Schnittflächen Kreisflächen entstehen?

b) Wo findest du Kreise auf einem Globus?

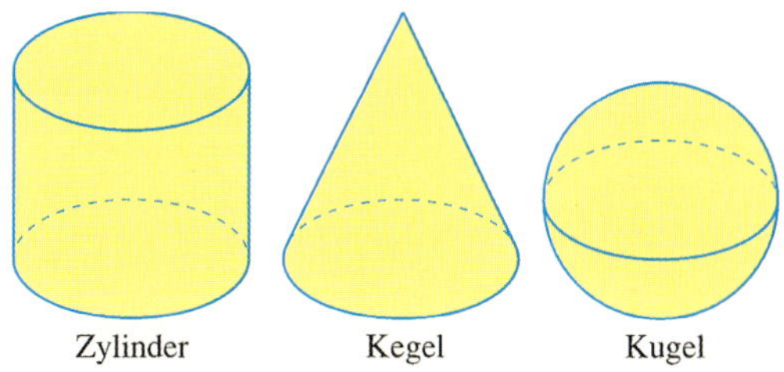

13. Viele Figuren bestehen nicht aus ganzen Kreisen, sondern aus Teilen von Kreisen.

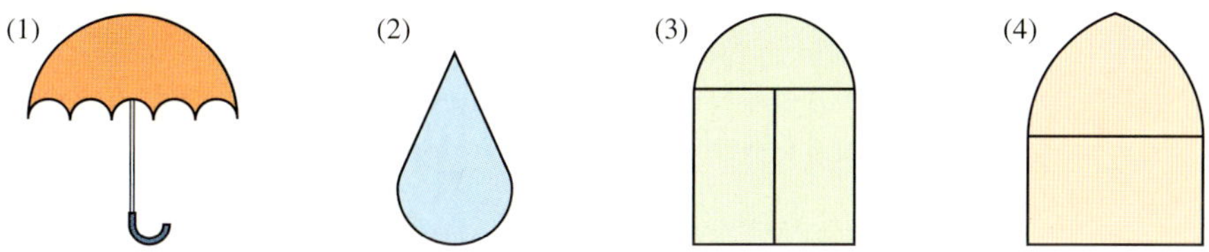

BIST DU FIT?

1. Miss die Länge von Strecken in der Figur. Fülle die Tabelle aus.

Strecke	$\overline{AB}$			
Länge in cm	2,5			

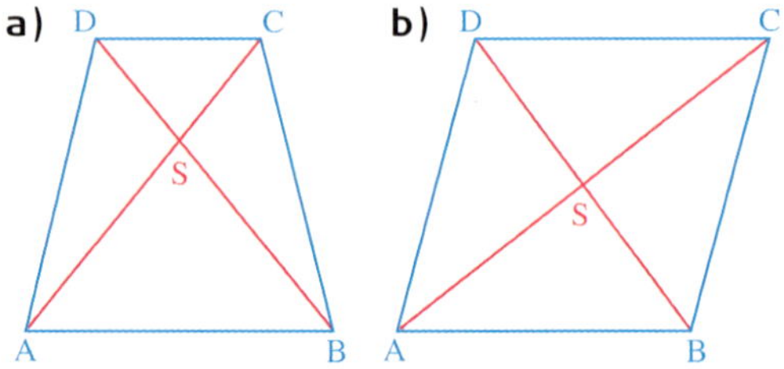

2. Zeichne die Gerade AB mit A(1|2) und B(7|5) in ein Koordinatensystem (Einheit 1 cm); markiere ferner den Punkt P(3|6).

a) Zeichne eine Gerade a durch P, die zu AB senkrecht ist.

b) Zeichne eine Gerade b durch P, die zu AB parallel ist.

c) Bestimme den Abstand des Punktes P von der Geraden AB.

3. Zeichne auf unliniertes Papier ein Rechteck mit

a) a = 5 cm und b = 3 cm;

b) a = 75 mm und b = 75 mm.

4. Zeichne auf unliniertes Papier ein Quadrat mit

a) a = 4 cm; **b)** a = 54 mm.

5. Ein Quader ist 4 cm lang, 2 cm breit und 3 cm hoch.

a) Zeichne zwei verschiedene Netze des Quaders.

b) Zeichne ein Schrägbild des Quaders.

c) Denke dir die *vordere rechte untere* Ecke des Quaders rot. Übertrage dies in die beiden Netze.

6. a) Gib an, ob der Winkel ein spitzer, ein stumpfer, ein überstumpfer oder ein rechter Winkel ist.

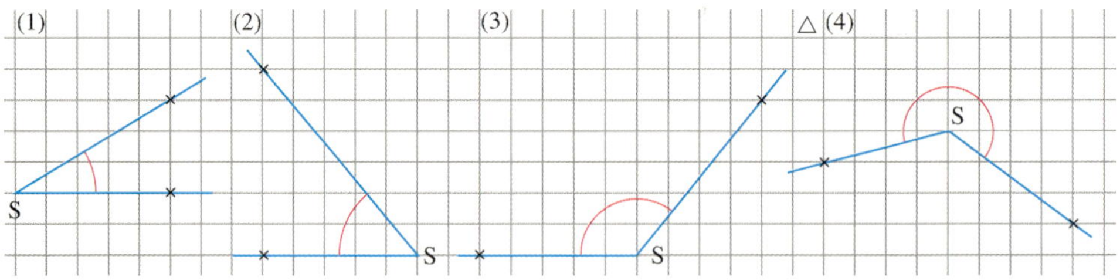

b) Zeichne die Winkel in dein Heft und miss ihre Größe. Schätze vorher.

7. Zeichne einen Winkel mit der Größe: 40°; 63°; 134°; 65°; 120°; 168°; 33°; 155°.

8. Zeichne in ein Koordinatensystem (Einheit 1 cm) das Viereck ABCD mit A(2|2), B(18|1), C(22|10) und D(10|18). Miss die vier Winkel in dem Viereck.
Addiere die Winkelgrößen. Was stellst du fest?

9. Zerlege einen Kreis mit dem Radius r = 4,5 cm in 12 gleich große Teile.

IM BLICKPUNKT: GESICHTSFELDER

Für uns Menschen erscheint es selbstverständlich, dass wir (ohne zusätzliche Augen- und Kopfbewegungen) nicht sehen können, was hinter uns geschieht.
Beim Pferd ist das anders. Von Natur aus können Pferde auch sehen, was hinter ihnen geschieht. Auf diese Weise können sie einen nahenden Feind aus nahezu allen Richtungen erkennen. Durch Scheuklappen kann das Gesichtsfeld von Pferden eingeschränkt werden, *sodass sie dann weniger nervös sind.*

1. Was meint man, wenn man von einem Menschen sagt, er laufe mit Scheuklappen durch die Welt?

2. Du kannst dein eigenes Gesichtsfeld durch ein kleines Experiment überprüfen:
Schau gerade aus auf einen festen Punkt und führe einen Stift auf Augenhöhe langsam von rechts bzw. links hinten in dein Gesichtsfeld.
Ab welcher Stelle kannst du ungefähr den Stift wahrnehmen?

Mensch

Um das Gesichtsfeld des Menschen anschaulich zu machen, zeichnen wir den Kopf eines Menschen von oben und markieren durch einen Winkel, welchen Bereich er ohne Kopf- und Augenbewegung wahrnehmen kann.

Tiere haben Gesichtsfelder anderer Größe. Hier einige Beispiele:

Eule

Pferd

Ente

3. Übertrage die obigen Gesichtsfelder auf Transparentpapier und miss die Winkel.

PROJEKT: DIE GEOMETRISCHEN GRUNDFORMEN –

Unsere Umwelt besteht aus vielen geometrischen Körpern und Flächen, sie sind eckig oder rund, krumm oder gerade. Im Laufe des Schuljahres habt ihr schon viele dieser geometrischen Figuren und Körper kennen gelernt. Ihr kennt den Unterschied zwischen Quadrat und Parallelogramm und ihr wisst, was ein Quader und ein Zylinder ist.
Bei diesem Projekt sollt ihr euch genauer mit den einzelnen Formen beschäftigen. Ihr könnt z. B. Figuren und Körper aus der Umwelt „sammeln", sortieren und benennen, oder ihr befasst euch mit dem chinesischen Tangrampuzzle. Es kann auch interessant sein, die symmetrischen Figuren und Körper näher zu untersuchen. Oder

- **Vorschlag 1: Tangramgruppe**

Kennt ihr das Tangrampuzzle? Wisst ihr wo das Tangrampuzzle entstanden, bzw. wer das Puzzle erfunden hat? Wie alt ist das Puzzle? Stellt euch ein eigenes Tangrampuzzle her. Könnt ihr aus den Puzzleteilen jeden Buchstaben deines Namens legen? Welche Ziffern unseres Stellenwertsystems kann man aus den Puzzleteilen erzeugen? Welche Tiere lassen sich mit den Tangramteilen legen?

- **Vorschlag 2: Symmetrische Figuren und Körper**

Was wisst ihr bereits über Symmetrie? Gibt es unterschiedliche Arten der Symmetrie? Wo findet man symmetrische Figuren? Wie kann man sie herstellen? Überlegt euch eigene symmetrische Figuren. Wie geht ihr beim Zeichnen vor?

- **Vorschlag 3: Foto-Gruppe**

Geht in eurem Wohnort auf mathematische Entdeckungsreise. Sucht möglichst viele geometrische Grundformen in der Umwelt. Verwendet dabei einen Fotoapparat oder vielleicht sogar eine Digitalkamera.

GEOMETRIE IN DER UMWELT

ihr stellt selber Körper her. Eine besondere Herausforderung für die ganze Klasse ist es, einen großen Teppich aus Quadraten oder Dreiecken herzustellen.
Präsentiert eure „geometrischen Ideen" dann in einer kleinen Ausstellung im Schulhaus oder stellt eure Ergebnisse im Rahmen einer kleinen Vortragsrunde in der Klasse oder am Elternabend vor. Auch ein kleiner Artikel in der Lokalpresse wäre denkbar; hier hilft vielleicht euer Deutschlehrer.
Wir haben hier für euch ein paar Ideen und Fragen rund um die geometrischen Grundformen vorbereitet, die ihr aufgreifen könnt. Im Internet findet ihr das Projekt unter **www.mathematik-heute.de**

- **Vorschlag 4: Einfache Körper**

  Versucht aus verschiedenen Materialien einfache Grundkörper wie Würfel, Quader oder Pyramiden herzustellen. Ihr könnt z. B. Zahnstocher für Kantenmodelle oder Styropor für Vollmodelle verwenden.

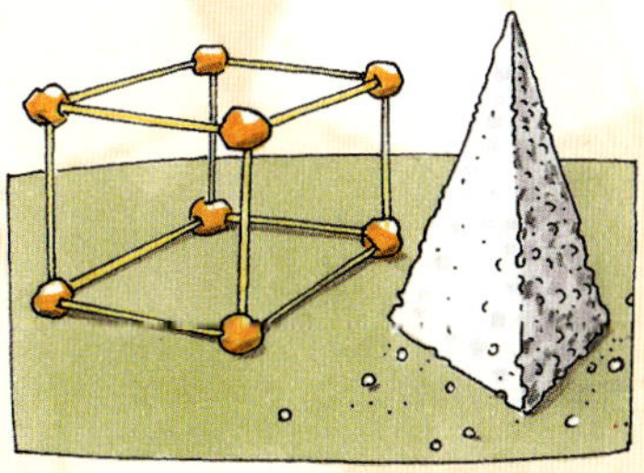

- **Vorschlag 5: Für Bastelprofis – aus eckig wird rund**

  Je mehr Ecken die regelmäßige Grundfläche einer Pyramide hat, desto runder sieht sie aus. Versucht Pyramiden mit möglichst vielen Ecken herzustellen und versucht zu ermitteln, ab welcher Eckenanzahl die Pyramide schon wie ein Kegel aussieht.
  Das gleiche Verfahren kann man auch bei einer eckigen Säule anwenden. Stellt z. B. eine Säule mit einer regelmäßigen 3, 4, 6, 8-eckigen Grundfläche her. Ihr werdet sehen: je mehr Ecken die Grundfläche hat, desto mehr sieht die Säule wie ein Zylinder aus.

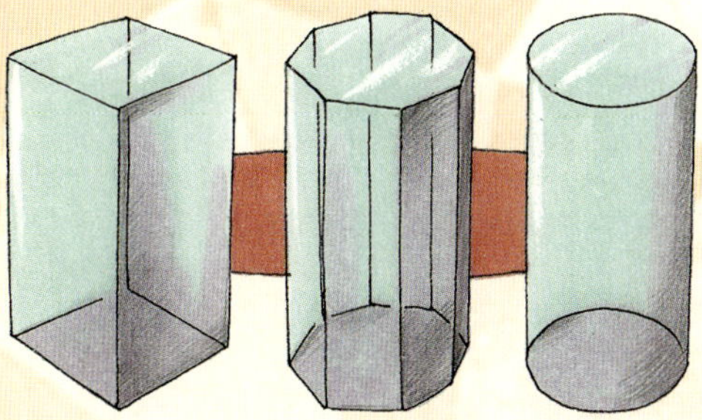

- **Vorschlag 6: Sierpinski-Teppich**

  Diesen besonderen mathematischen Wandteppich herzustellen, ist eine Aufgabe für eine große Gruppe oder für die ganze Klasse. Jeder Schüler muss dafür spezielle Quadrate mit einem quadratischen Loch ausschneiden. Das Loch sitzt genau in der Mitte des Quadrates; seine Seite ist nur ein Drittel so groß wie die des Quadrates selbst. 8 dieser Quadrate zusammen ergeben ein neues großes Quadrat. Und wieder 8 der großen Quadrate ergeben ein noch größeres Quadrat, usw. Damit alle kleinen Quadrate schön gleichmäßig aussehen, solltet ihr euch eine einheitliche Schablone herstellen.

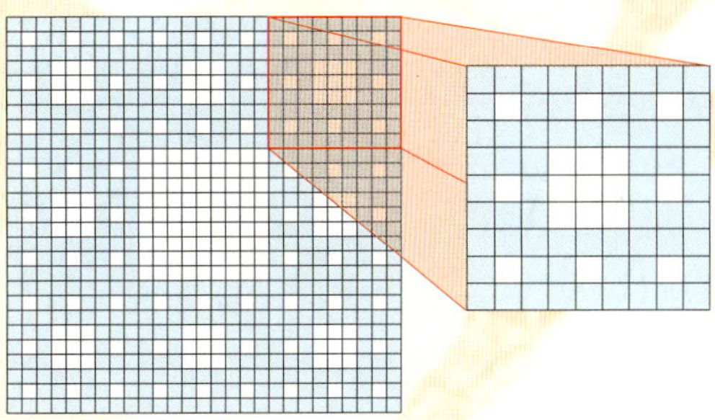

4 Anteile – Gemeine Brüche und Dezimalbrüche

Mürbeteig nach Grundrezept

Den Teig auf bemehlter Unterlage nicht zu dünn ausrollen. Boden und 3 cm hohen Rand einer ungefetteten Springform (26 cm ∅) auskleiden.

Käsekuchen/Quarktorte

Zutaten
0,750 kg Magerquark
$\frac{3}{4}$ Tasse Öl
300 g Zucker
3 Eigelb
1 $\frac{1}{2}$ Beutel Vanillepuddingpulver
$\frac{1}{8}$ *l* Milch
3 Eiweiß

Für den Belag den Magerquark, bitte keinen fetthaltigen Quark nehmen, mit Öl, Zucker, Eigelb, Puddingpulver und Milch in eine Schüssel geben und rasch mit dem Elektroquirl vermischen. Eiweiß steif schlagen, darunter heben. Die Quarkmasse auf den ungebackenen Boden streichen, die Oberfläche glätten.
Auf dem Rost auf der untersten Schiene im vorgeheizten Backofen (180 °C/3) 50 bis 60 Minuten backen. Während der ersten 40 Minuten den Ofen auf keinen Fall öffnen. Den Kuchen im Ofen erkalten lassen, erst dann aus der Form lösen. In 12 Stücke teilen.

Bei den Zutaten für den Belag der Quarktorte werden Mengenangaben mithilfe von Brüchen gemacht. Es sind Anteile eines Ganzen. Auch beim Aufteilen der Torte kannst du die Größe eines Kuchenstücks als Anteil beschreiben.

- ➜ Wie groß ist das Tortenstück rechts?
- ➜ Finde selbst weitere Beispiele, bei denen man Brüche verwendet.

In diesem Kapitel lernst du ...
... was Brüche sind und wozu man sie verwenden kann.

TEILE VON GANZEN – BRÜCHE

Zerlegen eines Ganzen in Halbe, Drittel, Viertel, ...

Einstieg

→ Die Torte im Bild ist mit einem Tortenteiler in gleich große Teile zerschnitten worden. Wie viele Teile sind es? Wie heißt ein solcher Teil einer ganzen Torte?

→ In wie viele gleich große Teile ist das Ganze (z. B. eine Torte, ein Kuchen) zerlegt? Wie heißt ein solcher Teil eines Ganzen?

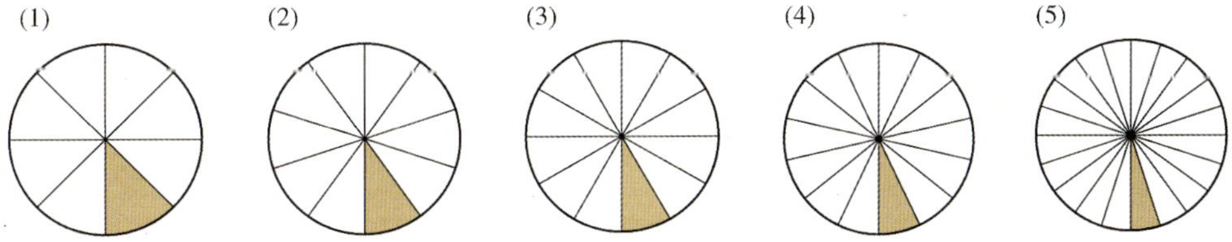

Aufgabe

1. Zwei Freunde teilen sich gleichmäßig *eine* Pizza. Jeder bekommt eine *halbe* Pizza.

a) Wie viel bekommt jeder, wenn sich 3, 4, 5, 6 Freunde eine Pizza teilen? Zeichne auch.

b) Wie viele drittel, viertel, fünftel, sechstel Pizzas ergeben jeweils eine ganze Pizza?

1 *ganze* Pizza = 2 *halbe* Pizzas

Lösung

a)

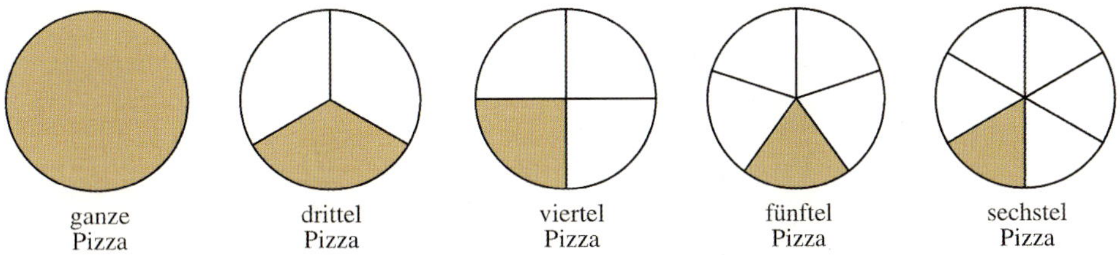

Bei 3 Freunden wird die ganze Pizza in drei gleich große Stücke zerschnitten, also bekommt jeder eine *drittel* Pizza.
Bei 4 Freunden bekommt jeder eine *viertel* Pizza,
bei 5 Freunden bekommt jeder eine *fünftel* Pizza,
bei 6 Freunden bekommt jeder eine *sechstel* Pizza.

b) 3 *drittel* Pizzas = 1 *ganze* Pizza
4 *viertel* Pizzas = 1 *ganze* Pizza
5 *fünftel* Pizzas = 1 *ganze* Pizza
6 *sechstel* Pizzas = 1 *ganze* Pizza

Zum Festigen und Weiterarbeiten

2. Auch ein Rechteck stellt ein Ganzes dar. Denke z. B. an einen Kuchen.

a) In wie viele gleich große Teile ist das Ganze zerlegt? Wie heißt ein solcher Teil?

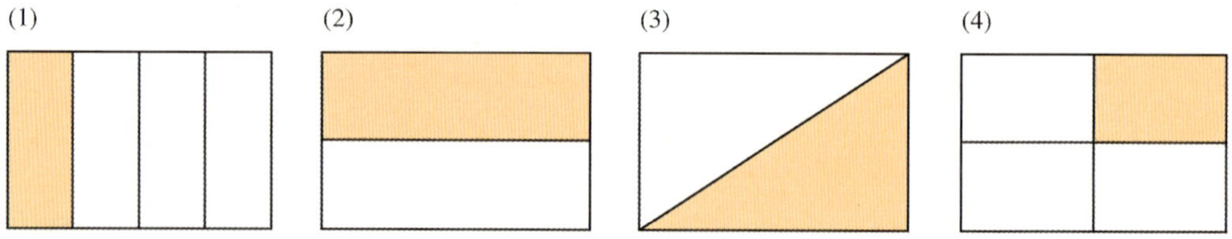

b) Nimm ein (rechteckiges) Blatt Papier. Färbe vom Ganzen

(1) ein Viertel; (2) ein Achtel; (3) ein Drittel; (4) ein Sechstel.

Falte dazu das Blatt geeignet.

3. **a)** Tim behauptet: Das Viertel bei (1) ist größer als bei (2).
Was meinst du dazu?

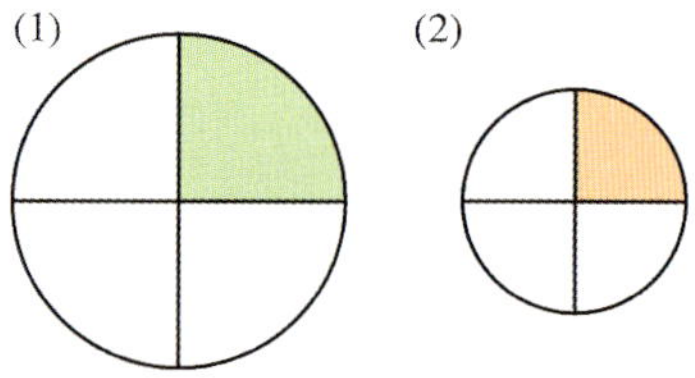

b) Hier soll jedes Mal $\frac{1}{4}$ dargestellt sein.
Wo hat sich ein Fehler eingeschlichen? Erkläre.

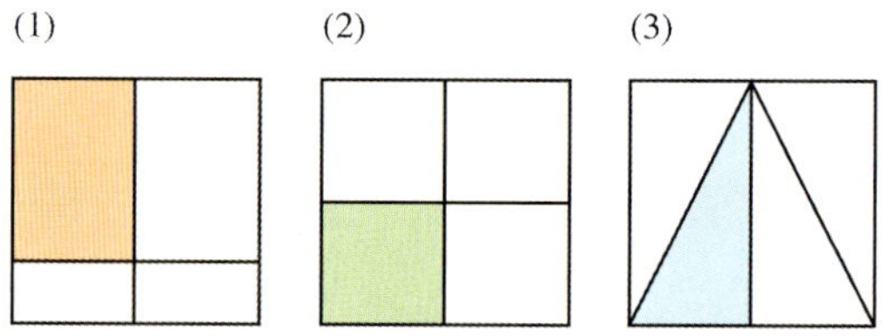

4. Wie viele Halbe, Drittel, Viertel, Fünftel, Sechstel, Siebtel, Achtel, Neuntel, Zehntel ergeben ein Ganzes? Zeichne auch.

5. Welcher Teil desselben Ganzen ist größer? Begründe auch deine Antwort.

a) 1 Drittel oder 1 Halbes **b)** 1 Drittel oder 1 Viertel **c)** 1 Fünftel oder 1 Sechstel

Information

Zerlegt man ein Ganzes in 2, 3, 4, 5, 6, ... *gleich große* Teile, so erhält man *Halbe, Drittel, Viertel, Fünftel, Sechstel, ...*

Man schreibt $\frac{1}{2}$ für ein Halbes, $\frac{1}{3}$ für ein Drittel, $\frac{1}{4}$ für ein Viertel, $\frac{1}{5}$ für ein Fünftel, $\frac{1}{6}$ für ein Sechstel usw.

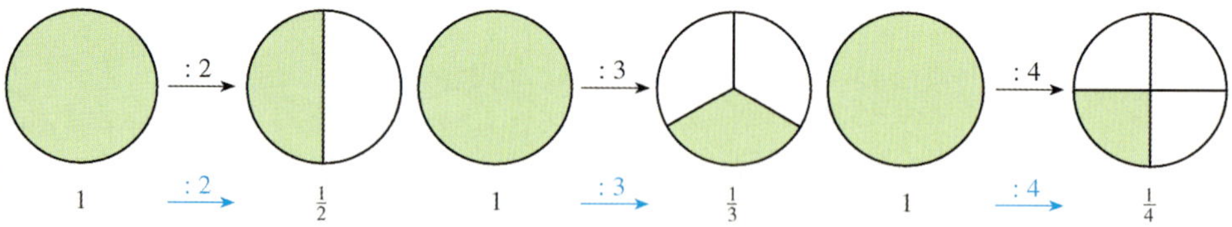

$\frac{1}{2}$ ist die Hälfte eines Ganzen,
1 Ganzes hat 2 Halbe:

$$1 = \frac{2}{2}$$

$\frac{1}{3}$ ist der 3. Teil eines Ganzen,
1 Ganzes hat 3 Drittel:

$$1 = \frac{3}{3}$$

$\frac{1}{4}$ ist der 4. Teil eines Ganzen,
1 Ganzes hat 4 Viertel:

$$1 = \frac{4}{4}$$

In der Silbe „*-tel*“ steckt das Wort Teil.

Ein Viertel $\left(\frac{1}{4}\right)$ bedeutet demnach:
ein Teil von vier gleich großen Teilen (eines Ganzen).
$\frac{1}{4}$ *ist der 4. Teil vom Ganzen.*

6. Wir wollen Bruchteile herstellen.

a) Zeichnet auf Tonpapier fünf gleich große Kreise, verwendet dazu einen Zirkel. Ein Kreis soll ein Ganzes darstellen.
Stellt euch aus einem anderen Kreis durch Falten und Zerschneiden Halbe her; entsprechend aus den anderen Kreisen Viertel, Achtel und Sechzehntel.
Mithilfe des Zentriwinkels (siehe S. 141) könnt ihr euch auch aus weiteren gleich großen Kreisen Drittel, Sechstel, Zwölftel, Fünftel und Zehntel herstelleh.
Beschriftet die Bruchteile.

b) Zeichnet auf Tonpapier vier Rechtecke mit den angegebenen Maßen. Ein Rechteck soll wieder ein Ganzes darstellen.
Stellt euch aus den anderen Rechtecken Halbe, Drittel und Sechstel her.
Beschriftet die Bruchteile.

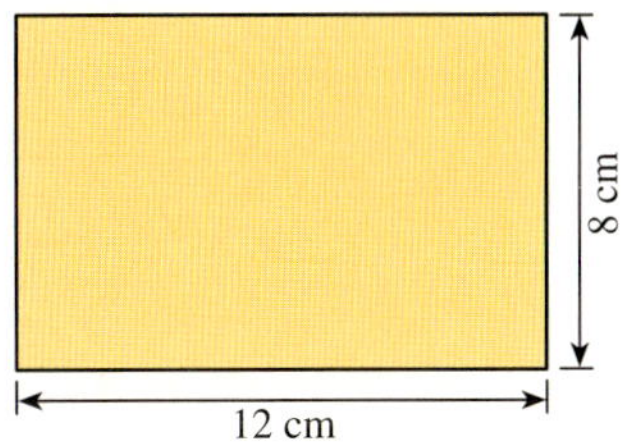

Übungen

7. In wie viele gleich große Teile ist das Ganze zerlegt? Wie heißt ein solcher Teil?

a)
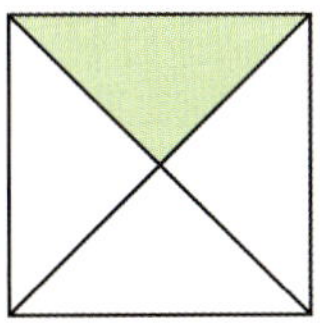

b)
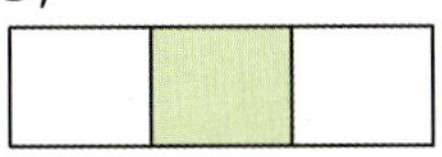

c)
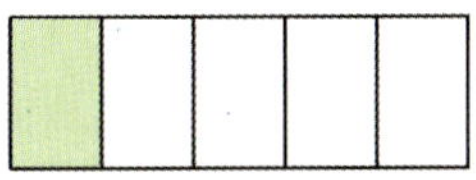

d)
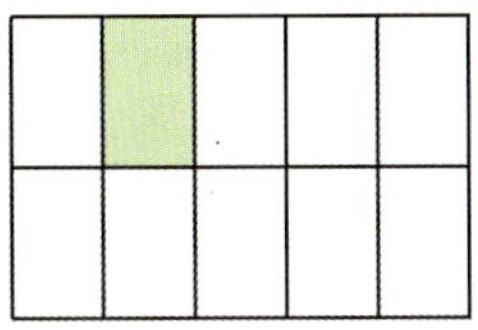

e)
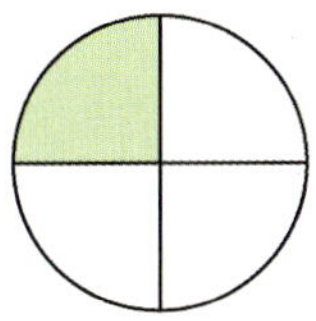

f)
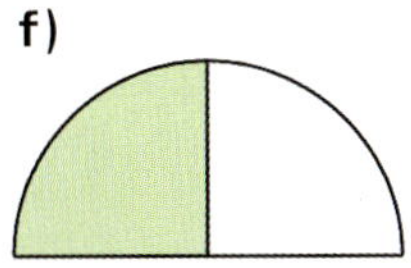

g)
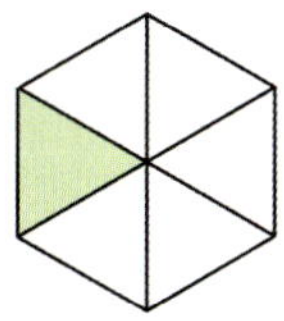

h)
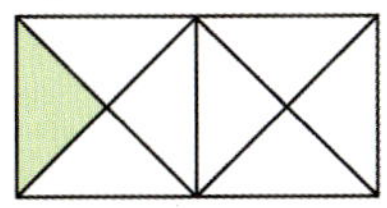

8. Zerlege das Rechteck in vier gleich große Teile.
Finde verschiedene Möglichkeiten.
Färbe jeweils $\frac{1}{4}$ des Rechtecks.

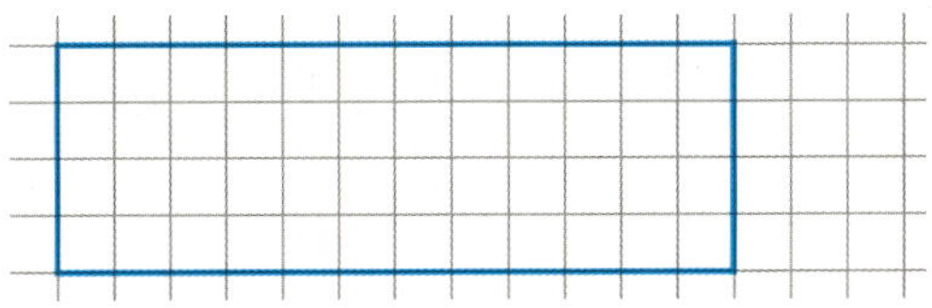

9. Auch eine Strecke stellt ein Ganzes dar. Denke z. B. an einen Stab oder einen Draht. Zeichne ab und färbe rot.

a) $\frac{1}{2}$ **b)** $\frac{1}{3}$ **c)** $\frac{1}{4}$ **d)** $\frac{1}{6}$ **e)** $\frac{1}{12}$

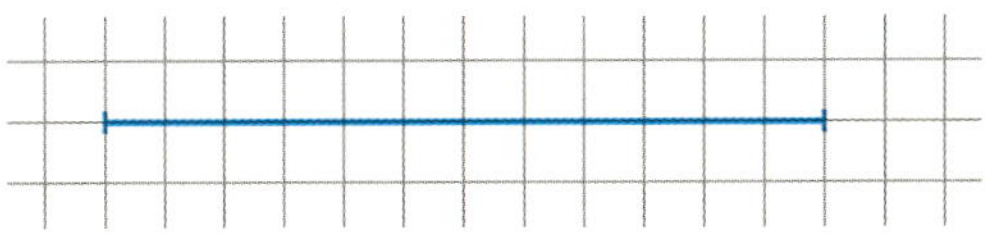

10. Auch ein Quader kann ein Ganzes darstellen. Denke z. B. an ein Stück Käse oder ein Stück Butter.
Welchen Anteil stellt der gefärbte Teil am Ganzen dar? Begründe.

a)
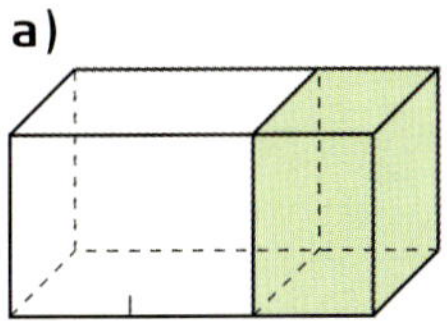

b)
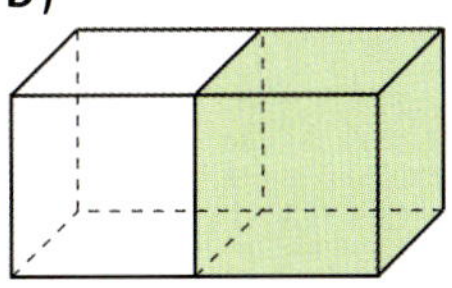

c)
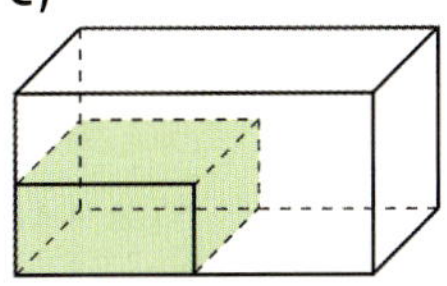

d)
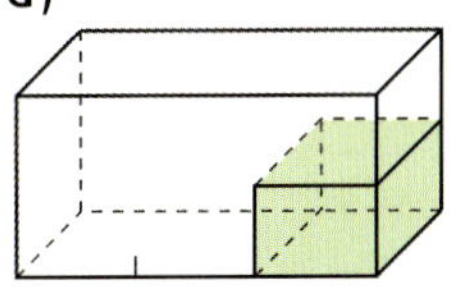

11. Wo hat sich ein Fehler eingeschlichen? Erkläre.

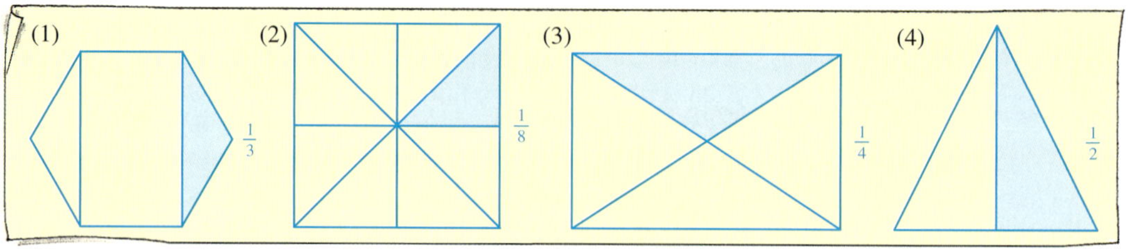

12. **a)** Die Fläche stellt die Hälfte eines Ganzen dar. Zeichne ab und ergänze zu einem Ganzen. Finde mehrere Möglichkeiten.

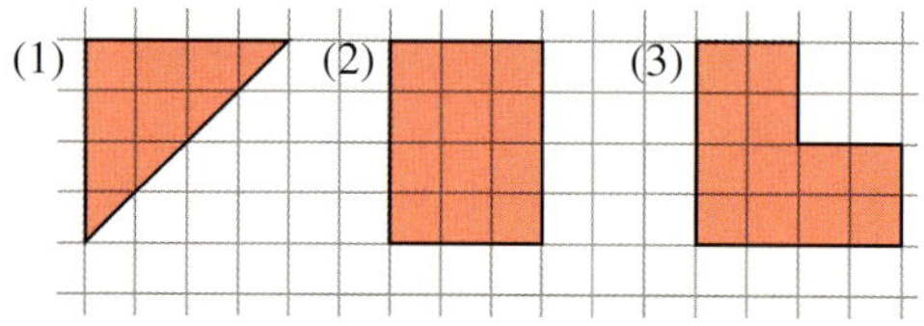

b) Zeichne die Fläche ab. Ergänze sie zu einem Ganzen.

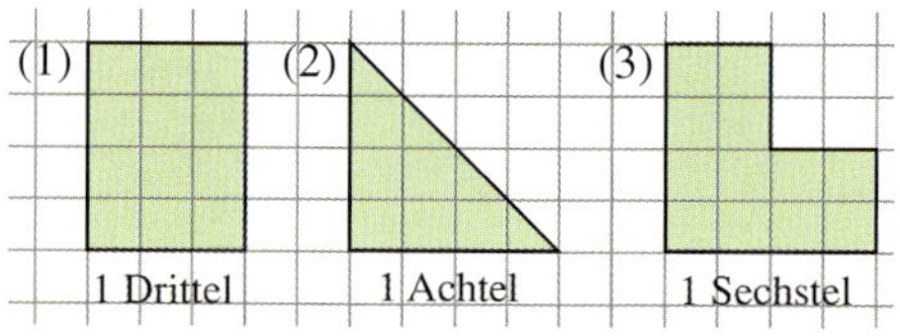

Vielfache von Halben, Dritteln, Vierteln, … Zähler kleiner als Nenner

Einstieg

In der Auslage einer Bäckerei siehst du verschiedene Torten. Einiges ist schon verkauft. Wie viel ist von jeder Torte noch übrig?

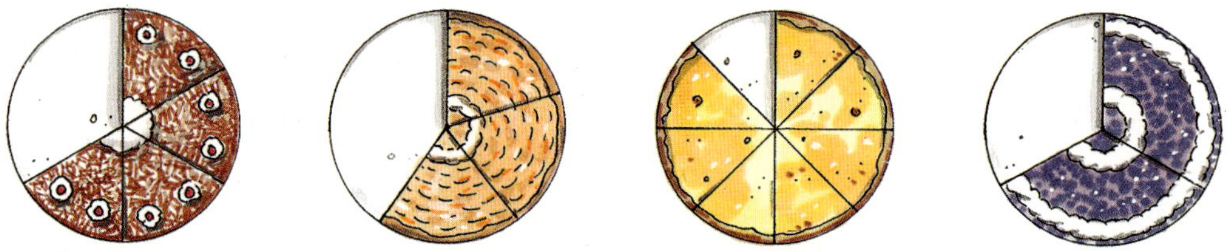

Schokotorte Kiwitorte Ananastorte Heidelbeertorte

Aufgabe

1. Eine Pizza wird in 4 gleich große Stücke aufgeschnitten. Sarah nimmt 3 solche Stücke. Das sind 3 Viertel der ganzen Pizza. Statt *3 Viertel* schreibt man auch $\frac{3}{4}$.

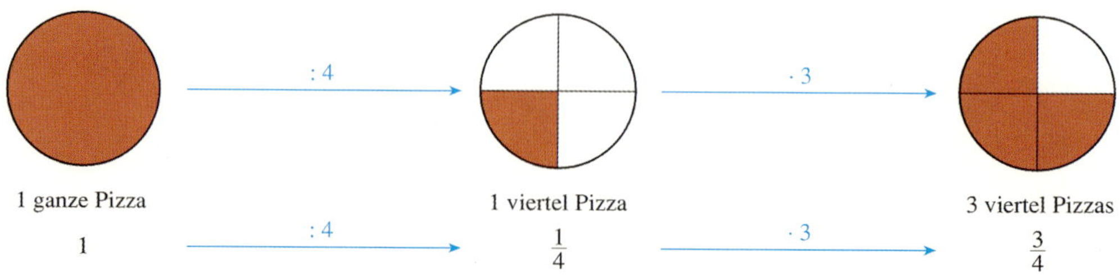

a) Erkläre, wie $\frac{5}{8}$ eines Ganzen entsteht. Stelle das Ganze durch eine Kreisfläche dar.

b) Erkläre, wie $\frac{3}{8}$ eines Ganzen entsteht. Stelle das Ganze durch ein Rechteck dar.

Lösung

a) Die Kreisfläche (die Pizza) wird in 8 gleich große Teile zerlegt, davon werden dann 5 Teile genommen.

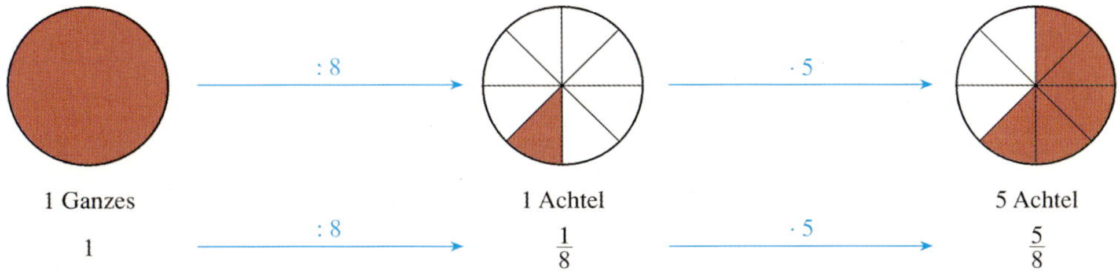

b) Das Rechteck (der Kuchen) wird in 8 gleich große Teile zerlegt, davon werden dann 3 Teile genommen.

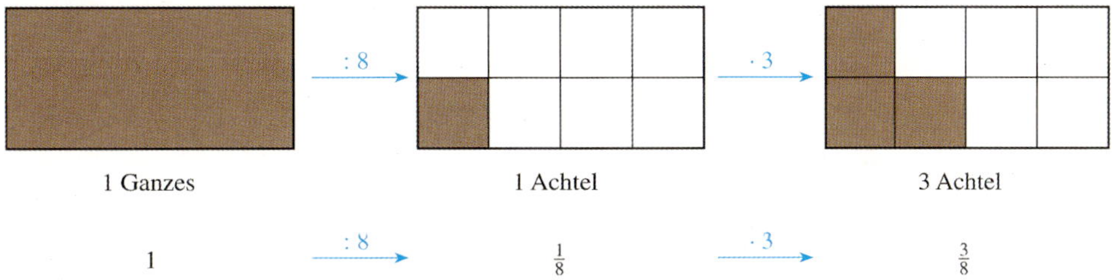

Information

$\frac{1}{2}, \frac{1}{4}, \frac{3}{4}, \frac{1}{8}, \frac{3}{8}, \frac{5}{8}, \frac{2}{3}$, ... sind **Brüche.**

Der *Nenner* eines Bruches gibt an, in wie viele gleich große Teile ein Ganzes zerlegt wird. Er *benennt* die Teile.
Der *Zähler* gibt an, wie viele solcher Teile dann genommen werden. Er *zählt* die Teile.

$\frac{3}{4}$ ← Zähler (3) ← Bruchstrich ← Nenner (4)

2. **a)** Legt mit den in Aufgabe 6 auf Seite 151 hergestellten Bruchteilen:
(1) $\frac{3}{4}$ (2) $\frac{3}{8}$ (3) $\frac{5}{8}$ (4) $\frac{5}{16}$ (5) $\frac{2}{3}$ (6) $\frac{5}{6}$ (7) $\frac{7}{12}$ (8) $\frac{3}{5}$ (9) $\frac{9}{10}$

b) Legt (1) $\frac{7}{8}$ (2) $\frac{5}{6}$ mit möglichst wenig Bruchteilen.

Zum Festigen und Weiterarbeiten

3. Das Ganze ist ein Rechteck. (Denke z. B. an einen Kuchen.)
Welche Brüche sind dargestellt? Erkläre, wie sie entstanden sind.

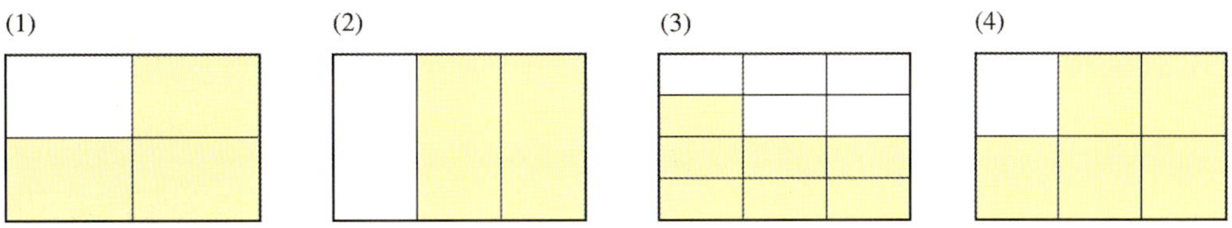

4. Schreibe als Bruch (mit Zähler und Nenner).

a) 7 Achtel **c)** 4 Zehntel **e)** 4 Neuntel **g)** 3 Zwanzigstel
b) 5 Sechstel **d)** 3 Siebtel **f)** 3 Zwölftel **h)** 21 Hundertstel

5. Zeichne das Rechteck ab. Färbe davon:

a) $\frac{2}{4}$ **c)** $\frac{3}{6}$ **e)** $\frac{4}{8}$ **g)** $\frac{7}{8}$ **i)** $\frac{5}{12}$

b) $\frac{2}{6}$ **d)** $\frac{4}{6}$ **f)** $\frac{2}{8}$ **h)** $\frac{5}{8}$ **j)** $\frac{7}{16}$

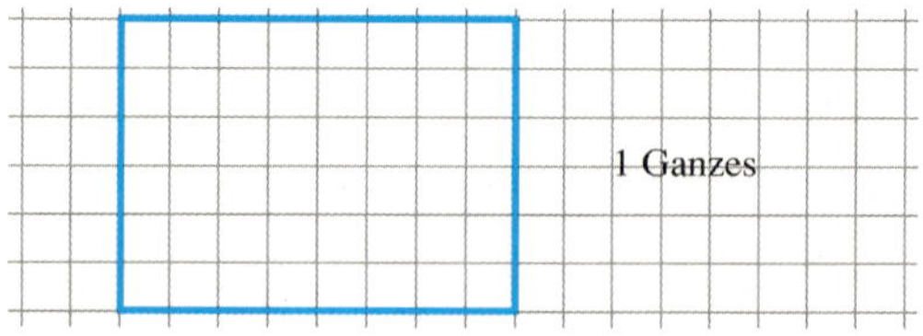

6. Wie viel fehlt an einem Ganzen? Zeichne zuerst die Bruchteile.

a) $\frac{3}{4}$ **b)** $\frac{1}{4}$ **c)** $\frac{5}{8}$ **d)** $\frac{1}{8}$ **e)** $\frac{1}{3}$ **f)** $\frac{2}{3}$ **g)** $\frac{2}{6}$ **h)** $\frac{5}{6}$ **i)** $\frac{3}{10}$ **j)** $\frac{6}{10}$

Übungen

7. Welcher Bruch ist dargestellt? Welcher Bruch gehört zum Rest?

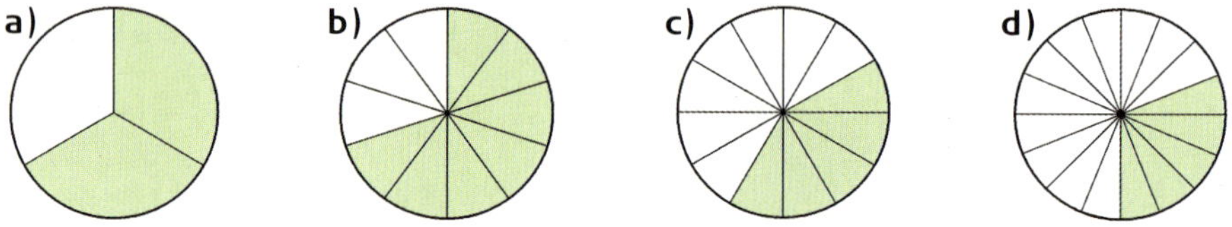

8. Welcher Bruch wird durch die (1) rot, (2) gelb gefärbte Fläche dargestellt?

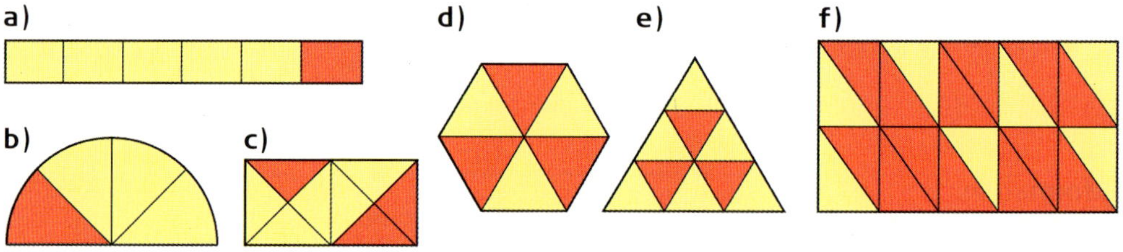

9. **a)** Zeichne das Rechteck auf Karopapier ab. Färbe $\frac{7}{8}$ des Rechtecks.

b) Färbe auf drei verschiedene Weisen $\frac{5}{8}$ des Rechtecks.

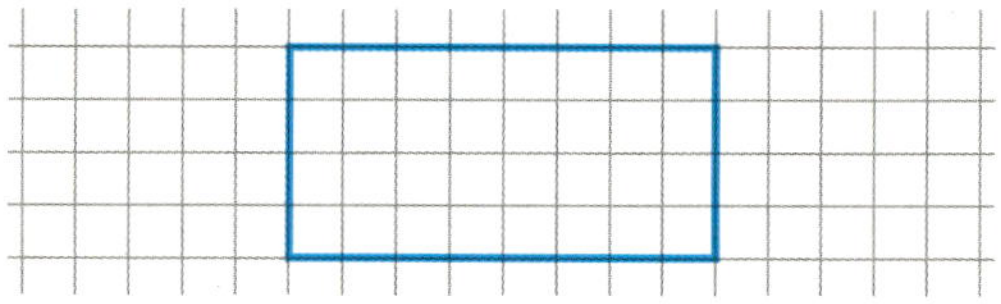

10. Ein Ganzes soll durch eine Strecke dargestellt sein. Zeichne die Strecke ab und färbe rot.

a) $\frac{3}{4}$ **c)** $\frac{2}{3}$ **e)** $\frac{3}{6}$ **g)** $\frac{5}{12}$

b) $\frac{2}{4}$ **d)** $\frac{5}{6}$ **f)** $\frac{4}{6}$ **h)** $\frac{11}{12}$

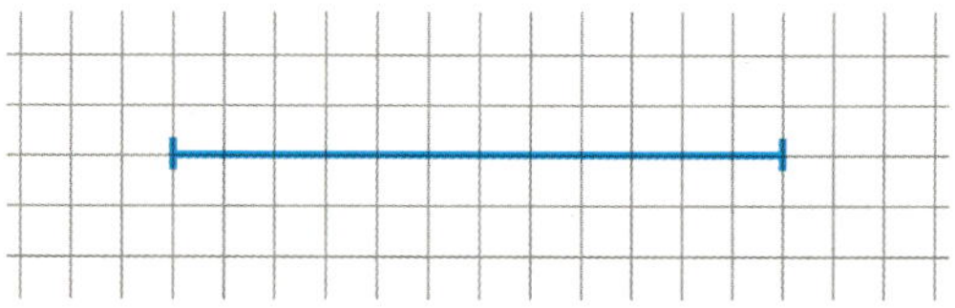

11. Wie viel fehlt an einem Ganzen?

a) $\frac{2}{4}$ **c)** $\frac{3}{6}$ **e)** $\frac{4}{7}$ **g)** $\frac{7}{9}$

b) $\frac{4}{5}$ **d)** $\frac{3}{8}$ **f)** $\frac{2}{7}$ **h)** $\frac{5}{12}$

12. **a)** Welchen Anteil an einer vollen Umdrehung überstreicht der kleine Zeiger in einer Stunde?

b) Welchen Anteil an einer vollen Umdrehung überstreicht der kleine Zeiger in (1) 4 Stunden; (2) 5 Stunden; (3) 11 Stunden?

13. Welcher Anteil des Quaders ist grün gefärbt?

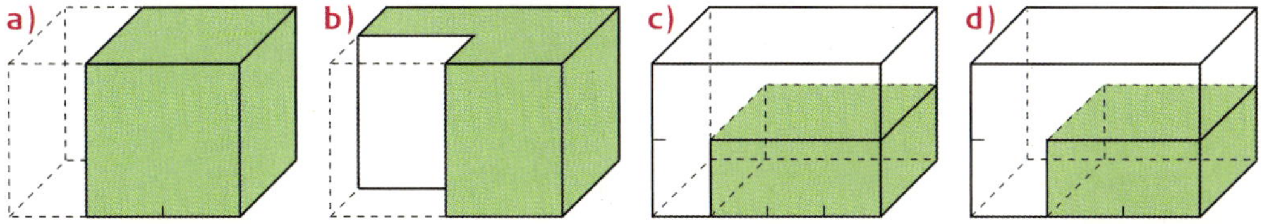

1+1=3

14. Wo stecken Fehler? Erkläre.

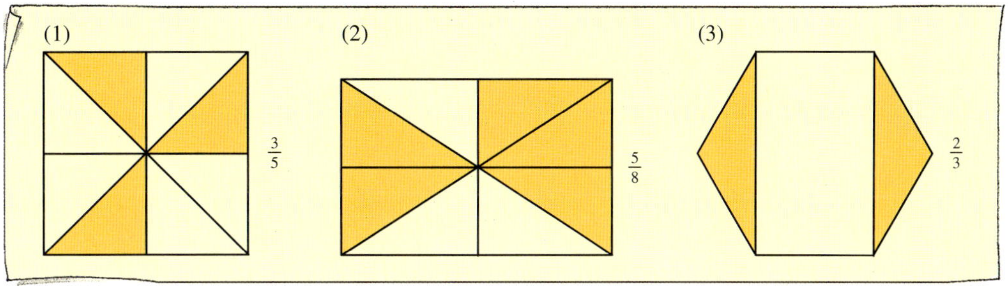

15. Wie viele (1) Viertel, (2) Achtel, (3) Sechzehntel sind ein Halbes?

16. Die Fläche stellt den angegebenen Anteil eines Ganzen dar.
Zeichne ab und ergänze zu einem Ganzen.

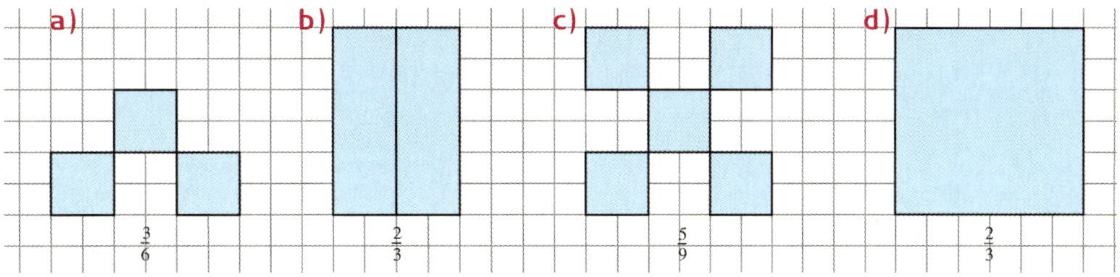

Beliebige Vielfache von Halben, Dritteln, Vierteln, … Gemischte Schreibweise

Einstieg

In der Auslage eines Bäckers siehst du Kiwitorten, Pfirsichtorten und Kirschtorten.
Gib auf verschiedene Weise an, wie viel Kiwitorte, wie viel Pfirsichtorte und wie viel Kirschtorte vorhanden ist.

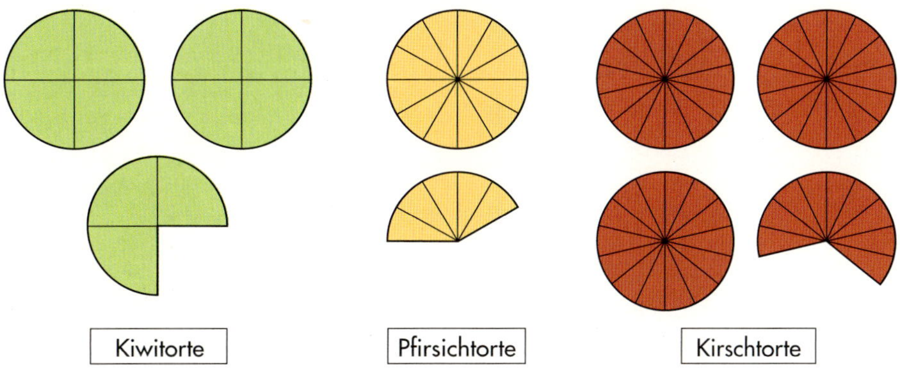

Aufgabe

1. Jan und Anne haben Waffeln gebacken. Jan ist hungrig und isst 3 Waffeln. Anne schafft nur $1\frac{3}{5}$ Waffeln.
Wie viele Fünftel Waffeln hat jeder gegessen?

Lösung

Anne: 1 Ganzes und 3 Fünftel

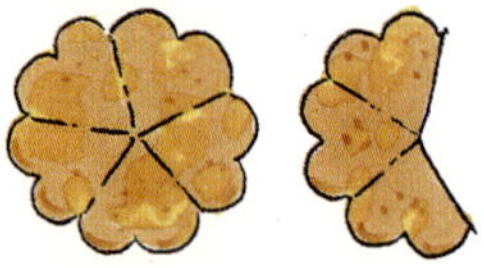

8 Fünftel
$1\frac{3}{5} = \frac{8}{5}$

Jan: 3 Ganze

15 Fünftel
$3 = \frac{15}{5}$

Ergebnis: Anne isst $\frac{8}{5}$ Waffeln, Jan $\frac{15}{5}$.

Information

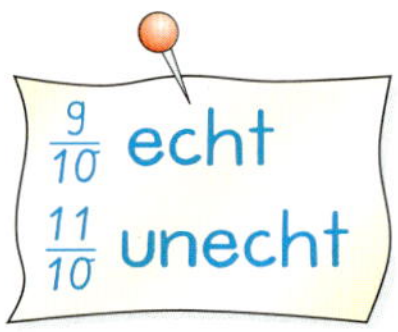

Ist bei einem Bruch der Zähler kleiner als der Nenner, so nennt man ihn einen **echten Bruch.** Mit einem solchen Bruch kann man den Anteil an einem Ganzen angeben.
Beispiele: $\frac{1}{2}$; $\frac{3}{4}$; $\frac{3}{5}$; $\frac{2}{7}$

Bei Brüchen kann der Zähler auch größer als der Nenner oder gleich dem Nenner sein. Solche Brüche heißen **unechte Brüche.**
Beispiele: $\frac{3}{2}$; $\frac{11}{4}$; $\frac{17}{8}$; $\frac{4}{4}$; $\frac{8}{8}$

$\frac{3}{2}$ 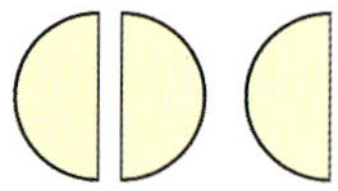

Manche unechten Brüche geben die Anzahl von Ganzen, also natürliche Zahlen an.
Beispiele: $\frac{2}{2} = 1$; $\frac{4}{2} = 2$; $\frac{6}{2} = 3$
$\frac{4}{4} = 1$; $\frac{8}{4} = 2$; $\frac{12}{4} = 3$

$\frac{4}{2} = 2$ 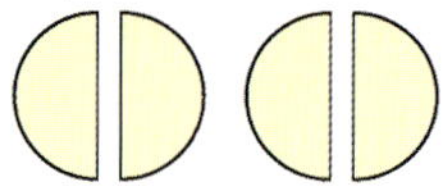

Andere unechte Brüche geben mehr als ein Ganzes oder mehrere Ganze an. Solche Brüche kann man auch in der **gemischten Schreibweise** notieren. Sie ist eine kurze Schreibweise für eine Summe aus einer natürlichen Zahl und einem echten Bruch.
Beispiele: $\frac{3}{2} = \frac{2}{2} + \frac{1}{2} = 1 + \frac{1}{2} = 1\frac{1}{2}$; $\frac{11}{4} = \frac{8}{4} + \frac{3}{4} = 2 + \frac{3}{4} = 2\frac{3}{4}$

Zum Festigen und Weiterarbeiten

2. Welche Brüche sind dargestellt?
Notiere das Ergebnis auch in der gemischten Schreibweise.

(1)
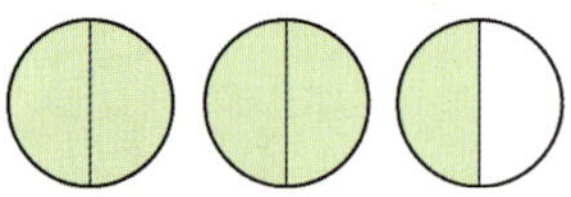

(2)
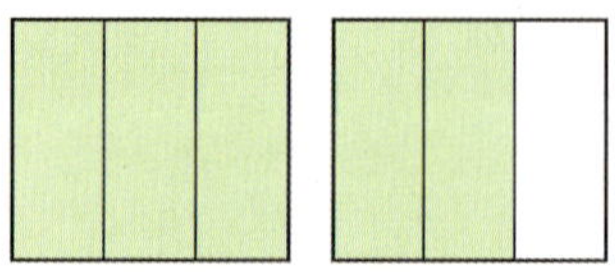

(3)
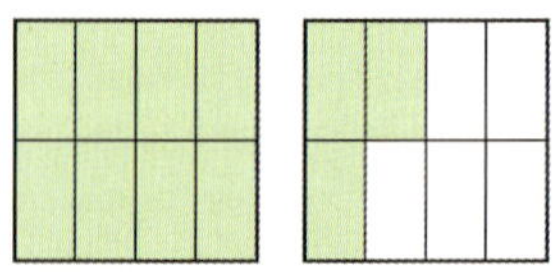

3. Das Ganze ist ein Rechteck.
Stelle folgende Brüche dar. Notiere die Brüche auch als natürliche Zahl oder in der gemischten Schreibweise.

a) $\frac{3}{3}$; $\frac{6}{3}$; $\frac{9}{3}$ **b)** $\frac{4}{3}$; $\frac{5}{3}$; $\frac{8}{3}$ **c)** $\frac{12}{6}$; $\frac{8}{6}$; $\frac{13}{6}$

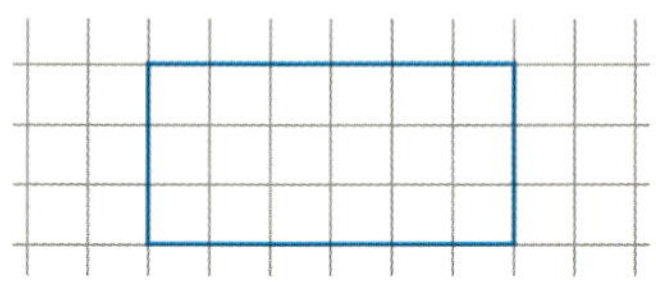
1 Ganzes

4. Schreibe jeweils als Bruch (mit Zähler und Nenner).

a) 4 Drittel; 3 Viertel **b)** 5 Achtel; 8 Fünftel **c)** 10 Drittel; 3 Zehntel

5. a) Legt mit euren aus Tonpapier (siehe Seite 151, Aufgabe 6) hergestellten Bruchteilen:
$\frac{3}{2}$; $\frac{4}{2}$; $\frac{5}{4}$; $\frac{8}{4}$; $\frac{6}{4}$; $\frac{7}{4}$; $\frac{9}{8}$; $\frac{16}{8}$; $\frac{10}{8}$; $\frac{15}{8}$; $\frac{20}{16}$; $\frac{25}{16}$; $\frac{29}{16}$; $\frac{31}{16}$; $\frac{5}{3}$; $\frac{6}{3}$; $\frac{7}{6}$; $\frac{11}{6}$; $\frac{7}{5}$; $\frac{9}{5}$

b) Legt die Brüche aus Teilaufgabe a), indem ihr auch Ganze verwendet.

Übungen

6. Welche Brüche sind dargestellt?
Notiere das Ergebnis auch in der gemischten Schreibweise oder als natürliche Zahl.

a)
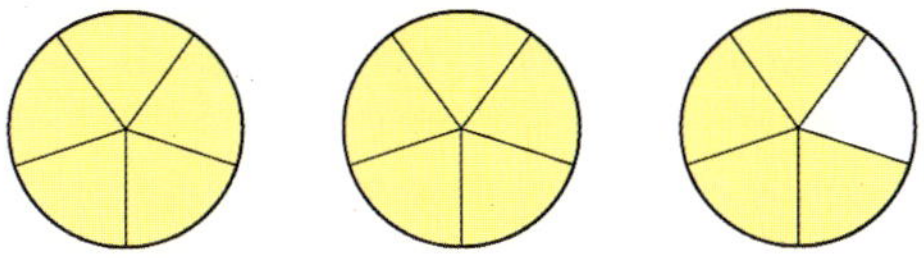

d)
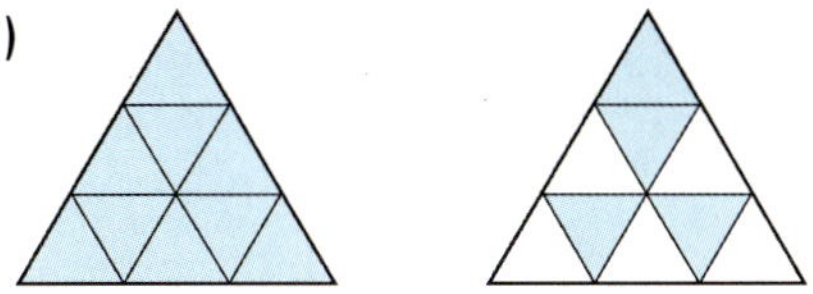

b)
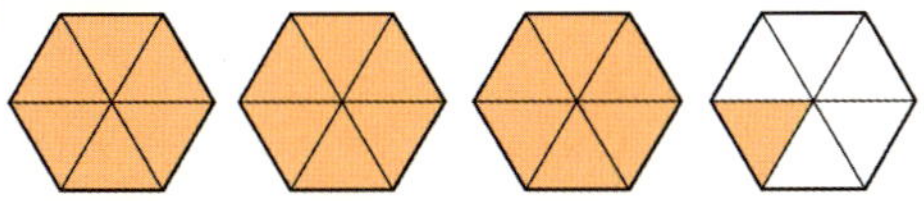

e)
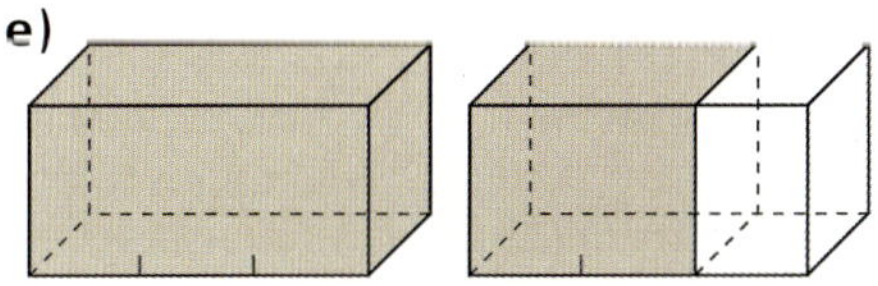

c)

7. Die abgebildete Strecke ist ein Ganzes.
Stelle folgende Brüche dar.

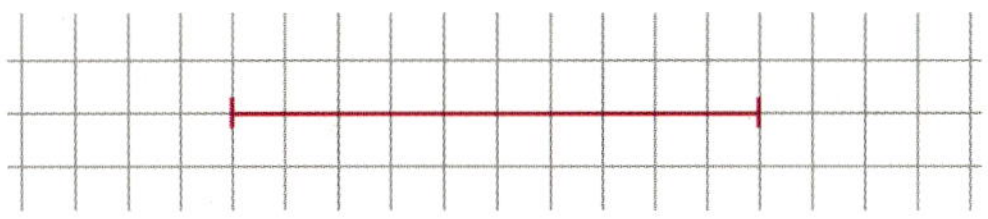

a) $\frac{5}{2}$; $\frac{6}{2}$; $\frac{3}{2}$ **b)** $\frac{7}{5}$; $\frac{13}{5}$; $\frac{10}{5}$ **c)** $\frac{20}{10}$; $\frac{11}{10}$; $\frac{24}{10}$

Notiere die Brüche auch als natürliche Zahl bzw. in der gemischten Schreibweise.

8. a) Wie viele Halbe, Viertel, Achtel sind 2, 3, 5, 7, 9, 10 Ganze?

b) Wie viele Drittel, Sechstel, Zwölftel sind 2, 3, 4, 5, 10 Ganze?

$4 = \frac{8}{2}$

1 = 2 Halbe,
also
4 = 8 Halbe

c) Wie viele Fünftel, Zehntel, Zwanzigstel sind 4, 9, 10, 12, 20 Ganze?

9. Wie viele Ganze sind:

a) $\frac{6}{2}$; $\frac{10}{2}$; $\frac{24}{4}$; $\frac{36}{4}$; $\frac{24}{8}$; $\frac{56}{8}$

b) $\frac{12}{3}$; $\frac{27}{3}$; $\frac{18}{6}$; $\frac{42}{6}$; $\frac{24}{12}$; $\frac{60}{12}$

c) $\frac{20}{5}$; $\frac{45}{5}$; $\frac{30}{10}$; $\frac{80}{10}$; $\frac{40}{20}$; $\frac{100}{100}$

$\frac{8}{4} = 2$

4 Viertel = 1,
also
8 Viertel = 2

d) $\frac{125}{25}$; $\frac{350}{50}$; $\frac{180}{30}$; $\frac{300}{60}$; $\frac{320}{40}$; $\frac{720}{80}$

10. a) Stelle (1) $\frac{3}{2}$, (2) $\frac{7}{4}$, (3) $\frac{14}{8}$ dar. Um wie viel ist der Bruch größer als ein Ganzes?

b) Beantworte jetzt ohne Zeichnung. Um wie viel ist der Bruch größer als ein Ganzes?
(1) $\frac{5}{3}$ (2) $\frac{11}{6}$ (3) $\frac{20}{12}$ (4) $\frac{8}{5}$ (5) $\frac{17}{10}$

11. Wie viel fehlt am nächsten Ganzen?

a) $2\frac{1}{4}$ **b)** $2\frac{3}{8}$ **c)** $3\frac{2}{3}$ **d)** $4\frac{3}{12}$ **e)** $\frac{13}{4}$ **f)** $\frac{26}{8}$ **g)** $\frac{37}{5}$ **h)** $\frac{124}{20}$

BRÜCHE ALS MASSZAHLEN IN GRÖSSENANGABEN

Einstieg

In einem Rezept für eine Suppe steht: Man nehme $\frac{3}{4}$ *l* Brühe, $\frac{1}{8}$ *l* Sahne, ...

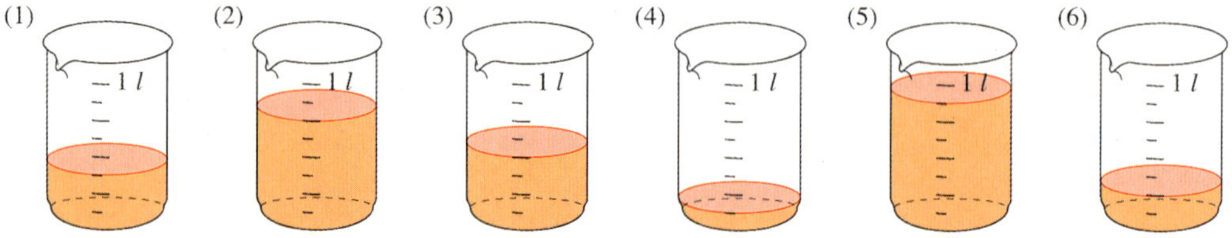

- ➜ Welcher der sechs Messbecher enthält die Brühe, welcher die Sahne? Begründe.
- ➜ Gib den Inhalt der anderen vier Messbecher in *l* an. Wie viel ml sind das jeweils?
- ➜ Wie viel *l* Flüssigkeit fehlt bei den Messbechern jeweils bis zu einem Liter?

Aufgabe

Im Alltag sagt man auch Gewicht statt Masse.

1. Mario kauft auf dem Markt ein. Auf seinem Einkaufszettel sind die Massen in kg angegeben: auf der Waage kann man sie in g ablesen.
Um die Masse auf der Waage zu kontrollieren, rechnet Mario die Masseangaben auf dem Zettel jeweils in g um. Verfahre ebenso.

Lösung

Das Ganze ist hier 1 kg, das sind 1 000 g.

(1)

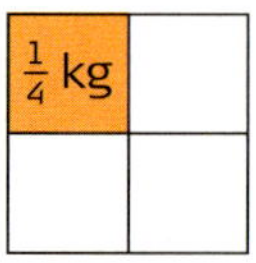

$\frac{1}{4}$ kg ist der 4-te Teil von 1 kg.

1 kg $\xrightarrow{:4}$ $\frac{1}{4}$ kg

also der 4-te Teil von 1 000 g.

1 000 g $\xrightarrow{:4}$ 250 g

$\frac{1}{4}$ kg = 250 g

(2)

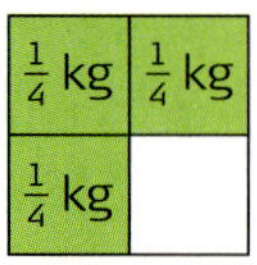

$\frac{3}{4}$ kg ist das 3fache von $\frac{1}{4}$ kg.

1 kg $\xrightarrow{:4}$ $\frac{1}{4}$ kg $\xrightarrow{\cdot 3}$ $\frac{3}{4}$ kg

also das 3fache von 250 g.

1 000 g $\xrightarrow{:4}$ 250 g $\xrightarrow{\cdot 3}$ 750 g

$\frac{3}{4}$ kg = 750 g

(3)

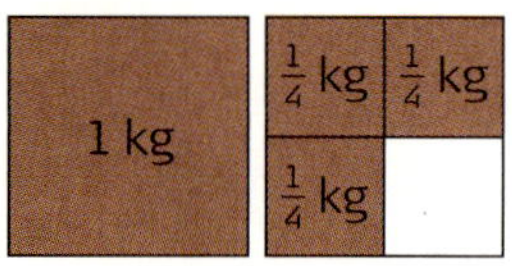

$1\frac{3}{4}$ kg bedeutet ausführlich:

1 kg + $\frac{3}{4}$ kg

Das sind:

1 000 g + 750 g, also 1 750 g.

$1\frac{3}{4}$ kg = 1 750 g

Information

Mit Brüchen als Maßzahlen kann man Größen wie Längen, Volumina, Massen und Zeitdauer angeben.

Beispiele: $\frac{1}{2}$ km, $1\frac{3}{8}$ *l*, $1\frac{1}{4}$ kg, $\frac{3}{4}$ h

$\frac{3}{4}$ **kg**

Maßzahl ↑ (3/4) Einheit ↑ (kg)

Zum Festigen und Weiterarbeiten

2. Wandle die Masseangaben um

1 t = 1 000 kg
1 kg = 1 000 g

a) in g: $\frac{1}{2}$ kg; $\frac{1}{8}$ kg; $\frac{3}{8}$ kg; $\frac{5}{8}$ kg; $\frac{3}{5}$ kg

b) in kg: $\frac{1}{4}$ t; $\frac{6}{8}$ t; $\frac{7}{10}$ t; $\frac{3}{100}$ t; $\frac{11}{1000}$ t

c) in g: $1\frac{1}{2}$ kg; $2\frac{3}{4}$ kg; $3\frac{5}{8}$ kg; $2\frac{3}{8}$ kg

d) in kg: $1\frac{3}{8}$ t; $3\frac{1}{2}$ t; $2\frac{1}{4}$ t; $4\frac{7}{8}$ t; $5\frac{7}{8}$ t

3. Gib als Anteil von 1 kg an:

a) 500 g **b)** 100 g **c)** 1 g **d)** 250 g

1000 g $= 1$ kg
200 g $= \frac{1}{5}$ kg
(: 5 ; : 5)

Übungen

4. Das Ganze kann auch 1 m oder 1 km sein. Erkläre in Worten, wie im Beispiel gerechnet worden ist.
Zeichne und rechne ebenso.

a) $\frac{3}{10}$ m = ☐ cm **d)** $\frac{3}{4}$ km = ☐ m

b) $\frac{2}{4}$ m = ☐ cm **e)** $\frac{7}{10}$ km = ☐ m

c) $\frac{2}{5}$ m = ☐ cm **f)** $\frac{3}{8}$ km = ☐ m

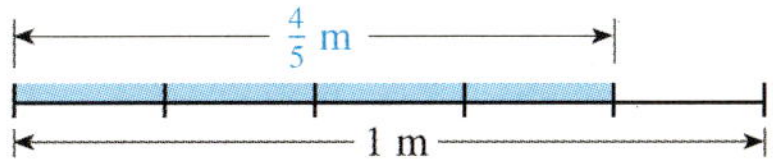

1 m $\xrightarrow{:5}$ $\frac{1}{5}$ m $\xrightarrow{\cdot 4}$ $\frac{4}{5}$ m

100 cm $\xrightarrow{:5}$ 20 cm $\xrightarrow{\cdot 4}$ 80 cm

Also: $\frac{4}{5}$ m = 80 cm

5. Wandle die Längenangaben um

a) in cm: $\frac{1}{2}$ m; $\frac{1}{4}$ m; $\frac{3}{4}$ m; $\frac{6}{10}$ m; $\frac{1}{20}$ m; $\frac{3}{5}$ m

b) in m: $\frac{1}{2}$ km; $\frac{1}{8}$ km; $\frac{4}{8}$ km; $\frac{5}{8}$ km; $\frac{9}{10}$ km

c) in cm: $1\frac{3}{4}$ m; $4\frac{1}{2}$ m; $3\frac{4}{5}$ m; $2\frac{7}{10}$ m

d) in m: $2\frac{1}{4}$ km; $5\frac{3}{4}$ km; $1\frac{4}{10}$ km; $4\frac{2}{5}$ km

6. **a)** Gib die Länge der blauen Strecke mithilfe eines Bruches in m an.

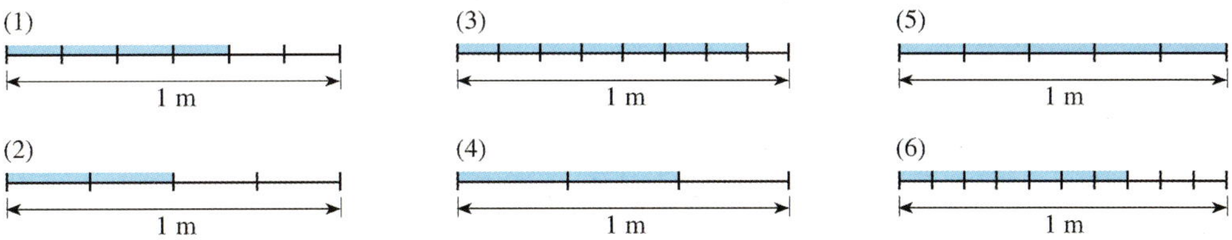

b) Welcher Bruchteil fehlt jeweils an einem vollen Meter?

7. Gib mithilfe eines Bruches als Anteil an

a) von 1 m: 50 cm; 10 cm; 1 cm

b) von 1 km: 100 m; 500 m; 250 m; 1 m

100 cm = 1 m
25 cm = $\frac{1}{4}$ m
(: 4 ; : 4)

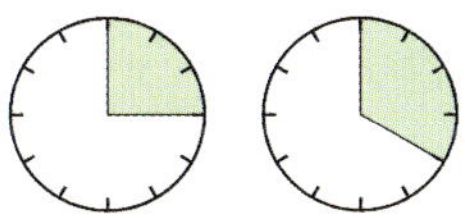

8. **a)** Rechne die Zeitangaben um

(1) in min: $\frac{3}{4}$ h; $\frac{2}{3}$ h; $\frac{1}{2}$ h

(2) in min: $1\frac{2}{3}$ h; $2\frac{5}{6}$ h; $4\frac{7}{12}$ h

(3) in h: $\frac{1}{2}$ Tag; $\frac{3}{4}$ Tag; $\frac{11}{12}$ Tag; $\frac{3}{24}$ Tag

(4) in Monate: $\frac{1}{4}$ Jahr; $\frac{2}{3}$ Jahr; $\frac{3}{4}$ Jahr; $\frac{7}{12}$ Jahr

b) Gib als Anteil von 1 Stunde an: 30 min; 15 min; 45 min; 5 min

hour ⟨engl.⟩ Stunde

9. **a)** Wandle die Volumenangaben um in ml.

1 *l* = 1000 ml

(1) $\frac{1}{2}$ *l*; $\frac{3}{4}$ *l*; $\frac{5}{8}$ *l*; $\frac{2}{10}$ *l*; $\frac{1}{100}$ *l*

(2) $3\frac{1}{4}$ *l*; $2\frac{3}{8}$ *l*; $4\frac{1}{2}$ *l*; $5\frac{9}{10}$ *l*

b) Gib als Anteil von 1 *l* an: 1 ml; 125 ml; 200 ml; 100 ml

1+1=3

10. Kontrolliere die Aufgaben. Begründe.

a) $\frac{1}{5}$ h = 20 min; $\frac{1}{5}$ h = 50 min; $\frac{1}{5}$ h = 12 min; $\frac{1}{5}$ h = 5 min

b) $\frac{1}{2}$ Tag = 5 h; $\frac{1}{2}$ Tag = 6 h; $\frac{1}{2}$ Tag = 10 h; $\frac{1}{2}$ Tag = 12 h

DARSTELLEN VON BRÜCHEN AM ZAHLENSTRAHL

Aufgabe

1. Rechts siehst du einen Zahlenstrahl für natürliche Zahlen. Zeichne den Abschnitt von 0 bis 4 vergrößert; wähle dazu 8 Kästchen für die (Einheits-) Strecke von 0 bis 1.

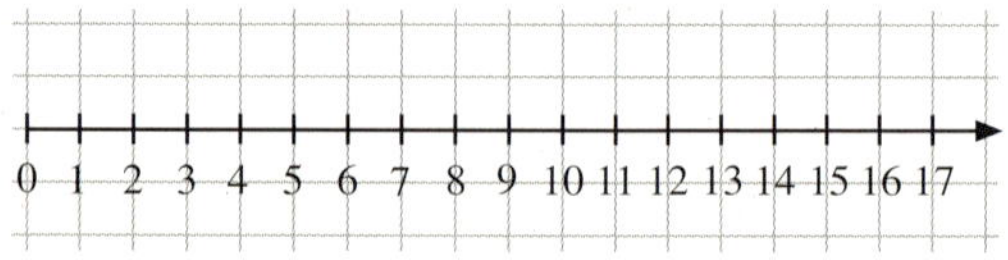

a) Trage vom Anfangspunkt 0 aus ab: $\frac{1}{2}$; $\frac{2}{2}$; $\frac{3}{2}$; $\frac{4}{2}$; $\frac{5}{2}$; $\frac{6}{2}$; $\frac{7}{2}$; $\frac{8}{2}$.

b) Trage entsprechend ab: $\frac{1}{4}$; $\frac{2}{4}$; $\frac{3}{4}$; $\frac{4}{4}$; $\frac{5}{4}$; ... ; $\frac{15}{4}$; $\frac{16}{4}$

Lösung

a) Du musst die (Einheits-)Strecke von 0 bis 1 halbieren und dann 1, 2, 3, 4 bzw. 5 solcher Teilstrecken aneinander setzen und von 0 aus abtragen.

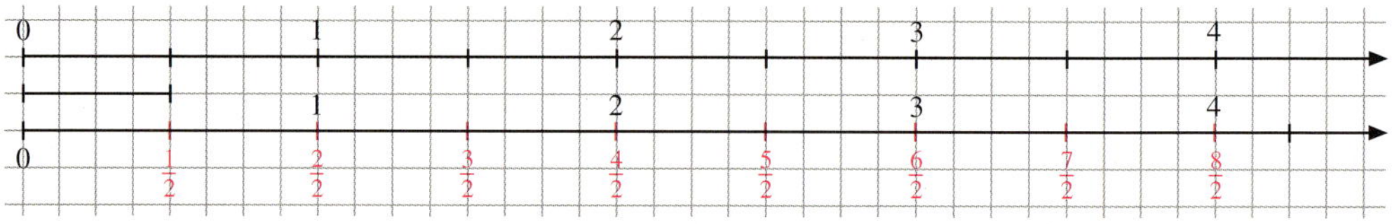

b) Du musst die (Einheits-)Strecke von 0 bis 1 in vier gleich lange Teile zerlegen und dann 1, 2, 3, 4, ..., 15, 16 solche Teilstrecken aneinandersetzen und von 0 aus abtragen.

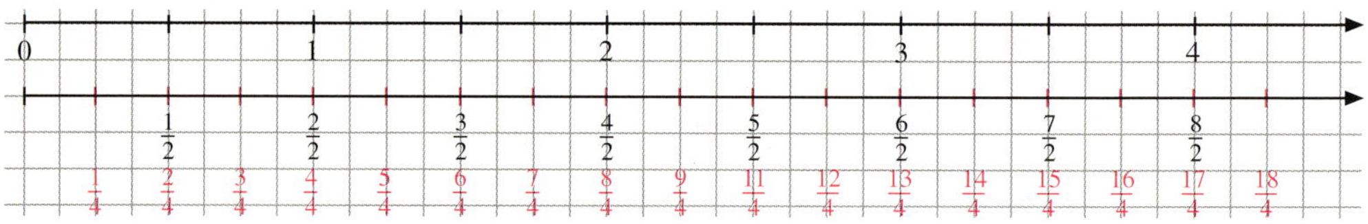

Information

Brüche wie $\frac{1}{4}$, $\frac{1}{2}$, $\frac{3}{4}$, $\frac{5}{4}$ kann man ebenso wie die natürlichen Zahlen 0, 1, 2, 3, 4, 5, ... durch Punkte auf dem Zahlenstrahl darstellen.

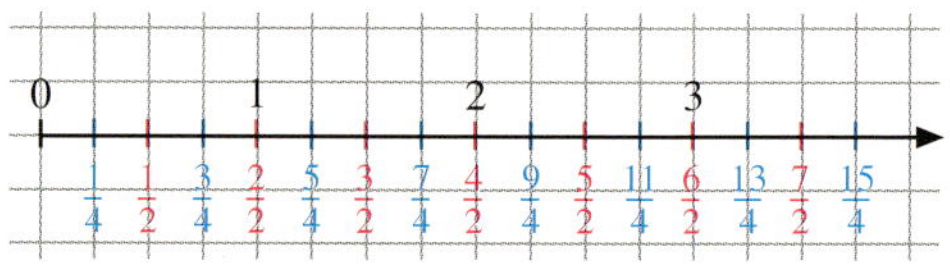

Übungen

2. Zeichne einen Zahlenstrahl; wähle 10 Kästchen für die Strecke von 0 bis 1. Trage die Punkte ein für:

a) $\frac{1}{10}$; $\frac{2}{10}$; $\frac{3}{10}$; $\frac{7}{10}$; $1\frac{5}{10}$; $2\frac{3}{10}$; $\frac{0}{10}$ **b)** $\frac{1}{5}$; $\frac{2}{5}$; $\frac{3}{5}$; $\frac{4}{5}$; $\frac{5}{5}$; $\frac{6}{5}$; $1\frac{4}{5}$; $2\frac{2}{5}$

3. Zeichne einen Zahlenstrahl; wähle für die Strecke von 0 bis 1 die angegebene Länge. Trage die Punkte ein für:

a) $\frac{7}{5}$; $\frac{9}{10}$; $1\frac{7}{10}$; $2\frac{1}{5}$; $2\frac{1}{10}$; $2\frac{2}{5}$ (5 cm) **b)** $\frac{1}{8}$; $\frac{2}{8}$; $\frac{3}{8}$; $\frac{7}{8}$; $\frac{3}{16}$; $\frac{19}{8}$; $2\frac{7}{8}$; $2\frac{11}{16}$; $3\frac{1}{16}$ (8 cm)

4. Gib zu den einzelnen Punkten des Zahlenstrahls den entsprechenden Bruch an.

a)
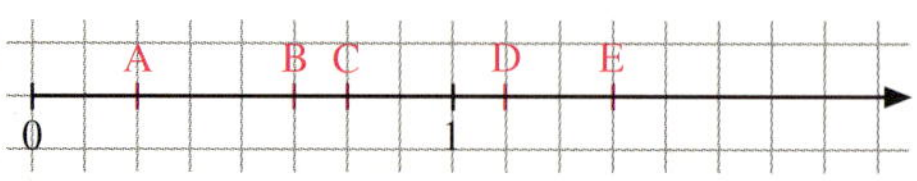

b)

VERGLEICHEN UND ORDNEN GLEICHNAMIGER BRÜCHE

Einstieg

Wovon muss man für Eisschokolade am meisten nehmen, wovon am wenigsten?

Aufgabe

1. Zu Sarahs Geburtstagsfeier gibt es Obsttorten.
Von der Himbeertorte bleiben $\frac{7}{12}$ übrig, von der Ananastorte $\frac{5}{12}$.
Von welcher Torte bleibt weniger übrig?

Lösung

Der gleiche Nenner 12 der beiden Brüche zeigt:
Himbeertorte und Ananastorte sind beide in 12 gleich große Stücke, also in Zwölftel, zerlegt.
Die Zähler zeigen uns:
Von der Himbeertorte $\left(\frac{7}{12}\right)$ sind 7 Teilstücke übrig, von der Ananastorte nur 5 Teilstücke, also weniger.
Wir erkennen: $\frac{5}{12} < \frac{7}{12}$ (5 Zwölftel < 7 Zwölftel)
Ergebnis: Von der Ananastorte bleibt weniger übrig.

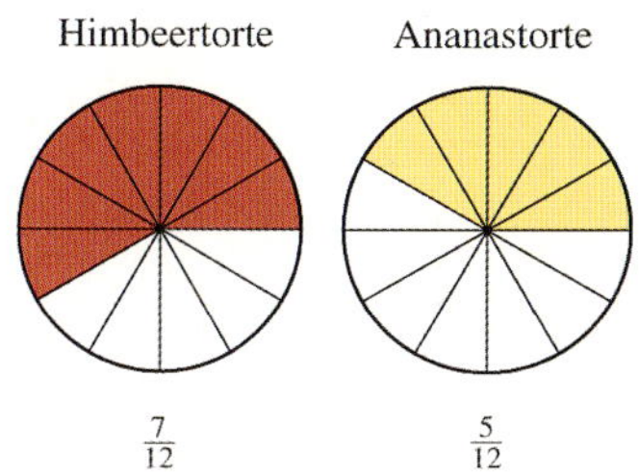

Zum Festigen und Weiterarbeiten

2. Vergleiche; setze das passende Zeichen < oder >.

a) $\frac{3}{4} \square \frac{1}{4}$; $\frac{3}{5} \square \frac{7}{5}$; $\frac{3}{7} \square \frac{5}{7}$; $\frac{14}{3} \square \frac{11}{3}$

b) $3\frac{1}{10} \square 2\frac{7}{10}$; $5\frac{3}{8} \square 5\frac{7}{8}$; $7\frac{5}{6} \square 7\frac{1}{6}$; $3\frac{57}{100} \square 3\frac{49}{100}$

3. Vergleiche; setze das passende Zeichen < oder >.

a) $\frac{3}{4} \square 1$; $\frac{5}{4} \square 1$

b) $3 \square \frac{12}{5}$; $3 \square \frac{17}{5}$

c) $\frac{19}{8} \square 2$; $\frac{21}{8} \square 2$

d) $\frac{51}{10} \square 5$; $5 \square \frac{49}{10}$

$\frac{33}{8} \square 4$
$\frac{33}{8} > 4$
$\frac{33}{8} = 4\frac{1}{8}$

4. Vom gesamten Festland der Erde entfallen $\frac{20}{100}$ auf Afrika, $\frac{28}{100}$ auf Amerika, $\frac{6}{100}$ auf die Antarktis, $\frac{30}{100}$ auf Asien, $\frac{6}{100}$ auf Australien und $\frac{7}{100}$ auf Europa.
Ordne nach der Größe der Anteile.

5. Ordne nach der Größe: $\frac{5}{8}$; $\frac{7}{8}$; $\frac{3}{8}$; $\frac{11}{8}$; $\frac{15}{8}$
Trage dann die Punkte für die Brüche auf dem Zahlenstrahl ein. Was fällt dir auf?

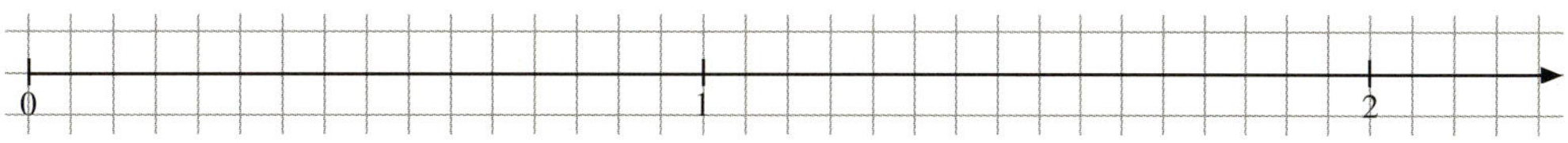

6. Ordne nach der Größe; beginne mit dem kleinsten Bruch.

a) $\frac{5}{4}$; $\frac{13}{4}$; $\frac{3}{4}$; $\frac{9}{4}$

b) $\frac{17}{12}$; $\frac{5}{12}$; $\frac{11}{12}$; $\frac{1}{12}$

c) $4\frac{7}{9}$; $4\frac{8}{9}$; $4\frac{1}{9}$; $4\frac{5}{9}$

7. Ordne nach der Größe; beginne mit dem größten Bruch.

a) $\frac{13}{6}$; $\frac{5}{6}$; $\frac{7}{6}$; $\frac{17}{6}$ **b)** $\frac{2}{5}$; $\frac{7}{5}$; $\frac{1}{5}$; $\frac{13}{5}$ **c)** $4\frac{7}{10}$; $4\frac{9}{10}$; $4\frac{1}{10}$; $4\frac{3}{10}$

Information

Brüche wie $\frac{5}{12}$ und $\frac{7}{12}$ mit gleichem Nenner heißen **gleichnamig**.

Brüche wie $\frac{5}{12}$ und $\frac{2}{3}$ mit verschiedenem Nenner nennt man dagegen **ungleichnamig**.

Gleichnamige Brüche lassen sich leicht vergleichen. Man braucht nur die Zähler zu vergleichen:

$\frac{5}{8} < \frac{7}{8}$, denn $5 < 7$

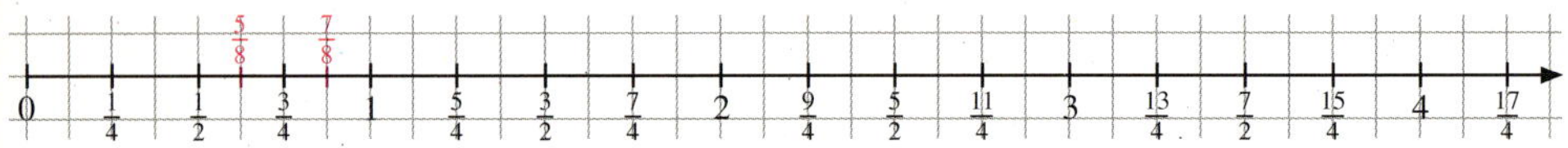

Am Zahlenstrahl liegt der Punkt für $\frac{5}{8}$ *links vom* Punkt für $\frac{7}{8}$.

Übungen

8. **a)** Zeichne eine 6 cm lange Strecke dreimal untereinander.
Färbe dann jeweils rot: (1) $\frac{5}{12}$, (2) $\frac{11}{12}$, (3) $\frac{7}{12}$
Ordne die drei Brüche nach der Größe.

b) Zeichne das nebenstehende Rechteck dreimal ab.
Färbe dann jeweils rot: (1) $\frac{5}{8}$, (2) $\frac{3}{8}$, (3) $\frac{7}{8}$
Ordne die drei gebrochenen Zahlen nach der Größe.

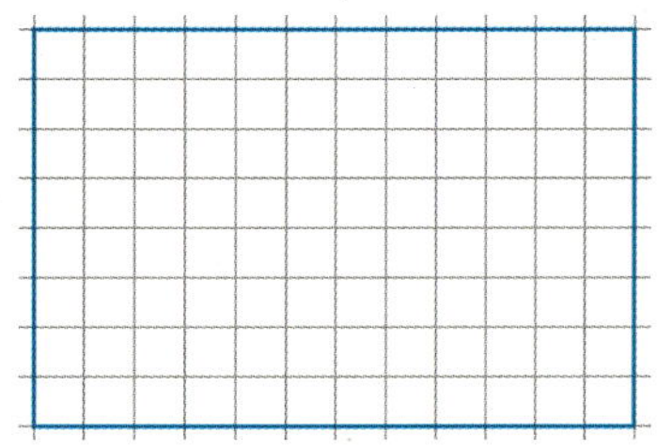

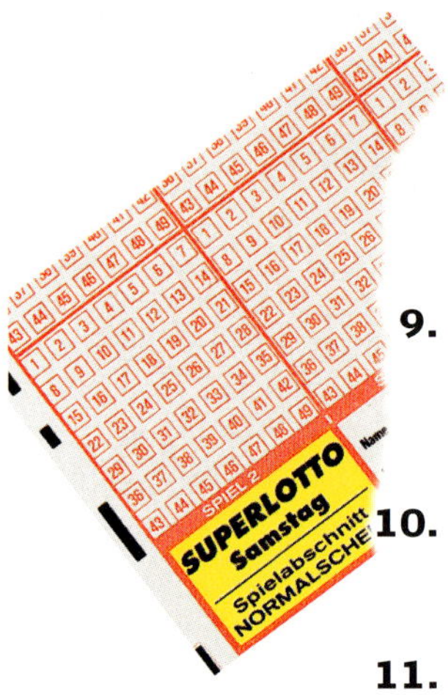

9. Drei Geschwister gewinnen zusammen im Lotto. Tanja erhält $\frac{6}{11}$ des Gewinns, Tim erhält $\frac{2}{11}$, Anne erhält $\frac{3}{11}$.
Wer erhält am meisten, wer am wenigsten? Erkläre.

10. Vergleiche. Setze das passende Zeichen < oder > ein.

a) $\frac{3}{5} \square \frac{2}{5}$; $\frac{3}{7} \square \frac{5}{7}$; $\frac{11}{8} \square \frac{9}{8}$; $\frac{15}{4} \square \frac{17}{4}$ **b)** $\frac{5}{8} \square \frac{7}{8}$; $\frac{3}{8} \square \frac{9}{8}$; $\frac{9}{11} \square \frac{7}{11}$; $\frac{11}{12} \square \frac{5}{12}$

11. Ordne nach der Größe; beginne mit dem kleinsten Bruch.

a) $\frac{12}{5}$; $\frac{17}{5}$; $\frac{3}{5}$; $\frac{6}{5}$ **b)** $\frac{11}{6}$; $\frac{1}{6}$; $\frac{21}{6}$; $\frac{5}{6}$ **c)** $2\frac{9}{10}$; $2\frac{3}{10}$; $2\frac{7}{10}$; $2\frac{1}{10}$ **d)** $1\frac{57}{100}$; $1\frac{12}{100}$; $1\frac{7}{100}$; $1\frac{99}{100}$

12. Ordne nach der Größe; beginne mit dem größten Bruch.

a) $\frac{8}{3}$; $\frac{2}{3}$; $\frac{5}{3}$; $\frac{11}{3}$ **b)** $\frac{4}{7}$; $\frac{24}{7}$; $\frac{14}{7}$; $\frac{5}{7}$ **c)** $1\frac{17}{20}$; $1\frac{3}{10}$; $1\frac{13}{20}$; $1\frac{1}{20}$ **d)** $3\frac{67}{100}$; $3\frac{23}{100}$; $3\frac{89}{100}$; $3\frac{1}{100}$

13. Welche der Brüche $\frac{11}{2}$, $\frac{15}{4}$, $\frac{21}{5}$, $\frac{15}{6}$, $\frac{20}{3}$ sind **a)** größer als 3; **b)** größer als 5?

14. Gib einen kleineren oder einen größeren Bruch an.
Ändere nur den Zähler des Bruches.

$\frac{2}{9} < \frac{4}{9} < \frac{5}{9}$

a) $\frac{7}{20}$ **b)** $\frac{13}{40}$ **c)** $\frac{3}{4}$ **d)** $\frac{17}{8}$

15. Hier werden ungleichnamige Brüche verglichen. Setze das passende Zeichen < oder >.

a) $\frac{2}{3} \square \frac{3}{2}$ **b)** $\frac{4}{5} \square \frac{5}{3}$ **c)** $\frac{7}{5} \square \frac{5}{7}$ **d)** $\frac{3}{4} \square \frac{4}{3}$ **e)** $\frac{10}{7} \square \frac{7}{10}$

ERWEITERN UND KÜRZEN VON BRÜCHEN

Gleichheit von Anteilen – Brüche mit gleichem Wert

Einstieg

Gib mit verschiedenen Brüchen an, welcher Anteil der Tafel Schokolade noch vorhanden ist.

a)

b)

Information

Du kannst z. B. an Torten denken.

Brüche mit gleichem Wert

In den Bildern rechts ist jeweils *derselbe* Anteil der Kreisfläche rot gefärbt.
Dieser Anteil kann jedoch durch verschiedene Brüche angegeben werden:
z. B. $\frac{2}{3}$, $\frac{4}{6}$ und $\frac{8}{12}$

(1)

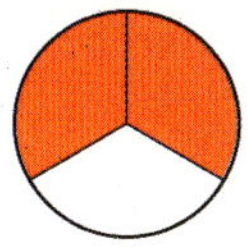

$\frac{2}{3}$

(2)

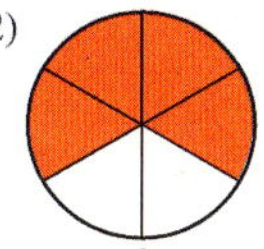

$\frac{4}{6}$

(3)

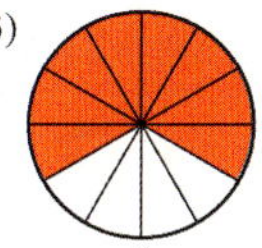

$\frac{8}{12}$

Der Anteil der grün gefärbten Fläche am ganzen Rechteck ist jeweils gleich. Er kann jedoch durch verschiedene Brüche angegeben werden.
Wir sagen: Die verschiedenen Brüche $\frac{2}{3}$; $\frac{4}{6}$; $\frac{8}{12}$ haben *denselben Wert.*
Wir schreiben: $\frac{2}{3} = \frac{4}{6} = \frac{8}{12}$

Zum Festigen und Weiterarbeiten

1. Lege mit deinen Bruchscheiben (Seite 151) die Hälfte eines Kreises. Wie viele Viertel, Fünftel, Sechstel, Achtel, Zehntel, Zwölftel, Sechzehntel passen darauf? Notiere die Ergebnisse mit Brüchen.

2. Welcher Anteil der Fläche ist gefärbt? Gib dazu mehrere Brüche an.

(1)

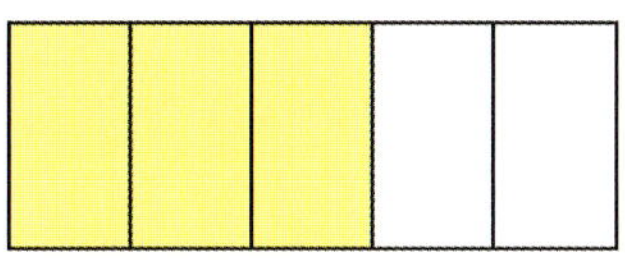

(2)

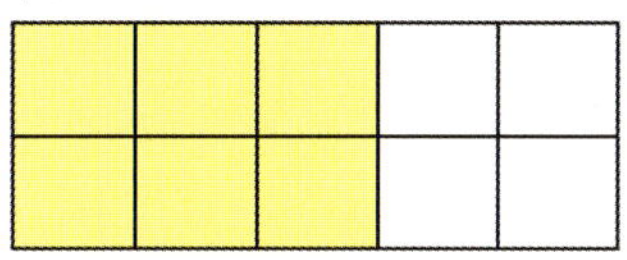

(3)

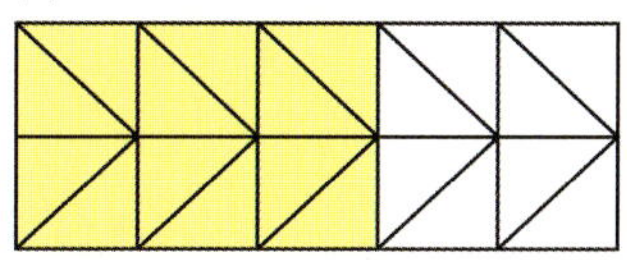

Übungen

3. Welcher Anteil ist in dem Bild (1) rot, (2) gelb gefärbt? Gib mehrere Brüche an.

a)

b)

c)

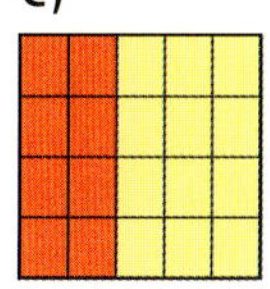

4. a) 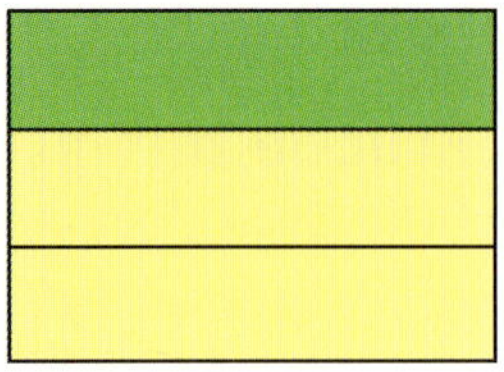 b) 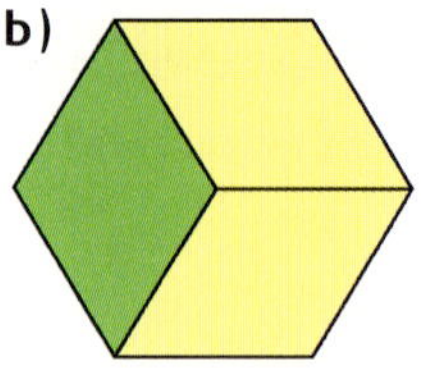 c) 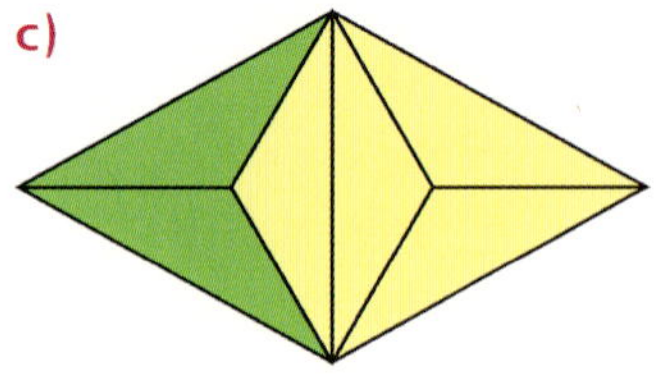

Übertrage ins Heft und unterteile die Gesamtfläche weiter in gleich große Teilflächen. Gib verschiedene Brüche für den Anteil

(1) der grün gefärbten Fläche an; (2) der gelb gefärbten Fläche an.

Erweitern eines Bruches

Einstieg

Ihr habt euch aus Kreisscheiben schon die Bruchteile Halbe, Viertel, Achtel und Sechzehntel hergestellt. Diese Bruchteile benötigen wir nun wieder. Arbeitet zu zweit.

→ Legt die Hälfte einer Kreisscheibe nacheinander mit Vierteln, Achteln und Sechzehnteln aus.
Was stellt ihr fest? Notiert euer Ergebnis.

→ Legt ebenso $\frac{3}{4}$ einer Kreisscheibe mit Achteln und mit Sechzehnteln aus.
Beschreibt euer Ergebnis.

Aufgabe

1. Im Bild rechts ist die Quadratfläche in vier gleich große Teile zerlegt. $\frac{3}{4}$ der Quadratfläche ist grün gefärbt. Verfeinere die Einteilung, indem du die Quadratfläche

(1) in doppelt so viele gleich große Teile,
(2) in dreimal so viele gleich große Teile,
(3) in viermal so viele gleich große Teile zerlegst.

Gib den durch die grüne Fläche bestimmten Anteil jeweils durch einen entsprechenden Bruch an.

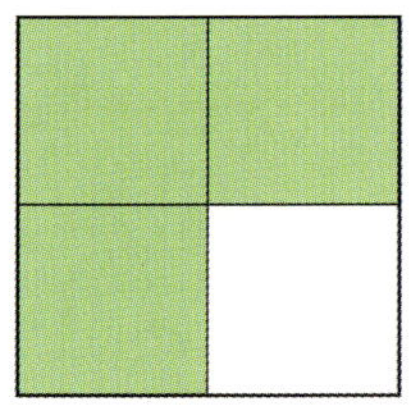

Lösung

(1) 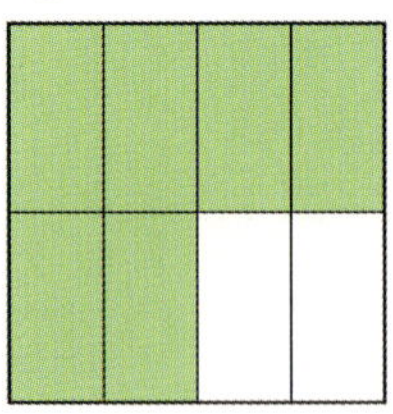

Die Fläche ist statt in 4 Teile in *doppelt* so viele Teile, also in $4 \cdot 2 = 8$ Teile, zerlegt.
Statt 3 Teile sind dann auch *doppelt* so viele, also $3 \cdot 2 = 6$ Teile, grün gefärbt.

$\frac{3}{4} = \frac{3 \cdot 2}{4 \cdot 2} = \frac{6}{8}$

(2) 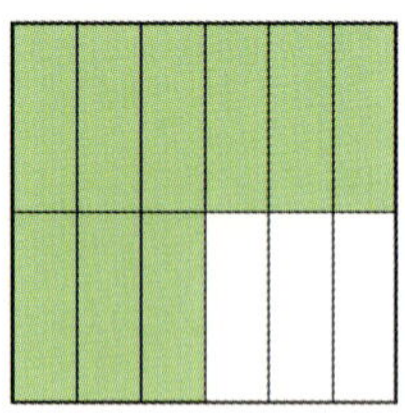

Die Fläche ist statt in 4 Teile in *dreimal* so viele Teile, also in $4 \cdot 3 = 12$ Teile, zerlegt.
Statt 3 Teile sind dann auch *dreimal* so viele, also $3 \cdot 3 = 9$ Teile, grün gefärbt.

$\frac{3}{4} = \frac{3 \cdot 3}{4 \cdot 3} = \frac{9}{12}$

(3) 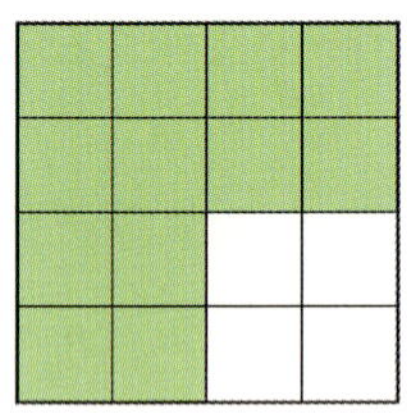

Die Fläche ist statt in 4 Teile in *viermal* so viele Teile, also in $4 \cdot 4 = 16$ Teile zerlegt.
Statt 3 Teile sind dann auch *viermal* so viele, also $3 \cdot 4 = 12$ Teile, grün gefärbt.

$\frac{3}{4} = \frac{3 \cdot 4}{4 \cdot 4} = \frac{12}{16}$

Information

Erweitern eines Bruches

Ein Bruch wird erweitert, indem man zugleich seinen Zähler und seinen Nenner mit derselben natürlichen Zahl (Erweiterungszahl) multipliziert. Der *Wert des Bruches* ändert sich dabei *nicht*.

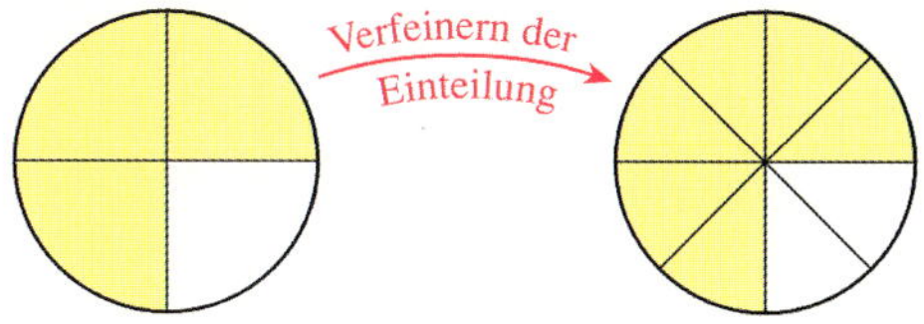

$\frac{3}{4} = \frac{3\cdot 2}{4\cdot 2} = \frac{6}{8}$

Beispiele:

$\frac{3}{4} \overset{2}{=} \frac{3\cdot 2}{4\cdot 2} = \frac{6}{8}$; $\frac{3}{4} \overset{3}{=} \frac{3\cdot 3}{4\cdot 3} = \frac{9}{12}$; $\frac{3}{4} \overset{4}{=} \frac{3\cdot 4}{4\cdot 4} = \frac{12}{16}$ also: $\frac{3}{4} = \frac{6}{8} = \frac{9}{12} = \frac{12}{16} = \ldots$

Zum Festigen und Weiterarbeiten

2. Der Kreis ist in zwei Teile unterteilt. Zu dem gefärbten Teil der Kreisfläche gehört der Bruch $\frac{1}{2}$.
Verfeinere die Einteilung, indem du den Kreis

(1) in doppelt so viele Teile,
(2) in viermal so viele Teile,
(3) in achtmal so viele Teile unterteilst.

Gib jeweils den gefärbten Teil durch einen Bruch an.

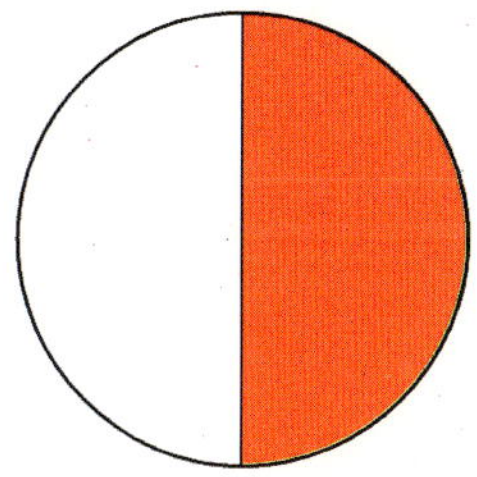

3. Erweitere nacheinander mit den Zahlen 2, 3, 4, 5, 6, 10. **a)** $\frac{2}{3}$; **b)** $\frac{5}{4}$

$\frac{3}{8} \overset{2}{=} \frac{6}{16}$; $\frac{3}{8} \overset{3}{=} \frac{9}{24}$; $\frac{3}{8} \overset{4}{=} \frac{12}{32}$

4. Gib die Erweiterungszahl an. Notiere wie im Beispiel.

a) $\frac{5}{8} = \frac{15}{24}$ **b)** $\frac{3}{2} = \frac{36}{24}$ **c)** $\frac{3}{5} = \frac{12}{20}$ **d)** $\frac{7}{6} = \frac{42}{36}$

$\frac{2}{3} \overset{5}{=} \frac{10}{15}$; $\frac{4}{5} \overset{3}{=} \frac{12}{15}$

Übungen

5. Verfeinere die Einteilung des folgenden Ganzen, indem du jedes Teil nochmals
(1) in 2 Teile, (2) in 3 Teile, (3) in 4 Teile teilst.
Zeichne ins Heft. Gib jeweils einen Bruch für die gefärbte Fläche an.

a) b) c) d) e)

6. Erweitere nacheinander mit den Zahlen 2; 3; 5; 10.

a) $\frac{1}{2}$ **b)** $\frac{3}{2}$ **c)** $\frac{1}{4}$ **d)** $\frac{3}{8}$ **e)** $\frac{4}{5}$ **f)** $\frac{4}{3}$ **g)** $\frac{5}{6}$ **h)** $\frac{7}{10}$

7. a) Erweitere $\frac{1}{2}, \frac{5}{2}, \frac{3}{5}, \frac{2}{5}$ so, dass der Nenner 10 ist.
b) Erweitere $\frac{1}{4}, \frac{3}{4}, \frac{1}{2}, \frac{3}{2}, \frac{7}{10}$ so, dass der Nenner 100 ist.

$\frac{1}{2} = \frac{\blacksquare}{10}$; $\frac{1}{2} = \frac{\blacksquare}{100}$

1+1=3

8. Erweitere; setze für $\square$ die passende Zahl ein. Gib auch die Erweiterungszahl an.

a) $\frac{4}{5} = \frac{\square}{5}$ **c)** $\frac{5}{6} = \frac{20}{\square}$ **e)** $\frac{7}{4} = \frac{21}{\square}$ **g)** $\frac{7}{8} = \frac{\square}{80}$ **i)** $\frac{7}{20} = \frac{\square}{60}$ **k)** $\frac{7}{12} = \frac{21}{\square}$

b) $\frac{2}{5} = \frac{\square}{10}$ **d)** $\frac{3}{4} = \frac{15}{\square}$ **f)** $\frac{2}{3} = \frac{10}{\square}$ **h)** $\frac{3}{8} = \frac{\square}{24}$ **j)** $\frac{8}{25} = \frac{\square}{100}$ **l)** $\frac{8}{15} = \frac{24}{\square}$

1+1=3

9. Kontrolliere Stefans Hausaufgaben. Berichtige gegebenenfalls den zweiten Bruch.

a) $\frac{1}{6} = \frac{5}{30}$ b) $\frac{3}{10} = \frac{30}{100}$ c) $\frac{2}{3} = \frac{15}{24}$ d) $\frac{4}{5} = \frac{32}{40}$ e) $\frac{11}{6} = \frac{33}{24}$ f) $\frac{5}{3} = \frac{60}{36}$

Kürzen eines Bruches

Einstieg

Von der Quadratfläche sind $\frac{8}{16}$ gelb gefärbt.
Vergröbere schrittweise die Einteilung.

→ Mit welchen weiteren Brüchen kann man die gefärbte Fläche beschreiben?

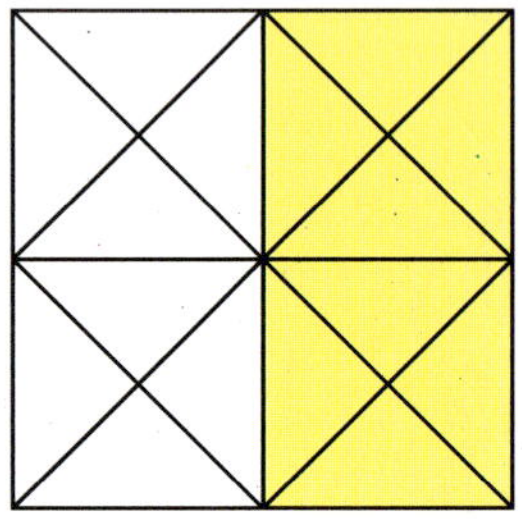

Aufgabe

1. Der Bruch $\frac{12}{30}$, rechts im Bild dargestellt, ist durch Erweitern aus einem Bruch entstanden.
Wie kann der ursprüngliche Bruch heißen?
Erkläre auch anhand der Unterteilung des Rechtecks, wie man das Erweitern rückgängig machen kann.

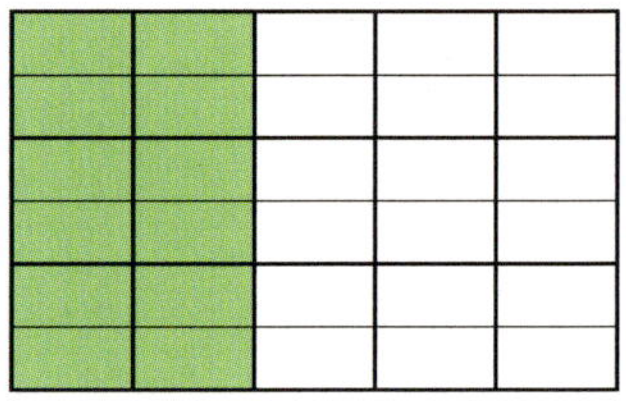

Lösung

Zerlegt man die Fläche statt in 30 in nur halb so viele, also in 15 Teile, so muss man statt 12 Teile auch nur halb so viele, also 6 Teile grün färben.
Zerlegt man die Fläche statt in 30 in nur ein drittel [sechstel] so viele, also in 10 [5] Teile, so muss man statt 12 Teile auch nur ein drittel [sechstel] so viele, also 4 [2] Teile färben.

(1)

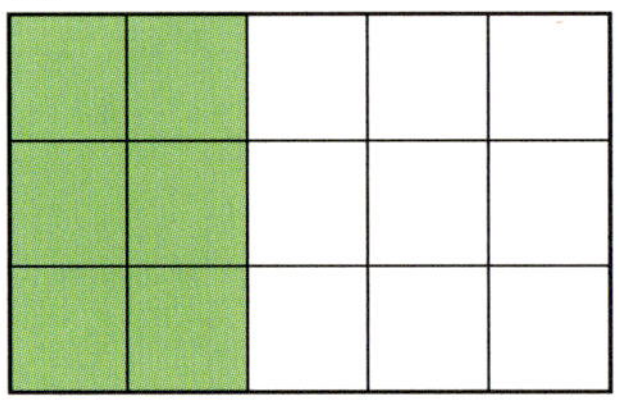

$\frac{12}{30} = \frac{12:2}{30:2} = \frac{6}{15}$

(2)

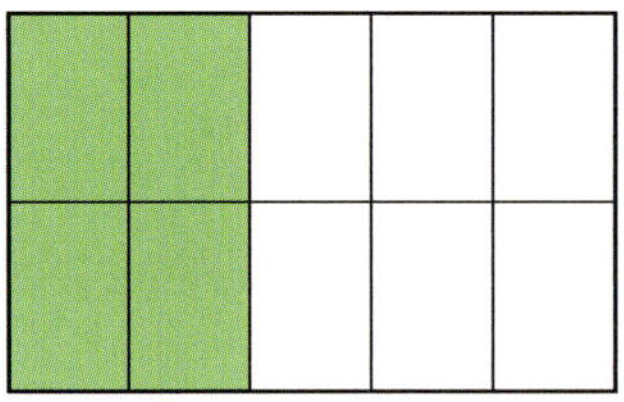

$\frac{12}{30} = \frac{12:3}{30:3} = \frac{4}{10}$

(3)

$\frac{12}{30} = \frac{12:6}{30:6} = \frac{2}{5}$

Information

Kürzen eines Bruches

Ein Bruch wird gekürzt, indem man zugleich seinen Zähler und seinen Nenner durch dieselbe natürliche Zahl (Kürzungszahl) dividiert. Der Wert des Bruches ändert sich dabei *nicht*.

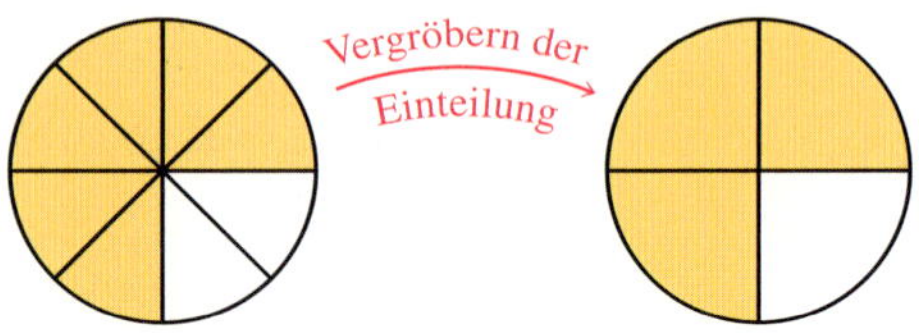

$\frac{6}{8} = \frac{6:2}{8:2} = \frac{3}{4}$

Beispiele:

$\frac{12}{30} = \frac{12:2}{30:2} = \frac{6}{15}$; $\frac{12}{30} = \frac{12:3}{30:3} = \frac{4}{10}$; $\frac{12}{30} = \frac{12:6}{30:6} = \frac{2}{5}$; also: $\frac{12}{30} = \frac{6}{15} = \frac{4}{10} = \frac{2}{5}$

Zum Festigen und Weiterarbeiten

2. Im Bild rechts sind $\frac{8}{12}$ einer Strecke rot gefärbt.
Vergröbere schrittweise die Einteilung.
Gib jeweils den roten Teil durch einen entsprechenden Bruch an.

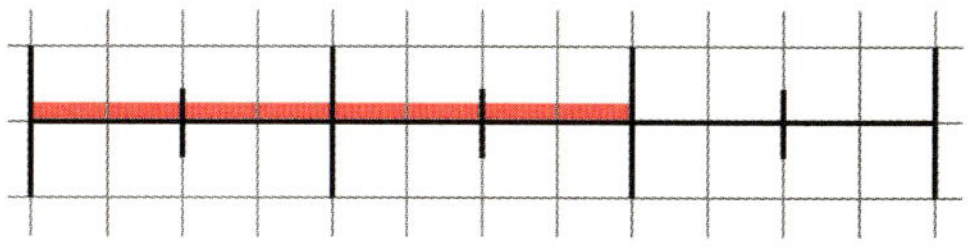

3. Kürze mit 4.

a) $\frac{4}{8}$ **b)** $\frac{8}{12}$ **c)** $\frac{12}{16}$ **d)** $\frac{8}{20}$ **e)** $\frac{4}{24}$ **f)** $\frac{36}{100}$ **g)** $\frac{48}{36}$

4. Es wurde gekürzt. Gib die Kürzungszahl an. Notiere wie im Beispiel.

$\frac{30}{36} \overset{}{\underset{6}{=}} \frac{5}{6}$

a) $\frac{16}{20} = \frac{8}{10}$ **b)** $\frac{45}{50} = \frac{9}{10}$ **c)** $\frac{12}{8} = \frac{3}{2}$ **d)** $\frac{70}{100} = \frac{7}{10}$

5. Kürze schrittweise, soweit wie möglich.

$\frac{60}{100} \underset{10}{=} \frac{6}{10} \underset{2}{=} \frac{3}{5}$

a) $\frac{24}{36}$ **b)** $\frac{16}{48}$ **c)** $\frac{48}{60}$ **d)** $\frac{18}{24}$

6. Julia behauptet: Ich kann einen Bruch immer erweitern, aber nicht immer kürzen.
Was meinst du dazu?
Finde Beispiele und erkläre.

Übungen

7. Kürze die Brüche $\frac{18}{36}$; $\frac{48}{42}$; $\frac{12}{18}$; $\frac{6}{24}$; $\frac{54}{60}$ mit **a)** 2; **b)** 3; **c)** 6.

8. Die Torten sind unterschiedlich aufgeschnitten. Gib mithilfe eines ungekürzten und gekürzten Bruches an, welcher Anteil an einer ganzen Torte noch übrig ist.

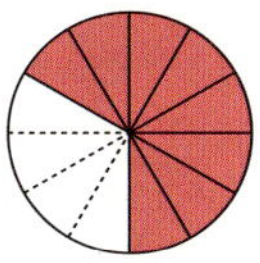
Himbeertorte

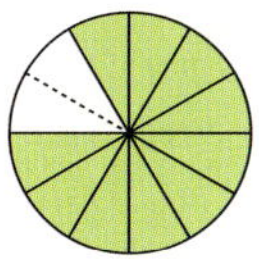
Kiwitorte

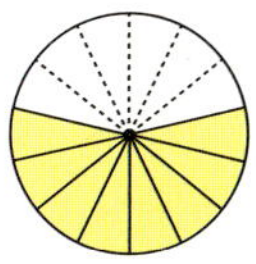
Ananastorte

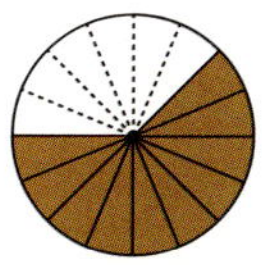
Schokosahnetorte

9. Kürze; setze für $\square$ die passende Zahl ein; gib auch die Kürzungszahl an.

a) $\frac{35}{50} = \frac{\square}{10}$ **b)** $\frac{18}{20} = \frac{9}{\square}$ **c)** $\frac{12}{21} = \frac{9}{\square}$ **d)** $\frac{90}{100} = \frac{9}{\square}$ **e)** $\frac{12}{16} = \frac{\square}{4}$ **f)** $\frac{30}{25} = \frac{6}{\square}$

10. Kontrolliere Lenas Hausaufgaben. Berichtige gegebenenfalls den zweiten Bruch.

a) $\frac{6}{40} = \frac{3}{20}$ b) $\frac{12}{16} = \frac{4}{3}$ c) $\frac{15}{50} = \frac{3}{10}$ d) $\frac{45}{100} = \frac{9}{20}$ e) $\frac{24}{18} = \frac{4}{3}$ f) $\frac{35}{28} = \frac{7}{4}$

11. Kürze soweit wie möglich.

a) $\frac{45}{60}$ **b)** $\frac{48}{40}$ **c)** $\frac{24}{80}$ **d)** $\frac{80}{100}$ **e)** $\frac{36}{48}$ **f)** $\frac{54}{90}$ **g)** $\frac{30}{75}$ **h)** $\frac{48}{36}$ **i)** $\frac{250}{1000}$

12. Bestimme durch Kürzen oder Erweitern die noch fehlende Zahl.

a) $\frac{13}{20} = \frac{\square}{100}$ **c)** $\frac{48}{60} = \frac{\square}{10}$ **e)** $\frac{12}{5} = \frac{\square}{10}$ **g)** $\frac{36}{48} = \frac{\square}{10}$

b) $\frac{7}{25} = \frac{\square}{100}$ **d)** $\frac{27}{300} = \frac{\square}{100}$ **f)** $\frac{52}{250} = \frac{\square}{1000}$ **h)** $\frac{36}{125} = \frac{\square}{1000}$

13. Vergleiche; setze das passende Zeichen < bzw. >.

a) $\frac{1}{2} \square \frac{6}{10}$ **b)** $\frac{3}{2} \square \frac{5}{4}$ **c)** $\frac{2}{3} \square \frac{5}{9}$ **d)** $\frac{1}{3} \square \frac{1}{6}$ **e)** $1\frac{1}{4} \square 1\frac{5}{8}$ **f)** $2\frac{3}{5} \square 2\frac{7}{10}$ **g)** $3\frac{7}{10} \square 3\frac{7}{100}$

BRUCHTEILE VON BELIEBIGEN GRÖSSEN

Bestimmen eines Teils von einer Größe

Einstieg

Bei einem Schulfest veranstalteten zwei 5. Klassen je eine Tombola.
Die Klasse 5 a nahm 216 € ein. $\frac{2}{3}$ dieser Einnahmen werden an ein Kinderdorf überwiesen.
Die Klasse 5 b nahm 240 € ein; davon überwies sie $\frac{3}{5}$ an ein Kinderdorf.

Aufgabe

1. Familie Meyer (3 Personen) und Familie Stein (4 Personen) spielen gemeinsam Lotto. Sie haben vereinbart, einen Gewinn auf alle 7 Familienmitglieder gleichmäßig zu verteilen.
Am letzten Spieltag haben sie gemeinsam 21 000 € gewonnen.

a) Welchen Anteil am Gewinn erhält jede Familie?

b) Wie viel Euro erhält jede Familie?

Lösung

a) Das Ganze ist der Gewinn, also 21 000 €. Er muss in 7 gleich große Teile zerlegt werden.
Jeder Teil ist $\frac{1}{7}$ des Gewinns.
3 dieser Teile erhält Familie Meyer, das sind $\frac{3}{7}$ des Gewinns.
4 dieser Teile erhält Familie Stein, das sind $\frac{4}{7}$ des Gewinns.

b) $\frac{3}{7}$ von 21 000 € erhält Familie Meyer:

$$21\,000\,€ \xrightarrow{\text{davon } \frac{3}{7}} 9\,000\,€$$

$$21\,000\,€ \xrightarrow{:7} 3\,000\,€ \xrightarrow{\cdot 3} 9\,000\,€$$

$\frac{3}{7}$ von 21 000 € = (21 000 € : 7) · 3
= 9 000 €

Ergebnis: Familie Meyer erhält 9 000 €.

$\frac{4}{7}$ von 21 000 € erhält Familie Stein:

$$21\,000\,€ \xrightarrow{\text{davon } \frac{4}{7}} 12\,000\,€$$

$$21\,000\,€ \xrightarrow{:7} 3\,000\,€ \xrightarrow{\cdot 4} 12\,000\,€$$

$\frac{4}{7}$ von 21 000 € = (21 000 € : 7) · 4
= 12 000 €

Ergebnis: Familie Stein erhält 12 000 €.

Information

Brüche dienen auch zur Angabe von *Rechenanweisungen*.

Die Rechenanweisung **davon $\frac{3}{4}$** bedeutet:
Dividiere eine Größe **durch 4, multipliziere** dann das Ergebnis **mit 3** (bzw. zerlege in 4 gleich große Teile, nimm dann 3 davon).

Man erhält einen **Teil der Größe.**
Der *Nenner* des Bruches gibt die Anweisung zum Dividieren, der Zähler zum Multiplizieren an.

60 m —davon $\frac{3}{4}$→ 45 m
60 m —: 4→ 15 m —· 3→ 45 m

statt 60 m, davon $\frac{3}{4}$ sagt man auch $\frac{3}{4}$ von 60 m

Das Ganze beträgt 60 m
$\frac{1}{4}$ des Ganzen beträgt 60 m : 4 = 15 m
$\frac{3}{4}$ des Ganzen beträgt 15 m · 3 = 45 m

$\frac{3}{4}$ von 60 m = 45 m

Zum Festigen und Weiterarbeiten

2. Eine geplante ICE-Strecke ist 90 km lang. Im ersten Bauabschnitt sollen $\frac{2}{9}$, im zweiten Bauabschnitt $\frac{4}{9}$ und im letzten Bauabschnitt $\frac{3}{9}$ der Bahnstrecke fertig gestellt werden.
Wie lang sind die einzelnen Bauabschnitte?
Fertige auch eine geeignete Skizze an.

3. Übertrage ins Heft. Fülle die Lücken in den Pfeilbildern aus.

45 mm —davon $\frac{3}{5}$→ □; 45 mm —: 5→ □ —· 3→ □
63 km —davon $\frac{4}{7}$→ □; 63 km —: 7→ □ —□→ □
24 min —davon $\frac{3}{8}$→ □; 24 min —□→ □ —□→ □
40 kg —davon $\frac{4}{5}$→ □; 40 kg —□→ □ —□→ □

4. Bestimme: **a)** $\frac{5}{6}$ von 24 kg; **b)** $\frac{2}{9}$ von 45°; **c)** $\frac{5}{12}$ von 60 min; **d)** $\frac{2}{3}$ von 60 min.
Du kannst auch zuerst ein Pfeilbild wie in Aufgabe 3 zeichnen.

5. Erkläre die Rechnung im Beispiel rechts.
Fülle dann die Lücke aus.

1 kg —: 4→ $\frac{1}{4}$ kg —· 3→ $\frac{3}{4}$ kg
davon $\frac{3}{4}$ kg

a) 1 *l* —davon □→ $\frac{5}{8}$ *l* **b)** 1 m —davon $\frac{2}{5}$→ □ m **c)** 1 h —davon □→ $\frac{2}{3}$ h **d)** 1 t —davon $\frac{3}{4}$→ □ t

Übungen

6. **a)** 35 m —davon $\frac{3}{5}$→ □; 35 m —: 5→ □ —· 3→ □
b) 21 *l* —davon $\frac{5}{7}$→ □; 21 *l* —□→ □ —□→ □
c) 400 € —davon □→ □; 400 € —: 100→ □ —· 4→ □
d) 280 kg —davon □→ □; 280 kg —: 14→ □ —· 11→ □

7. **a)** $\frac{3}{4}$ von 24 m; $\frac{3}{5}$ von 80 km
b) $\frac{8}{11}$ von 55 kg; $\frac{2}{3}$ von 42 g
c) $\frac{4}{6}$ von 15 *l*; $\frac{4}{10}$ von 5 h
d) $\frac{2}{5}$ von 45 cm; $\frac{2}{4}$ von 6 m

1+1=3

8. Kontrolliere die Hausaufgaben. Welcher Fehler wurde gemacht?

a) $\frac{7}{10}$ von 30 dm sind 21 dm b) $\frac{3}{4}$ von 9 € sind 12 € c) $\frac{5}{6}$ von 30 l sind 25 l

9. **a)** $\frac{2}{5}$ von 1 kg; $\frac{7}{10}$ von 1 kg **b)** $\frac{8}{25}$ von 1 km; $\frac{5}{8}$ von 1 km **c)** $\frac{4}{15}$ von 1 h; $\frac{3}{4}$ von 1 h **d)** $\frac{4}{5}$ von 1 *l*; $\frac{3}{10}$ von 1 *l* **e)** $\frac{2}{3}$ von 1 Jahr; $1\frac{5}{12}$ von 1 Jahr

10. Berechne: **a)** $\frac{2}{3}$ von 72 Nüssen; **b)** $\frac{4}{5}$ von 350 Briefmarken **c)** $\frac{3}{4}$ von 144 Schülern.

11. Maria hat zum Geburtstag 30 € bekommen. Davon spart sie $\frac{4}{5}$ für die Anschaffung eines modischen Rucksacks. Wie viel Euro sind das?

12. Maria wünscht sich einen DVD-Player. Sie hat mit ihren Eltern eine Abmachung: Wenn sie $\frac{3}{5}$ des Betrages selbst anspart, geben ihre Eltern den Rest dazu. Wie viel Euro muss sie sparen? Wie viel Euro geben ihr die Eltern dann dazu?

13. Ein Eisenträger wiegt 256 kg. $\frac{3}{4}$ des Trägers wurde abgeschnitten. Wie viel kg wiegt der Rest?

14. Eine Schule hat 420 Schüler. $\frac{4}{7}$ der Schülerschaft sind Jungen.

15. Zeichne einen Kreis mit dem Radius r = 5 cm. Färbe
a) $\frac{3}{5}$, **b)** $\frac{5}{6}$, **c)** $\frac{7}{10}$, **d)** $\frac{5}{12}$, des Kreises.
Überlege zunächst, welcher Zentriwinkel dem gefärbten Anteil entspricht.

Bestimmen des Anteils

Einstieg

Lukas unternimmt mit zwei Freunden in den Ferien eine Wanderung. Die gesamte Wanderstrecke ist 12 km lang. Nach $1\frac{3}{4}$ Stunden sieht Lukas einen Wegweiser und ruft: „Ich glaube, den größten Anteil an der gesamten Strecke haben wir geschafft."

Aufgabe

1. Sarah bekommt monatlich 15 € Taschengeld. Davon spart sie 4 €. Welchen Anteil des Taschengeldes spart sie?

Lösung

Denke dir 15 € in 15 Euromünzen. Jeder Euro ist $\frac{1}{15}$ des Taschengeldes, 4 € sind dann viermal so viel, also $\frac{4}{15}$ des Taschengeldes.

$15\,€ \xrightarrow{\text{davon } \frac{4}{15}} 4\,€$; $15\,€ \xrightarrow{:15} 1\,€ \xrightarrow{\cdot 4} 4\,€$

Ergebnis: Sarah spart wöchentlich $\frac{4}{15}$ ihres Taschengeldes.

Zum Festigen und Weiterarbeiten

2. Gib die Rechenanweisung an.

a)

b)
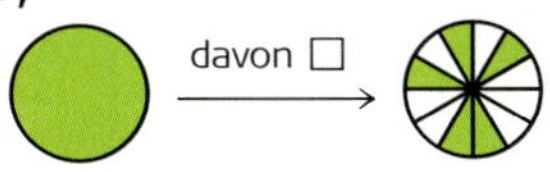

c)

3. Übertrage ins Heft und fülle die Lücken aus.

a) 8 g —davon □→ 5 g; 8 g —□→ 1 g —□→ 5 g
b) 20 h —davon □→ 7 h; 20 h —□→ 1 h —□→ 7 h
c) 18 m —davon □→ 12 m; 18 m —□→ 6 m —□→ 12 m
d) 12 *l* —davon □→ 9 *l*; 12 *l* —□→ 3 *l* —□→ 9 *l*

4. Gib die Rechenanweisung an; schreibe wie rechts.

a) 14 *l* —davon □→ 7 *l*
b) 75 € —davon □→ 25 €
c) 60 min —davon □→ 40 min
d) 20 m —davon □→ 11 m

> 7 € —davon $\frac{2}{7}$→ 2 €
> $\frac{2}{7}$ von 7 € sind 2 €

5. *Sprechweisen im Alltag*
8 von 24 Schülern einer Klasse sind in einem Sportverein.
Gib diesen Anteil der Schüler als Bruch an.

6. Welcher Anteil ist das?

a) 3 € von 4 €
b) 3 g von 12 g
c) 24 m von 80 m
d) 7 *l* von 15 *l*
e) 7 Monate von 12 Monaten
f) 18 Schüler von 25 Schülern

Übungen

7. Gib die Rechenanweisung an. Vergleiche die Rechenwege.

(1) 40 cm —davon □→ 24 cm; 40 cm —□→ 1 cm —□→ 24 cm
(2) 40 cm —davon □→ 24 cm; 40 cm —□→ 4 cm —□→ 24 cm
(3) 40 cm —davon □→ 24 cm; 40 cm —□→ 8 cm —□→ 24 cm

8. Welcher Anteil ist das?

a) 7 € von 15 €
b) 14 km von 21 km
c) 27 kg von 54 kg
d) 4 m von 12 m
e) 8 t von 20 t
f) 45 s von 60 s
g) 3 kg von 8 kg
h) 48 *l* von 54 *l*

9. Bei einer Klassensprecherwahl wurden insgesamt 24 Stimmen abgegeben. Welcher Anteil der abgegebenen Stimmen entfiel auf Dennis, welcher auf Sarah, welcher auf Anne und welcher auf Markus?

10. In einer Klasse sind 26 Schüler. Davon kommen 13 zu Fuß in die Schule, 5 mit dem Fahrrad und 8 mit dem Bus.
Welcher Anteil der Klasse kommt

a) zu Fuß; **b)** mit dem Fahrrad; **c)** mit dem Bus?

Vermischte Übungen

1. Eine geplante Umgehungsstraße ist 12 km lang. $\frac{5}{6}$ der Straße sind schon fertig gestellt. Wie viel km sind das?

2. Luca ist mit 24 Stimmen zur Klassensprecherin gewählt worden. Es wurden insgesamt 30 Stimmen abgegeben.
Welchen Anteil der Stimmen erhielt Luca?

3. Beim Mahlen von Weizen entsteht Mehl; es macht $\frac{2}{3}$ der Gesamtmasse aus.
Wie viel kg Mehl erhält man aus

a) 174 kg Weizen?

b) 345 kg Weizen?

c) 471 kg Weizen?

4. Hamed will sich ein Fahrrad zu 350 € kaufen. Er hat schon 280 € gespart.
Welchen Anteil des Preises muss er noch sparen?

5. Von 36 Schülerinnen und Schülern sind $\frac{5}{12}$ Mädchen, $\frac{2}{9}$ Auswärtige und $\frac{7}{18}$ älter als 11 Jahre.

a) Wie viele Mädchen sind in der Klasse?

b) Wie viele Schüler(innen) der Klasse kommen von auswärts?

c) Wie viele Schüler(innen) sind höchstens 11 Jahre alt?

d) Wie viele Jungen sind in der Klasse?
Gib auch den Anteil der Jungen an und stelle ihn in einem geeigneten Rechteck dar.

6. Marias Vater bekommt monatlich 1 500 € ausgezahlt. Er gibt $\frac{3}{10}$ seines Einkommens für Miete und Heizung aus; $\frac{2}{50}$ braucht er für Kleidung und $\frac{4}{30}$ für sein Auto.
Stelle selbst geeignete Aufgaben und löse sie.

7. Zwei Kollegen spielen gemeinsam Lotto. Herr May setzt 2 € ein, Herr Lab 3 €.

a) Welchen Anteil des Einsatzes hat Herr May gezahlt, welchen Herr Lab?

b) Ein Gewinn von 175 € soll entsprechend dem Einsatz verteilt werden. Wie viel € bekommt Herr May, wie viel Herr Lab?

8. Frau Hartmann und Frau Kruse bestellen gemeinsam 10 500 *l* Heizöl. $\frac{2}{3}$ davon werden in Hartmanns Öltank gepumpt, den Rest erhalten Kruses.

a) Wie viel *l* Öl bekommt jede Familie?

b) Der Rechnungsbetrag lautet 3 675 €. Wie viel Euro muss jede Familie zahlen?

9. In einer Klasse sind 14 Mädchen und 11 Jungen. Welcher Anteil der Klasse sind Mädchen?

ADDIEREN UND SUBTRAHIEREN VON BRÜCHEN

Addieren und Subtrahieren von gleichnamigen Brüchen

Einstieg

Die beiden Messbecher sind mit Saft gefüllt.

→ Wie viel Saft enthält das linke Gefäß mehr als das rechte?

→ Der Saft aus beiden Gefäßen wird zusammengegossen.
Wie viel Liter ergibt das?

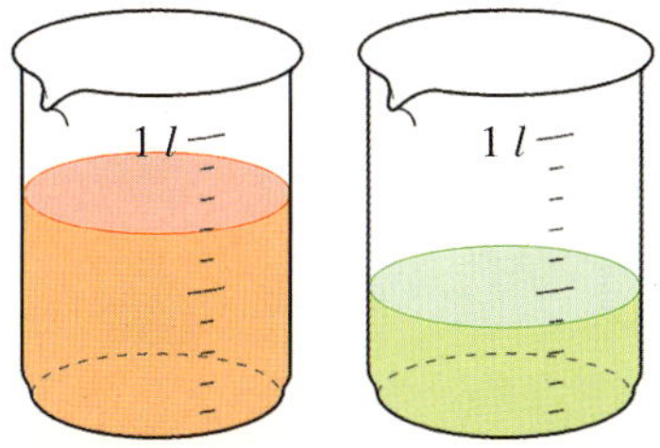

Aufgabe

1. a) Auf dem Schulfest gibt es einen Pizza-Stand. Hier kann man verschiedene Sorten Pizza aussuchen; die Pizzas sind in Sechstel aufgeschnitten. Philipp kauft $\frac{2}{6}$ Pizza mit Salami und $\frac{3}{6}$ Pizza mit Spinat.
Wie viel Pizza nimmt sich Philipp insgesamt?

b) An einem anderen Stand gibt es Torten.
Auf einem Teller befinden sich noch $\frac{3}{4}$ einer ganzen Schokoladentorte. Julia kauft ein weiteres Viertel der ganzen Torte.
Wie viel der ursprünglich ganzen Torte ist jetzt noch übrig?

Lösung

a)

Addiere:
2 Sechstel + 3 Sechstel = 5 Sechstel
$\frac{2}{6} + \frac{3}{6} = \frac{5}{6}$

Ergebnis: Philipp nimmt sich $\frac{5}{6}$ einer ganzen Pizza.

b)

Subtrahiere:
3 Viertel − 1 Viertel = 2 Viertel
$\frac{3}{4} - \frac{1}{4} = \frac{2}{4}$

Ergebnis: Es bleiben $\frac{2}{4}$ einer ganzen Schokoladentorte übrig.

Zum Festigen und Weiterarbeiten

2. Benutze deine Bruchteile einer Kreisscheibe (Seite 155).

a) $\frac{4}{8} + \frac{1}{8}$ **c)** $\frac{7}{8} - \frac{2}{8}$ **e)** $\frac{6}{10} + \frac{9}{10}$

b) $\frac{2}{8} + \frac{6}{8}$ **d)** $\frac{3}{6} + \frac{5}{6}$ **f)** $\frac{5}{12} + \frac{7}{12}$

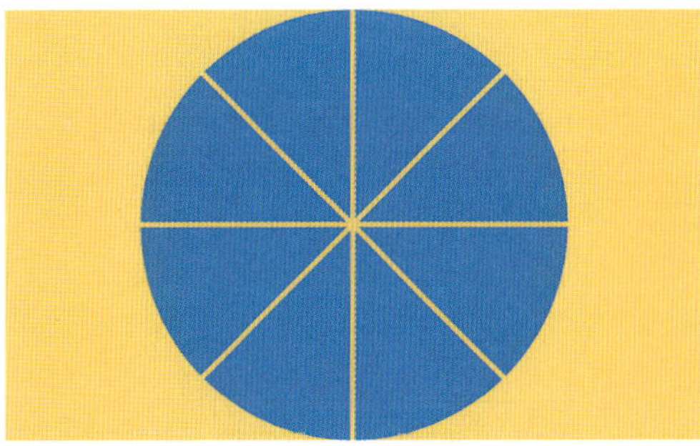

3. Im Bild sind zwei Brüche durch verschiedene Farben dargestellt. Die Brüche sollen addiert werden. Notiere die Additionsaufgabe und auch das Ergebnis.

a) 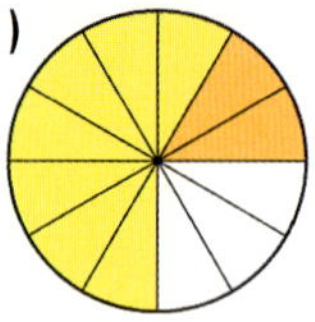 **b)** 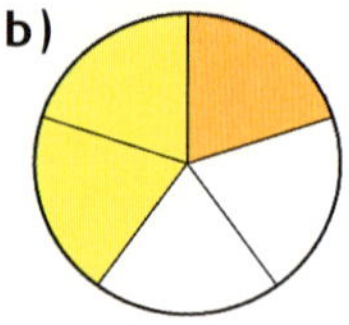 **c)** 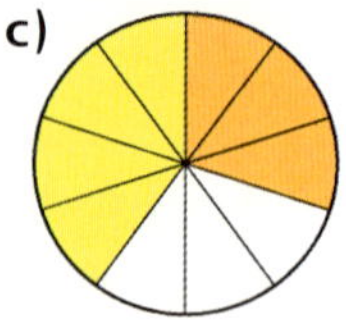 **d)** 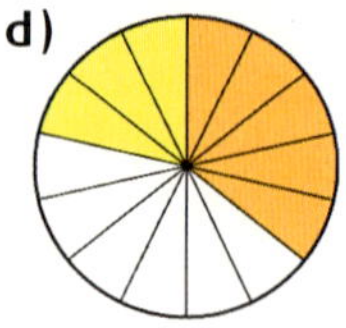

4. Berechne; kürze dann das Ergebnis, falls möglich.

a) $\frac{3}{5}+\frac{1}{5}$; $\frac{7}{8}+\frac{3}{8}$; $\frac{5}{6}+\frac{2}{6}$

b) $\frac{3}{4}-\frac{2}{4}$; $\frac{7}{10}-\frac{4}{10}$; $\frac{4}{5}-\frac{3}{5}$

c) $\frac{5}{12}+\frac{3}{12}$; $\frac{7}{10}+\frac{8}{10}$; $\frac{11}{100}+\frac{27}{100}$

d) $\frac{11}{16}-\frac{5}{16}$; $\frac{24}{25}-\frac{3}{25}$; $\frac{53}{100}-\frac{21}{100}$

$$\frac{11}{15}+\frac{7}{15}=\frac{18}{15}=\frac{6}{5}=1\frac{1}{5}$$

Information

Additions- und Subtraktionsregel bei gleichnamigen Brüchen

Addiere die Zähler.
Behalte den gleichen Nenner bei.

$\frac{5}{8}+\frac{2}{8}=\frac{5+2}{8}=\frac{7}{8}$

Subtrahiere die Zähler.
Behalte den gleichen Nenner bei.

$\frac{5}{8}-\frac{2}{8}=\frac{5-2}{8}=\frac{3}{8}$

Übungen

5. Forme in Brüche um und berechne.

a) 3 Sechstel + 2 Sechstel **b)** 1 Siebtel + 5 Siebtel **c)** 40 Hundertstel − 10 Hundertstel

6. Die farbigen Teilflächen stellen Brüche dar. Welche Additionsaufgabe gehört zu dem Bild? Notiere Aufgabe und Ergebnis.

a) 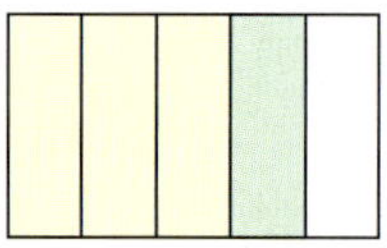 **b)** 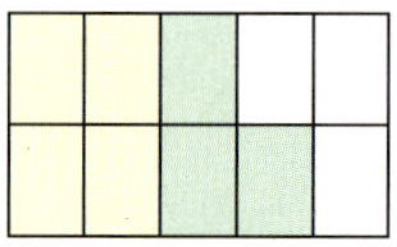 **c)** 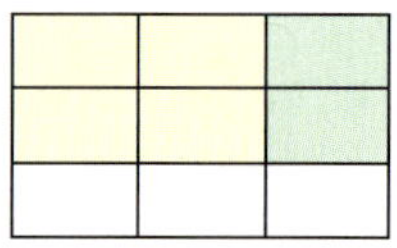 **d)** 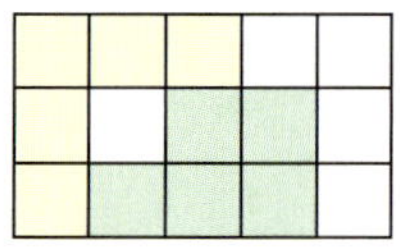

7. Berechne die Summe im Kopf. Notiere das Ergebnis.

a) $\frac{3}{8}+\frac{2}{8}$ **b)** $\frac{1}{9}+\frac{7}{9}$ **c)** $\frac{4}{10}+\frac{5}{10}$ **d)** $\frac{11}{20}+\frac{6}{20}$ **e)** $\frac{8}{25}+\frac{13}{25}$ **f)** $\frac{30}{100}+\frac{7}{100}$

8. Berechne die Differenz im Kopf. Notiere das Ergebnis.

a) $\frac{5}{7}-\frac{2}{7}$ **b)** $\frac{3}{6}-\frac{2}{6}$ **c)** $\frac{11}{12}-\frac{6}{12}$ **d)** $\frac{8}{15}-\frac{7}{15}$ **e)** $\frac{19}{40}-\frac{12}{40}$ **f)** $\frac{17}{30}-\frac{17}{30}$

9. Addiere.

a) $\frac{3}{4}+\frac{2}{4}$; $\frac{4}{8}+\frac{5}{8}$

b) $\frac{7}{10}+\frac{6}{10}$; $\frac{5}{6}+\frac{5}{6}$

c) $\frac{5}{24}+\frac{15}{24}$; $\frac{18}{25}+\frac{12}{25}$

d) $\frac{33}{50}+\frac{19}{50}$; $\frac{81}{100}+\frac{77}{100}$

e) $\frac{81}{1000}+\frac{44}{1000}$; $\frac{375}{1000}+\frac{125}{1000}$

10. Berechne (1) die Summe, (2) die Differenz der folgenden Brüche:

a) $\frac{11}{12}$; $\frac{5}{12}$ **b)** $\frac{13}{15}$; $\frac{3}{15}$ **c)** $\frac{17}{20}$; $\frac{3}{20}$ **d)** $\frac{35}{60}$; $\frac{7}{60}$

11. Berechne; kürze dann, falls möglich.

a) $\frac{7}{12}+\frac{3}{12}$; $\frac{27}{50}+\frac{33}{50}$

b) $\frac{19}{24}-\frac{11}{24}$; $\frac{57}{60}-\frac{37}{60}$

c) $\frac{13}{40}+\frac{7}{40}$; $\frac{17}{16}-\frac{9}{16}$

d) $\frac{11}{12}+\frac{5}{12}+\frac{2}{12}$; $\frac{23}{25}+\frac{18}{25}+\frac{24}{25}$

e) $\frac{7}{12}+\frac{11}{12}-\frac{5}{12}$; $\frac{47}{50}-\frac{13}{50}-\frac{9}{50}$

12. Auf dem Schulfest sind am Kuchenstand der Klasse 5a einige Stücke vom Blechkuchen übrig geblieben.
Stelle selbst Aufgaben und löse sie.

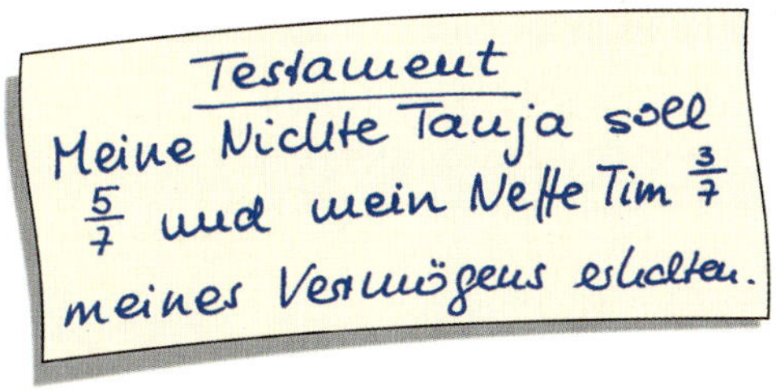

13. Tanja und Tim erben das Vermögen ihres Onkels. Was meinst du zu dem Testament?

Addieren und Subtrahieren in gemischter Schreibweise

Aufgabe

1. Berechne die Summe.

a) $1\frac{3}{5} + 2\frac{1}{5}$ **b)** $1\frac{7}{8} + \frac{5}{8}$

Lösung

a)

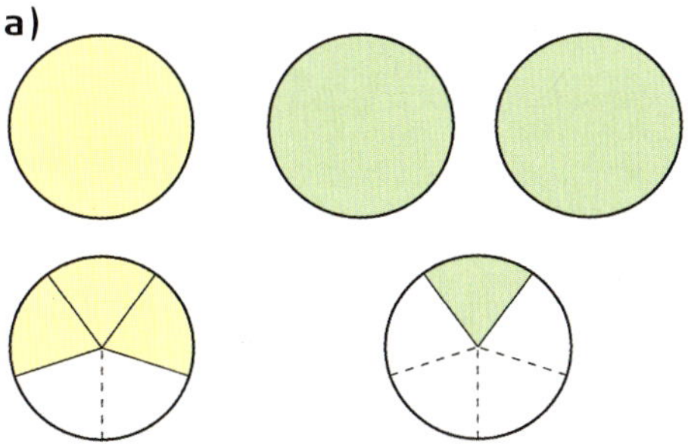

$1\frac{3}{5} + 2\frac{1}{5} = 3\frac{4}{5}$

b)

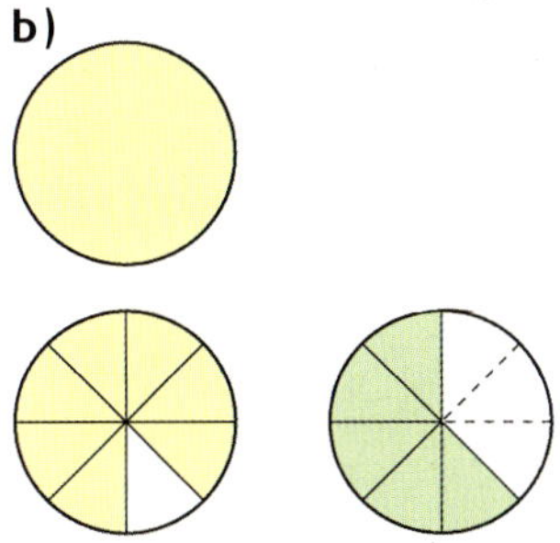

$1\frac{7}{8} + \frac{5}{8} = 1\frac{12}{8}$
$= 2\frac{4}{8} = 2\frac{1}{2}$

Aufgabe

2. Berechne die Differenz.

a) $3\frac{4}{5} - 1\frac{3}{5}$ **b)** $2\frac{1}{4} - \frac{3}{4}$

Lösung

a) Im Bild sind $3\frac{4}{5}$ Kreisscheiben, davon werden $1\frac{3}{5}$ weggezogen.

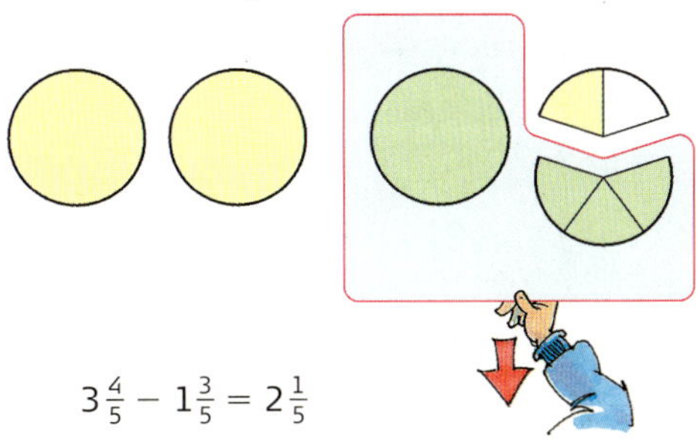

$3\frac{4}{5} - 1\frac{3}{5} = 2\frac{1}{5}$

b) Im Bild sind $2\frac{1}{4}$ Kreisscheiben, davon werden $\frac{3}{4}$ weggezogen.

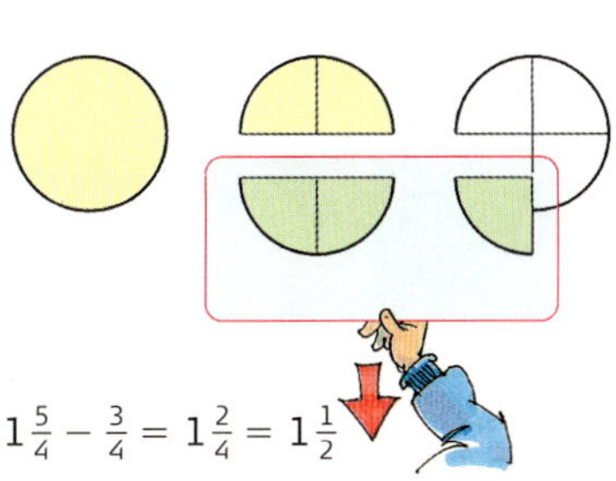

$2\frac{1}{4} - \frac{3}{4} = 1\frac{5}{4} - \frac{3}{4} = 1\frac{2}{4} = 1\frac{1}{2}$

Zum Festigen und Weiterarbeiten

3. Addiere.

a) $1\frac{3}{7} + \frac{2}{7}$ **b)** $1\frac{4}{9} + \frac{5}{9}$ **c)** $5\frac{3}{4} + 2$ **d)** $2\frac{4}{5} + \frac{3}{5}$ **e)** $2\frac{7}{10} + 1\frac{2}{10}$ **f)** $\frac{11}{12} + 6\frac{7}{12}$

4. Subtrahiere.

a) $5\frac{7}{10} - \frac{3}{10}$ **b)** $3\frac{9}{10} - 1\frac{7}{10}$ **c)** $8\frac{3}{4} - 6$ **d)** $9 - \frac{2}{5}$ **e)** $3\frac{1}{6} - \frac{5}{6}$ **f)** $8 - 2\frac{1}{4}$

Übungen

5. a) Im Bild sind zwei Brüche durch verschiedene Farben dargestellt. Die Brüche sollen addiert werden. Notiere die Additionsaufgabe und auch das Ergebnis.
Du kannst das Bild mit Kreisscheiben nachlegen.

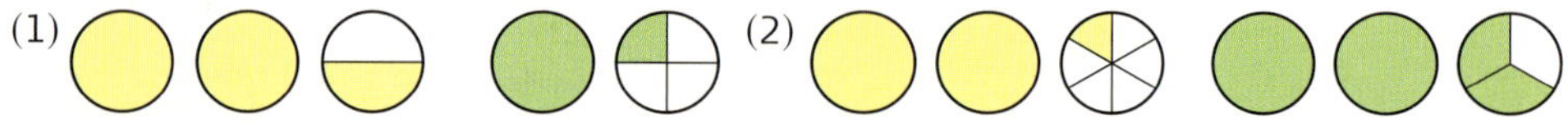

b) Im Bild wird eine Subtraktionsaufgabe dargestellt. Überlege, welcher Bruch von welchem anderen subtrahiert werden soll. Notiere die Subtraktionsaufgabe und auch das Ergebnis.

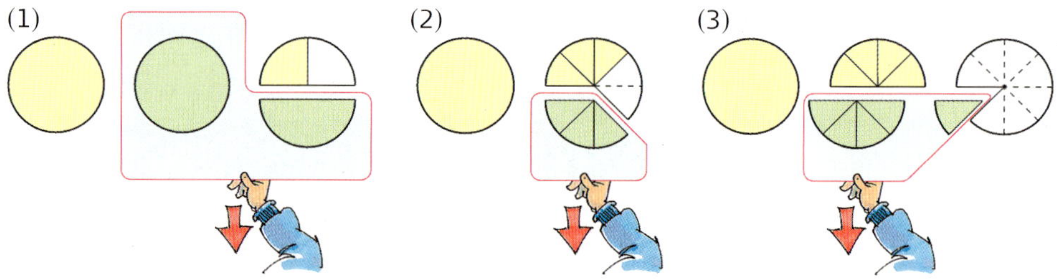

6. Addiere.

a) $4\frac{1}{6} + \frac{2}{6}$; $5\frac{4}{15} + \frac{8}{15}$ **b)** $1\frac{4}{9} + \frac{3}{9}$; $2\frac{1}{4} + \frac{2}{4}$ **c)** $\frac{3}{7} + 1\frac{2}{7}$; $\frac{6}{10} + 4\frac{1}{10}$ **d)** $7\frac{2}{5} + 3\frac{1}{5}$; $8\frac{3}{7} + 1\frac{2}{7}$ **e)** $\frac{2}{9} + 5\frac{4}{9}$; $\frac{1}{8} + 1\frac{1}{8}$ **f)** $8\frac{2}{5} + 4$; $7\frac{3}{11} + 2$

7. Subtrahiere.

a) $2\frac{5}{8} - \frac{3}{8}$; $7\frac{9}{10} - \frac{3}{10}$ **b)** $4\frac{5}{9} - 1\frac{2}{9}$; $6\frac{9}{10} - 4\frac{7}{10}$ **c)** $4\frac{2}{5} - \frac{3}{5}$; $7\frac{3}{8} - \frac{7}{8}$ **d)** $4\frac{5}{12} - 2\frac{7}{12}$; $9\frac{7}{20} - 4\frac{11}{20}$ **e)** $8 - \frac{5}{6}$; $9 - 3\frac{4}{5}$

8. a)

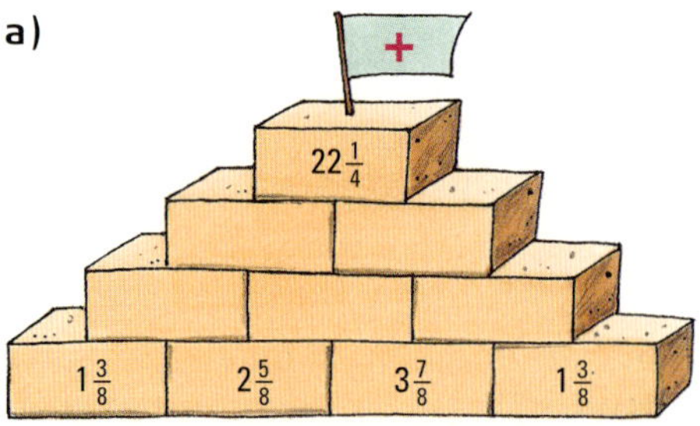

b)

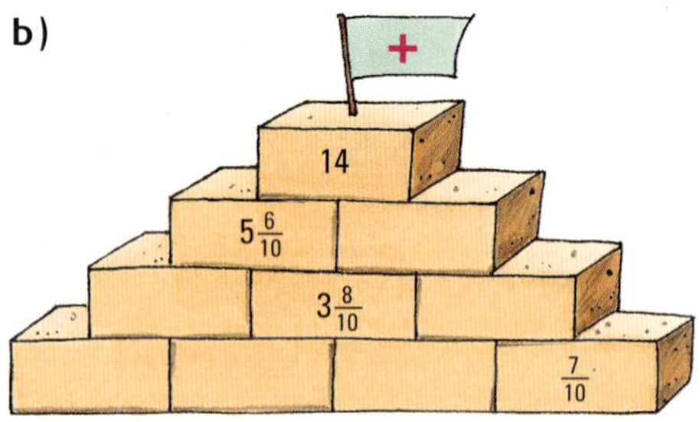

9.

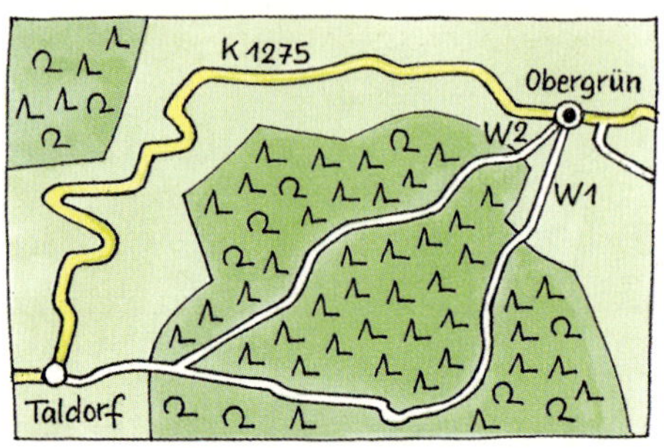

Die Kreisstraße K 1275 von Taldorf nach Obergrün ist $6\frac{1}{2}$ km lang. Durch den Wald gibt es zwei abkürzende Fahrstrecken W_1 und W_2.
Bei W_1 spart man $1\frac{1}{4}$ km, bei W_2 $1\frac{3}{4}$ km.
Stelle selbst geeignete Aufgaben und löse sie.

DEZIMALBRÜCHE – ERWEITERUNG DER STELLENTAFEL

Dezimale Schreibweise für Zehntel, Hundertstel, Tausendstel

Einstieg

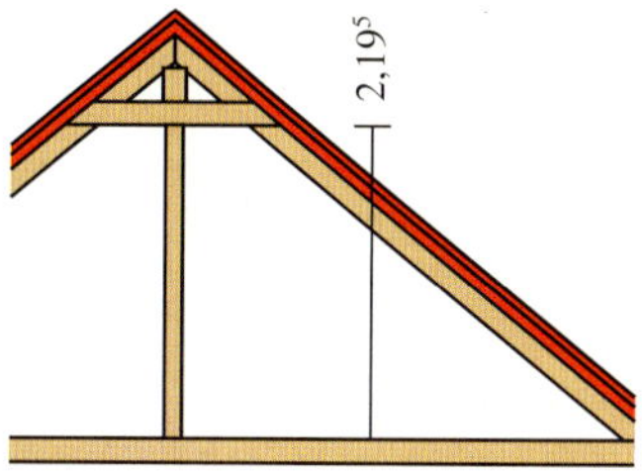

➜ Was geben bei den Längenangaben die Ziffern vor dem Komma, was nach dem Komma an? Gib die Längenangaben auch ohne Komma in einer kleineren Längeneinheit an.

Aufgabe

Hallig
kleinere bei Sturmflut überflutete Insel im nordfriesischen Wattenmeer

1.

Höhe von Halligen über NN:
Hallig Gröde 4,5 m
Hallig Hooge 5,1 m

Hammerwurf Männer:
Ziolkowski (Polen) 80,02 m
Vizzoni (Italien) 79,64 m

Spurbreiten:
Normalspur 1,435 m
Schmalspur 1,067 m

Die Längenangaben zu den Bildern oben enthalten ein Komma. Was geben die Ziffern links vom Komma an? Was geben die Ziffern rechts vom Komma an? Trage die Längenangaben in eine Stellentafel ein.
Gib die Längenangaben auch mit einem Bruch (in gemischter Schreibweise) an.

Lösung

Vor dem Komma stehen die Meter, nach dem Komma die Dezimeter, Zentimeter, Millimeter.

dezi – zehntel
centi – hundertstel
milli – tausendstel

(1) 1 Meter wird in 10 gleich große Teile zerlegt. Es gilt
1 Meter = 10 zehntel Meter = 10 Dezimeter
Für die zehntel Meter bzw. Dezimeter schreibt man:
$\frac{1}{10}$ m = 0,1 m; $\frac{2}{10}$ m = 0,2 m; $\frac{3}{10}$ m = 0,3 m; ...; $\frac{9}{10}$ m = 0,9 m

(2) 1 Meter wird in 100 gleich große Teile zerlegt: Es gilt
1 Meter = 100 hundertstel Meter = 100 Zentimeter
Für die hundertstel Meter bzw. Zentimeter schreibt man:
$\frac{1}{100}$ m = 0,01 m; $\frac{2}{100}$ m = 0,02 m; $\frac{3}{100}$ m = 0,03 m; ...; $\frac{9}{100}$ m = 0,09 m

(3) 1 Meter wird in 1 000 gleich große Teile zerlegt. Es gilt
1 Meter = 1 000 tausendstel Meter = 1 000 Millimeter
Für die tausendstel Meter bzw. Millimeter schreibt man
$\frac{1}{1000}$ m = 0,001 m; $\frac{2}{1000}$ m = 0,002 m; $\frac{3}{1000}$ m = 0,003 m; …; $\frac{9}{1000}$ m = 0,009 m

: 10 : 10 : 10

m	dm $\frac{1}{10}$ m	cm $\frac{1}{100}$ m	mm $\frac{1}{1000}$ m	
4	5			4,5 m = 4 m + $\frac{5}{10}$ m = $4\frac{5}{10}$ m
5	1			5,1 m = 5 m + $\frac{1}{10}$ m = $5\frac{1}{10}$ m
80	0	2		80,02 m = 80 m + $\frac{0}{10}$ m + $\frac{2}{100}$ m = $80\frac{2}{100}$ m
79	6	4		79,64 m = 79 m + $\frac{6}{10}$ m + $\frac{4}{100}$ m = $79\frac{64}{100}$ m
1	4	3	5	1,435 m = 1 m + $\frac{4}{10}$ m + $\frac{3}{100}$ m + $\frac{5}{1000}$ m + $1\frac{435}{1000}$ m
1	0	6	7	1,067 m = 1 m + $\frac{0}{10}$ m + $\frac{6}{100}$ m + $\frac{7}{1000}$ m + $1\frac{67}{1000}$ m

Information

Dezimalbrüche und Stellentafel

12,4; 40,33; 0,363 sind **Dezimalbrüche.**
Dezimalbrüche haben ein Komma.
Vor dem Komma stehen die Ganzen, hinter dem Komma stehen die Bruchteile eines Ganzen und zwar der Reihe nach die Zehntel (z), Hundertstel (h), Tausendstel (t).

40,33 wird gelesen:
vierzig Komma drei drei

0,363 wird gelesen:
null Komma drei sechs drei

Zehner, Einer, Zehntel, Hundertstel, Tausendstel

Z	E	z	h	t	
1	2	4			12,4 = 12 + $\frac{4}{10}$
4	0	3	3		40,33 = 40 + $\frac{3}{10}$ + $\frac{3}{100}$
2	6	0	8		26,08 = 26 + $\frac{0}{10}$ + $\frac{8}{100}$
	0	3	6	3	0,363 = 0 + $\frac{3}{10}$ + $\frac{6}{100}$ + $\frac{3}{1000}$
	7	0	5	7	7,057 = 7 + $\frac{0}{10}$ + $\frac{5}{100}$ + $\frac{7}{1000}$

Zum Festigen und Weiterarbeiten

2. Lies die Dezimalbrüche in der Stellentafel und notiere sie. Rechne sie dann in gemeine Brüche um.

a)

E	z	h	t
0	4	7	2
2	9	5	6
0	2	0	8

b)

Z	E	z	h	t
2	3	4	0	1
1	7	0	8	4
4	0	9	6	2

3 Stellen nach dem Komma bedeuten tausendstel

$0{,}372 = \frac{3}{10} + \frac{7}{100} + \frac{2}{1000}$
$= \frac{300}{1000} + \frac{70}{1000} + \frac{2}{1000}$
$= \frac{372}{1000}$

3. Übersetze in Dezimalbrüche.

a) 3 Einer 4 Zehntel **b)** 7 Einer 5 Zehntel 8 Hundertstel **c)** 8 Einer 6 Hundertstel

4. Zerlege die Dezimalbrüche in Ganze, Zehntel, Hundertstel, Tausendstel. Rechne sie in gemeine Brüche um. Du kannst die Dezimalbrüche zuvor in eine Stellentafel eintragen.

a) 0,358; 0,752; 0,374
b) 0,536; 0,135; 0,407
c) 0,083; 0,803; 0,83
d) 0,300; 0,030; 0,003
e) 0,07; 0,70; 0,070
f) 0,75; 0,075; 0,705

Merke:
$\frac{1}{2} = 0,5$
$\frac{1}{4} = 0,25$
$\frac{3}{4} = 0,75$
$\frac{1}{8} = 0,125$
$\frac{1}{10} = 0,1$
$\frac{1}{100} = 0,01$
$\frac{1}{1000} = 0,001$

5. Rechne in Dezimalbrüche um. Beachte das Beispiel.

a) $\frac{27}{100}$; $1\frac{25}{100}$; $2\frac{6}{100}$
b) $\frac{7}{10}$; $2\frac{1}{10}$; $4\frac{9}{10}$
c) $3\frac{253}{1000}$; $5\frac{517}{1000}$; $1\frac{75}{100}$
d) $\frac{855}{1000}$; $\frac{89}{1000}$; $\frac{650}{1000}$
e) $\frac{8}{1000}$; $\frac{40}{1000}$; $\frac{900}{1000}$
f) $\frac{12}{10}$; $\frac{278}{100}$; $\frac{1256}{1000}$

$\frac{473}{1000} = \frac{400}{1000} + \frac{70}{1000} + \frac{3}{1000}$
$= \frac{4}{10} + \frac{7}{100} + \frac{3}{1000}$
$= 0,473$

6. *Umwandlung von gemeinen Brüchen in Dezimalbrüche*
Rechne in Dezimalbrüche um. Erweitere die gemeinen Brüche zuerst auf den Nenner 10, 100 oder 1 000.

a) $\frac{1}{5}$; $\frac{3}{4}$; $\frac{2}{5}$; $\frac{3}{5}$; $\frac{4}{5}$; $\frac{1}{8}$; $\frac{3}{8}$ **b)** $2\frac{1}{2}$; $1\frac{3}{4}$; $3\frac{1}{4}$; $2\frac{4}{5}$; $5\frac{3}{5}$; $4\frac{1}{8}$

$\frac{1}{2} = \frac{5}{10} = 0,5$
$\frac{1}{4} = \frac{25}{100} = 0,25$

Übungen

7. Notiere die Dezimalbrüche. Schreibe sie dann als gemeine Brüche.

a)

E	z	h
4	8	2
6	7	1
3	0	6

b)

E	z	h	t
4	5	6	3
7	0	3	1
0	4	5	8

c)

E	z	h	t
2	5	7	2
0	3	5	1
4	0	7	9

d)

Z	E	z	h	t
1	2	5	5	
2	0	0	7	5
1	5	3	0	4

8. Zerlege in Ganze, Zehntel, Hundertstel, Tausendstel.

a) 17,856; 3,057 **b)** 3,145; 6,078 **c)** 0,069; 13,005 **d)** 0,847; 0,531 **e)** 4,510; 0,081 **f)** 3,06; 7,512

9. Verwandle die Dezimalbrüche in gemeine Brüche.

a) 0,6; 1,75; 0,25; 0,2
b) 0,536; 0,135; 15,4; 0,713
c) 0,083; 6,86; 2,059; 12,045
d) 1,93; 36,2; 9,058; 0,625
e) 4,707; 1,06; 42,5; 0,08
f) 11,04; 0,017; 2,66; 5,010

10. Schreibe zunächst als Bruch, wandle dann in einen Dezimalbruch um.

a) 23 Zehntel **b)** 75 Hundertstel **c)** 3 Hundertstel **d)** 321 Hundertstel **e)** 745 Tausendstel **f)** 2 943 Tausendstel **g)** 83 Tausendstel **h)** 9 Tausendstel

11. Verwandle in Dezimalbrüche. Wie erkennst du am Nenner, wie viele Stellen der Dezimalbruch nach dem Komma hat?

a) $\frac{73}{100}$; $\frac{485}{1000}$; $\frac{105}{1000}$; $\frac{376}{1000}$; $\frac{95}{100}$; $\frac{96}{1000}$
b) $\frac{7}{1000}$; $\frac{60}{1000}$; $\frac{92}{1000}$; $\frac{270}{1000}$; $\frac{8}{100}$
c) $2\frac{9}{10}$; $1\frac{4}{100}$; $12\frac{75}{1000}$; $3\frac{5}{1000}$; $4\frac{671}{1000}$
d) $\frac{358}{100}$; $\frac{639}{100}$; $\frac{82}{10}$; $\frac{184}{100}$; $\frac{108}{100}$; $\frac{99}{10}$; $\frac{1025}{1000}$
e) $3\frac{12}{100}$; $6\frac{9}{10}$; $4\frac{195}{1000}$; $1\frac{35}{1000}$; $2\frac{6}{100}$
f) $\frac{46}{10}$; $\frac{128}{100}$; $\frac{365}{100}$; $\frac{965}{1000}$; $\frac{1075}{1000}$; $\frac{2481}{1000}$

12. Was gehört zusammen? Schreibe so: $0,2 = \frac{2}{10}$

0,4 | 0,05 | 0,15 | 0,105 | 0,005 | 0,015 | 0,04

$\frac{5}{100}$ | $\frac{4}{100}$ | $\frac{5}{1000}$ | $\frac{4}{10}$ | $\frac{105}{1000}$ | $\frac{15}{100}$ | $\frac{15}{1000}$

13. Rechne in Dezimalbrüche um: **a)** $1\frac{1}{4}$ **b)** $3\frac{1}{2}$ **c)** $2\frac{3}{5}$ **d)** $5\frac{3}{4}$ **e)** $4\frac{4}{5}$ **f)** $6\frac{2}{5}$ **g)** $8\frac{1}{5}$

Dezimalbrüche als Maßzahlen bei Größenangaben

Einstieg

Längenangaben werden oft mit Dezimalbrüchen geschrieben.

➜ Welche Bedeutung haben die Angaben im Bild in der Mitte?

Oft findet man Masseangaben mit Dezimalbrüchen.

➜ Welche Bedeutung haben die Angaben im Bild rechts?

Aufgabe

1. Längenangaben werden oft mit einem Komma geschrieben. Schreibe die folgenden Längenangaben ohne Komma. Was geben die Ziffern vor dem Komma, was geben die Ziffern nach dem Komma an?

a)

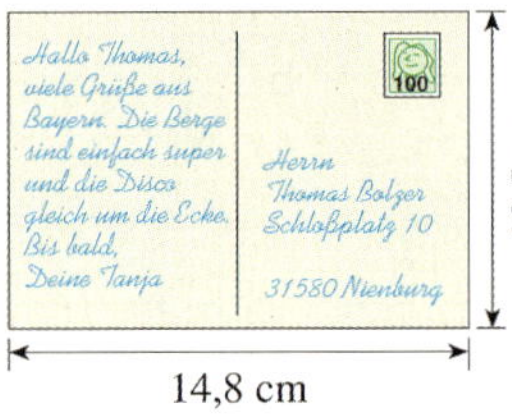

b)

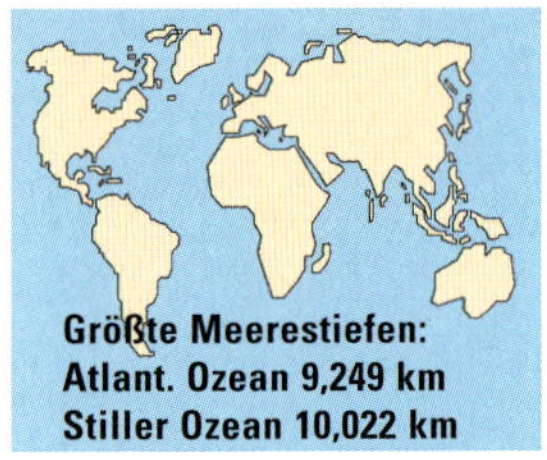

Lösung

An einer Tabelle (Einheitentabelle) kann man erkennen, was die Ziffern vor dem Komma und die Ziffern nach dem Komma angeben.

a)

Vor dem Komma		Nach dem Komma	
dm	cm	mm	
1	4	8	14,8 cm = $14\frac{8}{10}$ cm
1	0	5	10,5 cm = $10\frac{5}{10}$ cm

b)

Vor dem Komma	Nach dem Komma	
km	m	
9	249	9,249 km = $9\frac{249}{1000}$ km
10	022	10,022 km = $10\frac{22}{1000}$ km

Information

Die Einheitentabellen oben lassen sich zu einer großen **Einheitentabelle** ergänzen. Sie liefert eine gute Übersicht über die Kommaschreibweise.

km			m			dm	cm	mm	Drei Schreibweisen für dieselbe Länge
H	Z	E	H	Z	E				
		3	2	4	9				3 km 249 m = $3\frac{249}{1000}$ km = 3,249 km
		7	5						7 km 500 m = $7\frac{500}{1000}$ km = 7,5 km
					3	4			3 m 4 dm = $3\frac{4}{10}$ m = 3,4 m
							7	9	7 cm 9 mm = $7\frac{9}{10}$ cm = 7,9 cm
					0	4			4 dm = $\frac{4}{10}$ m = 0,4 m

Aufgabe

2. Oft findet man Massenangaben mit einem Komma. Schreibe folgende Massenangaben ohne Komma:

a)

Müsli-Packung	
Mineralstoffe	7,735 g
Vitamine	0,043 g

b)

Lieferwagen	
Leergewicht	2,445 t
Ladegewicht	3,225 t

Lösung

Lege eine Einheitentabelle an:

a)

Vor dem Komma g	Nach dem Komma mg	
7	735	$7{,}735\ \text{g} = 7\frac{735}{1000}\ \text{g}$
0	043	$0{,}043\ \text{g} = \frac{43}{1000}\ \text{g}$

b)

Vor dem Komma t	Nach dem Komma kg	
2	445	$2{,}445\ \text{t} = 2\frac{445}{1000}\ \text{t}$
3	225	$3{,}225\ \text{t} = 3\frac{225}{1000}\ \text{t}$

Information

Die in der Aufgabe 1 verwandte Einheitentabelle lässt sich zu einer großen **Einheitentabelle** ergänzen.

t			kg			g			mg			Drei Schreibweisen für dieselbe Masse
H	Z	E	H	Z	E	H	Z	E	H	Z	E	
					3	4	7	5				$3\ \text{kg}\ 475\ \text{g} = 3\frac{475}{1000}\ \text{kg} = 3{,}475\ \text{kg}$
		2	5									$2\ \text{t}\ 500\ \text{kg} = 2\frac{500}{1000}\ \text{t} = 2{,}5\ \text{t}$
								7	3	4		$7\ \text{g}\ 340\ \text{mg} = 7\frac{340}{1000}\ \text{g} = 7{,}34\ \text{g}$
				1	5	0	7	0				$15\ \text{kg}\ 70\ \text{g} = 15\frac{70}{1000}\ \text{kg} = 15{,}07\ \text{kg}$
								0	3			$300\ \text{mg} = \frac{300}{1000}\ \text{g} = 0{,}3\ \text{g}$

Zum Festigen und Weiterarbeiten

3. Schreibe zunächst in zwei Längeneinheiten. Wandle dann in die kleinere Einheit um.

3,45 m = 3m 45 cm
= 345 cm

a) 4,75 m; 8,03 m; 7,945 km; 53,8 km
b) 0,85 m; 0,4 m; 0,7 cm; 0,513 km
c) 3,75 m; 36,7 cm; 0,5 m; 9,4 km
d) 7,2 m; 0,5 km; 0,7 cm; 2,04 m
e) 2,005 km; 0,7 dm; 8,74 dm
f) 3,45 dm; 8,4573 km; 2,475 m

4. Schreibe mit einem Dezimalbruch in der in Klammern angegebenen Längeneinheit.

a) 14 cm 3 mm (cm); 3 m 5 dm (m); 42 m 23 cm (m)
b) 87 dm (m); 6 mm (cm); 314 m (km)
c) 7 km 350 m (km); 5 700 m (km); 27 dm 8 cm (dm)
d) 4 mm (cm); 9 dm (m); 8 m (km)

5. Schreibe mit zwei Masseeinheiten.

7,8 t = 7 t 800 kg

a) 3,785 kg; 3,75 kg; 3,7 kg
b) 4,578 t; 4,57 t; 4,005 t
c) 3,578 g; 2,63 g; 2,60 g
d) 3,5 kg; 4,7 kg; 0,5 kg
e) 72 t; 3,5 kg; 2,7 g
f) 2,5 kg; 27,05 kg; 0,54 t

6. Schreibe mit Komma in der größeren Masseeinheit.

7 kg 390 g = 7,39 kg

a) 3 kg 217 g; 7 kg 245 g **b)** 41 kg 19 g; 22 kg 7 g **c)** 3 t 750 kg; 24 t 500 kg

7. Drücke in der in Klammern angegebenen Masseeinheit aus.

8,35 kg = 8 350 g

a) 3,75 kg (g); 0,4 kg (g) **b)** 4,517 t (kg); 0,45 t (kg) **c)** 3,45 kg (g); 0,05 kg (g)

8. Schreibe in der in Klammern angegebenen Masseeinheit.

750 g = 0,75 kg

a) 250 g (kg) **c)** 750 kg (t) **e)** 294 mg (g) **g)** 30 mg (g) **i)** 20 g (kg)
b) 300 g (kg) **d)** 83 kg (t) **f)** 300 mg (g) **h)** 8 mg (g) **j)** 2 g (kg)

Übungen

Längenangaben

9. Schreibe in zwei Längeneinheiten. Wandle dann in die kleinere Einheit um.

a) 8,4 cm; 7,952 km; 3,04 km **b)** 0,4 cm; 0,3 km; 2,6 cm **c)** 6,04 m; 9,2 km; 0,4 dm **d)** 4,923 km; 3,6 m; 2,64 dm **e)** 8,009 km; 0,07 dm; 0,04 km **f)** 9,04 dm; 0,472 m; 0,002 km

10. Schreibe mit Komma in der in Klammern angegebenen Längeneinheit.

a) 23 cm 3 mm (cm); 8 m 5 dm (m); 14 m 27 cm (m) **b)** 85 cm (m); 500 m (km); 293 m (km) **c)** 78 mm (dm); 8 dm (m); 800 m (km) **d)** 4 m 10 cm (m); 13 cm 4 mm (cm); 7 km 420 m (km)

11. Notiere verschiedene Schreibweisen (siehe Aufgabe 3).

a) 517 cm; 75 dm; 4 319 km **b)** 84,05 m; 3,5 km; 6,9 dm **c)** 2,005 km; 38 km 400 m; 12 km 40 m **d)** 18 m 5 cm; 19 m 50 cm; 12 cm 4 mm **e)** 12 dm 4 mm; 8 m 7 dm; 3 km 4 m

12. Schreibe die Weglängen ohne Komma. Es gibt mehrere Möglichkeiten.

13. Gib in der in Klammern angegebenen Längeneinheit an.

a) 3 mm (cm); 7 cm (dm); 4 dm (m) **c)** 7,254 km (m); 0,028 km (m); 0,007 km (m)
b) 0,04 m (dm); 0,02 dm (cm); 0,28 m (dm) **d)** 0,7 km (cm); 2,8 m (mm); 0,5 dm (mm)

1+1=3

14. Kontrolliere Julias Hausaufgaben. Korrigiere gegebenenfalls die rechte Seite.

a) 6 m 2 cm = 6 2 0 cm
b) 5 m 1 cm = 5 , 1 m
c) 2 km 3 0 0 m = 2 , 3 km
d) 8 km 6 0 m = 8 , 6 km
e) $\frac{1}{2}$ m = 5 cm
f) 4 m 1 cm = 4 , 0 1 cm

15. Gib die Längenangaben im Bild rechts in zwei Längeneinheiten an.

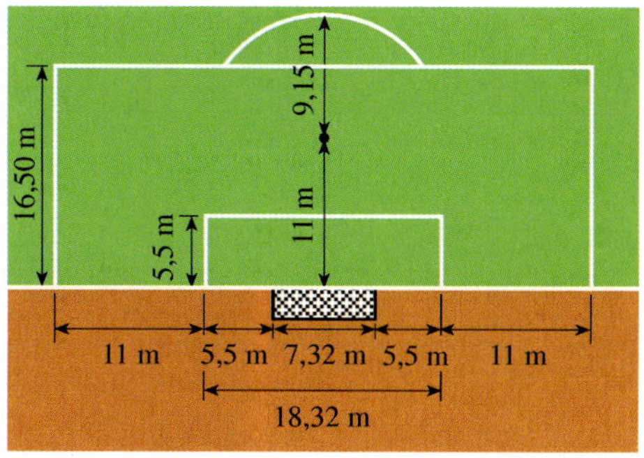

16. Auf einem Fahrradtachometer kann man folgende Angabe lesen. Schreibe diese in zwei Längeneinheiten.

a) 482,7 km
b) 182,5 km
c) 317,8 km

Masseangaben

17. Fertige eine Einheitentabelle an, trage ein und notiere zwei weitere Schreibweisen.

a) 13 kg 98 g; 473 mg; 2 t 18 kg
b) 4 t 5 kg; 7 kg 215 g; 5 g 125 mg
c) 8 t 215 kg; 8 kg 80 g; 7 g 5 mg
d) 713 kg; 28 719 mg; 3 kg 17 g

18. Schreibe mit Komma in der größeren Masseeinheit.

a) 49 t 800 kg; 49 t 80 kg; 49 t 8 kg
b) 3 kg 200 g; 8 kg 20 g; 4 kg 2 g
c) 5 g 180 mg; 8 g 18 mg; 4 g 1 mg
d) 74 kg 200 g; 39 t 800 kg; 14 g 100 mg

19. Schreibe mit zwei Masseeinheiten.

a) 37,5 kg; 57,05 kg; 77,205 kg
b) 7,854 kg; 7,054 kg; 7,004 kg
c) 24,876 t; 64,07 t; 34,007 t
d) 4,055 t; 14,7 t; 4,505 t
e) 8,743 g; 8,7 g; 48,07 g
f) 98,075 g; 68,007 g; 28,705 g

20. Gib in der in Klammern angegebenen Masseeinheit an.

a) 3,7 kg (g); 0,75 kg (g); 0,075 kg (g)
b) 8,247 t (kg); 8,02 t (kg); 0,2 t (kg)
c) 1,125 g (mg); 1,5 g (mg); 1,05 g (mg)
d) 0,7 kg (g); 0,007 t (kg); 1,005 g (mg)

21. Gib für die Masseangaben auf der Müslipackung andere Schreibweisen an.

100 g Müsli enthalten:

Eiweiß:	10,3 g	Ballaststoffe:	18,6 g	Magnesium:	151 mg
Fett:	7,2 g	Kohlenhydrate:	50,8 g	Eisen:	4 mg
Natrium:	0,01 g	– davon Zucker:	14,9 g	Vitamin C:	60 g

22. Schreibe mit Komma in der in Klammern angegebenen Masseeinheit.

a) 700 kg (t); 250 g (kg); 7 g (kg); 20 mg (g)
b) 300 kg (t); 480 mg (g); 70 g (kg); 700 g (kg)

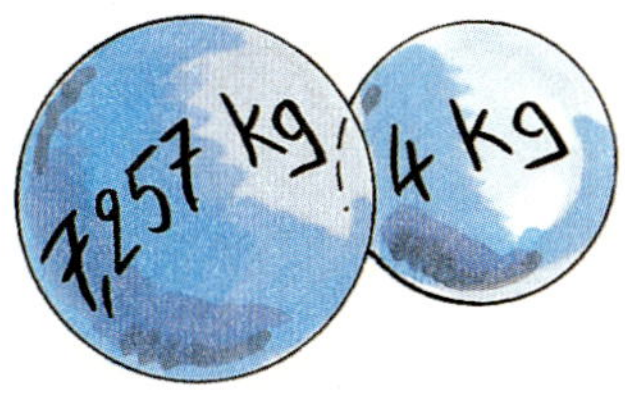

23. Männer und Frauen stoßen mit unterschiedlich schweren Kugeln. Wandle die Masseangaben im Bild in Angaben mit mehreren Einheiten um.

DEZIMALBRÜCHE AUF SKALEN – ZAHLENSTRAHL

Einstieg

Du hast bereits Brüche am Zahlenstrahl dargestellt.

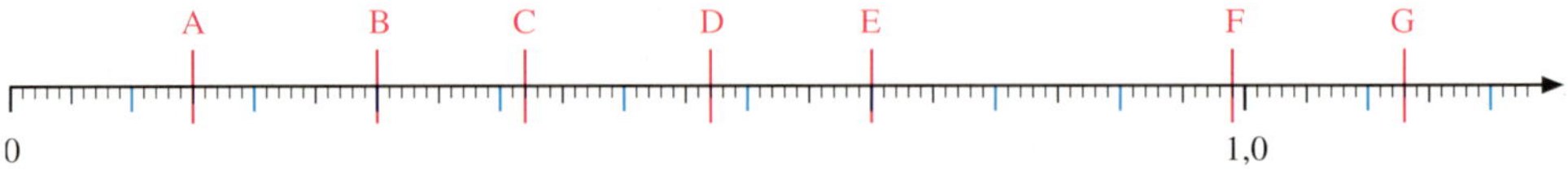

➜ Zeichne den Zahlenstrahl in dein Heft und beschrifte die blauen Skalenstriche mit Dezimalbrüchen.

➜ Welche Dezimalbrüche werden durch die roten Skalenstriche markiert?

Aufgabe

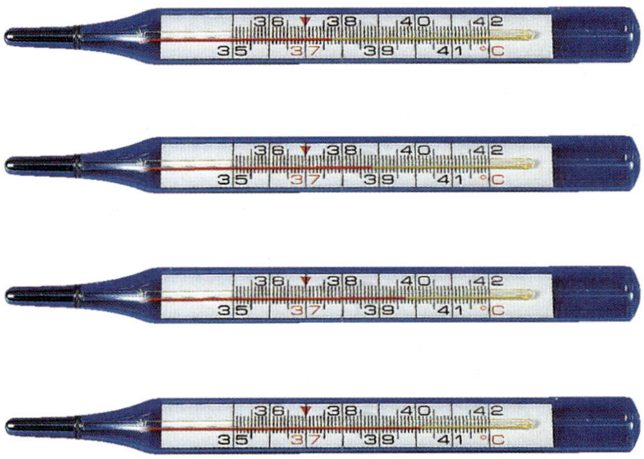

1. a) Laura liegt mit Fieber im Bett. Heute hat sie viermal mit einem Fieberthermometer ihre Temperatur gemessen. Lies die Temperaturen ab.
Beachte: Die Skala ist in zehntel Grad unterteilt.
Gib die Temperaturen auch mit einem Bruch (in gemischter Schreibweise) an.

b) Auch auf dem Lineal befindet sich eine Skala. Wie ist diese Skala unterteilt?

c) Wenn bei einer Skala die Abstände groß genug sind, kann man auch die Striche für die Zehntel und sogar für die Hundertstel eintragen.

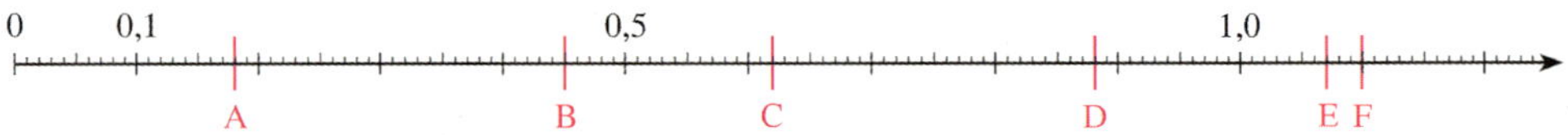

Welche Zahlen gehören zu den roten Strichen A bis F?
Schreibe sie als Dezimalbruch und als gemeinen Bruch: $0{,}1 = \frac{1}{10}$; ...

d) Zeichne eine Skala von 0 bis 1,5. Wähle von 0 bis 1 den Abstand 1 dm.
Zeichne die Striche für die Zehntel und Hundertstel ein. Markiere rot:
0,73; 0,24; 0,09; 0,83; 0,7; 0,46; 0,5; 0,35; 1,06; 1,17.

Lösung

a) $37{,}8\,°C = 37\frac{8}{10}\,°C$; $38{,}9\,°C = 38\frac{9}{10}\,°C$; $39{,}7\,°C = 39\frac{7}{10}\,°C$; $40{,}1\,°C = 40\frac{1}{10}\,°C$

b) Die Skala auf dem Lineal ist in zehntel Zentimeter unterteilt.

c) A: $0{,}18 = \frac{18}{100}$ C: $0{,}62 = \frac{62}{100}$ E: $1{,}07 = \frac{107}{100}$

B: $0{,}45 = \frac{45}{100}$ D: $0{,}88 = \frac{88}{100}$ F: $1{,}10 = \frac{110}{100}$

d)

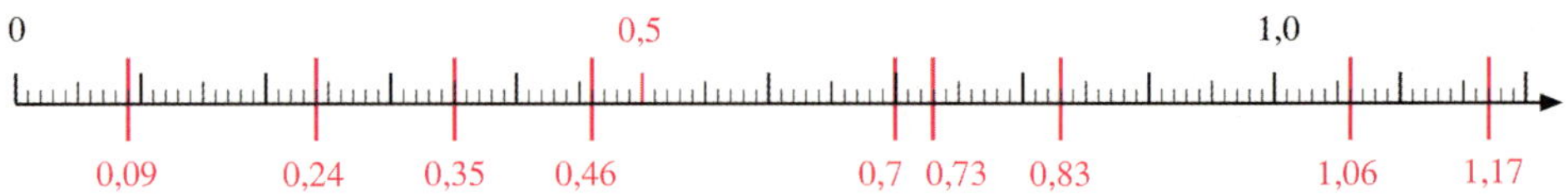

Information

Dezimalbrüche werden ebenso wie die gemeinen Brüche durch Punkte auf dem Zahlenstrahl dargestellt.

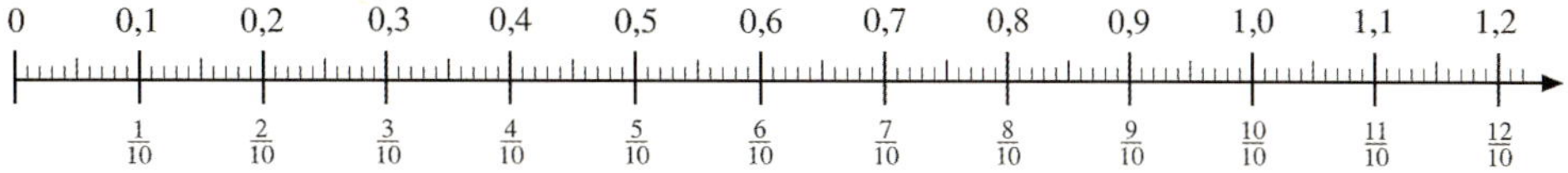

Bei passender Vergrößerung des Abstandes zwischen 0 und 1 kann man auch die Striche für die Tausendstel eintragen.

Zum Festigen und Weiterarbeiten

2. Zeichne einen Zahlenstrahl von 0 bis 1,5. Wähle von 0 bis 1 den Abstand 1 dm. Trage die Striche für die Zehntel und Hundertstel ein. Markiere auf dem Zahlenstrahl mit roten Strichen und schreibe dann als gemeine Brüche und als Dezimalbrüche.

a) 0,8; 0,55; 0,93; 1,05; 1,25; 1,49 **b)** $\frac{1}{2}$; $\frac{1}{4}$; $\frac{3}{4}$; $1\frac{1}{2}$; $1\frac{1}{4}$; $\frac{1}{10}$; $1\frac{1}{10}$

Übungen

3. Welche Dezimalbrüche gehören zu den roten Strichen?

a)

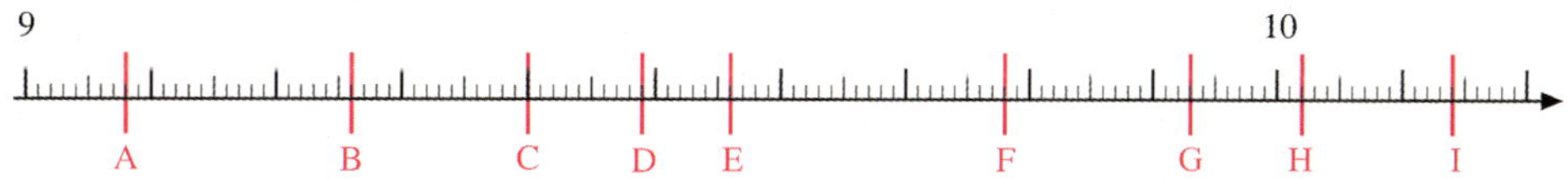

b)

c)

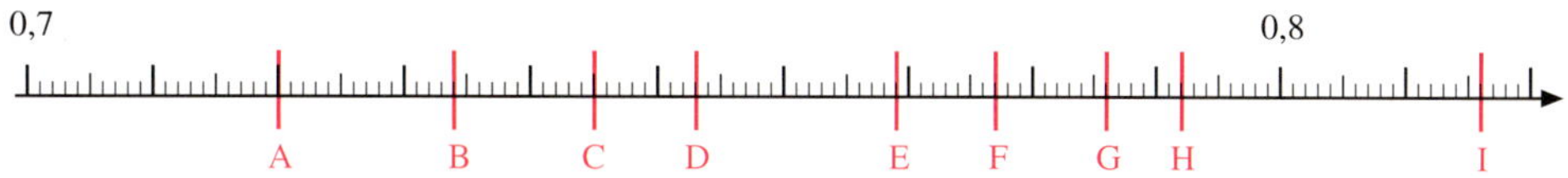

4. Zeichne einen Zahlenstrahl von 0 bis 1,5. Wähle von 0 bis 1 den Abstand 1 dm.
Markiere auf dem Zahlenstrahl mit roten Strichen und schreibe dann als gemeine Brüche und als Dezimalbrüche:

a) 0,73; 1,1; 0,61; 1,46; 0,23; 0,04 **b)** $\frac{3}{10}$; $\frac{1}{5}$; $\frac{3}{5}$; $\frac{2}{5}$; $\frac{5}{4}$; $1\frac{1}{10}$; $1\frac{2}{5}$

5. Mit einem Messzylinder kann man das Volumen von Flüssigkeiten bestimmen.
Wie viel Liter sind in dem Messzylinder? Schreibe mit einem Dezimalbruch.

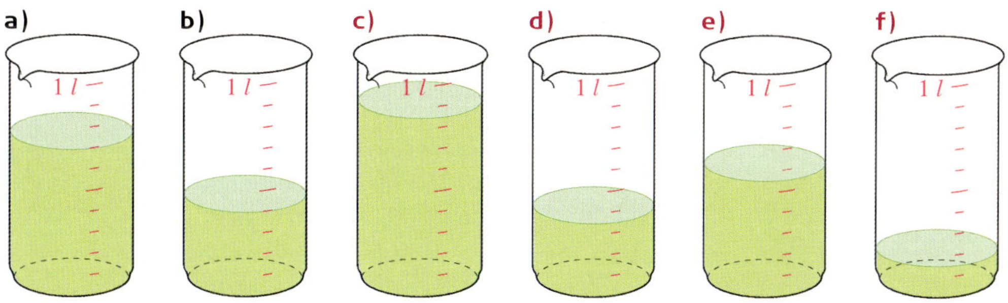

6. Zeichne eine Messskala wie beim Messzylinder. Die Skala ist 10 cm hoch.

a) Trage in Rot die Striche ein: 0,1 *l*; 0,125 *l*; 0,2 *l*; 0,25 *l*; 0,3 *l*; 0,5 *l*; 0,6 *l*; 0,75 *l*.

b) Schreibe an die roten Striche die Literangaben auch mit gemeinen Brüchen.

VERGLEICHEN UND ORDNEN VON DEZIMALBRÜCHEN – RUNDEN

Vergleichen und Ordnen von Dezimalbrüchen

Einstieg

Auf dem Schwebebalken erzielten die Frauen bei den Olympischen Spielen von Sydney 2000 die nebenstehenden Punktzahlen:

Jarosch (Ukraine)	9,712	(UKR)
Jie (China)	9,675	(CHN)
Liu (China)	9,825	(CHN)
Lobasniuk (Russland)	9,787	(RUS)
Olaru (Rumänien)	9,700	(ROM)
Presacan (Rumänien)	9,750	(ROM)
Produnowa (Russland)	9,775	(RUS)
Ray (USA)	9,387	(USA)

Wer gewann die Goldmedaille, die Silbermedaille, die Bronzemedaille?

Aufgabe

1. a) Bei den Olympischen Spielen in Sydney 2000 wurden die angegebenen Weiten im Kugelstoßen der Frauen erreicht.
Wer erhielt die Goldmedaille? Wer erhielt die Silbermedaille, wer die Bronzemedaille? Wer kam auf Platz 4, wer auf Platz 5 usw.?

Cumba (Kuba)	18,70 m
Kleinert-Schmitt (Deutschland)	18,49 m
Korolschik (Weißrussland)	20,56 m
Kriweljewa (Russland)	19,37 m
Kumbernuss (Deutschland)	19,62 m
Ouzouni (Griechenland)	18,63 m
Peleschenko (Russland)	19,92 m
Zabawska (Polen)	19,18 m

b) Ordne folgende Dezimalbrüche nach ihrer Größe. Beginne mit dem kleinsten. Überlege, wie du vorgehst.
1,746; 0,45; 1,742; 1,71; 1,455

Lösung

Z	E	z	h
1	9	1	8
1	9	3	7
1	9	6	2
1	9	9	2

a) Da alle Längenangaben in Metern sind, musst du nur die Dezimalbrüche nach ihrer Größe ordnen. Vergleiche zuerst die Ganzen vor dem Komma. Bei den Dezimalbrüchen 19,37; 19,62; 19,92; 19,18 stimmen die Ganzen überein. Vergleiche daher die Bruchteile.
Vergleiche ebenso die Bruchteile bei den Dezimalbrüchen 18,70; 18,49; 18,63.
Insgesamt findest du:
$20{,}56 > 19{,}92 > 19{,}62 > 19{,}37 > 19{,}18 > 18{,}70 > 18{,}63 > 18{,}49$
Platzierung:

Gold:	Korolschik	20,56 m	Platz 4:	Kriweljewa	19,37 m	Platz 7:	Ouzouni	18,63 m
Silber:	Peleschenko	19,92 m	Platz 5:	Zabawska	19,18 m	Platz 8:	Kleinert-Schmitt	18,49 m
Bronze:	Kumbernuss	19,62 m	Platz 6:	Cumba	18,70 m			

b) Vergleiche zuerst die Ganzen. Sind die Ganzen gleich, vergleiche die Zehntel. Sind auch die Zehntel gleich, vergleiche die Hundertstel. Sind auch die Hundertstel gleich, vergleiche die Tausendstel usw. Du findest:

$0{,}45 < 1{,}455 < 1{,}71 < 1{,}742 < 1{,}746$

- 0,45 < 1,455: 0 E < 1 E
- 1,455 < 1,71: 1 Ganzes, 4 z < 7 z
- 1,71 < 1,742: 1 Ganzes, 7 Zehntel, 1 h < 4 h
- 1,742 < 1,746: 1 Ganzes, 7 Zehntel, 4 Hundertstel, 2 t < 6 t

Information

Vergleich von Dezimalbrüchen

Vergleiche zuerst die Ganzen.	3,25 < 7,5	(3 < 7)
Sind sie gleich, vergleiche die Zehntel.	8,36 < 8,59	(3 z < 5 z)
Sind auch diese gleich, vergleiche die Hundertstel.	0,6758 < 0,691	(7 h < 9 h)
Sind auch die gleich, vergleiche die Tausendstel; usw.	0,7034 < 0,7044	(3 t < 4 t)

Zum Festigen und Weiterarbeiten

2. Vergleiche. Setze eines der Zeichen < oder > ein. Auf welche Ziffern musst du achten?

a) 0,527 □ 0,595; 0,631 □ 0,618; 4,781 □ 4,718
b) 3,598 □ 2,76; 6,47 □ 6,8; 0,64 □ 0,464
c) 0,237 □ 0,24; 0,17 □ 0,176; 1,625 □ 1,62
d) 0,6 □ 0,54; 0,05 □ 0,1; 0,63 □ 0,514

3. a) Welche Dezimalbrüche werden durch die roten Striche markiert?
b) Wie erkennt man am Zahlenstrahl, welche von zwei Dezimalzahlen die kleinere ist?

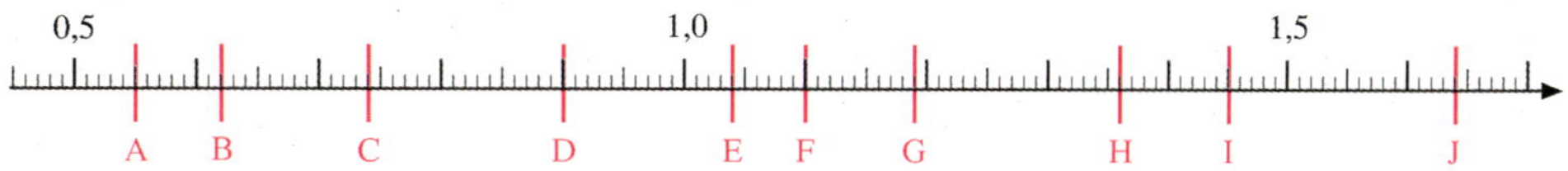

4. Ordne die Dezimalbrüche nach der Größe. Beginne mit dem kleinsten Dezimalbruch.
a) 5,13; 5,1; 5,01; 5,4 **b)** 6,62; 6,26; 6,6; 6,604 **c)** 0,454; 0,544; 0,504; 0,455

5. *Endnullen bei Dezimalbrüchen*
a) Tom behauptet: „0,500 ist größer als 0,5." Was meinst du dazu?
b) Hänge an den Dezimalbruch 0,7 eine, zwei Endnullen.
Vergleiche die Dezimalbrüche. Betrachte dazu die Stellentafel. Kannst du eine Regel entdecken?

E	z	h	t
0	7		
0	7	0	
0	7	0	0

$0{,}7 = \frac{7}{10}$

$0{,}70 = \frac{7}{10} + \frac{0}{100} =$ □

$0{,}700 = \frac{7}{10} + \frac{0}{100} + \frac{0}{1000} =$ □

Information

Wenn man bei einem Dezimalbruch Endnullen anhängt oder weglässt, dann bleibt der Wert unverändert.

Beispiel: 0,4 = 0,40 = 0,400

Beachte: Bei Größenangaben darf man Endnullen nicht weglassen.
Die Angabe 2,4 m zeigt, dass die Länge (z. B. eines Beetes) auf zehntel Meter, also auf Dezimeter genau gemessen wurde.
Wird dagegen 2,40 m angegeben, so wurde die Länge auf hundertstel Meter, also auf Zentimeter genau gemessen.

Übungen

6. Vergleiche. Setze eines der Zeichen < oder > ein.

a) 13,54 □ 16,74; 28,45 □ 27,9; 3,644 □ 4,068; 1,006 □ 1,06
b) 1,46 □ 1,09; 4,37 □ 4,5; 1,261 □ 1,394; 1,224 □ 1,22
c) 3,766 □ 3,748; 0,354 □ 0,308; 15,56 □ 15,54; 0,27 □ 0,207
d) 0,23 □ 0,236; 6,025 □ 6,018; 8,08 □ 8,072; 0,45 □ 0,449

7. Vergleiche; setze das passende Zeichen (=, < oder >) ein.

a) 0,3 ■ 0,03; 0,3 ■ 0,300; 0,3 ■ 0,33
b) 1,1 ■ 1,10; 1,1 ■ 1,01; 1,1 ■ 1,11
c) 1,04 ■ 1,040; 1,04 ■ 1,004; 1,04 ■ 1,4
d) 0,25 ■ 0,205; 0,25 ■ 0,025; 0,25 ■ 0,2500

8. Wo steckt der Fehler? Erkläre.

a) 0,35 < 0,278 b) 3,43 < 3,234 c) 0,4 < 0,04 d) 0,9 < 0,90

9. Gib vier Dezimalbrüche an zwischen:

a) 3,4 und 4,7 **b)** 12,7 und 13,5 **c)** 6,75 und 6,92 **d)** 2,3 und 2,4

10. Sarahs Mutter will sich ein Auto kaufen. Sie vergleicht drei Modelle M1 bis M3 nach dem Benzinverbrauch pro 100 km. Ordne die Autos nach dem Benzinverbrauch in jedem Bereich.

	M1	M2	M3
Stadt	8,9 l	9,3 l	9,7 l
90 km/h	5,5 l	5,4 l	5,6 l
120 km/h	7,1 l	6,9 l	7,0 l

11. Ordne die Dezimalbrüche.

a) 0,04; 0,4; 0,004; 0,044 **b)** 0,26; 2,6; 2,06; 0,026 **c)** 1,16; 1,61; 1,6; 1,061

12. Ordne.

13. Gib für jede Sportart an, welcher Schüler den 1. Platz, welcher den 2. Platz, welcher den 3. Platz usw. erreicht hat. Kannst du aus den Ergebnissen einen Gesamtsieger ermitteln?

Name	Andreas	Christian	Felix	Michael	Tim	Philipp	Florian
Weitsprung	3,24 m	3,95 m	4,05 m	2,98 m	3,45 m	3,68 m	3,60 m
100-m-Lauf	15,1 s	15,9 s	15,7 s	17,1 s	16,4 s	15,6 s	15,0 s

Runden

Aufgabe

Das Bild rechts zeigt, wie viel Geld jede Woche in einem Vier-Personen-Haushalt für Nahrungsmittel durchschnittlich ausgegeben wird.
Die Angaben sind auf Cent genau. Eine so hohe Genauigkeit ist nicht unbedingt erforderlich.

a) Runde die Angaben auf ganze €.

b) Runde die Angaben auf 10 Cent.

Lösung

a) *Runden auf Euro:*
47,58 € wird auf 48 € aufgerundet, denn 47,58 € liegt näher bei 48 € als bei 47 €.
Man schreibt: 47,58 € ≈ 48 €

Entsprechend findest du

72,31 € ≈ 72 € (abgerundet)	46,81 € ≈ 47 € (aufgerundet)
46,20 € ≈ 46 € (abgerundet)	20,68 € ≈ 21 € (aufgerundet)

b) *Runden auf 10 Cent (eine Stelle nach dem Komma):*
47,58 € wird auf 47,60 € aufgerundet, denn 47,58 € liegt näher bei 47,60 € als bei 47,50 €.
Man schreibt: 47,58 € ≈ 47,60 €

Entsprechend findest du:

72,31 € ≈ 72,30 € (abgerundet)	46,81 € ≈ 46,80 € (abgerundet)
46,20 € bleibt 46,20 €	20,68 € ≈ 20,70 € (aufgerundet)

Information

Oft ist es nicht erforderlich, eine Zahl genau anzugeben. Dann kann man runden.
Beim **Runden** richtet man sich stets nach der Ziffer rechts von der Rundungsstelle.

Wenn die Ziffer rechts von der Rundungsstelle 0, 1, 2, 3, 4 ist, wird *abgerundet*.
Wenn die Ziffer rechts von der Rundungsstelle 5, 6, 7, 8, 9 ist, wird *aufgerundet*.

Runden auf

Einer:	6,**8**52 ≈ 7
Zehntel:	6,8**5**2 ≈ 6,9
Hundertstel:	6,85**2** ≈ 6,85

Übungen

2. a) Runde auf €: 15,46 €; 27,03 €; 19,98 €; 18,25 €; 25,50 €; 103,49 €
b) Runde auf 10 Cent: 47,44 €; 13,92 €; 29,97 €; 75,06 €; 340,65 €; 39,95 €

3. a) Runde auf m: 35,68 m; 49,45 m; 125,40 m; 60,23 m; 99,49 m; 39,50 m; 8,09 m
b) Runde auf dm: 1,76 m; 24,03 m; 94,25 m; 7,71 m; 47,55 m; 2,93 m; 12,09 m
c) Runde auf cm: 1,736 m; 0,844 m; 2,0567 m; 2,258 m; 1,506 m; 3,145 m; 2,545 m

4. Runde jeweils (1) auf Hundertstel, (2) auf Zehntel, (3) auf Einer.

a)	b)	c)	d)	e)	f)
18,86	42,736	8,856	1,325	3,198	0,888
2,647	0,783	30,569	3,147	10,795	5,799
5,965	2,715	1,454	8,409	15,555	17,989

5. Runde auf die erste (von 0 verschiedene) Ziffer.

a)	b)	c)	d)	e)
5,25	12,98	8,96	0,347	0,83
4,5	55,75	6,98	0,679	0,371
2,65	63,6	7,15	0,55	0,449

4,64 ≈ 5
0,032 ≈ 0,03

6. Katharina hat einen Dezimalbruch gerundet und 12,6 erhalten. Welchen Dezimalbruch könnte Katharina gerundet haben? Gib fünf Beispiele an.

7. a) Nenne fünf Dezimalbrüche, die auf Einer gerundet 14 ergeben.
b) Nenne fünf Dezimalbrüche, die auf Zehntel gerundet 2,6 ergeben.
c) Nenne fünf Dezimalbrüche, die auf Hundertstel gerundet 7,13 ergeben.

ADDIEREN UND SUBTRAHIEREN VON DEZIMALBRÜCHEN

Einstieg

Bei den Olympischen Winterspielen 2002 in Salt Lake City gab es im Rodeln der Frauen einen dreifachen deutschen Sieg.

→ Stelle zu den Angaben in der nebenstehenden Grafik selbst Aufgaben und löse sie.

Aufgabe

1. Die 5. Klassen haben für den Tierschutz gesammelt. Wie viel Euro wurden insgesamt gesammelt?
Führe zuerst einen Überschlag durch.

Kl. 5a	Kl. 5b	Kl. 5c	Kl. 5d
85,75 €	118,00 €	96,53 €	103,69 €

Lösung

Du musst berechnen: 85,75 + 118,00 + 96,53 + 103,69

Überschlag (Wähle dazu die Summanden angenähert so, dass du leicht im Kopf rechnen kannst):

90 + 120 + 100 + 100 = 410

Schriftliche Rechnung:

Schreibe die Dezimalbrüche stellengerecht untereinander (Komma unter Komma).
Addiere dann nacheinander die Hundertstel, die Zehntel, die Einer, Zehner, Hunderter.
Beachte die Überträge.

	H	Z	E	z	h
		8	5	7	5
+	1	1	8	0	0
+		9	6	5	3
+	1	0	3	6	9
	2	2	1	1	
	4	0	3	9	7

Hundertstel: 9 h + 3 h + 5 h = 17 h;
das sind 7 h (hinschreiben) und 1 z (Übertrag)
Zehntel: 1 z + 6 z + 5 z + 7 z = 19 z;
das sind 9 z (hinschreiben) und 1 E (Übertrag)
Einer: 1 E + 3 E + 6 E + 8 E + 5 E = 23 E;
das sind 3 E (hinschreiben) und 2 Z (Übertrag)
Zehner: 2 Z + 9 Z + 1 Z + 8 Z = 20 Z;
das sind 0 Z (hinschreiben) und 2 H (Übertrag)
Hunderter: 2 H + 1 H + 1 H = 4 H (hinschreiben)

		8	5,	7	5
+	1	1	8,	0	0
+		9	6,	5	3
+	1	0	3,	6	9
	2	2	1	1	
	4	0	3,	9	7

Ergebnis: Es wurden 403,97 € gesammelt.

Aufgabe

2. Anne wünscht sich einen Minidisc-Recorder für 249,75 €. Sie hat schon 184,82 € in der Spardose.
Wie viel Euro fehlen ihr noch?
Führe zuerst einen Überschlag durch.

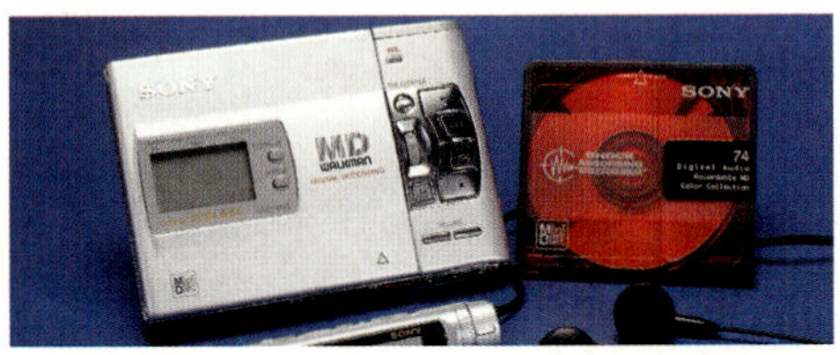

Lösung

Du musst berechnen: 249,75 − 184,82
Überschlag: 250 − 180 = 70, oder auch:
250 − 200 = 50

Schriftliche Rechnung:

Schreibe die Dezimalbrüche stellengerecht untereinander (Komma unter Komma). Ergänze nacheinander die Hundertstel, Zehntel, Einer, Zehner, Hunderter.

	H	Z	E	z	h
	2	4	9	7	5
−	1	8	4	8	2
	1		1		
		6	4	9	3

Kontrolliere durch Addieren

Hundertstel: 2 h + **3** h = 5 h, 3 h hinschreiben
Zehntel: 8 z + **9** z = 17 z, 9 z hinschreiben, 1 E Übertrag
Einer: 1 E + 4 E + **4** E = 9 E, 4 E hinschreiben
Zehner: 8 Z + **6** Z = 14 Z, 6 Z hinschreiben, 1 H Übertrag
Hunderter: 1 H + 1 H + **0** H = 2 H

Beachte die Überträge

Ergebnis: Anne muss noch 64,93 € sparen.

Zum Festigen und Weiterarbeiten

3. Rechne im Kopf.
Denke an Zehntel, Hundertstel, Tausendstel:
10 Zehntel = 1 Einer; 10 Hundertstel = 1 Zehntel; 10 Tausendstel = 1 Hundertstel

a)	b)	c)	d)	e)
0,4 + 0,5	0,9 − 0,2	0,03 + 0,06	0,08 − 0,06	0,64 + 0,21
0,7 + 0,5	1,2 − 0,5	0,08 + 0,05	0,12 − 0,05	0,25 + 0,08
2,6 + 0,9	2,6 − 1,9	0,75 + 0,07	0,75 − 0,42	1,45 − 0,16

4. Führe zuerst einen Überschlag durch. Berechne dann. Hänge gegebenenfalls Endnullen an, bis jeweils gleich viele Ziffern hinter dem Komma stehen.

a)	b)	c)	d)	e)	f)
13,65	42,8	93,075	8,67	15,475	25,5
+ 35,08	+ 10,755	+ 8,056	− 5,29	− 8,983	− 18,84
+ 72,86	+ 7,099	+ 56,98			

Komma unter Komma

5. Schreibe die Dezimalbrüche passend untereinander und berechne die Summe.

a) 83,98 + 26,07 + 164,84 **c)** 34,06 + 9,5 + 79,907 **e)** 26,705 + 5,07 + 12,648
b) 2,87 + 10,7 + 25,895 **d)** 48,79 + 3,784 + 45,8 **f)** 51 + 17,94 + 26,007

6. Julia hat zum Geburtstag Inlineskater und einen Helm bekommen. Damit bei einem Sturz die Verletzungsgefahr nicht so groß ist, braucht sie noch Handgelenkschoner, Ellbogenschützer und Knieschützer. Ein Sportgeschäft hat ein Sonderangebot.

a) Wie viel Euro muss sie für die Ausrüstung noch ausgeben?

b) Julia hat in ihrer Spardose 62,45 €. Wie viel bleibt noch übrig?

Übungen

7. Rechne im Kopf.

a)	b)	c)	d)	e)
1,3 + 0,6	0,36 + 0,52	2,4 − 0,7	3,2 − 1,5	1,14 + 0,45
2,5 + 0,7	0,41 + 0,28	5,3 − 0,9	5,4 − 4,5	1,56 − 0,83
7,9 + 0,8	0,17 + 0,71	3,5 − 1,6	6,3 − 2,7	0,43 − 0,32

8. Rechne schriftlich.

a)	b)	c)	d)	e)	f)
46,123	64,875	14,05	34,765	74,29	244,586
+ 2,17	+ 13,88	+ 8,3	+ 4,897	+ 109,965	+ 63,92
+ 49,268	+ 25,7	+ 27,471	+ 7,073	+ 15,087	+ 190,19
			+ 25,98	+ 89,5	+ 18,868

9. Rechne schriftlich.

a)	b)	c)	d)	e)	f)
35,24	18,371	64,051	49,6	75,7	125
− 17,65	− 6,193	− 44,372	− 14,75	− 27,365	− 76,43

10. Wo steckt der Fehler? Berichtige.

(1) 5,43 + 3,8 = 8,51 (3) 12,59 + 2,8 = 12,87 (5) 7,8 − 5 = 7,3
(2) 0,4 + 3 = 0,7 (4) 3,64 − 1,3 = 2,61 (6) 9,58 − 1,4 = 9,44

11. Führe zunächst einen Überschlag durch. Schreibe dann untereinander und berechne dann.

a) 77,612 + 79,563	d) 0,78 + 0,508 + 5,965	g) 17,305 − 9,632	j) 8,048 − 5,709
b) 5,986 + 42,098	e) 4,088 + 13,907 + 0,98	h) 5,143 − 0,856	k) 127,36 − 76,48
c) 467,33 + 67,099	f) 9,907 + 30,5 + 18,55	i) 15 − 8,724	l) 37,8 − 8,503

12.
a) Subtrahiere die Dezimalbrüche 10,5 und 3,6.
b) Berechne die Differenz von 13,5 und 4,8.
c) Berechne den Unterschied zwischen 0,8 und 0,08.
d) Um wie viel ist 19,4 größer als 7,04?
e) Um wie viel ist 8,57 kleiner als 12,083?

13. Janas Vater hat auf seiner Geldkarte noch ein Guthaben von 178,32 €. An der Tankstelle lässt er für Benzin 35,86 € abbuchen. Welches neue Guthaben hat die Geldkarte?

14. Ein Wagen mit dem Leergewicht 0,75 t wurde mit Rüben beladen. Er wiegt jetzt 3,46 t.

15. Rechne wie im Beispiel.

a)	c)
463,747	80,675
− 106,052	− 7,24
− 18,524	− 14,1

b)	d)
92,549	479,9
− 7,851	− 38,423
− 24,923	− 104,35

Beispiel:
43,75
− 7,28
− 12,54
11 1
23,93

Zuerst die Hundertstel: 4 + 8 = 12; 12 + 3 = 15 3 hinschreiben; 1 Übertrag

Dann die Zehntel: 1 + 5 + 2 = 8; 8 + 9 = 17 9 hinschreiben, 1 Übertrag

16. Führe zunächst einen Überschlag durch. Berechne dann.

a) 214,6 − 37,98 − 2,40	c) 93,55 − 14,003 − 22,1	e) 34,075 − 0,081 − 7,4
b) 176,5 − 8,91 − 3	d) 200 − 18,75 − 44,557	f) 3,403 − 0,48 − 1,002

17. Frau Rose hat auf ihrem Konto zu Monatsbeginn 284,16 €. Im Laufe des Monats werden 1 984,17 € eingezahlt und 1 707,75 € abgehoben.
Wie hoch ist jetzt der Kontostand? Schätze zunächst ab.

18. **a)** Stefan bekommt 9 € Taschengeld. Davon gibt er 1,80 € für Eis, 2,55 € für einen Zeichenblock und 3,40 € für einen Schülerkalender aus. Den Rest spart er.

b) Michael kauft Turnschuhe für 29,25 €, einen Jogginganzug für 46,95 € und eine Skater-Bermuda für 9,65 €. Er zahlt mit zwei 50-Euro-Scheinen.

19. Frau Weise liest jeden Monat den Stand ihrer Wasseruhr ab.

a) Wie viel m^3 Wasser hat sie im Januar, im Februar, im März verbraucht?

b) Stelle weitere sinnvolle Fragen und beantworte sie.

Datum	Stand der Wasseruhr
1. Januar	1 923,225 m^3
1. Februar	1 939,164 m^3
1. März	1 958,966 m^3
1. April	1 976,346 m^3

20. Ein Versandhändler hat für alle Waren die Masse tabelliert. Ein Kunde bestellt ein 1,023 kg schweres Buch, ein 0,523 kg schweres Buch, ein 0,196 kg schweres Taschenbuch und eine 0,087 kg schwere CD. Das Verpackungsmaterial wiegt 0,127 kg.
Sendungen bis zu einer Masse von 2 kg sind Päckchen, schwerere sind Pakete.
Stelle geeignete Fragen und beantworte sie.

21. Übertrage in dein Heft. Die Summe zweier Zahlen steht im Feld darüber.

a)

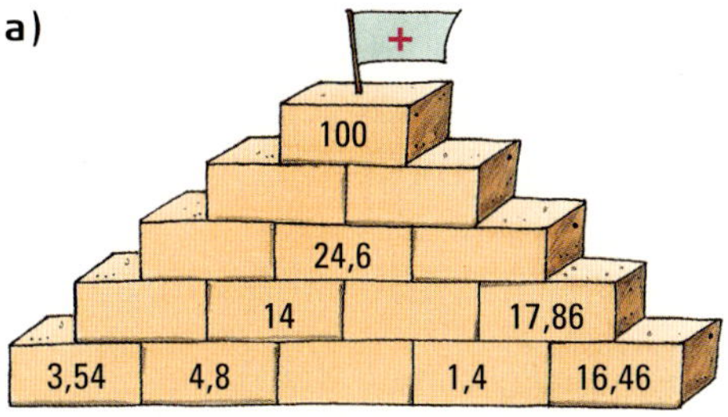

b)

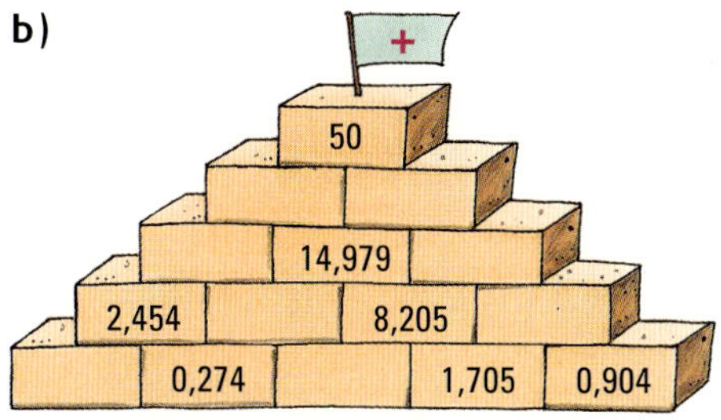

22. Immer zwei Dezimalbrüche ergeben zusammen 1. Welche Dezimalbrüche sind das?

23. **a)** Ergänze zu 15: 2,881; 3,096; 10,092; 14,390; 9,04

b) Ergänze zu 100: 23,79; 44,038; 19,866; 89,004; 99,904

24. Berechne den Unterschied zwischen:

a) 0,8 und 0,008
b) 0,43 und 0,043
c) 3,5 und 3,05
d) 6,9 und 6,009
e) 5,75 und 5,755
f) 1,85 und 1,853

Zum Knobeln

25. Hier fehlen Ziffern.

a)
1□,□8
\+ 4,3□
20,14

b)
1□6,□0□
\+ 4□,095
204,8□0

c)
96,□4
\+ 24,9□
12□,97

d) □7□,19□ – 2□6,□05 = 156,7□6

e) □,5□31□ – 0,804□ = 0,□4□6

BIST DU FIT?

1. Welcher Bruch ist dargestellt?

a) 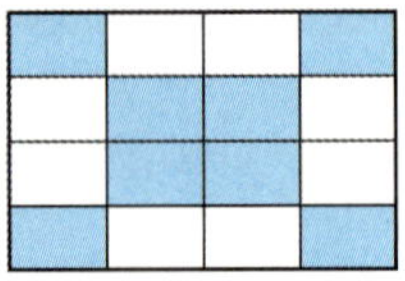

b) 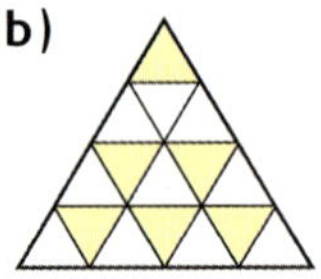

c) 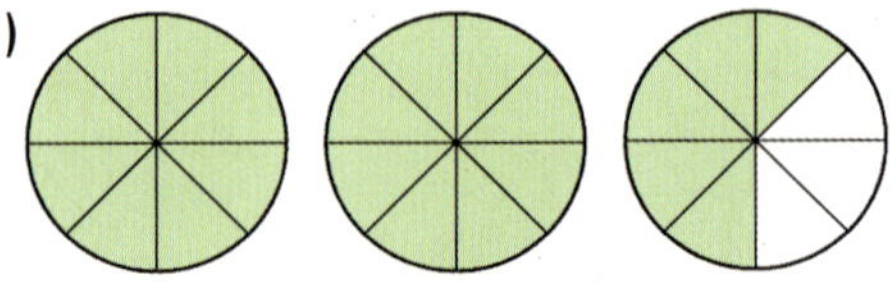

2. $\frac{5}{6}$ der Fläche soll grün gefärbt werden.
Wie viele Quadrate müssen noch gefärbt werden?

3. Welcher Anteil an einer Stunde ist zwischen 8.30 Uhr und 8.50 Uhr [12.25 Uhr und 13.05 Uhr] vergangen?

4. Färbe vom Rechteck:

a) $\frac{3}{4}$ **b)** $\frac{1}{3}$ **c)** $\frac{2}{3}$ **d)** $\frac{5}{6}$

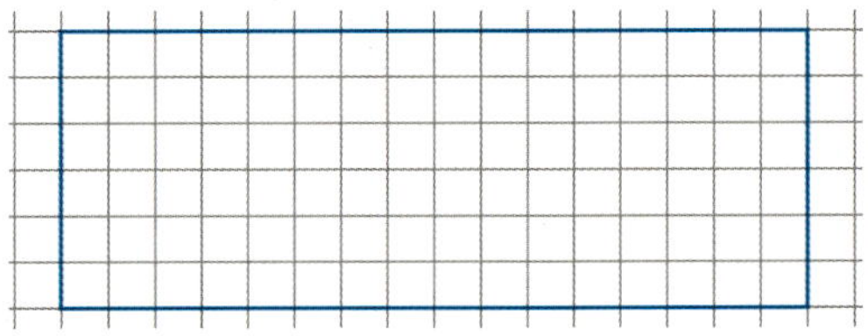

5. **a)** Notiere die Brüche
$\frac{35}{11}$; $\frac{72}{12}$; $\frac{76}{15}$; $\frac{140}{20}$; $\frac{181}{25}$; $\frac{135}{50}$; $\frac{349}{100}$
als natürliche Zahl oder in gemischter Schreibweise.

b) Notiere als unechten Bruch: $9\frac{1}{2}$; $4\frac{2}{3}$; $5\frac{3}{4}$; $2\frac{3}{5}$; $7\frac{1}{6}$; $6\frac{5}{8}$; $8\frac{9}{10}$

6. Kürze so weit wie möglich: $\frac{15}{24}$; $\frac{15}{55}$; $\frac{18}{30}$; $\frac{30}{72}$; $\frac{44}{121}$; $\frac{60}{144}$; $\frac{90}{225}$; $\frac{144}{300}$; $\frac{400}{275}$

7. Erweitere auf den Nenner 1 000: $\frac{5}{4}$; $\frac{11}{25}$; $\frac{9}{8}$; $\frac{11}{125}$; $\frac{41}{200}$; $\frac{9}{50}$; $\frac{13}{250}$

8. Wandle in die in Klammern angegebene Einheit um.

a) $\frac{2}{5}$ m (cm); $3\frac{1}{2}$ m (cm); $\frac{7}{8}$ kg (g); $4\frac{3}{4}$ kg (g)

b) $\frac{5}{6}$ h (min); $2\frac{5}{12}$ h (min); $7\frac{6}{25}$ *l* (ml)

9. Rechne in gemeine Brüche um.

a) 0,37; 0,675; 0,032; 0,009; 0,105

b) 6,7; 7,15; 5,04; 9,008; 2,049

10. Rechne in Dezimalbrüche um.

a) $\frac{7}{10}$; $3\frac{6}{10}$; $14\frac{9}{10}$; $10\frac{3}{10}$

b) $\frac{13}{100}$; $\frac{4}{100}$; $2\frac{96}{100}$; $4\frac{8}{100}$

c) $\frac{3}{1000}$; $\frac{416}{1000}$; $\frac{72}{1000}$; $5\frac{11}{1000}$

d) $7\frac{3}{10}$; $2\frac{6}{1000}$; $8\frac{4}{100}$; $1\frac{15}{1000}$

e) $\frac{1}{2}$; $\frac{1}{4}$; $\frac{3}{4}$; $\frac{1}{5}$; $\frac{1}{8}$

f) $4\frac{1}{5}$; $5\frac{3}{4}$; $7\frac{1}{4}$; $10\frac{1}{2}$

11. Ordne die Dezimalbrüche nach der Größe.

a) 0,6; 0,63; 0,606; 0,063 **b)** 1,88; 1,9; 1,89; 1,98 **c)** 5,02; 5,2; 5,22; 5,202

12. Gib die mit den roten Strichen markierten Zahlen als Dezimalbrüche und auch als gekürzte gemeine Brüche (in gemischter Schreibweise) an.

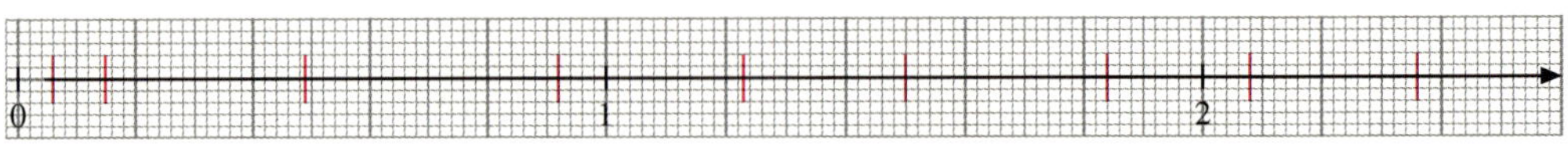

13. In einem Laden hängen Salami-Würste der gleichen Sorte mit folgenden Massen:
0,875 kg; 0,925 kg; 0,884 kg; 0,91 kg; 0,892 kg
Folgende Preisschilder sollen angeheftet werden:
9,84 €; 9,45 €; 9,56 €; 9,99 €; 9,63 €
Welche Schilder gehören zu den einzelnen Würsten? Lege eine Tabelle an.

14. Gib die Größenangaben in zwei Einheiten an.
(1) 2,9 km (2) 7,5 t (3) 1,75 t (4) 1,5 kg (5) 2,03 g (6) 4,75 *l*

15. Runde **a)** auf Hundertstel; **b)** auf Zehntel; **c)** auf Einer.
(1) 2,768 (2) 5,789 (3) 0,085 (4) 7,777 (5) 54,019 (6) 7,070

16. Eine Schule hat 420 Schüler, $\frac{3}{5}$ der Schülerschaft sind Jungen.
Wie viele Mädchen sind in der Schule?

17. In einem Karton sind 60 Eier. Beim Transport sind $\frac{1}{4}$ der Eier zerbrochen.
Wie viele unzerbrochene Eier sind noch in dem Karton?

18. **a)** $\frac{3}{7} + \frac{2}{7}$ **b)** $\frac{3}{4} + \frac{3}{4}$ **c)** $\frac{5}{6} + \frac{5}{6}$ **d)** $\frac{7}{8} - \frac{3}{8}$ **e)** $1\frac{1}{8} - \frac{3}{8}$ **f)** $1\frac{1}{6} - \frac{5}{6}$

19. **a)** $\frac{2}{10} + \frac{5}{10}$ **b)** $\frac{7}{100} + \frac{12}{100}$ **c)** $\frac{25}{1000} + \frac{40}{1000}$ **d)** $\frac{9}{10} - \frac{7}{10}$ **e)** $\frac{34}{100} - \frac{13}{100}$ **f)** $\frac{95}{1000} - \frac{7}{1000}$

20. **a)** $1 - \frac{5}{8}$ **b)** $1 - \frac{1}{6}$ **c)** $1 - \frac{14}{100}$ **d)** $\frac{2}{7} + \square = 1$ **e)** $\frac{4}{9} + \square = 1$ **f)** $\frac{23}{100} + \square = 1$

21. **a)** 2,5 + 5,24 **b)** 9,1 + 2,55 **c)** 4,73 − 1,5 **d)** 2,3 − 1,24 **e)** 10 − 1,25

22. **a)** 7,25 + 0,115 **b)** 5,62 + 6,333 **c)** 12,95 − 1,25 **d)** 7,45 − 0,008 **e)** 1 − 0,725

23. Schreibe untereinander und berechne.
a) 263,36 + 40,79; 94,778 + 23,03
b) 190,413 + 64,15; 35,19 + 9,032
c) 135,671 − 94,948; 54,125 − 26,33
d) 150,43 − 81,475; 372,2 − 45,908

24. Julia, Lena und Michael sammeln für ein Kinderheim. Julia bekommt 40 €, Lena 60 € und Michael 20 € zusammen. Wie groß ist der Anteil von Julia, von Lena, von Michael am Gesamtergebnis der drei Kinder?

25. $\frac{4}{5}$ von Fleisch besteht aus Wasser. Wie viel Wasser enthält 75 kg Fleisch?

26. **a)** In einer Klasse sind 15 Mädchen und 10 Jungen.
Welcher Anteil der Schüler sind Mädchen?
b) Elias hat für einen Urlaub 140 € zur Verfügung. $\frac{6}{7}$ davon gibt er aus.

27. Mit den vier Zahlen kann man viele Aufgaben bilden.
Bilde aus je zwei der vier Zahlen
a) alle möglichen Additionsaufgaben
b) alle möglichen Subtraktionsaufgaben.

IM BLICKPUNKT: DER DREH MIT DEN BRÜCHEN

Wir bauen ein Glücksrad. Das brauchst du dazu:

- Karopapier
- Schere
- Klebstoff
- 1 Bierdeckel
- Fotokarton
- Zirkel, Geodreieck
- 1 Reißzwecke
- 1 kleine Holzperle
- Bleistift, Radiergummi

Du bekommst eine genauere Aufteilung des Glücksrades, wenn du den Kreis mit dem Geodreieck in 10 Abschnitte aufteilst, die alle einen Winkel von 36° haben.

✂ Übertrage die Figuren auf Karopapier. Zähle dazu die Kästchen ab; gehe vom oberen roten Kreuzchen aus. Schneide die Scheiben aus und klebe sie auf Fotokarton oder dünne Pappe. In der Mitte stichst du mit der Zirkelspitze je ein kleines Loch.

✂ Die Zahlen der kleinen und der großen Scheibe sind Zähler und Nenner von Brüchen. Achte darauf, dass die Zahlen auf der großen Scheibe sehr weit außen stehen müssen, weil sie sonst von der kleinen Scheibe verdeckt werden.

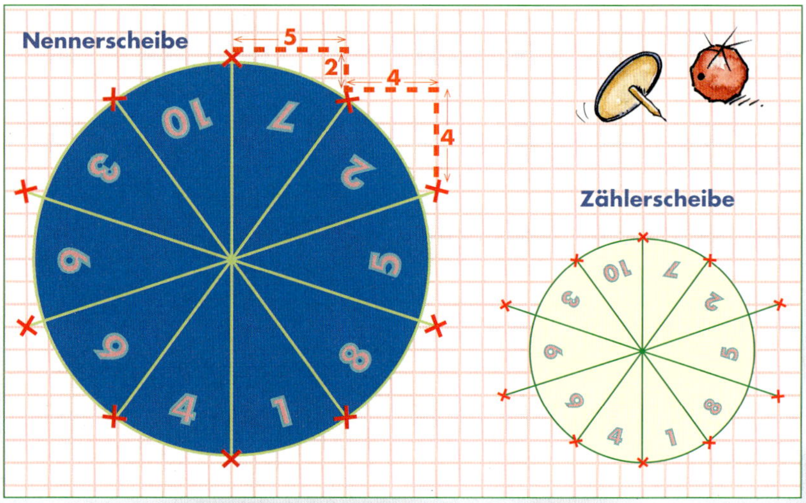

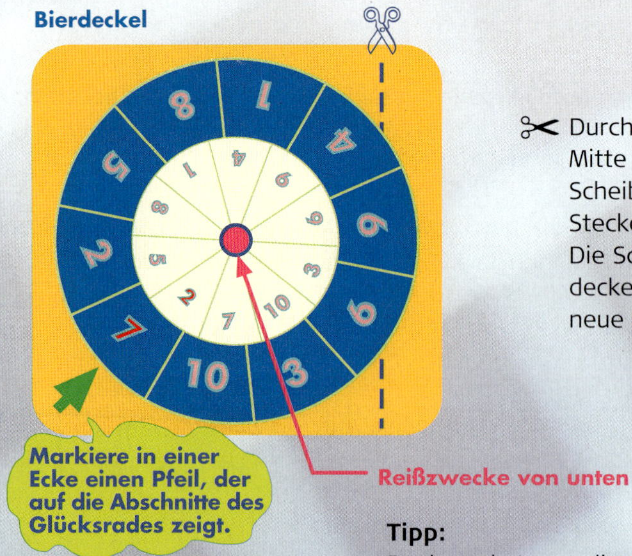

✂ Durchstich einen Bierdeckel von unten in der Mitte mit einer Reißzwecke und lege die Scheiben über die herausragende Spitze. Stecke auf die Spitze eine kleine Holzperle. Die Scheiben lassen sich jetzt auf dem Bierdeckel leicht drehen. Es ergeben sich ständig neue Kombinationen von Brüchen.

Tipp:
Du brauchst nur die untere Scheibe zu drehen, die obere dreht sich dann mit. Du kannst die Scheibe leichter drehen, wenn du nach Fertigstellung des Glücksrades vom Bierdeckel einen Streifen abschneidest.

Partnerspiel

1. Dem Bruch auf den Grund gehen

Wer die größte Zahl auf der Außenscheibe erdreht, beginnt.

Erdrehst du einen Bruch in der Grunddarstellung, so erhältst du den Wert des Zählers als Punktzahl gutgeschrieben. Erdrehst du dagegen einen Bruch, der noch zu kürzen ist, bekommst du keinen Punkt. Im Beispiel links unten auf der vorigen Seite siehst du den Bruch $\frac{2}{7}$. Das ist ein vollständig gekürzter Bruch, für den du 2 Punkte bekommen hättest.
Bei einem Durchgang dreht jeder Spieler 5-mal und addiert seine Punkte.
Das Spiel wird über 4 Runden gespielt.
Wer die meisten Punkte hat, gewinnt.

Variante:
Du kannst das Spiel auch so spielen, dass du nur dann Punkte bekommen kannst, wenn du den erdrehten Bruch kürzen kannst. In diesem Fall ist dann die Kürzungszahl die Punktzahl. Für Brüche, die man nicht mehr kürzen kann, gibt es dann keinen Punkt.

Gruppenspiel (2 bis 4 Spieler)

2. Einbruch nach Maß

Es beginnt derjenige, der auf der Innenscheibe die kleinste Zahl erdreht.
Jeder Spieler benötigt drei Spielmarken (z. B. Stifte, Papierschnitzel, ...)

Gedreht wird reihum. Der erste Mitspieler erdreht einen Bruch. Schafft es der nachfolgende Spieler einen größeren Bruch zu drehen, so darf er eine Spielmarke in die Mitte legen. Bei gleich großem oder kleinerem Bruch darf er keine Marke ablegen. Es muss im weiteren Verlauf des Spiels immer der zuletzt erdrehte Bruch übertroffen werden.
Gewonnen hat, wer zuerst alle Marken abgeben konnte.

Spiel mit zwei Mannschaften je 2 Spieler

3. Ein Spiel für Kenner: Ganze Zahl $\frac{\text{Zähler}}{\text{Nenner}}$

Bei diesem Spiel sind die Zahlen auf dem äußeren Zahlenring die Zehner, die Zahlen auf dem inneren Zahlenring die Einer. Bei den Einern zählt die „10" als „0". So können Zahlen von 10 bis 109 erdreht werden.
Vier Mitspieler bilden zwei Mannschaften. Wer die kleinste Zahl erdreht, beginnt.
Beide Spieler dieser Mannschaft erdrehen je eine Zahl. Die größere der beiden Zahlen ist der Zähler, die kleinere der Nenner eines Bruches.
Die andere Mannschaft muss versuchen, diesen Bruch schneller als ihre Gegner in einen gekürzten Bruch in gemischter Schreibweise umzuwandeln und aufzuschreiben.
Schafft sie das, erhält sie einen Punkt, sonst nicht.

Die Mannschaften sind abwechselnd mit dem Drehen an der Reihe.
Wer zuerst 5 Punkte hat, gewinnt das Spiel.

5 Messen und Berechnen von Flächen und Körpern

Bei der Entwicklung der Landvermessung in Ägypten vor über 3000 Jahren hat der Nil ein gutes Stück mitgeholfen. Mit seinen jährlichen Überschwemmungen überdeckte er die niedrigen Flusstäler mit einer schwarzen Schlammschicht. Das war ein hervorragender Dünger für die Felder und sorgte für eine gute Ernte. Doch die alten Grenzen zwischen den Feldern waren durch die Schlammschicht nicht mehr zu erkennen.

Um Streit zwischen den Besitzern von angrenzenden Feldern zu vermeiden, mussten die Flächen neu vermessen werden.

Hierzu benötigte man Landvermesser mit geometrischen Kenntnissen. Sie konnten schon damals die Größe von vielen verschiedenen Flächen bestimmen.

Früher wurden Flüssigkeiten in Kannen, Krügen oder Kübeln verkauft. Das Einkaufen war damals nicht so einfach wie heute. Dies zeigt uns folgende Geschichte aus dem alten Orient:

Ali-Baba möchte von einem Ölhändler 4 Liter Öl kaufen. Der Händler hat einen 8-Liter-Krug, der bis an den Rand mit Öl gefüllt ist. Außerdem hat er noch zwei leere Krüge, einen 3-Liter-Krug und einen 5-Liter-Krug.

→ Wie kann man durch mehrmaliges Umfüllen erreichen, dass in einem der Krüge genau 4 Liter sind?

In diesem Kapitel lernst du ...

... wie man Flächen und Körper messen kann sowie mit Flächeninhalten und Volumina rechnet.

UMFANG EINER FIGUR ALS LÄNGE – UMFANG VON RECHTECK UND QUADRAT

Einstieg

Eine mit jungen Fichten bepflanzte Schonung im Wald soll eingezäunt werden. Die Punkte A, B, C, D und E markieren die Eckpfähle.
1 mm in der Zeichnung rechts sind 1 m in der Wirklichkeit.

➜ Wie lang wird der Zaun?

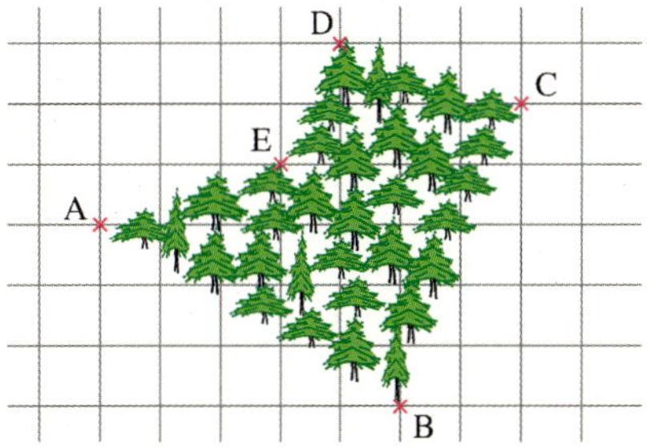

Aufgabe

1. Rechts ist eine Schafweide verkleinert gezeichnet. 1 mm in der Zeichnung entspricht 1 m in der Wirklichkeit.
Die Weide soll eingezäunt werden.
Wie lang ist der Zaun?

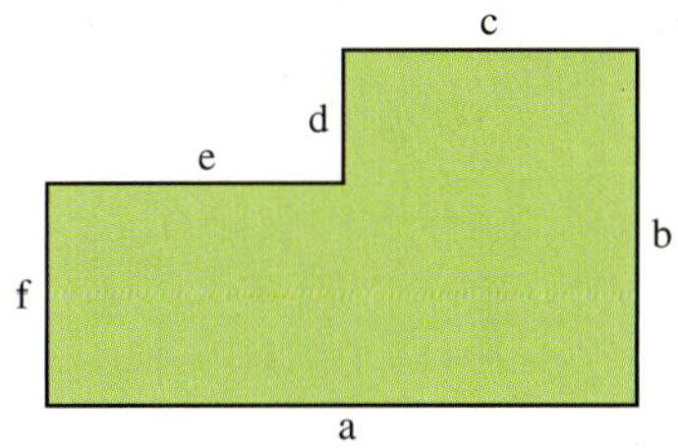

Lösung

Die Schafweide ist ein Sechseck. Die Längen aller Seiten zusammen ergeben die Länge des Zauns. Wir messen daher die Seiten aus und addieren die Seitenlängen:

Seite	In der Zeichnung gemessene Länge	Länge in der Wirklichkeit
a	4,0 cm (= 40 mm)	40 m
b	2,4 cm (= 24 mm)	24 m
c	2,0 cm (= 20 mm)	20 m
d	0,9 cm (= 9 mm)	9 m
e	2,0 cm (= 20 mm)	20 m
f	1,5 cm (= 15 mm)	15 m

(Längen in der Wirklichkeit: +)

Zaunlänge: u = 128 m

Ergebnis: Der Zaun ist 128 m lang.

Information

Man erhält den **Umfang u eines Vielecks,** indem man die Längen aller Seiten addiert.

Beispiel:
Umfang des Dreiecks mit den Seitenlängen a, b und c.

u = a + b + c
u = 4,7 cm + 2,3 cm + 6,4 cm
u = 13,4 cm

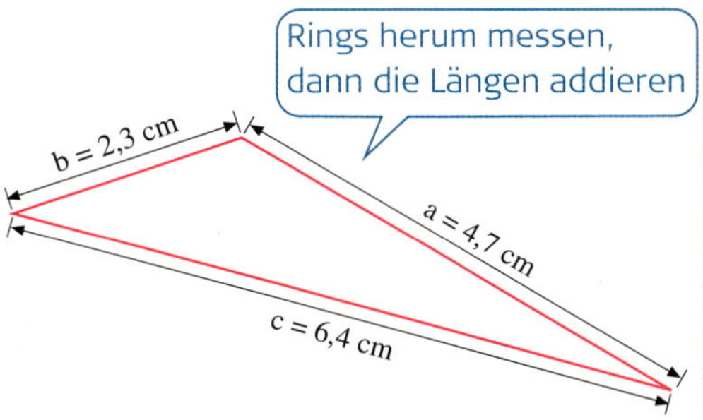

Zum Festigen und Weiterarbeiten

2. a) Ingo bestimmt den Umfang einer geometrischen Figur, indem er um sie einen Faden legt und dessen Länge dann misst.
Was sagst du dazu?

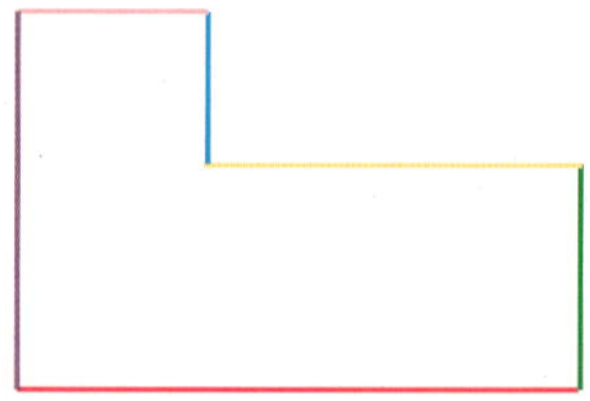

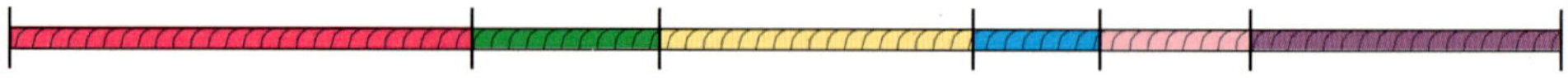

b) Setze die Seiten der abgebildeten geometrischen Figur wie in Teilaufgabe a) zu einer Strecke zusammen. Bestimme so den Umfang der Figur.

(1)
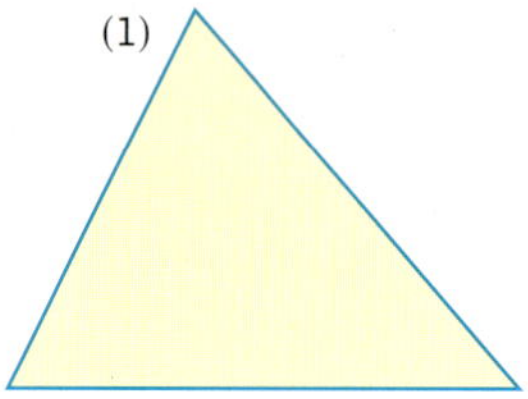

(2)

(3)

3. Miss die Längen der Seiten und berechne den Umfang des Vielecks.

a)
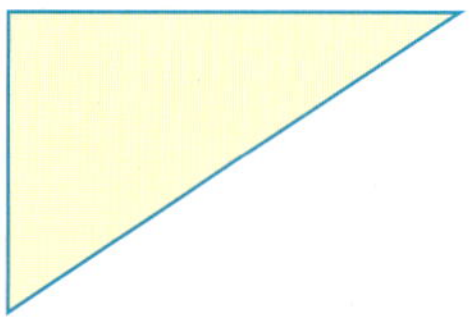

b)

c)
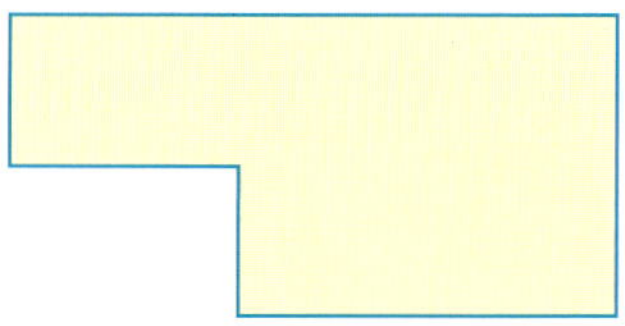

4. *Formel für den Umfang eines Rechtecks*

a) Stecke im Klassenraum oder auf dem Schulhof ein Rechteck ab mit den Seitenlängen a = 3 m und b = 2 m.

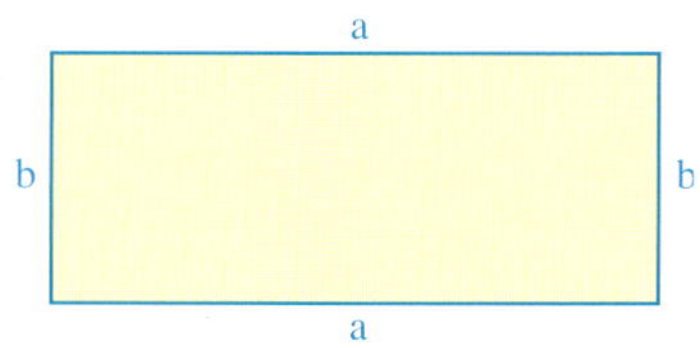

b) Gib eine Formel an, mit der man aus den Seitenlängen a und b eines Rechtecks den Umfang berechnen kann.
Es gibt verschiedene Möglichkeiten.

c) Bestimme mithilfe der in Teilaufgabe b) aufgestellten Formel den Umfang des Rechtecks mit den angegebenen Seitenlängen.

(1) a = 6 m, b = 4 m
(2) a = 12 cm, b = 9 cm
(3) a = 8 mm, b = 3 mm
(4) a = 7,2 cm, b = 9,8 cm

Information

Für den **Umfang u eines Rechtecks** mit den Seitenlängen a und b gilt die Formel:

u = 2 · a + 2 · b bzw. **u = 2 · (a + b)**

Beispiel: a = 4,3 cm; b = 2,7 cm
u = 2 · a + 2 · b
u = 2 · 4,3 cm + 2 · 2,7 cm
u = 8,6 cm + 5,4 cm
u = 14,0 cm

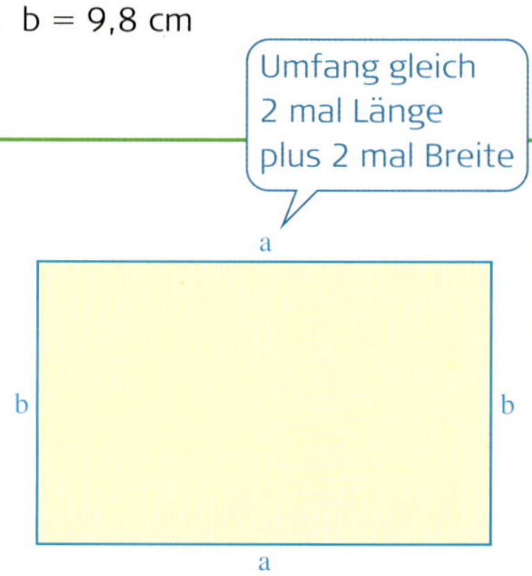

5. *Formel für den Umfang eines Quadrats*

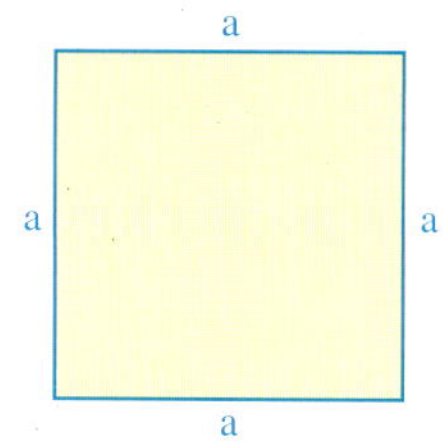

a) Ein Quadrat habe die Seitenlänge a. Stelle eine Formel für den Umfang des Quadrates auf.

b) Bestimme mithilfe der Formel den Umfang des Quadrates.
(1) a = 7 cm (2) a = 3,9 cm

Übungen

6. Bestimme den Umfang des Vielecks.

a)
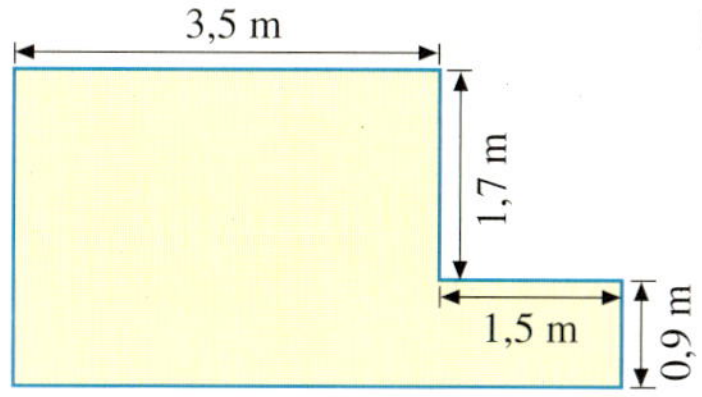

b)
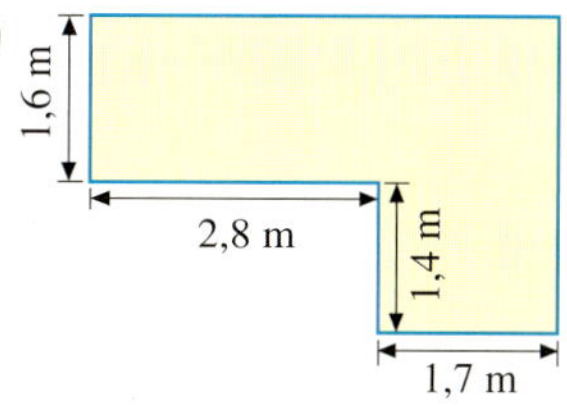

c)
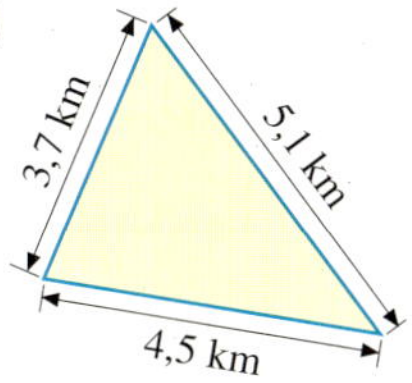

7. Miss die Seitenlängen und gib den Umfang an.

a)
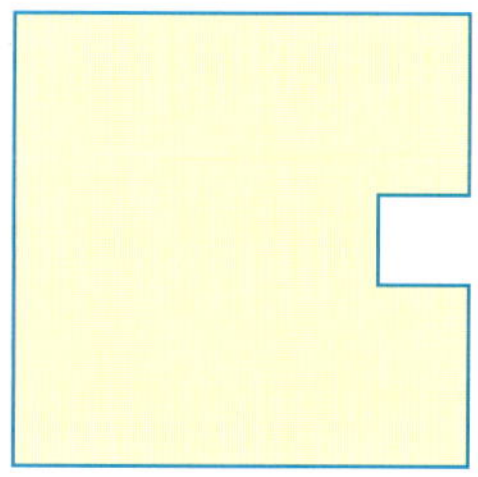

b)
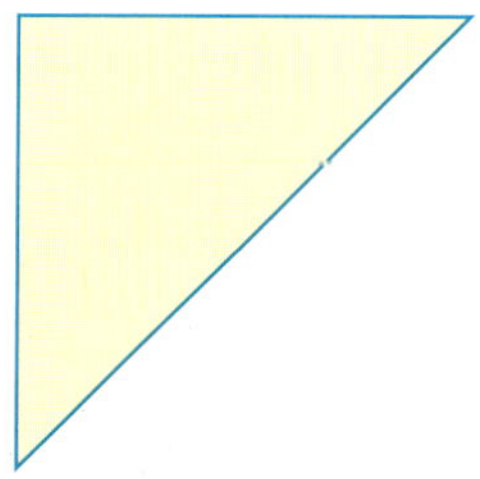

c)
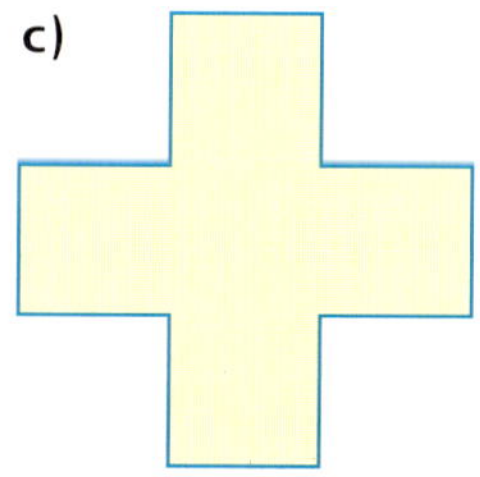

8. Bestimme den Umfang des Rechtecks mit den Seitenlängen a und b.

a) a = 7 m, b = 5 m **b)** a = 3,5 m, b = 2,8 m **c)** a = 2,4 cm, b = 7,5 cm

9. **a)** Ein rechteckiger Garten soll eingezäunt werden. Er ist 7,30 m breit und 17,40 m lang. Wie lang ist der Zaun?

b) Ein Zimmer ist 4,5 m breit und 7,5 m lang. Es soll eine Fußleiste erhalten. Die Tür ist 1,5 m breit.

c) Ein Fenster ist 2,70 m breit und 1,8 m hoch. Der Fensterrahmen soll gestrichen werden. 1 m Streichen kostet 2,10 €.

10. Zeichne verschiedene Rechtecke mit dem Umfang (1) u = 24 cm; (2) u = 18,4 cm.

11. Für die Seitenlängen eines Rechtecks können andere Variablen als a und b verwendet werden. Wie lautet hier die Formel für den Umfang des Rechtecks?

a)
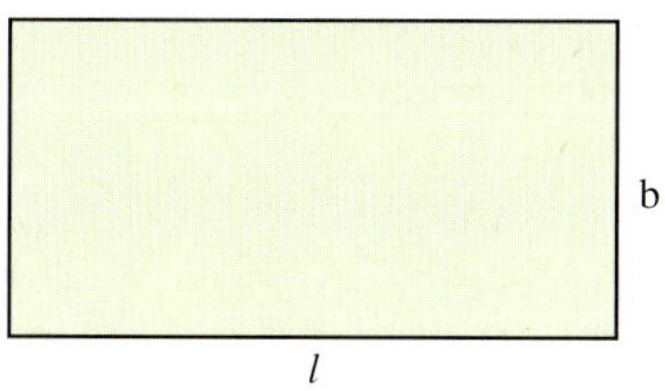

b)
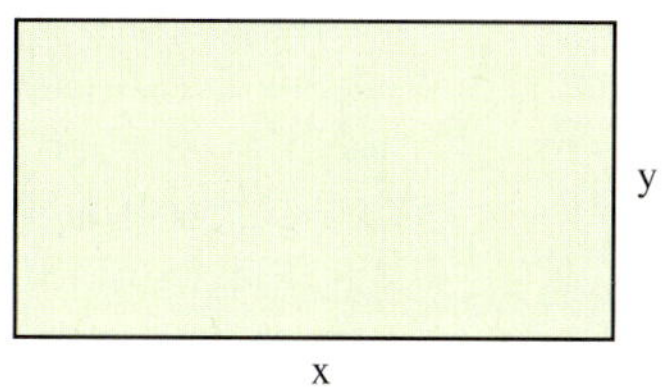

12. **a)** Ein Rechteck hat die Seitenlängen a = 4 cm und b = 3,5 cm. Wie ändert sich der Umfang des Rechtecks, wenn die Seitenlänge a [Seitenlänge b] verdoppelt wird?

b) Wie ändert sich der Umfang eines Quadrats, wenn die Seitenlänge a verdoppelt [halbiert] wird?

FLÄCHENVERGLEICH – MESSEN VON FLÄCHEN

Größenvergleich bei Flächen – Flächeninhalt

Einstieg

Zerschneide das Rechteck wie im Bild längs beider Diagonalen in vier Teile. Lege diese Teile zu einer neuen Figur zusammen.

→ Findest du mehrere Möglichkeiten?

→ Was haben die unterschiedlichen Figuren gemeinsam, worin unterscheiden sie sich?

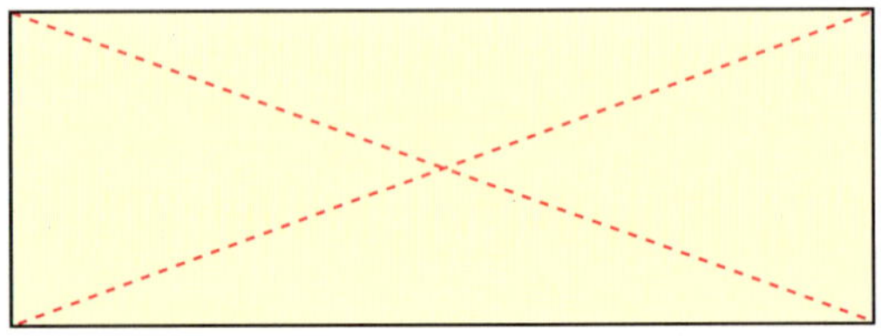

Aufgabe

1.

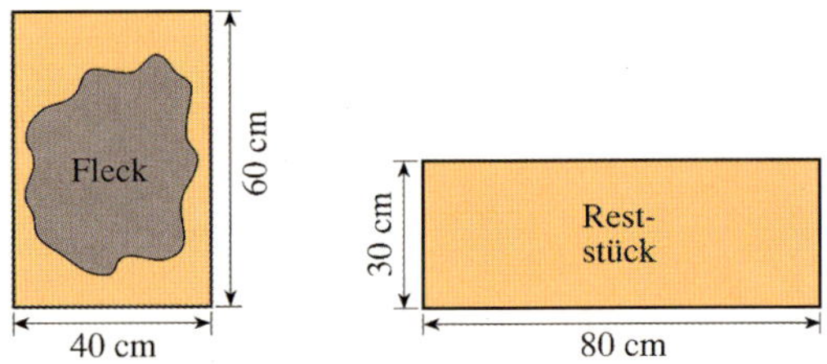

Auf dem Teppichboden ist ein großer Fleck entstanden. Tanjas Vater will den Teppichboden ausbessern. Er besitzt noch ein Reststück. Der Fleck ist jedoch zu breit.
Wie kann er sich helfen?

Lösung

Tanjas Vater schneidet aus dem Teppichboden ein Rechteck mit den Seitenlängen 40 cm und 60 cm heraus. Das Reststück passt genau in die Lücke. Es muss nur in der Mitte zerschnitten werden.

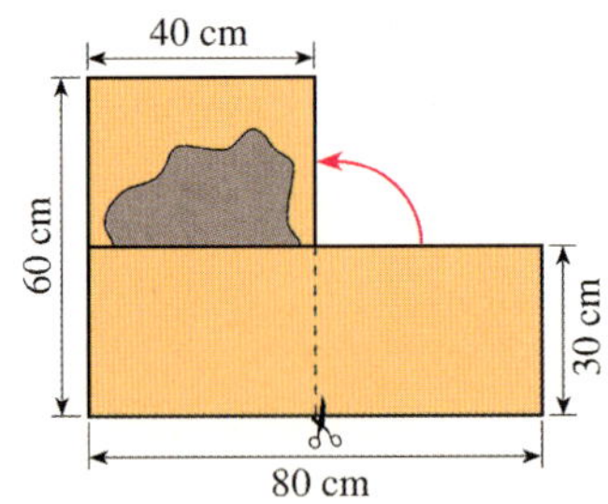

Information

(1) Flächeninhalt

Reststück und Lücke von Aufgabe 1 sind Rechtecke. Sie haben zwar verschiedene Abmessungen, sie haben aber dieselbe Größe. In der Mathematik sagt man: Sie haben denselben *Flächeninhalt.*

Die Flächen rechts bestehen aus denselben Teilflächen. Sie haben denselben **Flächeninhalt.**

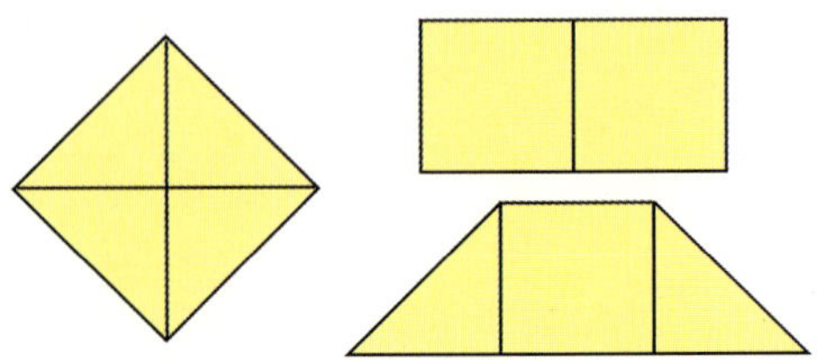

(2) Zur Unterscheidung Flächeninhalt – Umfang

Du musst den Flächeninhalt einer Fläche von ihrem Umfang unterscheiden. Reststück und Teppichlücke in Aufgabe 1 haben *denselben Flächeninhalt*, ihre *Umfänge* sind jedoch *verschieden.*

Umfang des Reststückes: 80 cm + 30 cm + 80 cm + 30 cm = 220 cm
Umfang der Teppichlücke: 60 cm + 40 cm + 60 cm + 40 cm = 200 cm

Der Umfang ist eine Länge und wird daher z. B. in cm gemessen.
Der Flächeninhalt ist eine neue Größe.

Unterscheide Flächeninhalt und Umfang – Der Umfang ist eine Länge.

Zum Festigen und Weiterarbeiten

2. Haben die beiden Flächen denselben Flächeninhalt?
Wenn nein, welcher Flächeninhalt ist größer?

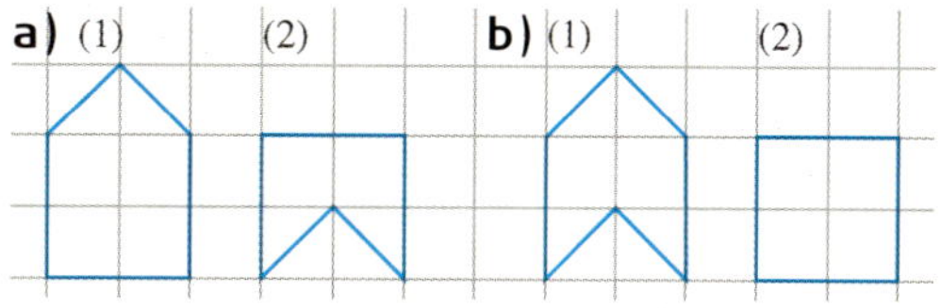

Übungen

3. a)

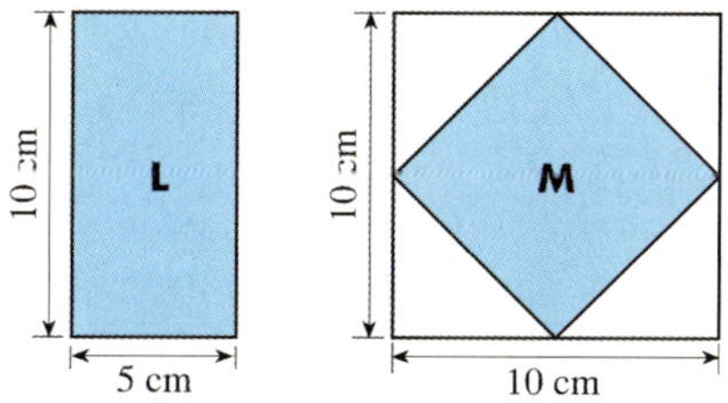

Entscheide, ob die Flächen L und M den gleichen Flächeninhalt haben. Zeichne ab, schneide aus und zerlege.

b)

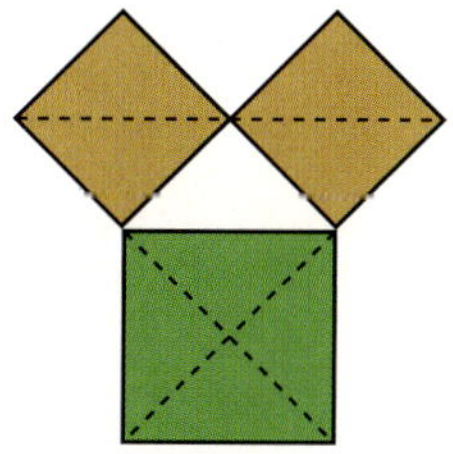

Warum haben die beiden braunen Quadrate zusammen denselben Flächeninhalt wie das grüne Quadrat?

4. a) Verschiedene Rasenstücke in einem Park sollen neu eingesät werden. Benötigt man für eines mehr Rasensamen als für das andere? Erkläre.

b) Lukas behauptet: „Für die Begrenzung des Rasenstücks B braucht man mehr Begrenzungssteine als für die Begrenzung des Rasenstücks A. Also ist das Rasenstück B größer als das Rasenstück A." Ein Randstein ist 1 m lang. Was meinst du dazu?

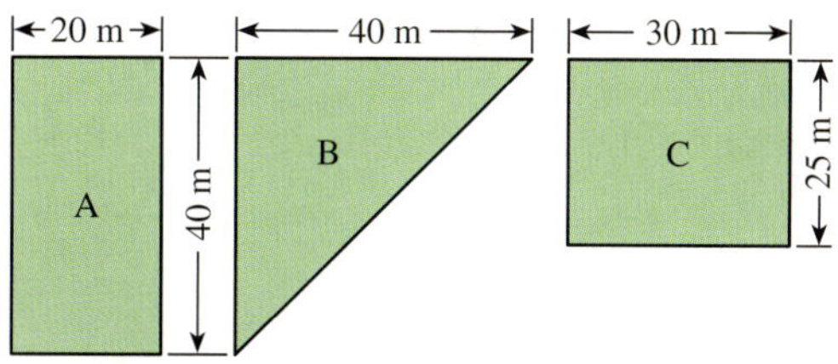

5. *Tangram:* Das Tangramspiel ist ein altes chinesisches Legepuzzle, das aus 7 einfachen Teilen besteht. Mit ihm lassen sich eine Vielzahl von Bildern legen. Übertrage das Tangram auf Karopapier und schneide es aus.
Partner 1 legt mit einigen Teilen des Tangramspiels eine Figur.
Partner 2 soll dann eine Figur legen, die

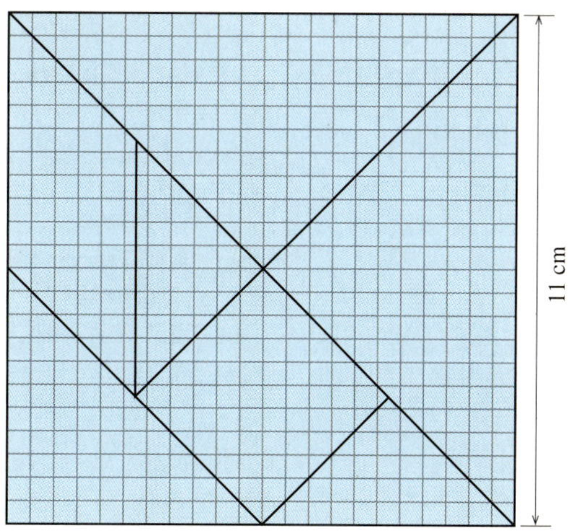

a) den gleichen Flächeninhalt hat;
b) einen kleineren Flächeninhalt hat;
c) einen größeren Flächeninhalt hat.

Messen eines Flächeninhalts – Die Einheit 1 cm²

Einstieg

→ Welcher Flächeninhalt ist größer, der von eurer Tischplatte, der von eurer Klassentür oder der von der rechten Tafelseite?
Wie kann man diese Flächeninhalte vergleichen bzw. ungefähr bestimmen?

→ Wie kann man die Flächeninhalte von z. B. Heften und Büchern vergleichen bzw. ungefähr bestimmen?

Aufgabe

1. a) Rechts siehst du zwei Terrassen, die jeweils mit quadratischen Platten (Kantenlänge 40 cm) gefliest sind. Vergleiche die Größe der beiden Terrassen miteinander.
Welche Einheit bietet sich an?

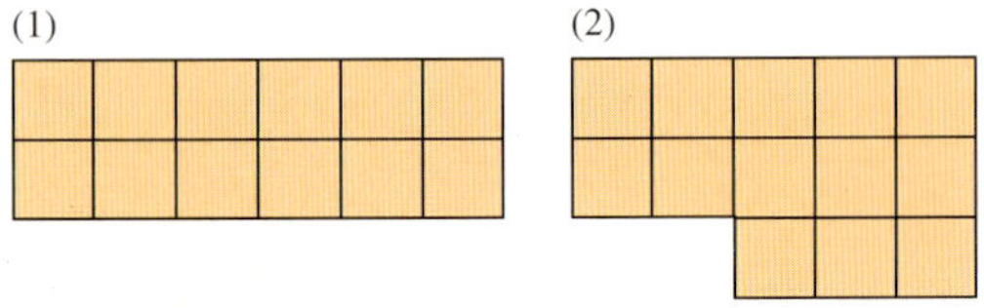

b) Die Fläche rechts hat den Flächeninhalt $A = 5\ cm^2$. Erkläre die Angabe.

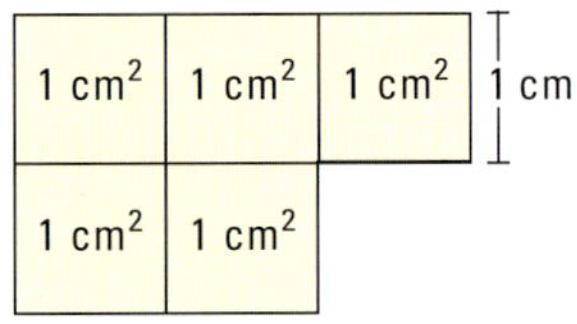

c) Zeichne verschiedene Flächen mit dem Flächeninhalt $A = 5\ cm^2$.

Lösung

a) Um die Größe der Terrassen zu vergleichen, kann man die Anzahl der verwendeten Platten bestimmen: Terrasse (1): 12 Platten Terrasse (2): 13 Platten.
Die Terrasse (2) ist also größer als die Terrasse (1).
Als Einheit wurde die Größe einer Platte verwendet.

b) Die Fläche besteht aus 5 Quadraten mit jeweils der Seitenlänge 1 cm. Jedes Quadrat hat den Flächeninhalt 1 cm². Die ganze Fläche hat also den Flächeninhalt 5 cm².

c)

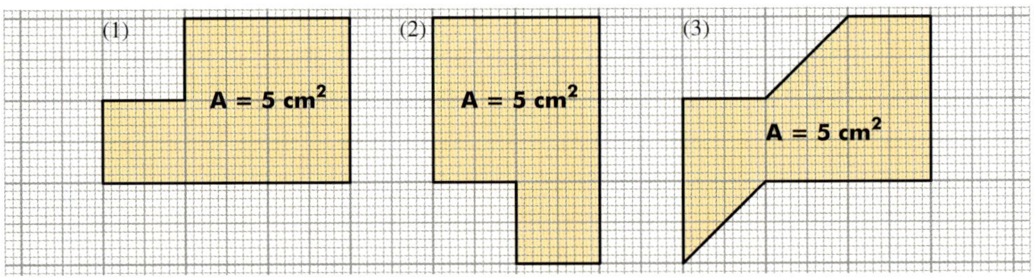

Information

(1) Ein Quadrat mit der Seitenlänge 1 cm hat den Flächeninhalt **1 cm²** (gelesen: *1 Quadratzentimeter*). Alle anderen Figuren, die man durch Zerschneiden und erneutes Zusammensetzen eines solchen Quadrats erhält, haben auch den Flächeninhalt 1 cm².

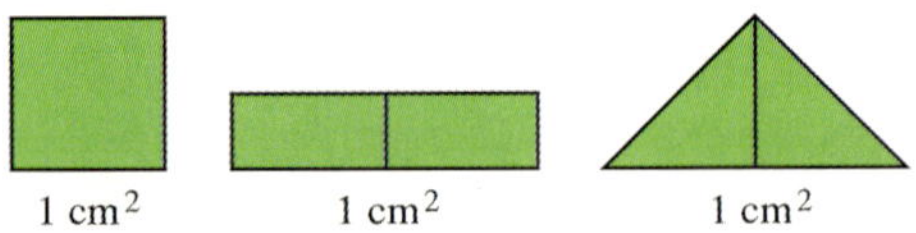

(2) In die Fläche rechts passen 5 Quadrate von jeweils 1 cm Seitenlänge. Die Fläche hat den Flächeninhalt 5 cm².

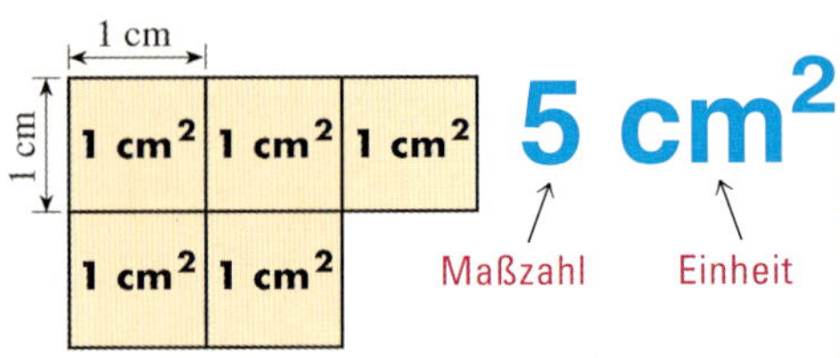

Zum Festigen und Weiterarbeiten

2. **a)** Vergleiche die Flächengrößen und bestimme den Flächeninhalt. Welche Flächeninhaltseinheiten bieten sich an?

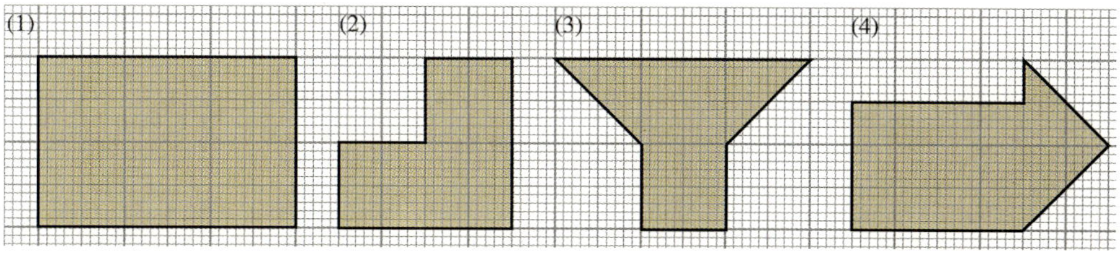

b) Denke dir die Fläche (1) von Teilaufgabe a) ausgeschnitten, zerlegt und neu zu einer anderen Fläche zusammengesetzt. Welchen Flächeninhalt hat die neue Fläche? (Du darfst zeichnen und ausschneiden, zerschneiden und neu mit Klebestreifen zusammenheften.) Miss jeweils den Umfang und vergleiche mit der Fläche (1) aus Teilaufgabe a).

3. Zeichne drei verschiedene Flächen mit dem folgenden Flächeninhalt.

a) 7 cm² **b)** 80 cm² **c)** 10 cm² **d)** 100 cm² **e)** 120 cm² **f)** 160 cm²

4. **a)** Welchen Flächeninhalt hat das Rechteck rechts? Gib auch den Umfang des Rechtecks an.

b) Zeichne auf Karopapier ein Rechteck mit den folgenden Seitenlängen. Gib den Flächeninhalt und Umfang an.
(1) a = 4 cm; b = 5 cm
(2) a = 2 cm; b = 6 cm

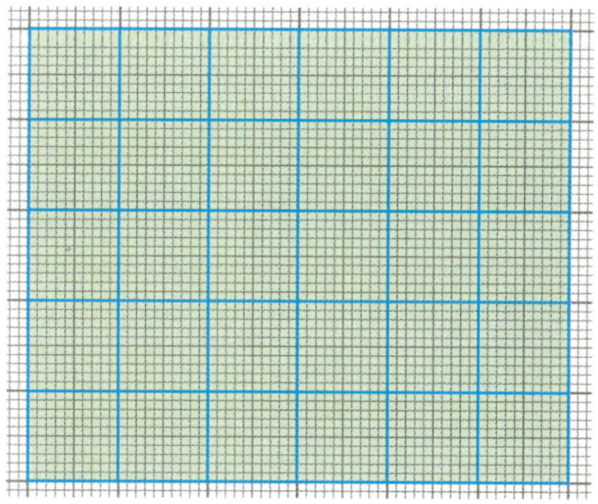

Übungen

5. Bestimme jeweils den Flächeninhalt und den Umfang. Vergleiche.

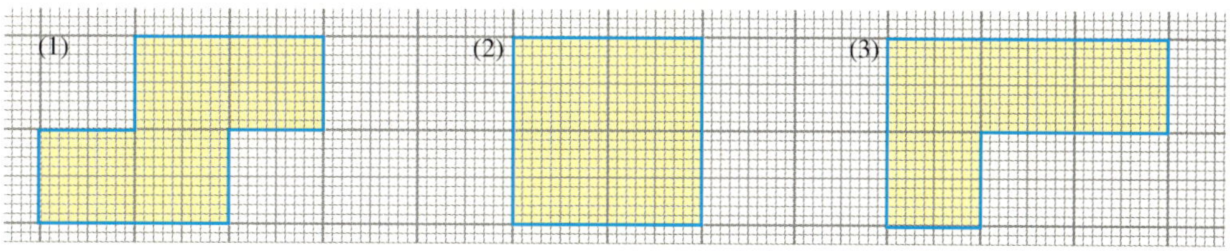

6. Übertrage die Figur in dein Heft. Gib den Flächeninhalt an. Gib bei (1) auch den Umfang an.

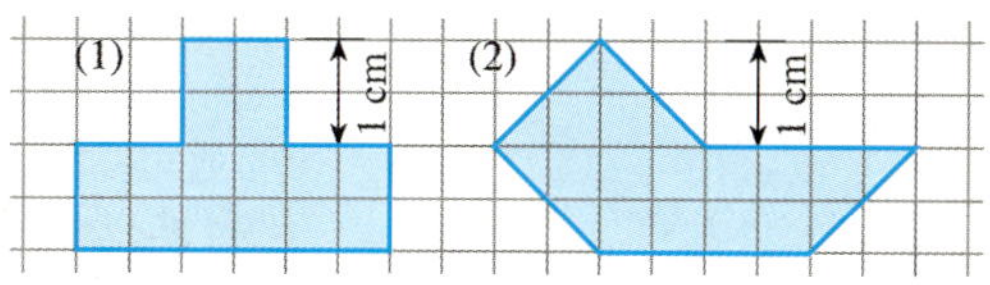

7. **a)** Zeichne vier verschiedene Flächen, die jeweils aus 24 Quadraten mit der Seitenlänge 1 cm bestehen.

b) Wie groß ist der Flächeninhalt einer jeden Fläche? Gib jeweils auch den Umfang an.

8. Zeichne ein Rechteck mit folgenden Seitenlängen. Gib Flächeninhalt und Umfang an.

a) a = 3 cm; b = 5 cm **b)** a = 2 cm; b = 6 cm **c)** a = 4 cm; b = 4,5 cm

9. Zeichne zwei Rechtecke mit dem angegebenen Flächeninhalt. Gib auch den Umfang an.

a) $18\ cm^2$ **b)** $20\ cm^2$ **c)** $16\ cm^2$ **d)** $28\ cm^2$

10. Bei einem Skilanglauf-Wettbewerb wurden Richtlinien über die Größe der Werbe-Logos auf den Skianzügen vereinbart. Ein einzelnes Logo darf nicht größer als $50\ cm^2$ sein. Alle Logos zusammen dürfen höchstens $160\ cm^2$ groß sein.

a) Fertige aus Papier eine Fläche von $50\ cm^2$ an.

b) Stelle 4 Logos her, die für deine Schule werben und den Vorschriften entsprechen.

Einheiten für Flächeninhalte und ihr Zusammenhang

Einstieg

Zeichne auf Millimeterpapier Quadrate mit der Seitenlänge 1 mm, 1 cm, 1 dm. Vergleiche die Flächeninhalte der Quadrate.

Aufgabe

1. a) Jeder in der Klasse fertigt Quadrate mit der Seitenlänge 10 cm = 1 dm an. Sie werden in $1\ cm^2$-Kästchen aufgeteilt und bunt ausgemalt.
Wie viel $1\ cm^2$-Kästchen passen in ein Quadrat mit der Seitenlänge 1 dm?

b) Wenn die Klasse 100 Quadrate fertig gestellt hat, werden sie auf ein großes Plakat geklebt: jeweils 10 in einer Reihe. Wie lang ist eine Seite des entstehenden Quadrats?

Lösung

a) In ein Quadrat mit der Seitenlänge 1 dm passen hundert 1 cm^2-Kästchen.
Es gilt: $1\ dm^2 = 100\ cm^2$

b) Das entstehende Quadrat hat die Seitenlänge 1 m. Ihr habt nun ein buntes Plakat für eure Klasse hergestellt, das eine gute Merkhilfe ist für: $1\ m^2 = 100\ dm^2$

Information

(1) Die Flächeninhaltseinheit 1 dm²

Jedes Quadrat mit der Seitenlänge 1 dm besteht aus $10 \cdot 10$, also 100 Quadraten mit der Seitenlänge 1 cm.
Es gilt: $\mathbf{1\ dm^2 = 100\ cm^2}$

(2) Die Flächeninhaltseinheit 1 m²

Die Tafelfläche rechts im Bild ist ein Quadrat mit 1 m Seitenlänge. Der Flächeninhalt dieses Quadrates ist **1 m²**.
Auf der Wandtafel ist ein Gitternetz gezeichnet. Dadurch entstehen $10 \cdot 10$, also 100 Quadrate mit der Seitenlänge 1 dm. Der Flächeninhalt dieser Quadrate beträgt 1 dm^2.
Es gilt: $\mathbf{1\ m^2 = 100\ dm^2}$

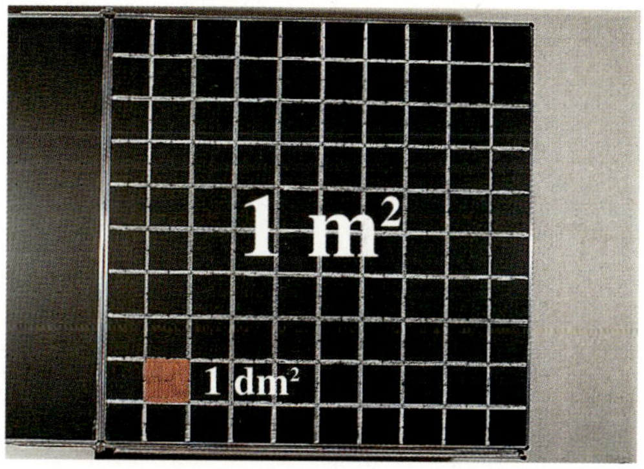

Zum Festigen und Weiterarbeiten

2. a) Fertigt aus Papier (Zeitungen, Tapeten, Packpapier) mehrere Quadrate mit der Seitenlänge 1 m an und legt damit verschiedene Flächen der Größe
(1) $3\ m^2$; (2) $5\ m^2$.

b) Legt auf dem Schulhof mit einem Seil ein Quadrat mit 10 m Seitenlänge. Es hat die Größe 1 a.

c) Wie viele Quadrate mit der Seitenlänge 1 m braucht man, um ein Quadrat mit dem Flächeninhalt 1 a auszulegen?

3. a) Stelle mehrere Quadrate mit der Seitenlänge 1 dm her. Lege damit die Fläche eines DIN-A4-Blattes aus.
Wie groß ist die Fläche dieses Blattes?

b) Stelle durch Zerschneiden und Aneinanderlegen andere Flächen als Quadrate mit dem Flächeninhalt 1 dm^2 her.

4. Früher gab man die Größe (den Flächeninhalt) einer Ackerfläche in *Morgen* an (z. B. 70 Morgen). Hierbei war 1 Morgen die Größe einer Fläche, die ein Bauer an einem Morgen bearbeiten konnte. Eine andere Einheit dieser Art war *Tagewerk*.
Warum erwiesen sich solche Einheiten auf die Dauer als unbrauchbar?

5. *Krummlinig umrandete Flächen*
Das Lederstück rechts hat einen krummen Rand. Bestimme seine ungefähre Größe (seinen Flächeninhalt). Schätze zunächst. Gibt es mehrere sinnvolle Möglichkeiten?

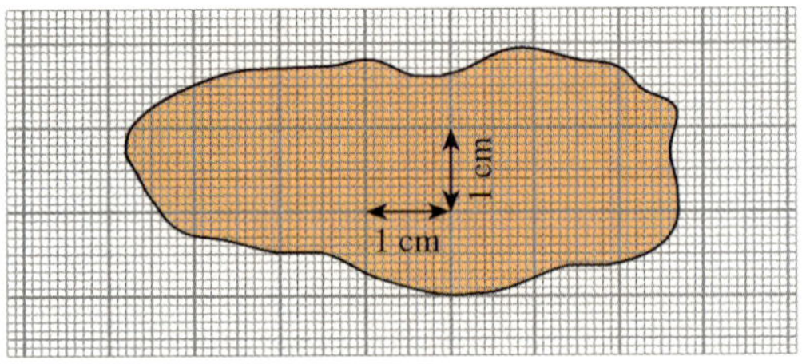

Information

(1) Überblick über alle Flächeninhaltseinheiten

Quadrat mit der Seitenlänge	Flächeninhalt des Quadrates	Sprechweise
1 mm	1 mm^2	1 Quadratmillimeter
1 cm	1 cm^2	1 Quadratzentimeter
1 dm	1 dm^2	1 Quadratdezimeter
1 m	1 m^2	1 Quadratmeter
10 m	1 a	1 Ar
100 m	1 ha	1 Hektar
1 km	1 km^2	1 Quadratkilometer

1 mm^2

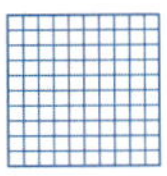
1 cm^2

Judomatte: 1 a

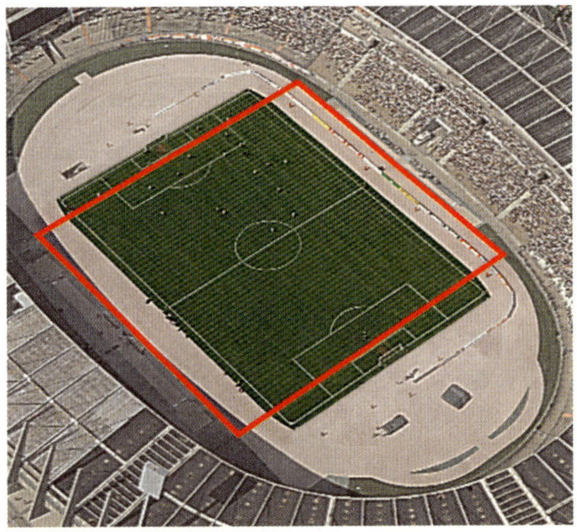
Fußballfeld: ca. 1 ha

(2) Zusammenhang zwischen den Flächeninhaltseinheiten

Das Quadrat im Bild rechts hat den Flächeninhalt 1 cm^2.
Es besteht aus $10 \cdot 10$, also 100 Quadraten mit der Seitenlänge 1 mm. Jedes dieser Quadrate hat den Flächeninhalt 1 mm^2.
Es gilt also: $\mathbf{1\ cm^2 = 100\ mm^2}$
Entsprechend erhält man die Zusammenhänge zwischen den anderen Einheiten für Flächeninhalte (vgl. auch Aufgabe 2).

$$1\ mm^2 \underset{:100}{\overset{\cdot 100}{\rightleftarrows}} 1\ cm^2 \underset{:100}{\overset{\cdot 100}{\rightleftarrows}} 1\ dm^2 \underset{:100}{\overset{\cdot 100}{\rightleftarrows}} 1\ m^2 \underset{:100}{\overset{\cdot 100}{\rightleftarrows}} 1\ a \underset{:100}{\overset{\cdot 100}{\rightleftarrows}} 1\ ha \underset{:100}{\overset{\cdot 100}{\rightleftarrows}} 1\ km^2$$

$100\ mm^2 = 1\ cm^2$ $100\ m^2 = 1\ a$

$100\ cm^2 = 1\ dm^2$ $100\ a = 1\ ha$

$100\ dm^2 = 1\ m^2$ $100\ ha = 1\ km^2$

Bei Flächenmaßen: Umwandlungszahl 100

Übungen

6. **a)** Gib die Größe der abgebildeten Kellerfläche an. Du kannst die Fläche in dein Heft übertragen.

b) Zeichne ebenso verkleinert Zimmerflächen mit dem Flächeninhalt 30 m^2 [17 m^2].

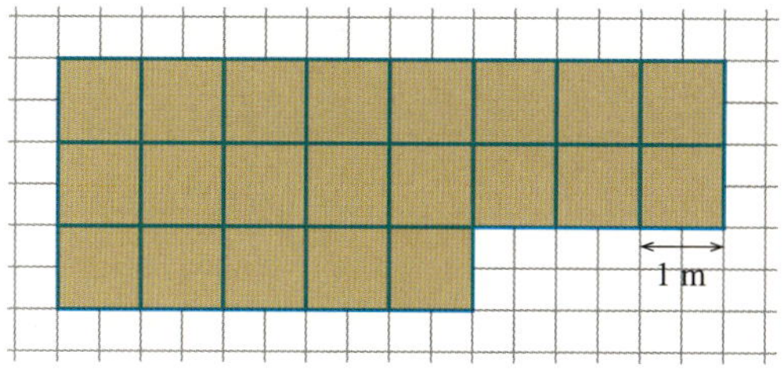

7. **a)** Gib die Größe der Wiese an.

b) Gib die Größe des Ackers an.

c) Wie lang wäre ein Zaun um die Wiese, wie lang um den Acker?

d) Zeichne eine 6 ha große Waldfläche und einen 6 km^2 großen Park.

e) Zeichne einen 9 a großen Bolzplatz.

Wähle einen geeigneten Maßstab

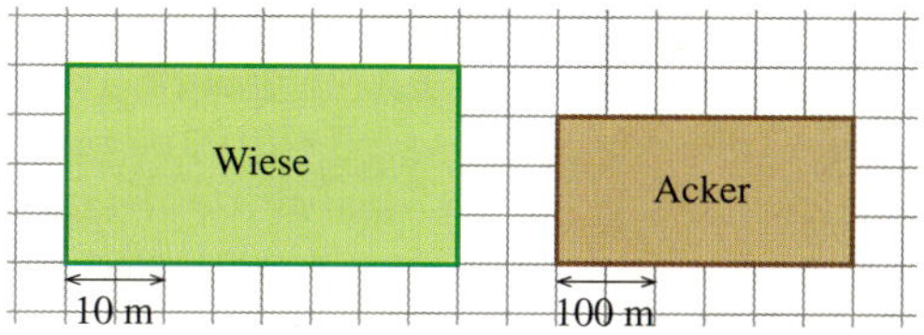

8. In welcher Flächeninhaltseinheit gibt man zweckmäßig an:
Größe eines Waldgebietes, einer Weidefläche, eines Gartens, eines Zimmers?

9. Welcher Schätzwert gehört zu welchem Gegenstand?

4 m^2 | 2 cm^2 | 4 a | 150 km^2 | 150 m^2 | 7 dm^2 | 10 cm^2 | 600 m^2 | 200 mm^2 | 10 ha

10. Bestimme die ungefähre Größe des Bodensees.
Beschreibe, wie du vorgegangen bist.

Konstanz

UMWANDELN IN ANDERE FLÄCHENEINHEITEN – KOMMASCHREIBWEISE

Umwandeln in andere Flächeneinheiten – Einheitentabelle

Einstieg

Eine Wand ist 6 m² groß. Sie soll mit Fliesen von 1 dm² Größe gefliest werden.

Aufgabe

1. Ein Grundbuch ist ein öffentliches Verzeichnis der Grundstücke eines bestimmten Gebietes, z. B. einer Gemeinde. Es wird beim Amtsgericht geführt.
In ihm sind unter anderem die Eigentümer des Grundstücks sowie Wirtschaftsart, Lage und Größe des Grundstücks eingetragen.

Auszug aus einem Grundbuch

Nr. der Grundstücke	Eigentümer	Karte		Wirtschaftsart und Lage	Größe		
		Flur	Flurstück		ha	a	m²
1	Müller, Lisa	2	15/7	Bauplatz; Fritzstraße		12	
2	Müller, Hans	2	16/1	Wiese; Helmeweg		3	47
3	Müller, Anne	2	16/2	Acker; Am Morgenhang	37	05	

Wandele die Größe des Grundstücks Nr. 1 in m² um.

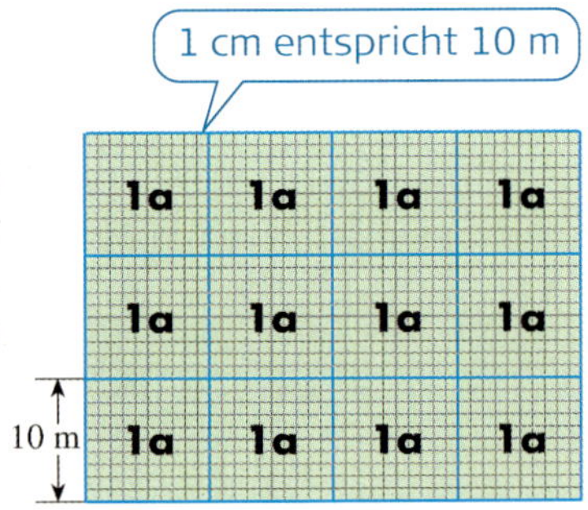

Lösung

Wir denken uns das Grundstück in 12 Quadrate mit 1 a Flächeninhalt zerlegt (siehe Skizze rechts). Jedes dieser Quadrate besteht aus 100 Quadraten der Größe 1 m². Insgesamt besteht das Grundstück aus $12 \cdot 100$, also 1 200 Quadraten der Größe 1 m².
Es gilt: 12 a = 1 200 m².

Zum Festigen und Weiterarbeiten

2. Gib in der in Klammern angegebenen Flächeninhaltseinheit an. Stelle dir dabei eine Fläche (z. B. Fliese, Beet, Garten, See) mit dem jeweiligen Flächeninhalt vor.

a) 8 dm² (cm²); 15 dm² (cm²)
b) 5 m² (dm²); 27 m² (dm²)
c) 8 a (m²); 75 a (m²)
d) 2 ha (a); 31 ha (a)
e) 4 cm² (mm²); 18 cm² (mm²)
f) 3 km² (ha); 43 km² (ha)

1 dm² = 100 cm²
4 dm² = 400 cm²

3. Drücke in der in Klammern angegebenen Flächeninhaltseinheit aus.

a) 3 800 cm² (dm²); 4 000 cm² (dm²)
b) 5 900 dm² (m²); 8 000 dm² (m²)
c) 400 m² (a); 1 400 m² (a)
d) 3 000 a (ha); 1 700 a (ha)
e) 8 000 ha (km²); 400 ha (km²)
f) 300 mm² (cm²); 16 000 mm² (cm²)

100 dm² = 1 m²
2 300 dm² = 23 m²

4. Wandle in die in Klammern angegebene Flächeninhaltseinheit um.

a) 4 dm² (cm²); 2 m² (dm²); 5 a (m²); 7 cm² (mm²)

b) 23 dm² (cm²); 5 m² (dm²); 42 a (m²); 18 ha (a)

c) 75 a (dm²); 32 dm² (cm²); 37 m² (dm²); 25 cm² (mm²)

d) 3 ha (m²); 65 km² (a); 12 a (m²); 4 m² (cm²)

5. Drücke in zwei Flächeninhaltseinheiten aus.

> 340 a = 3 ha 40 a

a) 260 ha; 4 821 ha

b) 3 250 a; 4 635 a

c) 4 823 m²; 204 m²

d) 803 a; 4 024 a

e) 846 ha; 1 024 ha

f) 5 020 m²; 305 m²

g) 6 074 dm²

h) 3 437 cm²; 809 cm²

i) 214 mm²

j) 372 dm²; 5 056 dm²

6. Gib in der kleineren Flächeninhaltseinheit an.

> 4 a 25 m² = 425 m²
> 7 m² 4 dm² = 704 dm²

a) 8 a 37 m²; 15 a 8 m²

b) 3 ha 18 a; 19 ha 3 a

c) 4 km² 15 ha; 19 km² 5 ha

d) 4 m² 12 dm²; 27 m² 9 dm²

e) 4 a 5 m²; 22 a 13 m²

f) 8 ha 9 a; 7 ha 45 a

g) 18 cm² 25 mm²; 23 cm² 85 mm²

Information

(1) Einheitentabelle

Eine Hilfe beim Umwandeln von Einheiten ist die **Einheitentabelle.** Da die Umwandlungszahl 100 ist, müssen bei jeder Einheit Einer (E) und Zehner (Z) unterschieden werden.

km²		ha		a		m²		dm²		cm²		mm²		
Z	E	Z	E	Z	E	Z	E	Z	E	Z	E	Z	E	Schreibweisen
							4	0	0					4 m² = 400 dm²
					7	5	8							7 a 58 m² = 758 m²
									8	0	2			8 dm² 2 cm² = 802 cm²

(2) Brüche als Maßzahlen

Auch Brüche können Maßzahlen bei Angaben von Flächeninhalten sein.

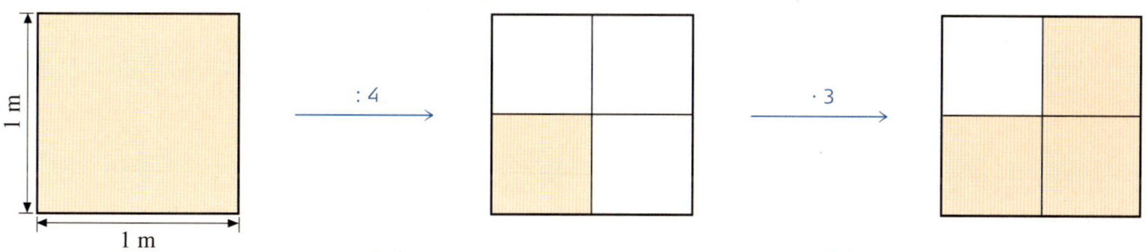

1 m² —(: 4)→ $\frac{1}{4}$ m² —(· 3)→ $\frac{3}{4}$ m²

100 dm² —(: 4)→ 25 dm² —(· 3)→ 75 dm²

Es gilt also: $\frac{1}{4}$ m² = 25 dm²; $\frac{3}{4}$ m² = 75 dm²

Übungen

7. Gib in der in Klammern angegebenen Flächeninhaltseinheit an.

a) 14 m² (dm²); 18 dm² (cm²); 37 a (m²)

b) 9 km² (ha); 2 cm² (mm²); 73 a (m²)

c) 4 dm² (cm²); 5 km² (ha); 9 ha (a)

d) 18 ha (m²); 2 m² (cm²); 17 km² (m²)

8. Gib in der in Klammern angegebenen Flächeninhaltseinheit an.

a) 200 dm^2 (m^2); 3 700 ha (km^2); 300 m^2 (dm^2)
b) 8 400 m^2 (a); 70 000 dm^2 (m^2); 43 000 a (ha)
c) 900 m^2 (a); 300 ha (km^2); 1 900 km^2 (ha)
d) 40 000 dm^2 (a); 800 000 a (km^2); 900 000 m^2 (ha)

9. a) 73 m^2 (dm^2); 2 dm^2 (cm^2); 5 km^2 (ha)
b) 400 m^2 (a); 2 800 a (ha); 8 900 ha (a)
c) 2 000 a (ha); 19 a (m^2); 3 a (m^2)
d) 7 ha (m^2); 5 km^2 (a); 30 000 m^2 (ha)

10. a) 5 m^2 (dm^2); 7 cm^2 (mm^2); 900 mm^2 (cm^2)
b) 900 a (ha); 2 a (m^2); 600 m^2 (dm^2)
c) 2 300 cm^2 (dm^2); 2 300 cm^2 (mm^2); 800 dm^2 (m^2)
d) 57 dm^2 (cm^2); 3 200 mm^2 (cm^2); 7 300 cm^2 (dm^2)

11. Schreibe in zwei Flächeninhaltseinheiten.

4 785 m^2 = 47 a 85 m^2

a) 2 753 m^2; 4 732 m^2; 172 ha
b) 8 405 a; 280 m^2; 54 008 m^2
c) 181 a; 9 320 ha; 108 m^2
d) 7 323 mm^2; 9 070 cm^2
e) 482 cm^2; 8 964 mm^2

12. Gib in der kleineren Flächeninhaltseinheit an.

a) 5 ha 14 m^2; 2 km^2 6 ha
b) 84 m^2 6 dm^2; 3 km^2 20 ha
c) 8 ha 17 a; 4 a 25 m^2
d) 85 dm^2 18 cm^2; 5 dm^2 2 cm^2

13. a) Erkläre die Rechnung rechts.

b) Wandle die Flächeninhaltsangaben um
(1) in dm^2: $\frac{1}{2}\,m^2$; $\frac{1}{5}\,m^2$; $\frac{4}{5}\,m^2$; $\frac{1}{10}\,m^2$; $\frac{7}{10}\,m^2$; $\frac{3}{4}\,m^2$
(2) in mm^2: $\frac{3}{4}\,cm^2$; $\frac{7}{5}\,cm^2$; $\frac{4}{10}\,cm^2$; $\frac{1}{100}\,cm^2$; $\frac{4}{100}\,cm^2$
(3) in ha: $\frac{1}{2}\,km^2$; $\frac{1}{10}\,km^2$; $\frac{3}{10}\,km^2$; $\frac{1}{100}\,km^2$; $\frac{17}{100}\,km^2$

$\frac{3}{5}\,m^2 = \square\,dm^2$
$1\,m^2 = 100\,dm^2$
:5 ↓ ↓ :5
$\frac{1}{5}\,m^2 = 20\,dm^2$
·3 ↓ ↓ ·3
$\frac{3}{5}\,m^2 = 60\,dm^2$

Kommaschreibweise

Einstieg

Was bedeutet die Kommaschreibweise bei den beiden Angeboten?
Kennst du weitere Beispiele für Größenangaben mit Komma?

Aufgabe

1. Wie kann man die Größenangabe 8,45 a ohne Komma schreiben?

$\frac{1}{100}\,a = 1\,m^2$

Lösung

Wir wandeln in m^2 um. Dafür tragen wir 8,45 a in die Einheitentabelle ein und lesen ab:

$8{,}45\,a = 8\frac{45}{100}\,a = 8\,a\ 45\,m^2 = 845\,m^2$

Vor dem Komma		Nach dem Komma	
a		m^2	
	8	4	5

Zum Festigen und Weiterarbeiten

2. Gib in zwei Einheiten an. Wandle dann in die kleinere Einheit um. Die Einheitentabelle kann dir helfen.

29,12 a = 29 a 12 m^2 = 2 912 m^2

a) 2,49 km^2; 8,06 km^2 **b)** 2,04 km^2; 2,4 km^2 **c)** 59,09 m^2; 3,5 m^2 **d)** 0,04 m^2; 0,4 m^2 **e)** 0,42 a; 23,5 a

3. Schreibe mit Komma. Die Einheitentabelle kann dir helfen.

618 m^2 = 6 a 18 m^2 = 6,18 a

a) 714 m^2; 9 780 m^2 **b)** 380 m^2; 50 m^2 **c)** 144 ha; 5 240 ha **d)** 440 ha; 4 ha **e)** 344 a; 4 a **f)** 39 dm^2; 6 dm^2

$1\,mm^2 = \frac{1}{100}\,cm^2$
$1\,cm^2 = \frac{1}{100}\,dm^2$
$1\,dm^2 = \frac{1}{100}\,m^2$
$1\,m^2 = \frac{1}{100}\,a$
$1\,a = \frac{1}{100}\,ha$
$1\,ha = \frac{1}{100}\,km^2$

4.

km²			ha		a		m²		dm²		cm²		mm²		drei Schreibweisen
H	Z	E	Z	E	Z	E	Z	E	Z	E	Z	E	Z	E	für denselben Flächeninhalt
						7	2	3							7 a 23 m^2 = 7,23 a = 723 m^2
	2	2	0	5											22 km^2 5 ha = 22,05 km^2 = 2 205 ha
				3	7	0									3 ha 70 a = 3,7 ha = 370 a
								0	4	7					0 m^2 47 dm^2 = 0,47 m^2 = 47 dm^2

Trage in die Tabelle ein und lies drei Schreibweisen wie oben ab. Beachte die Nullen.

a) 2 ha 17 a; 8,75 a **b)** 2 ha 19 a; 3,5 km^2 **c)** 2,07 km^2; 56,7 a **d)** 73,65 cm^2; 0,08 dm^2

Übungen

5. Schreibe in zwei Flächeninhaltseinheiten.

4,2 ha = $4\frac{20}{100}$ ha = 4 ha 20 a

a) 37,36 ha; 84,28 m^2; 8,94 km^2 **b)** 4,7 m^2; 4,9 a; 2,5 ha **c)** 3,05 m^2; 1,97 ha; 7,49 a **d)** 0,33 ha; 19,6 m^2 **e)** 4,2 ha; 2,8 km^2 **f)** 3,7 cm^2; 2,09 cm^2

6. Schreibe mit Komma.

4 m^2 28 dm^2 = $4\frac{28}{100}$ m^2 = 4,28 m^2

a) 7 m^2 12 dm^2; 12 a 16 m^2; 84 ha 13 a
b) 72 a 19 m^2; 5 ha 43 a; 3 cm^2 54 mm^2
c) 2 km^2 97 ha; 4 dm^2 6 cm^2; 8 km^2 7 ha
d) 14 a 9 m^2; 7 m^2 2 dm^2; 53 m^2 72 dm^2
e) 2 a 9 m^2; 5 cm^2 8 mm^2
f) 41 m^2 13 dm^2; 50 a 4 m^2; 3 dm^2 1 cm^2
g) $\frac{1}{2}$ ha; $\frac{1}{10}$ m^2
h) $\frac{3}{4}$ ha; $1\frac{1}{2}$ m^2

7. Trage in eine Einheitentabelle ein. Lies drei Schreibweisen ab.

a) 3,50 ha; 5,45 km^2; 31,8 m^2 **b)** 328 a; 735 ha; 574 m^2
c) 2,5 a; 4,3 km^2; 6,9 m^2 **d)** 0,28 ha; 0,37 km^2; 0,46 m^2
e) 3,7 ha; 4,8 km^2; 7,5 a **f)** 3,62 cm^2; 8,04 cm^2; 5,7 dm^2
g) 3,7 m^2; 4,03 dm^2; 0,64 cm^2 **h)** 7,5 a; 0,8 km^2; 0,3 ha
i) 0,2 m^2; 0,02 m^2; 0,90 km^2 **j)** 2,402 ha; 0,004 km^2; 0,024 ha

Ruppiner See

8. Hier findest du die Flächengröße einiger Seen Brandenburgs.

Großer Stechlinsee 4,2 km^2 — Werbellinsee 7,8 km^2 — Ruppiner See 8,1 km^2
Unterueckersee 10,7 km^2 — Scharmützelsee 12,1 km^2 — Schwielowsee 7,9 km^2

Wie viele Fußballfelder würden jeweils darauf passen?

FLÄCHENINHALT VON RECHTECK UND QUADRAT

Einstieg

Vergleiche die Größe der beiden Zimmer.

Aufgabe

1. Gegeben ist ein Rechteck mit den Seitenlängen:

a = 4 cm; b = 3 cm

Bestimme den Flächeninhalt des Rechtecks und leite daraus allgemein ein Verfahren ab, wie man aus den beiden Seitenlängen a und b eines Rechtecks den Flächeninhalt A des Rechtecks berechnen kann.

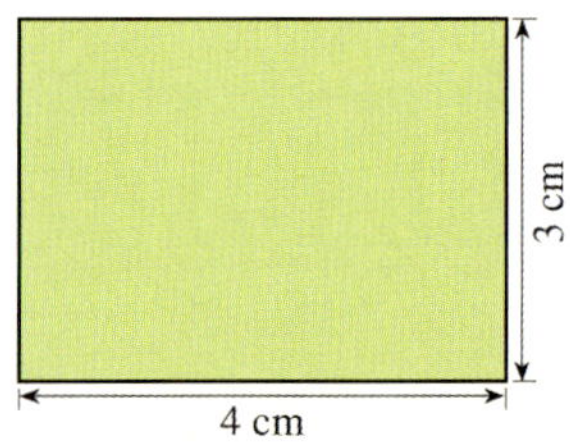

Lösung

Wir legen das Rechteck planmäßig mit 1 cm² großen Quadraten aus:
An die 4 cm lange Seite passen 4 solcher Quadrate nebeneinander; sie bilden einen Streifen.
3 solcher Streifen passen hintereinander, denn die andere Seite ist 3 cm lang.

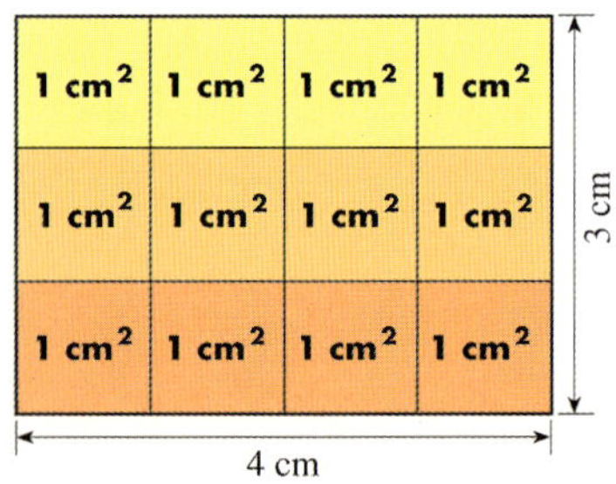

Wir erhalten:
Insgesamt kann man somit das Rechteck mit $3 \cdot 4$ Quadraten der Größe 1 cm² auslegen. Also:
Flächeninhalt: $(3 \cdot 4) \cdot 1\ \text{cm}^2 = 12\ \text{cm}^2$

Information

Sind die Seitenlängen eines Rechtecks in *derselben* Längeneinheit angegeben, dann erhält man den **Flächeninhalt A des Rechtecks,** indem man die Maßzahlen der Seitenlängen miteinander multipliziert und mit der entsprechenden Flächeninhaltseinheit versieht.

Beispiel:
Seitenlängen: a = 7 dm; b = 5 dm
Flächeninhalt: $A = (7 \cdot 5)\ \text{dm}^2 = 35\ \text{dm}^2$

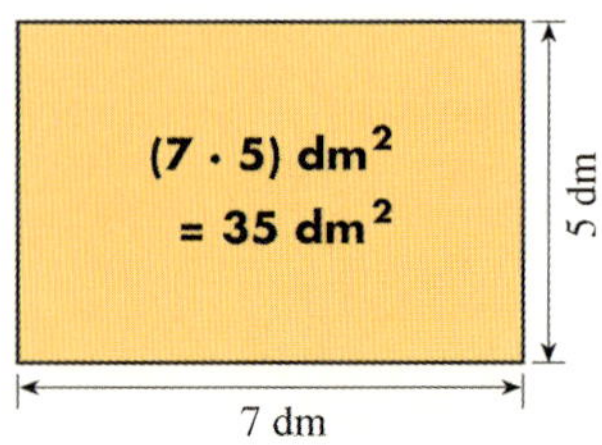

Information

Formel für den Flächeninhalt eines Rechtecks

Im täglichen Leben wird die Größe von Flächen oft als *Länge mal Breite* angegeben:
Größe eines Teppichs: 83 × 145 cm, genauer 83 cm × 145 cm.
Größe eines Zimmers: 8 × 3 m, genauer 8 m × 3 m.
Allgemein können wir für den Flächeninhalt von Rechtecken folgende Formel aufstellen:

> Die Formel für den **Flächeninhalt A eines Rechtecks** mit den Seitenlängen a und b lautet: $\mathbf{A = a \cdot b}$
>
> Flächeninhalt = Länge mal Breite
>
> *Beispiel:* a = 7 dm; b = 9 dm
> $A = a \cdot b$
> $= 7\ \text{dm} \cdot 9\ \text{dm}$
> $= 63\ \text{dm}^2$
>
> Bei 7 dm · 9 dm werden zwei Längen multipliziert. Das Ergebnis ist ein Flächeninhalt, nämlich 63 dm^2.

Wiederholung: Umfang eines Rechtecks

Ein Rechteck mit den Seitenlängen a und b hat den Umfang:

$u = 2 \cdot a + 2 \cdot b$

Beispiel: a = 7 dm; b = 9 dm
$u = 2 \cdot a + 2 \cdot b$
$u = 2 \cdot 7\ \text{dm} + 2 \cdot 9\ \text{dm}$
$u = 32\ \text{dm}$

Zum Festigen und Weiterarbeiten

2. Gib den Flächeninhalt A und den Umfang u des Rechtecks an.

	a)	b)	c)	d)	e)	f)	g)
a	3 cm	4 cm	7 cm	2 cm	7 dm	4 m	8 dm
b	5 cm	6 cm	8 cm	3 cm	6 dm	6 m	2,5 dm

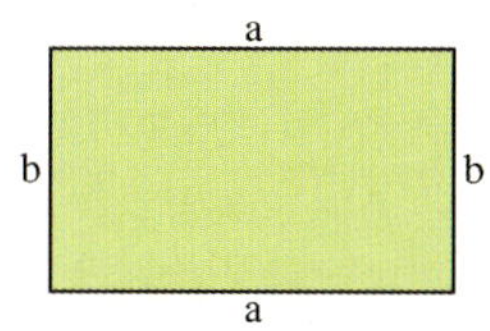

3. **a)** Ein Quadrat hat die Seitenlänge a = 7 m [a = 3 m].
Wie groß sind Flächeninhalt und Umfang?

b) Ein Quadrat habe die Seitenlänge a. Stelle eine *Formel für den Flächeninhalt A des Quadrates* auf.

4. Für die Seitenlängen eines Rechtecks können auch andere Variablen als a und b verwendet werden. Wie lautet hier die Formel für den Flächeninhalt des Rechtecks?

a)

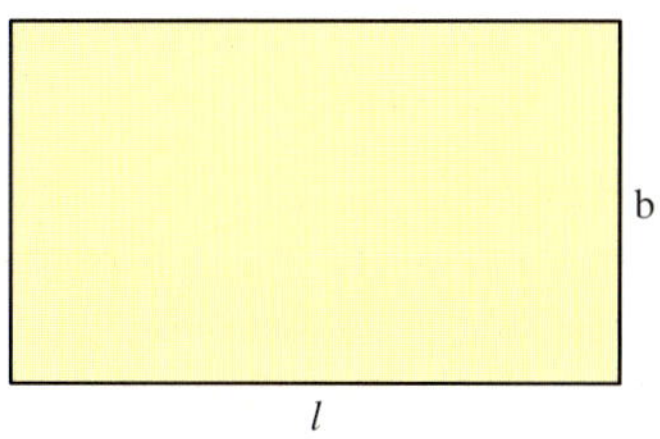

b)

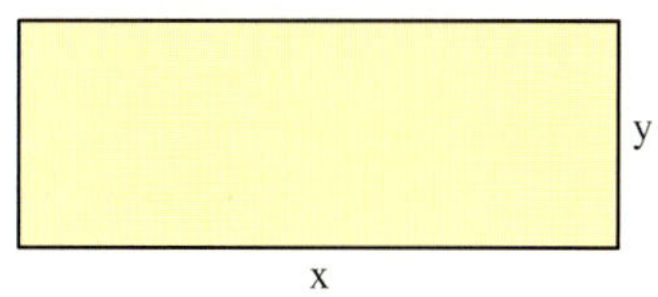

5. **a)** Ein Rechteck hat einen Flächeninhalt von 84 m^2. Es ist 12 m lang.
Wie breit ist das Rechteck?

b) Der Umfang eines Rechtecks beträgt 24 cm. Eine Seite ist 7 cm lang.
Wie lang ist die andere Seite?

Übungen

6. Zeichne ein Rechteck mit den angegebenen Seitenlängen; bestimme dann den Flächeninhalt A. Gib auch den Umfang u an.

a) a = 7 cm, b = 5 cm **b)** a = 5 cm, b = 4 cm **c)** a = 6 cm, b = 6 cm **d)** a = 75 mm, b = 35 mm

7. Bestimme den Flächeninhalt A und den Umfang u des Rechtecks mit den Seitenlängen a und b. Wandle gegebenenfalls in eine größere Maßeinheit um.

a)

a	8 cm	9 cm	40 dm	84 cm
b	12 cm	24 cm	70 dm	16 cm

b)

a	4 cm	75 mm	35 mm	7 dm	12 m
b	6 cm	45 mm	63 mm	4 dm	12 m

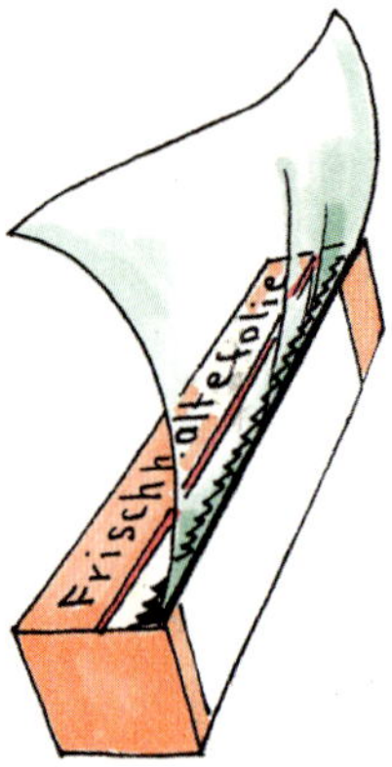

8. Ein Grundstück ist 60 m lang und 20 m breit. Wie viel m^2 ist es groß? Das Grundstück soll eingezäunt werden. Wie viel m Zaun werden benötigt?

9. Eine Verpackung für Frischhaltefolie trägt die Aufschrift: 50 m × 29 cm. Wie groß ist die Fläche, die man mit der Folie bedecken kann?

10. a) Der Flächeninhalt eines Rechtecks beträgt (1) 24 cm^2; (2) 48 cm^2. Wie groß könnten die Seitenlängen des Rechtecks sein? Gib alle Möglichkeiten mit ganzzahligen Zahlenwerten in der Maßeinheit cm an.

b) Das Land Brandenburg ist fast 30 000 km^2 groß. Die Seefläche des Parsteiner Sees im Biosphärenreservat Schorfheide-Chorin ist etwa 1 100 ha. Potsdams Park Sanssouci umfasst eine Fläche von etwa 280 ha. Gib jeweils Rechtecke an, welche denselben Flächeninhalt haben.

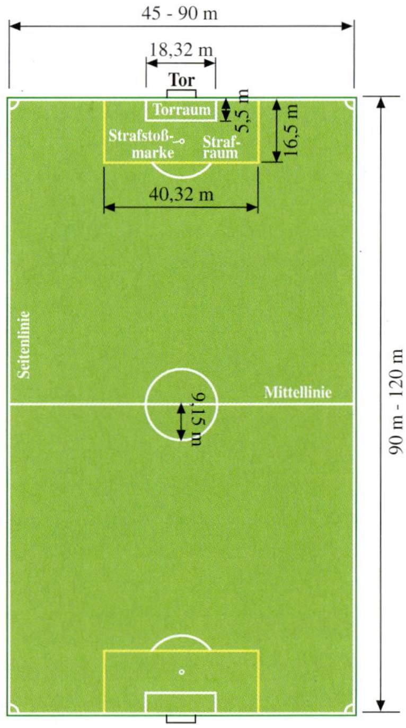

11. Fußballfelder können unterschiedlich groß sein.

a) Lars und Tim gehören verschiedenen Sportvereinen an. Sie streiten, welcher Verein das größere Fußballfeld hat. Wer hat Recht?

b) Wie groß ist der Strafraum?

c) Stelle selbst geeignete Aufgaben und löse sie.

12. Übertrage die Tabelle in dein Heft. Berechne die fehlende Größe des Rechtecks.

	a)	b)	c)	d)	e)	f)	g)	h)
Seitenlänge a	8 cm		11 cm	18 dm		45 m		2 km
Seitenlänge b	7 cm	9 cm		37 cm	18 dm		30 m	500 m
Flächeninhalt A		45 cm^2			306 dm^2		9 000 m^2	
Umfang u			38 cm			144 m		

13. Von einem Quadrat ist die Seitenlänge a gegeben. Berechne den Flächeninhalt und den Umfang.

a) a = 12 cm **b)** a = 24 cm **c)** a = 48 m **d)** a = 143 m **e)** a = 309 m

14. Ein Quadrat hat den Flächeninhalt **a)** 9 cm^2; **b)** 25 cm^2; **c)** 81 cm^2.
Wie groß ist die Seitenlänge?

15. Die Cheopspyramide hat eine quadratische Grundfläche.

a) Wie viel ha beträgt die Grundfläche?

b) Wie viele Fußballfelder sind etwa genauso groß wie diese Grundfläche?
Schätze zuerst.

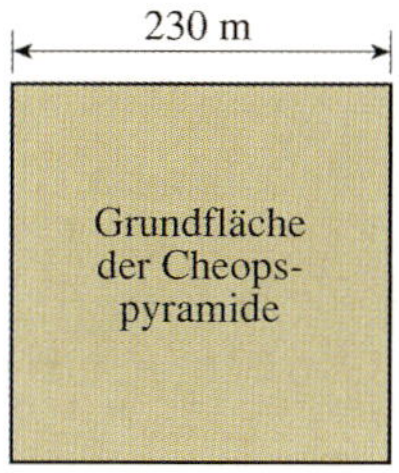

16. Ein rechteckiges Beet, das 7,4 dm lang und 4,2 dm breit ist, soll mit 20 cm langen Randsteinen eingefasst werden.

17. Ein Garten (25 m breit; 35,50 m lang) erhält einen neuen Maschendrahtzaun.

18. Die Fußleiste eines Zimmers soll erneuert werden. Das Zimmer ist 4,50 m breit und 5,20 m lang. Die Tür ist 1,20 m breit.

19. Ein rechteckiger Garten ist 11 m breit und 37 m lang. Er wird an einer schmalen Seite durch eine Mauer mit einer Pforte begrenzt. An den übrigen drei Seiten des Gartens steht ein Zaun.

a) Wie lang ist dieser Zaun?

b) Die Hälfte des Gartens ist Rasen. Wie groß ist die Rasenfläche?

20. Ein Rechteck hat einen Flächeninhalt von 248 cm^2. Gib mehrere mögliche Abmessungen an. Bestimme jeweils auch den Umfang.

21. a) Ein Rechteck hat den Flächeninhalt 254 cm^2. Wie ändert sich der Flächeninhalt, wenn
(1) eine Seitenlänge verdoppelt [halbiert] wird;
(2) beide Seitenlängen verdoppelt [halbiert] werden;
(3) die eine Seitelänge verdoppelt, die andere halbiert wird?

b) Wie ändert sich der Flächeninhalt eines Quadrats, wenn man die Seitenlänge verdoppelt [halbiert].

22. Der Raum einer Wohnung soll einen neuen Fußbodenbelag erhalten. Wie groß ist die Bodenfläche?
Teilt euch die Rechenarbeit. Sucht weitere Räume, die sich in Rechtecke zerlegen lassen und bestimmt deren Bodenfläche.

(1) Wohnzimmer

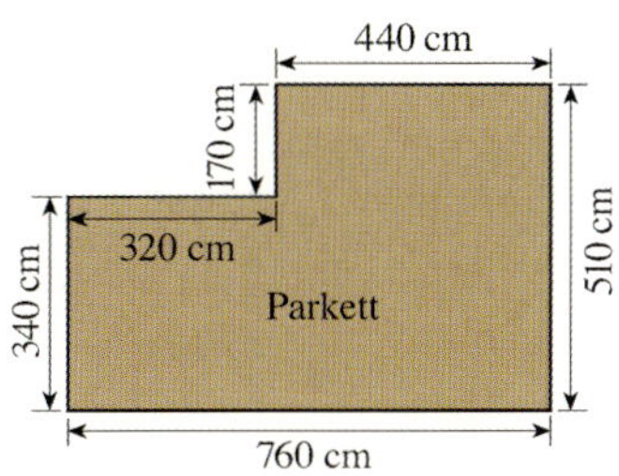

(2) Diele/Flur

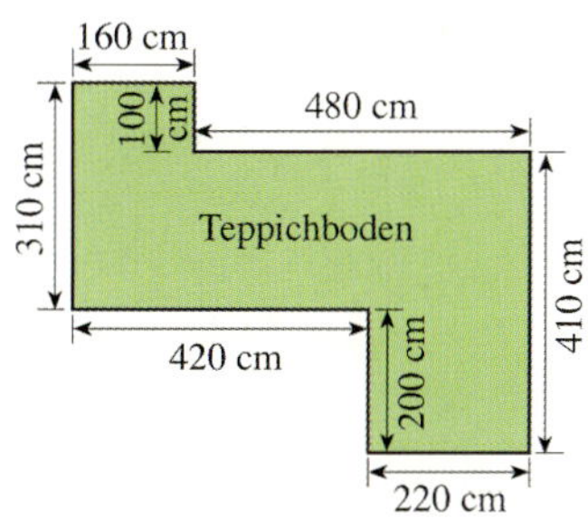

RECHNEN MIT FLÄCHENINHALTEN

Einstieg

An einem See wird ein Gelände für ein Jugendfreizeitlager gesucht. Es sollen 7 getrennte Blockhütten gebaut werden, wo Jugendgruppen übernachten und sich selbst versorgen können. Für jede dieser Blockhütten ist eine Grundstücksfläche von 460 m^2 vorgesehen. Weiterhin soll ein gemeinsames Freizeitgelände von 2 200 m^2 angelegt werden.

Aufgabe

1. *Addieren und Subtrahieren von Flächeninhalten*
Ein Reiterhof hat einen 842 m^2 großen Turnierplatz.

a) Da der Turnierplatz zu klein ist, wird das Nachbargrundstück von 715 m^2 hinzugekauft.
Wie groß ist jetzt der Turnierplatz?

b) Leider muss der Turnierplatz wegen des Baus einer neuen Straße um 188 m^2 verkleinert werden.
Wie groß ist er jetzt noch?

Lösung

a) *Rechnung:*

$$\begin{array}{r} 842\ m^2 \\ +\ 715\ m^2 \\ \hline 1\,557\ m^2 \end{array}$$

Die Flächen werden zusammengefasst, also addieren.

Ergebnis: Das Grundstück ist 1 557 m^2 groß.

b) *Rechnung:*

$$\begin{array}{r} 1\,557\ m^2 \\ -\ 188\ m^2 \\ \hline 1\,369\ m^2 \end{array}$$

Eine Fläche wird von der Gesamtfläche abgetrennt, also subtrahieren.

Ergebnis: Das Grundstück ist dann nur noch 1 369 m^2 groß.

Aufgabe

2. *Multiplizieren und Dividieren von Flächeninhalten*
Für 5 Familien werden Gärten vermessen. Jede Familie bekommt einen rechteckigen Garten von 450 m^2.

a) Wie groß ist das Grundstück insgesamt?

b) Wie viele Gärten kann man bekommen, wenn jeder Garten nur 250 m^2 groß sein soll?

c) Das Grundstück wird gleichmäßig an 6 Familien verteilt. Wie groß ist dann ein Kleingarten?

Lösung

a) 5 Flächen von je 450 m^2 werden zu einer Fläche zusammengefasst.
Rechnung: $5 \cdot 450\ m^2 = 2\,250\ m^2$
Ergebnis: Das Grundstück ist insgesamt 2 250 m^2 groß.

Gleich große Flächen werden zusammengefasst, also multiplizieren.

b) Die Gesamtfläche wird in 250 m^2 große Teilflächen zerlegt.
Rechnung: $2\,250\ m^2 : 250\ m^2 = 9$
Ergebnis: Man erhält 9 Gärten.

Zerlegen in gleich große Flächen mit vorgegebenem Flächeninhalt, also durch den Flächeninhalt dividieren.

c) Die Gesamtfläche wird in 6 gleich große Teilflächen zerlegt.
Rechnung: $2\,250\ m^2 : 6 = 375\ m^2$
Ergebnis: Jeder Kleingarten ist 375 m^2 groß.

Zerlegen einer Fläche in eine bestimmte Anzahl gleich großer Flächen, also Flächeninhalt durch Zahl dividieren.

Zum Festigen und Weiterarbeiten

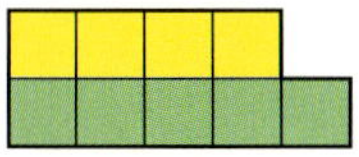

$4\ cm^2 + 5\ cm^2 = 9\ cm^2$
$9\ cm^2 - 5\ cm^2 = 4\ cm^2$
$9\ cm^2 - 4\ cm^2 = 5\ cm^2$

$2 \cdot 4\ cm^2 = 8\ cm^2$
$8\ cm^2 : 2 = 4\ cm^2$
$8\ cm^2 : 4\ cm^2 = 2$

3. Schreibe zu den Zeichnungen mehrere Gleichungen auf.

a) 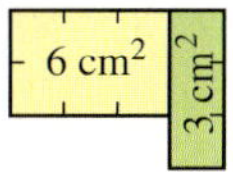

b) 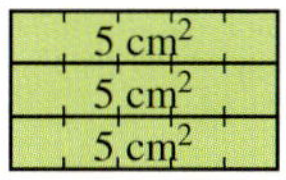

c) 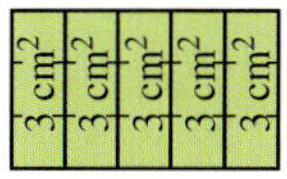

d) 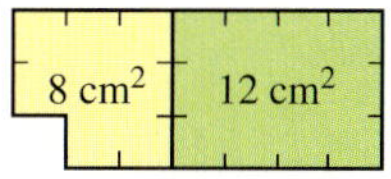

e) 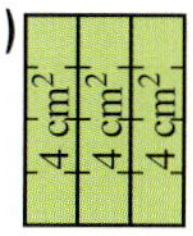

4. **a)** Herr Mertens will den Fußboden in seinem Keller streichen. Er misst:
Heizungskeller: $9\ m^2$; Vorratskeller: $16\ m^2$; Hobbyraum: $46\ m^2$; Vorraum: $12\ m^2$.
Für wie viel Quadratmeter muss er Farbe kaufen?

b) Ein Ferienhaus soll verputzt werden. Die beiden Seitenflächen sind zusammen $54\ m^2$ groß. Die Vorder- und Rückseite des Ferienhauses haben eine Größe von je $21{,}45\ m^2$. Das Ferienhaus hat eine $3{,}50\ m^2$ große Tür und eine $22\ m^2$ große Fensterfläche. Wie viel Quadratmeter müssen verputzt werden?

5. **a)** Eine Baugesellschaft sucht ein Grundstück für den Bau von 5 Reihenhäusern. Für jedes Reihenhaus ist ein Bauplatz von $280\ m^2$ vorgesehen. Wie groß muss das Grundstück sein?

b) In einem anderen Fall steht ein Grundstück von $6\,720\ m^2$ zur Verfügung. Es wird in 7 gleich große Bauplätze zerlegt. Wie groß ist jeder Bauplatz?

c) Wie viele Bauplätze bekommt man aus dem $6\,720\ m^2$ großen Grundstück, wenn jeder Bauplatz $1\,120\ m^2$ groß sein soll?

Übungen

Addieren und Subtrahieren von Flächeninhalten

6. Einer Gemeinde gehört eine Fläche von 2 735 ha. Davon sind 481 ha Weideland, 910 ha Ackerland, 1 018 ha Wald und 22 ha Wohngebiete. 12 ha entfallen auf Straßen und Wege. Der Rest ist Brachland. Wie groß ist dieses?
Gib die Seitenlängen eines flächeninhaltsgleichen Rechtecks an.

7. Auf Bestreben einer Bürgerinitiative sollen ein 12 a großes Sumpfgebiet und ein angrenzendes 3,4 ha großes Waldstück unter Naturschutz gestellt werden.

a) Wie groß ist die Fläche, die unter Naturschutz gestellt werden soll?

b) Leider lassen sich die Pläne nicht vollständig verwirklichen. 1,8 ha des Waldgebietes werden weiter zur Holzerzeugung genutzt und nicht unter Naturschutz gestellt. Wie groß wird die geschützte Fläche?

8. Auf dem Gelände eines Sportclubs befinden sich drei Gebäude: das Sportbüro ($40\ m^2$), die Umkleideräume ($110\ m^2$) und die Sportgaststätte ($240\ m^2$).
Welche Gesamtfläche nehmen die Gebäude ein? Gib Seitenlängen eines Sportlerheimes an, das Sportbüro, Umkleideräume und Sportgaststätte beherbergen würde.

Multiplizieren und Dividieren von Flächeninhalten

9. Ein bestimmter Mähdrescher kann in einer Stunde ein 150 a großes Feld abernten.

a) Der Mähdrescher ist 13 Stunden im Einsatz. Wie groß ist die Fläche, die er aberntet?

b) Wie viele Stunden benötigt er für ein 744 a großes Feld?

10. Frau Sorp kauft Rasendünger. Ihre Rasenfläche ist nur 24 m^2 groß. Stelle geeignete Fragen und beantworte sie.

11. Bei einer Flurbereinigung soll das Land neu aufgeteilt werden. Landwirt Schulte hatte vorher Ackerflächen mit folgenden Größen: 3 ha; 2,6 ha; 1,8 ha; 3,9 ha; 24 ha; 12,5 ha. Nach der Flurbereinigung hat er zwei Stücke von 31 ha und 17 ha.

Vermischte Übungen

12. *Verteilung der Landmasse auf die sechs Kontinente*

Europa	10 010 000 km^2
Amerika	41 850 000 km^2
Asien	44 130 000 km^2
Australien	8 900 000 km^2
Afrika	29 830 000 km^2
Antarktis	14 170 000 km^2
Gesamtfläche der Erde	509 890 000 km^2

a) Wie groß ist die Wasserfläche der Erde?

b) Stelle weitere Aufgaben und löse sie.

13. In der 210 m^2 großen Pausenhalle soll ein Flohmarkt durchgeführt werden. Für jeden Stand sind 4 m^2 vorgesehen. Für Durchgänge sollen 70 m^2 frei bleiben. Es wollen 37 Schülerinnen und Schüler mitmachen.
Ist ausreichend Platz vorhanden?

14. Die Klasse 5a möchte ihr Klassenzimmer (145 m^2) grün anstreichen. Im Angebot finden sie Farbe (1 Eimer ausreichend für 35 m^2) zu 8,99 €.
Mit welchen Kosten müssen die Kinder rechnen? Welche Probleme siehst du?

15. Erfinde zu dem Rechenausdruck eine Rechengeschichte.

a) 380 m^2 + 750 m^2 **d)** 720 m^2 : 12 m^2
b) 240 cm^2 − 48 cm^2 **e)** 135 m^2 : 15
c) 6 · 18 m^2 **f)** 120 m^2 + 30 m^2

1 420 m^2 − 350 m^2
Rechengeschichte:
Frau Blum besitzt eine 1 420 m^2 große Wiese. Sie verkauft davon einen 350 m^2 großen Teil.
Wie groß ist die Wiese noch?

BIST DU FIT?

1. a) Bestimme den Flächeninhalt beider Flächen. Miss auch den Umfang (auf mm genau).

(1)

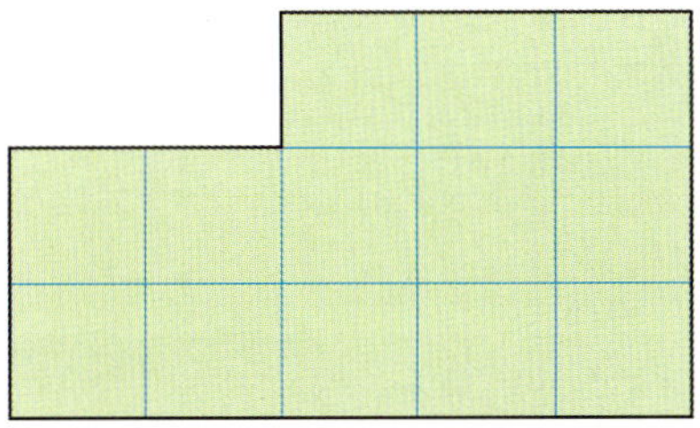

(2)

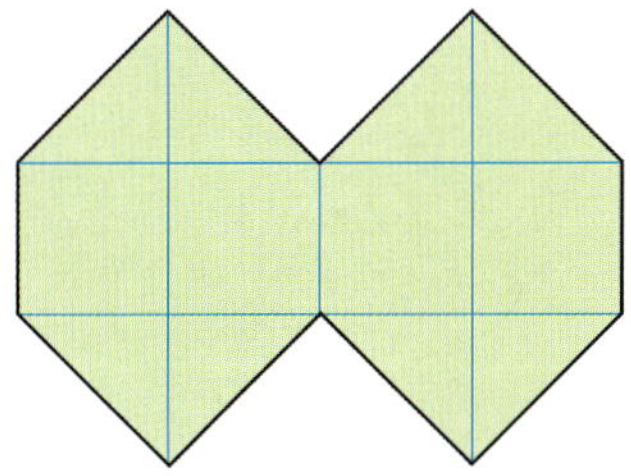

b) Zeichne eine Fläche mit Flächeninhalt (1) 18 cm²; (2) 21 cm²; (3) 0,25 cm².

2. Gib in der in Klammern angegebenen Einheit an.

a) 90 a (m²)
3 600 ha (km²)
240 m² (a)

b) 37,09 m² (dm²)
9,4 cm² (mm²)
0,07 dm² (cm²)

c) 29,12 cm² (dm²)
2,81 a (ha)
3,09 ha (km²)

d) 2 003 a (km²)
0,004 m² (cm²)
2,36 a (m²)

3.

	a)	b)	c)	d)	e)	f)	g)	h)
Seitenlänge a	9 cm	14 m	1,2 m	25 mm	4 km			275 m
Seitenlänge b	7 cm	17 m	9 dm	3 cm		60 m	15 m	
Flächeninhalt A					48 km²		6 ha	
Umfang u						200 m		1,4 km

4. Die Wand einer Fabrikhalle ist 69 m lang und 6 m hoch. Sie soll gestrichen werden. Ein Eimer Farbe reicht für 60 m². Der Anstrich soll zweimal erfolgen.
Wie viele Eimer werden benötigt?

5. In einem Schulgebäude sind auf einer Etage 8 Klassenzimmer, die jeweils 80 m² groß sind. Dazwischen sind 44 m² Flur.

a) Wie groß ist die Gesamtfläche?

b) Die Etage wird umgestaltet. Die Flure werden zu einer Aufenthaltsfläche von 114 m² erweitert, ein Lehrerzimmer mit 60 m² wird eingerichtet. Es sollen noch 6 Klassenzimmer Platz finden. Wie groß kann jedes höchstens werden?

6. Zwischen zwei Orten soll auf einer Länge von 2,5 km ein 1,50 m breiter Radweg angelegt werden. Ein Quadratmeter Radweg kostet 60 €. Wie teuer wird der Radweg?

7. a) Ein Teil eines Platzes (siehe rechts) soll mit Verbundpflaster gepflastert werden. Wie viel m² Verbundpflaster werden für die Fläche benötigt?

b) Am Rande des Platzes sollen Randsteine gesetzt werden. Wie viel m Randsteine werden benötigt?

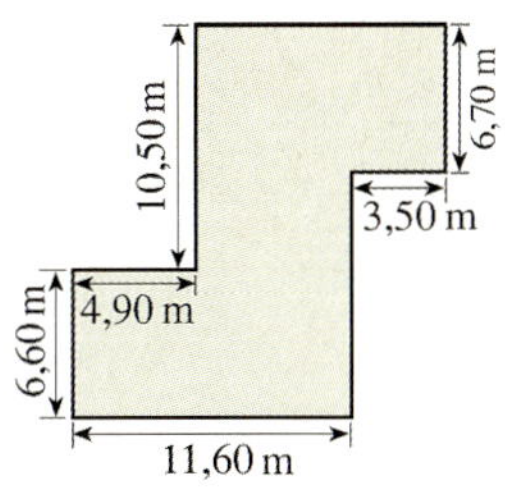

8. In den Ferien mäht Ronny den Rasen im Waldstadion. Er schafft 50 m² in einer Stunde. Stelle selbst eine geeignete Aufgabe und löse sie.

GRÖßE DER OBERFLÄCHE EINES QUADERS

Einstieg

Zwei Geschenkkartons mit den angegebenen Maßen sollen aus Pappe hergestellt werden. Vergleiche das jeweilige Fassungsvermögen und den Bedarf an Pappe.

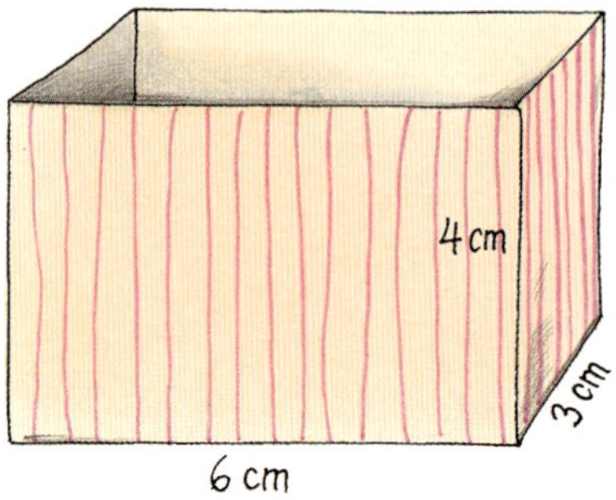

Aufgabe

1. Scheich Suleiman beauftragt seinen Silberschmied: „Beschlage diese Schatzkiste außen ganz mit Silberblech."
Wie viel Blech braucht der Schmied?
Gib das Ergebnis in einer geeigneten Maßeinheit an.

Lösung

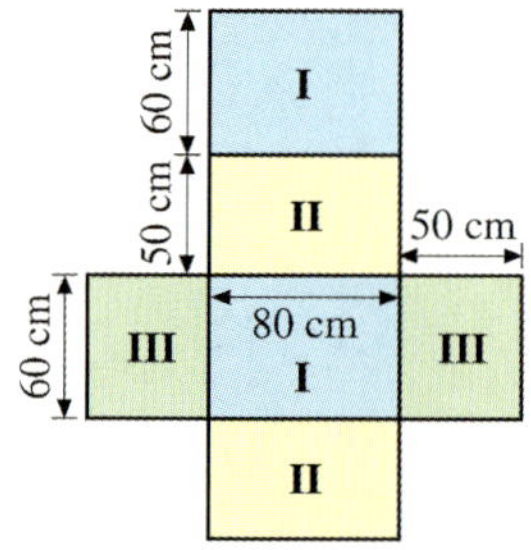

Die Schatzkiste hat die Form eines Quaders. Die sechs Flächen des Quaders zusammen bilden seine *Oberfläche*. Die Größe dieser Oberfläche gibt an, wie viel cm^2 Silberblech benötigt wird. Sie ist gleich dem Flächeninhalt des Quadernetzes.
Gegenüberliegende Seitenflächen sind gleich groß.
Daher gilt für die Größe der Seitenflächen:

Fläche I:
$(80 \cdot 60)\ cm^2 = 4\,800\ cm^2 = 48\ dm^2$

Flächen I zusammen:
$2 \cdot 48\ dm^2 = 96\ dm^2$

Fläche II:
$(80 \cdot 50)\ cm^2 = 4\,000\ cm^2 = 40\ dm^2$

Flächen II zusammen:
$2 \cdot 40\ dm^2 = 80\ dm^2$

Fläche III:
$(60 \cdot 50)\ cm^2 = 3\,000\ cm^2 = 30\ dm^2$

Flächen III zusammen:
$2 \cdot 30\ dm^2 = 60\ dm^2$

Für die Größe der gesamten Oberfläche gilt dann:
$A_O = 96\ dm^2 + 80\ dm^2 + 60\ dm^2 = 236\ dm^2 = 2{,}36\ m^2$
Ergebnis: Es werden 2,36 m^2 Silberblech benötigt.

Information

Alle sechs Flächen, die zum Netz eines Quaders gehören, bilden seine **Oberfläche.**
Die **Größe der Oberfläche** ist der Flächeninhalt dieser sechs Flächen zusammen.

Größe der Oberfläche = 2 · Größe der Grundfläche + 2 · Größe der Seitenfläche + 2 · Größe der Vorderfläche

Zum Festigen und Weiterarbeiten

2. Die abgebildete quaderförmige Keksdose ist aus Blech hergestellt.
Berechne, wie viel cm^2 Blech man zur Herstellung braucht.

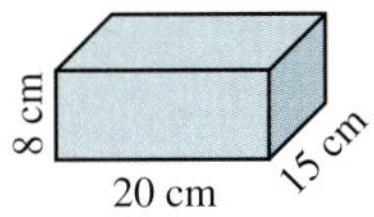

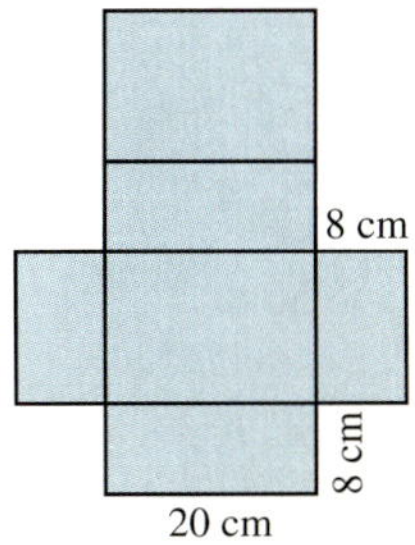

3. Würfel sind besondere Quader.
Berechne die Größe ihrer Oberfläche.
Stelle eine Formel auf.

zu **3.**

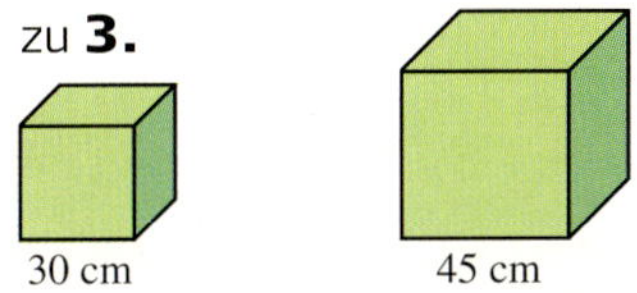

4. Berechne die Oberflächengröße A_O.

a) Quader: a = 50 cm; b = 40 cm; c = 30 cm

b) Quader: a = 25 cm; b = 17 cm; c = 23 cm

c) Würfel: a = 65 cm

5. Ein Schwimmbecken soll neu gefliest werden.
Wie viel m^2 Fliesen werden benötigt?

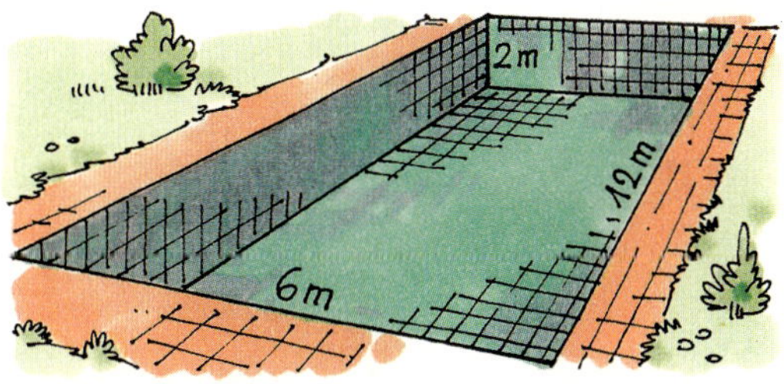

Übungen

6. Die abgebildeten quaderförmigen Dosen werden aus Blech hergestellt.
Berechne, wie viel Blech man zur Herstellung braucht.

a) *Teedose*

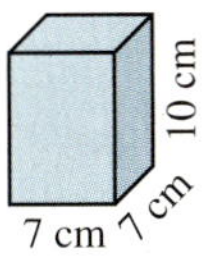

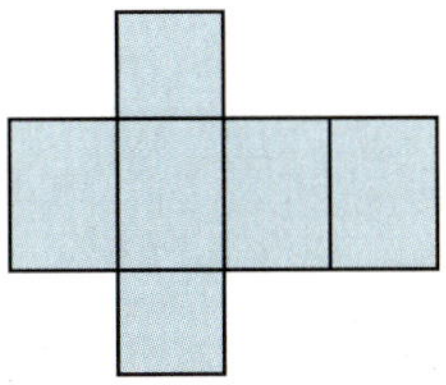

b) *Bonbondose*

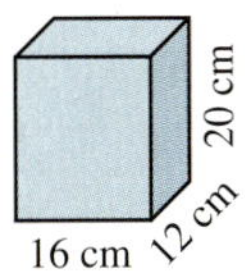

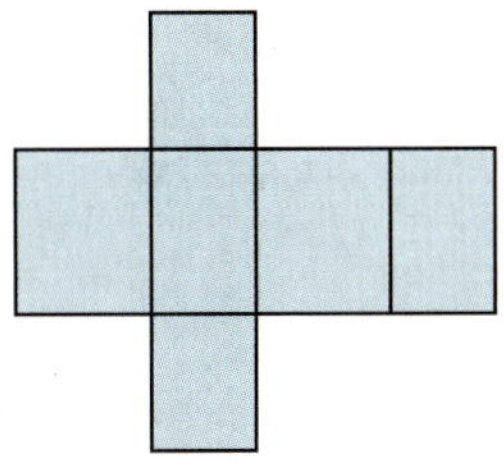

7. a) Berechne die Größe der Oberfläche des Quaders mit den angegebenen Kantenlängen.

(1)	(2)	(3)	(4)	(5)
a = 2 m	a = 9 m	a = 14 cm	a = 34 cm	a = 54 m
b = 9 m	b = 7 m	b = 28 cm	b = 59 cm	b = 67 m
c = 4 m	c = 8 m	c = 9 cm	c = 17 cm	c = 78 m

b) Gib jeweils ein flächeninhaltsgleiches Rechteck an.

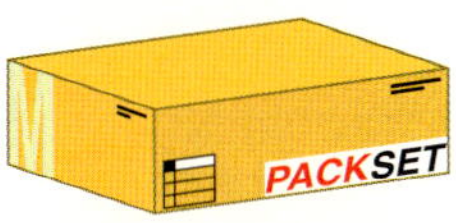

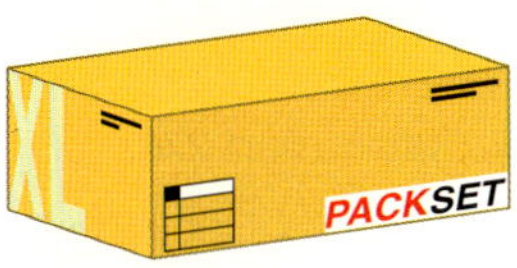

8. Die Deutsche Post AG bietet Verpackungen für Pakete an.

XS EXTRA SMALL
225 × 145 × 35 mm
(Breite × Tiefe × Höhe)

M MEDIUM
350 × 250 × 120 mm
(Breite × Tiefe × Höhe)

XL EXTRA LARGE
500 × 300 × 200 mm
(Breite × Tiefe × Höhe)

S SMALL
250 × 175 × 100 mm
(Breite × Tiefe × Höhe)

L LARGE
400 × 250 × 150 mm
(Breite × Tiefe × Höhe)

F FLASCHE
360 × 135 × 120 mm
(Breite × Tiefe × Höhe)

a) Berechnet, wie viel Pappe für jedes Paket mindestens benötigt wird.

b) Geht zur Post. Überprüft, wie viel Pappe für die Pakete tatsächlich verwendet wird.

VOLUMENVERGLEICH – MESSEN VON VOLUMINA

Einstieg

(1)

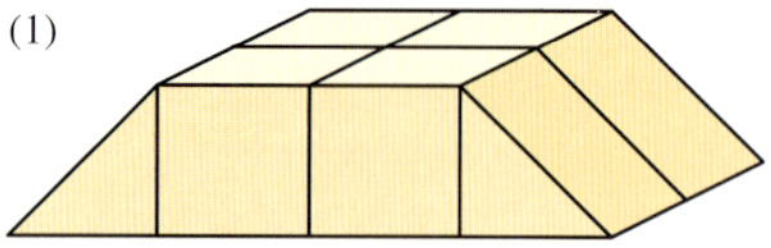

(2)

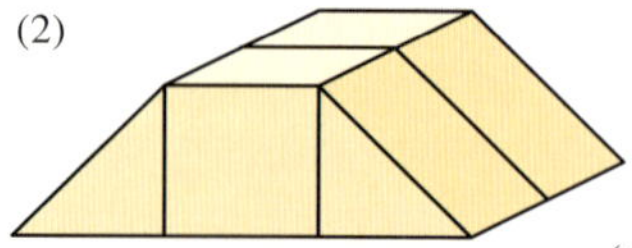

(3)

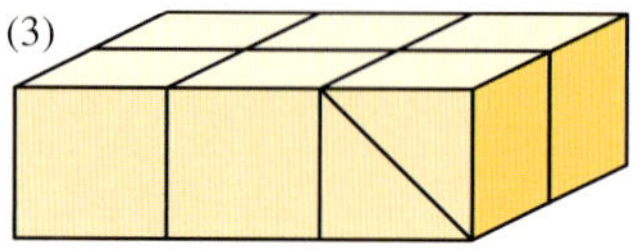

(4)

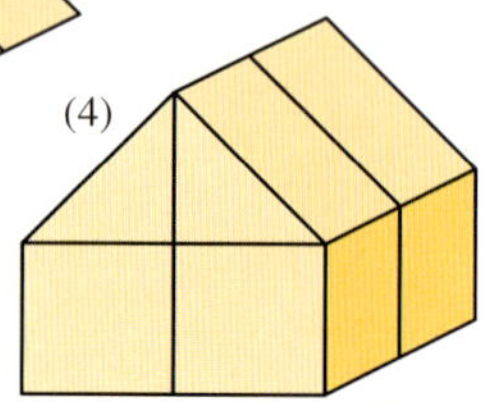

Vergleiche die Körper.
Welche Körper füllen den gleichen Raum aus?

Volumenvergleich von Körpern – Volumen

Aufgabe

1. a) Maria und Tanja haben unterschiedlich geformte Krüge auf dem Flohmarkt gekauft. In welchen Krug kann man mehr einfüllen? Wie kann man feststellen, welcher Krug das größere Volumen (Rauminhalt) hat?

b) Steine oder Holzstücke sind Vollkörper. Sie sind nicht hohl wie Gefäße, sie füllen aber trotzdem einen Raum aus. Die Größe des ausgefüllten Raumes ist das Volumen (Rauminhalt) des Vollkörpers.
Wie kann man bei zwei Vollkörpern – z. B. bei zwei Edelsteinen – feststellen, welcher von beiden das größere Volumen hat?

Lösung

a) Man kann z. B. durch Umfüllen von Flüssigkeiten feststellen, in welchen der beiden Krüge mehr hineinpasst. Der Krug, in den mehr Flüssigkeit hineinpasst, hat das größere Volumen (Rauminhalt).

b) Taucht man einen Vollkörper in Wasser, so steigt der Wasserspiegel. Wenn man z. B. beide Edelsteine nacheinander in dasselbe Wasserglas taucht, kann man feststellen, bei welchem Edelstein der Wasserspiegel höher steigt. Dieser Stein hat das größere Volumen. Das Volumen des eingetauchten Steins ist dabei jeweils so groß wie das Volumen des Wassers über dem alten Wasserstand.

Information

Bei Gefäßen wie Flaschen, Töpfen, Eimern, Kästen, Fässern, usw. kann man den Innenraum durch Flüssigkeit ausfüllen.
Die Größe des ausgefüllten Raumes heißt **Volumen** (oder Rauminhalt).
Auch Vollkörper wie Steine, Holzstücke, Edelsteine usw. füllen einen Raum aus. Das Volumen eines Vollkörpers ist die Größe des Raumes, den der Körper ausfüllt.

Zum Festigen und Weiterarbeiten

2. Baue aus vier Videokassetten (du kannst auch Mathebücher oder Streichholzschachteln nehmen) jeweils verschiedene Körper. Vergleiche die Körper. Was ist bei allen Körpern, die du gebaut hast, gleich und was ist verschieden?

3. Der Quader in der Zeichnung besteht aus zwei Teilkörpern. Man kann die Teilkörper zu neuen Körpern zusammensetzen. Vergleiche die entstehenden Körper. Worin unterscheiden sie sich? Was haben sie gemeinsam?

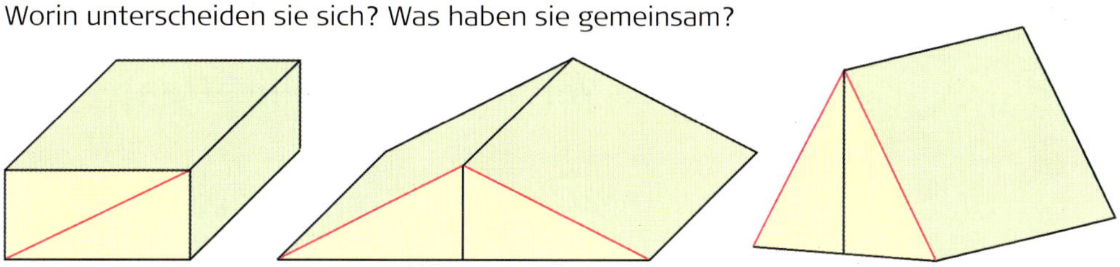

Information

Die Körper rechts bestehen aus denselben Teilkörpern. Sie haben dasselbe Volumen (denselben Rauminhalt).

Körper von unterschiedlicher Form können dasselbe Volumen haben.

Verwechsle nicht *Volumen* (Rauminhalt) und *Masse* eines Körpers.

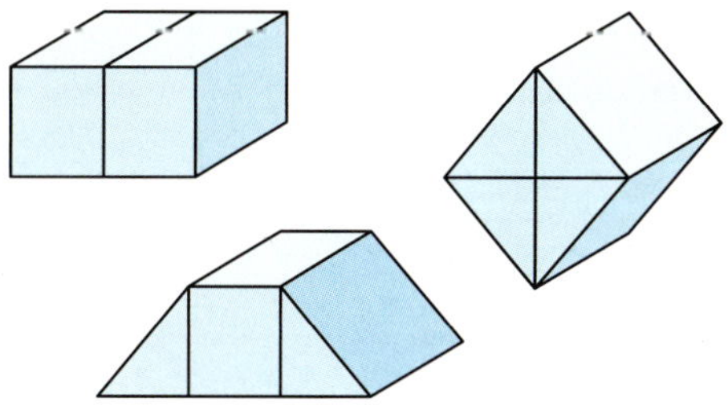

Übungen

4. a) Stelle aus drei gleichartigen Quadern (z. B. Schachteln mit Tintenpatronen oder Streichholzschachteln oder Mathematikbüchern) neue Körper her. Zwei aneinander grenzende Quader sollen immer eine ganze Seitenfläche gemeinsam haben. Vergleiche ihre Volumina (Rauminhalte).

b) Wie viele Körper kannst du auf diese Weise erhalten?

5. Haben die beiden Körper dasselbe Volumen? Begründe.

a) (1) (2)

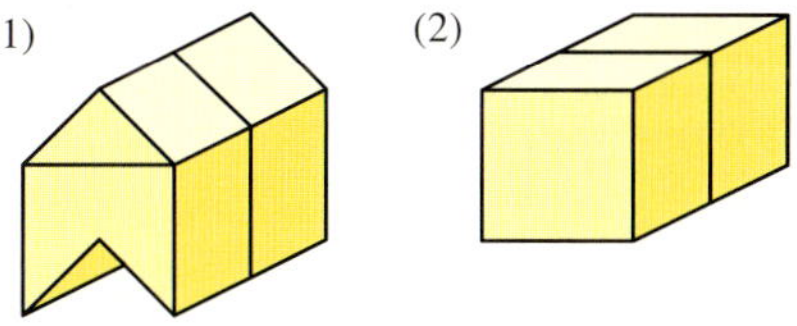

b) (1) (2)

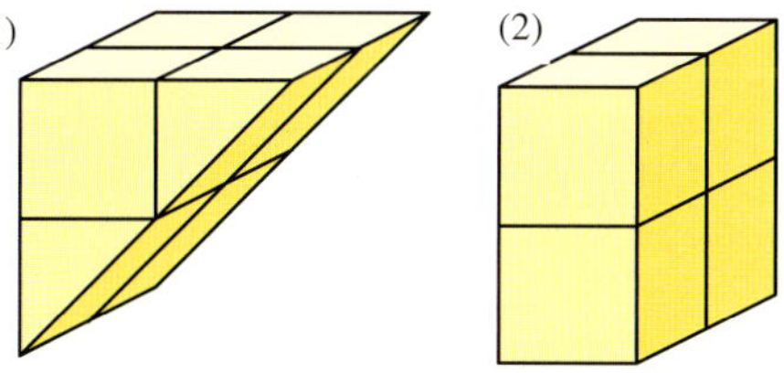

6. Ordne die Körper nach der Größe ihres Volumens.

(1) (2) (3)

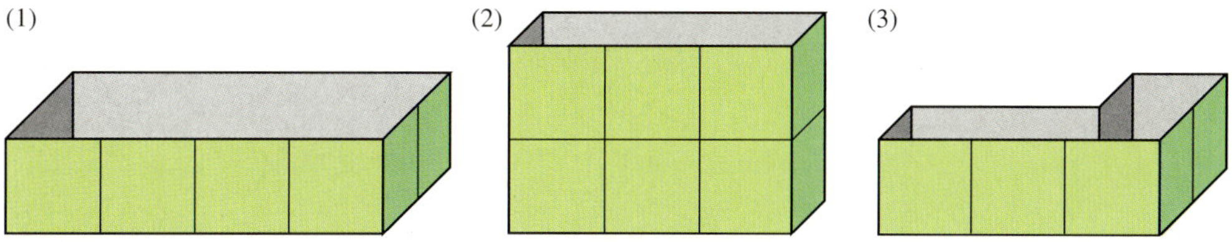

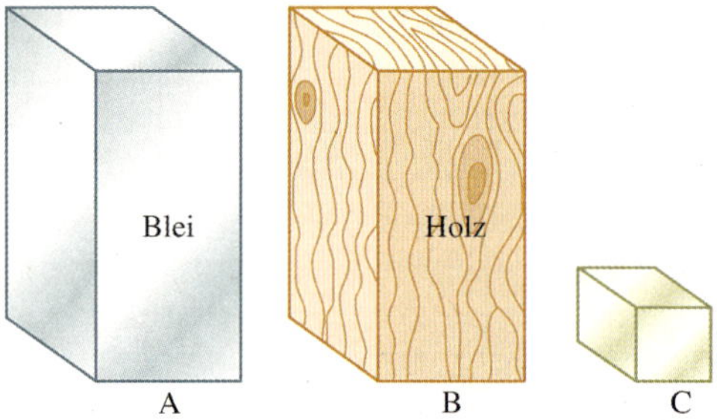

7. Zwei der Körper links haben gleiche Volumen, aber unterschiedliche Massen, zwei der Körper haben gleiche Massen, aber unterschiedliche Volumen.
Welche Körper haben gleiche Volumen?
Welche Körper haben gleiche Massen?
Besteht Körper C aus Holz oder aus Blei? Entscheide und begründe.

Messen von Volumina (Rauminhalten) – Einheiten

Einstieg

→ Die Körper bestehen aus gleich großen Würfeln.
Wie kann man das Volumen (den Rauminhalt) der Körper vergleichen? Wie kann man die einzelnen Volumina bestimmen?

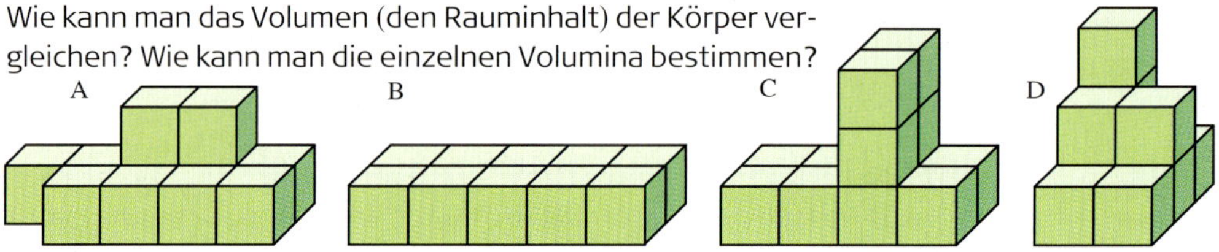

→ Auf welche Weise könnte man Volumina im Bereich des täglichen Lebens ungefähr bestimmen, z. B. die Größe eines Rucksacks oder eines Kofferraums?

Aufgabe

1. a) Der Körper rechts hat das Volumen $V = 5\ cm^3$. Erkläre die Angabe.

b) Zeichne verschiedene Körper mit dem Volumen $V = 5\ cm^3$.

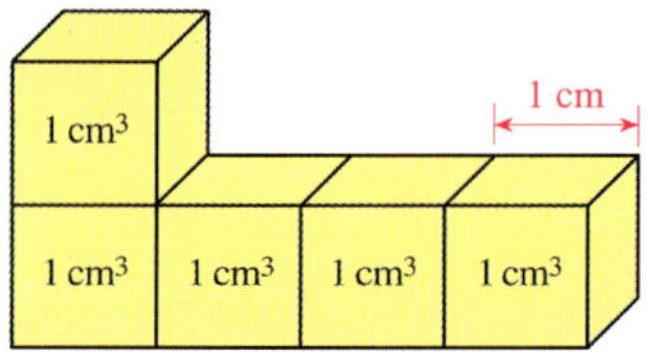

Lösung

a) Der Körper besteht aus 5 Würfeln mit der Kantenlänge 1 cm. Jeder Würfel hat das Volumen $1\ cm^3$. Der Körper hat dann das Volumen $5\ cm^3$.

b) (1)

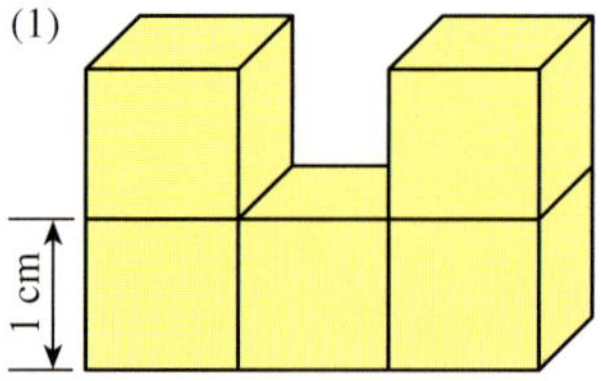

(2)

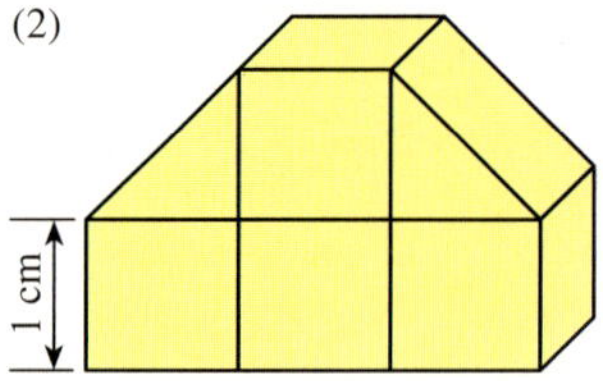

Information

Ein Würfel mit der Kantenlänge 1 cm (Zentimeterwürfel) hat das Volumen (den Rauminhalt) **1 cm³** (gelesen: *1 Kubikzentimeter*).
Alle anderen Körper, die man durch Zerschneiden und erneutes Zusammensetzen eines Zentimeterwürfels erhält, haben auch das Volumen $1\ cm^3$.
Ein Körper hat das Volumen $5\ cm^3$, wenn er dasselbe Volumen hat wie 5 Zentimeterwürfel zusammen.

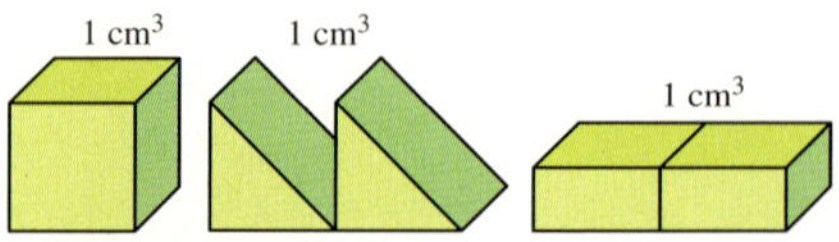

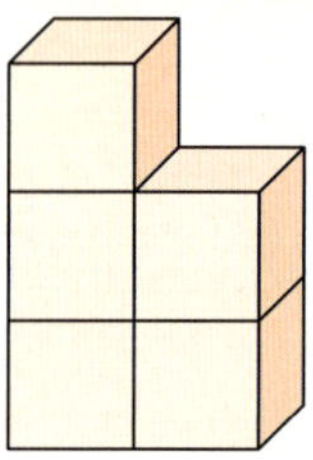

5 cm³

Maßzahl ↗ ↖ Einheit

Information

(1) Einheiten für Volumina (Rauminhalte)

Salzkorn
Volumen 1 mm^3

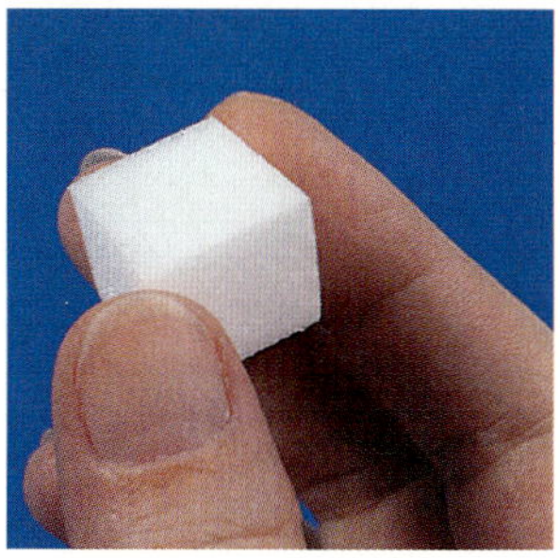
Würfelzucker
Volumen 1 cm^3

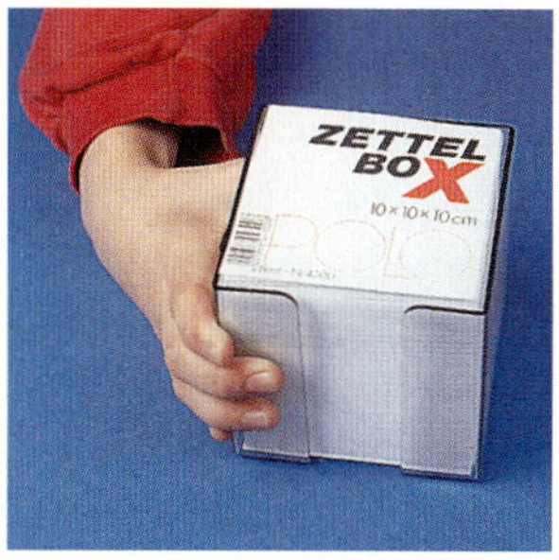

Zettelblock
Volumen 1 dm^3

Würfel, 1 m Kantenlänge
Volumen 1 m^3

Maßeinheiten für das Volumen sind: 1 mm^3, 1 cm^3, 1 dm^3, 1 m^3.
Die folgende Tabelle gibt einen Überblick über die Volumeneinheiten:

Kantenlänge des Würfels	Volumen des Würfels	Sprechweise
1 mm	1 mm^3	1 Kubikmillimeter oder 1 Millimeter hoch 3
1 cm	1 cm^3	1 Kubikzentimeter oder 1 Zentimeter hoch 3
1 dm	1 dm^3	1 Kubikdezimeter oder 1 Dezimeter hoch 3
1 m	1 m^3	1 Kubikmeter oder 1 Meter hoch 3

(2) Die Einheiten Liter (*l*), Milliliter (ml) und Hektoliter (hl) für Volumina

Man verwendet zum Messen des Volumens von Gefäßen wie Töpfe, Eimer, Kannen, Fässer, aber auch von Blumenerde in Beuteln die Volumeneinheit Liter (*l*).

Es gilt: **1 *l* = 1 dm^3**

Das Volumen der Flüssigkeit in Flaschen (z. B. in Arzneimittelflaschen, Mineralwasserflaschen) wird oft in Milliliter (ml) angegeben.

Es gilt: **1 ml = 1 cm^3**

Außerdem gibt es noch die Volumeneinheit Hektoliter (hl). Man verwendet sie für das Volumen größerer Fässer und Tanks.

Es gilt: **1 hl = 100 *l***

Das Volumen von Gefäßen nennt man auch Fassungsvermögen.

... bei 20 °C

1 ml = 1 cm^3
1 ml Wasser wiegt 1 g

1 *l* = 1 dm^3
1 *l* Wasser wiegt 1 kg

1 hl = 100 *l* = 100 dm^3

Eine Filzstiftkappe fasst 1 ml Wasser

Messbecher für 1 *l*

Weinfass für 100 *l* = 1 hl

Zum Festigen und Weiterarbeiten

2. a) Nicht nur Würfel mit der Kantenlänge 1 dm haben das Volumen 1 dm³. Denke dir den Würfel zerschnitten.
Erkläre das Bild rechts.

b) Denke dir weitere Körper aus, die genau 1 dm³ Volumen haben.
Skizziere die Körper.

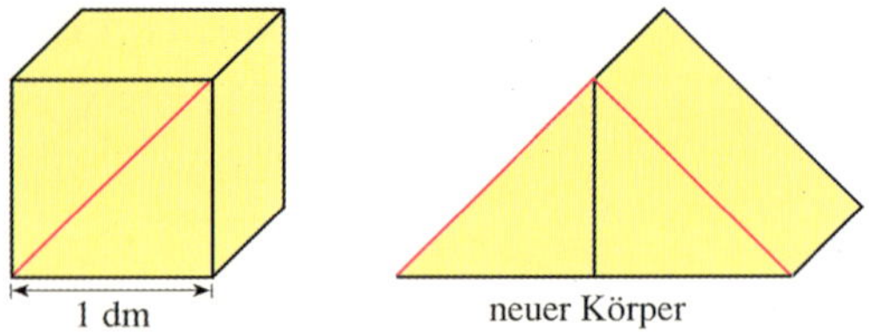

3. Gib das Volumen des Körpers an.

a)
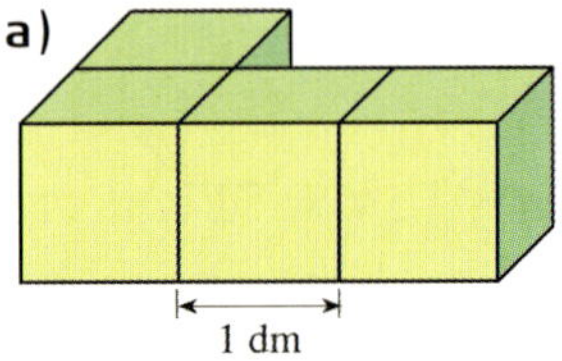

b)
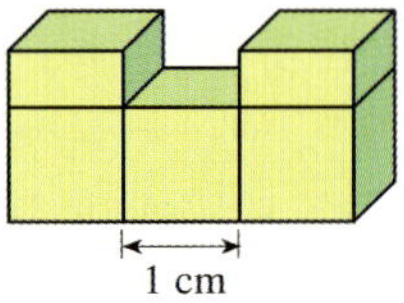

c)
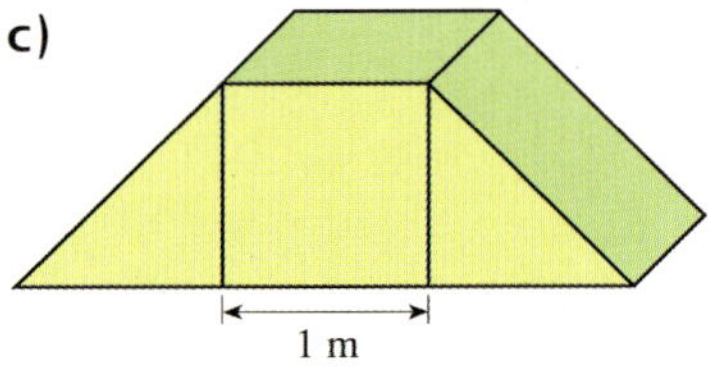

4. Gib das Volumen der Körper an. Hierbei sei für die Kantenlänge der einzelnen Würfel angenommen:

a) 1 cm **b)** 1 dm **c)** 1 m

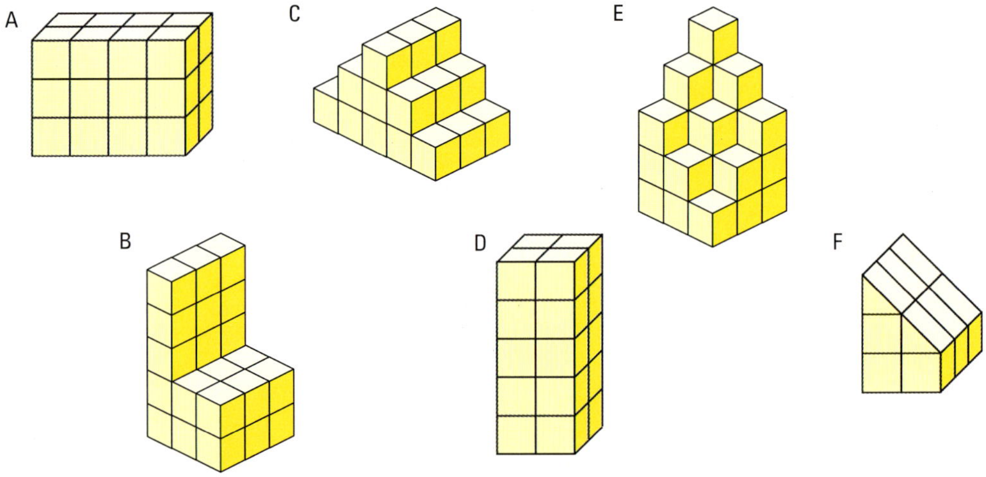

Übungen

5. a) Gib das Volumen an.

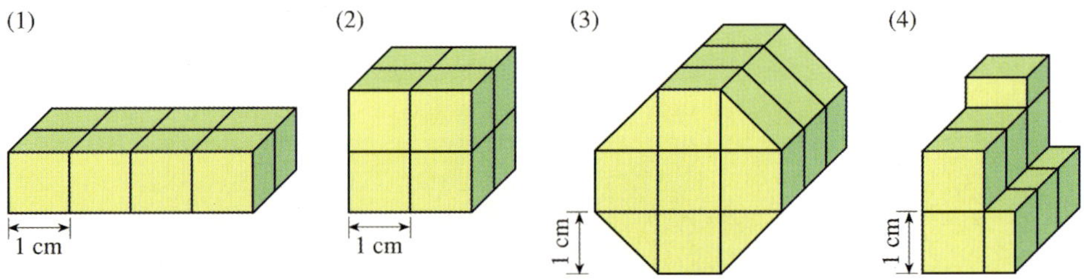

b) Nimm an, die Kantenlänge der einzelnen Würfel sei nicht 1 cm, sondern 1 dm [1 m]. Wie groß ist jetzt das Volumen des Körpers?

6. Zeichne Schrägbilder eines Quaders mit folgendem Volumen. Trage die Maße ein.

a) 18 cm³ **b)** 30 dm³ **c)** 49 cm³

7. Jeder einzelne Würfel hat die Kantenlänge 1 dm.

a) Bestimme das Volumen des Körpers.

b) Ergänze den Körper dann (mit möglichst wenig Würfeln) zu einem Quader. Welches Volumen hat der Ergänzungskörper und welches Volumen hat der Quader?

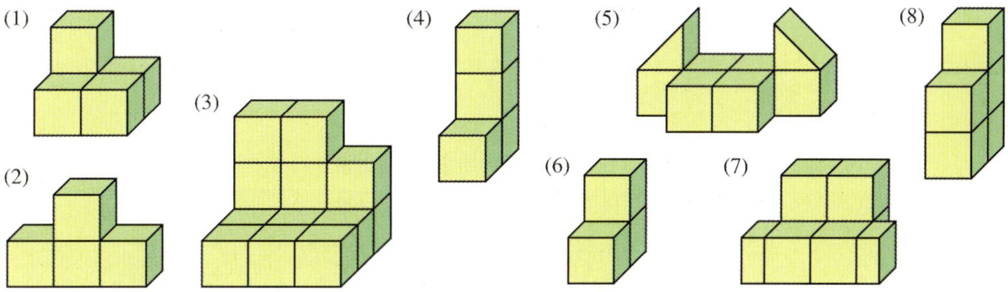

8. In welcher Volumeneinheit würdest du messen?

(1) Erdaushub bei einer Baugrube
(2) Fassungsvermögen einer Mineralwasserflasche
(3) Fassungsvermögen eines Fläschchens mit Medizin
(4) Nutzinhalt eines Kühlschranks
(5) Eis in einer Packung
(6) anzulieferndes Heizöl
(7) Blumenerde in einem Plastiksack
(8) Laderaum eines Frachtschiffs

9. Auf manchen Gläschen oder Flaschen findest du die Volumenangabe in cl (Zentiliter):
1 cl = 10 ml

a) Wie viel cm^3 ist 1 cl?

b) Wie viel cm^3 sind 10 cl?

10. 1 *l* Wasser hat die Masse 1 kg.

a) Welche Masse haben (1) 3 *l* Wasser; (2) $\frac{1}{2}$ *l* Wasser; (3) $\frac{1}{4}$ *l* Wasser?

b) Wie viel *l* bzw. ml sind (1) 5 kg; (2) 200 g; (3) 750 g; (4) 4,5 kg Wasser?

11. *Weitere Volumeneinheiten*
In der Erdölindustrie wird heute weltweit das Volumen von Erdöl in der Maßeinheit *Barrel* angegeben.
In den USA und in Großbritannien wird Benzin an den Tankstellen nicht in Liter, sondern in der Volumeneinheit *Gallone* verkauft.

1 Barrel = 159 *l*

in Großbritannien:
1 Gallone = $4\frac{1}{2}$ *l*
in USA:
1 Gallone = $3\frac{3}{4}$ *l*

a) Anne und ihre Eltern sind in England mit dem Auto unterwegs.
Annes Mutter will Benzin tanken. Der Tank fasst 80 *l*; er ist noch viertel voll.
Passen 12 Gallonen [14 Gallonen] Benzin in den Tank?

b) Gib in der Einheit *l* an:
(1) 10 (engl.) Gallonen (2) 15 (engl.) Gallonen (3) 12 (US) Gallonen

c) Gib in der Einheit *l* an:
(1) 5 Barrel (2) 39 Barrel (3) 235 Barrel

d) Im September 2003 betrug der Preis für 1 Barrel Rohöl 36 US-Dollar.
1 Dollar ($) war 1,10 € wert.
Wie viel € kostete 1 *l* Rohöl? Führe eine Überschlagsrechnung durch.

UMWANDELN IN ANDERE VOLUMENEINHEITEN – KOMMASCHREIBWEISE

Umwandeln in andere Volumeneinheiten

Einstieg

Wie viele Zentimeterwürfel (Kantenlänge 1 cm) passen in einen Meterwürfel?

Aufgabe

1. a) Ein Dezimeterwürfel (Kantenlänge 1 dm) wird mit Zentimeterwürfeln (Kantenlänge 1 cm) ausgelegt.
Wie viele Zentimeterwürfel werden insgesamt benötigt?
Welches Volumen hat der Dezimeterwürfel?

b) Drücke das Volumen 37 dm^3 in cm^3 aus.

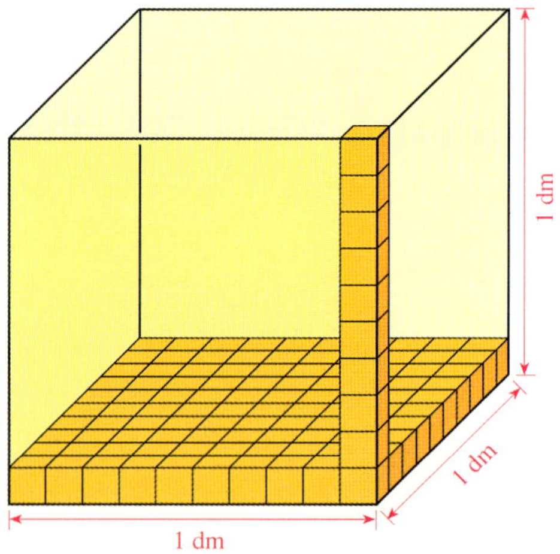

Lösung

a) In einer Reihe sind 10 Zentimeterwürfel.
Eine Schicht besteht aus 10 Reihen.
Eine Schicht hat $10 \cdot 10$, also 100 Würfel.
Es werden 10 Schichten benötigt, also $10 \cdot 100$, d. h. 1 000 Würfel.
Da der Dezimeterwürfel mit 1 000 Würfeln mit jeweils 1 cm^3 Volumen ausgefüllt werden kann, hat der Dezimeterwürfel auch das Volumen 1 000 cm^3.

Es gilt: **1 dm^3 = 1 000 cm^3**

b) 37 Dezimeterwürfel haben zusammen das Volumen 37 dm^3. Jeder Dezimeterwürfel besteht aus 1 000 Zentimeterwürfeln. Das sind zusammen 37 000 Zentimeterwürfel.

Es gilt: **37 dm^3 = 37 000 cm^3**

Zum Festigen und Weiterarbeiten

2. Denke dir einen Millimeterwürfel. Wie viele Millimeterwürfel benötigst du, um damit einen Zentimeterwürfel auszufüllen?
Welches Volumen hat der Zentimeterwürfel?

Information

Zusammenhang zwischen den Volumeneinheiten

Entsprechend wie oben kann ein Würfel mit der Kantenlänge 1 m mit 1 000 Würfeln mit der Kantenlänge 1 dm ausgefüllt werden.

Es gilt daher: **1 m³ = 1 000 dm³**

Ein Würfel mit der Kantenänge 1 cm kann mit 1 000 Würfeln mit der Kantenlänge 1 mm ausgefüllt werden.

Es gilt: **1 cm³ = 1 000 mm³**

Die folgende Tabelle gibt einen Überblick über diese Volumeneinheiten.

$1\,\text{mm}^3 \underset{:1000}{\overset{\cdot 1000}{\rightleftarrows}} 1\,\text{cm}^3 \underset{:1000}{\overset{\cdot 1000}{\rightleftarrows}} 1\,\text{dm}^3 \underset{:1000}{\overset{\cdot 1000}{\rightleftarrows}} 1\,\text{m}^3$

Bei Volumen: Umwandlungszahl 1 000

$1\,\text{cm}^3 = 1\,000\,\text{mm}^3$

$1\,\text{dm}^3 = 1\,000\,\text{cm}^3$

$1\,\text{m}^3 = 1\,000\,\text{dm}^3$

Du kennst auch schon die Volumeneinheiten Liter und Milliliter.
Du weißt: $1\,\text{dm}^3 = 1\,l$ und $1\,\text{cm}^3 = 1\,\text{ml}$
Daher gelten auch folgende Umwandlungen:

$1\,l = 1000\,\text{ml}$ $1\,\text{dm}^3 = 1000\,\text{ml}$ $1\,\text{m}^3 = 1000\,l$

Zum Festigen und Weiterarbeiten

3. Drücke in der in Klammern angegebenen Volumeneinheit aus.

$1\,\text{dm}^3 = 1\,000\,\text{cm}^3$
$9\,\text{dm}^3 = 9\,000\,\text{cm}^3$

a) $3\,\text{dm}^3$ (cm^3); $18\,\text{dm}^3$ (cm^3); $319\,\text{dm}^3$ (cm^3)
b) $5\,\text{m}^3$ (dm^3); $28\,\text{m}^3$ (dm^3); $413\,\text{m}^3$ (dm^3)
c) $3\,\text{cm}^3$ (mm^3); $68\,\text{cm}^3$ (mm^3); $148\,\text{cm}^3$ (mm^3)
d) $8\,l$ (ml); $24\,l$ (ml)
e) $15\,\text{m}^3$ (l); $3\,\text{m}^3$ (l)

4. Schreibe in der in Klammern angegebenen Volumeneinheit.

$1\,000\,\text{cm}^3 = 1\,\text{dm}^3$
$4\,000\,\text{cm}^3 = 4\,\text{dm}^3$

a) $2\,000\,\text{cm}^3$ (dm^3); $200\,000\,\text{cm}^3$ (dm^3); $40\,000\,\text{ml}$ (l)
b) $180\,000\,\text{dm}^3$ (m^3); $4\,000\,000\,\text{dm}^3$ (m^3); $73\,000\,l$ (m^3)

5. Schreibe in zwei Volumeneinheiten.

$2\,319\,\text{cm}^3 = 2\,\text{dm}^3\ 319\,\text{cm}^3$

a) $3\,742\,\text{cm}^3$; $48\,046\,\text{cm}^3$
b) $68\,540\,\text{dm}^3$; $8\,039\,\text{dm}^3$
c) $2\,219\,\text{ml}$; $23\,003\,\text{ml}$

6. Drücke in der kleineren Volumeneinheit aus.

$4\,\text{m}^3\ 75\,\text{dm}^3 = 4\,075\,\text{dm}^3$

a) $2\,\text{m}^3\ 150\,\text{dm}^3$; $63\,\text{m}^3\ 2\,\text{dm}^3$; $18\,\text{dm}^3\ 280\,\text{cm}^3$; $41\,\text{dm}^3\ 50\,\text{cm}^3$
b) $28\,\text{cm}^3\ 750\,\text{mm}^3$; $4\,\text{cm}^3\ 17\,\text{mm}^3$; $9\,l\ 4\,\text{ml}$; $23\,l\ 48\,\text{ml}$
c) $7\,\text{m}^3\ 90\,\text{dm}^3$; $19\,l\ 30\,\text{ml}$

7. Finde Fehler und erkläre; berichtige.

a) $2\,\text{cm}^3 = 20\,\text{mm}^3$
$6\,\text{dm}^3 = 6\,000\,\text{m}^3$

b) $9\,\text{m}^3 = 9\,000\,\text{dm}^3$
$14\,\text{m}^3 = 14\,000\,\text{cm}^3$

c) $5\,000\,\text{mm}^3 = 5\,\text{cm}^3$
$12\,\text{dm}^3 = 12\,000\,\text{mm}^3$

Übungen

8. Schreibe in der in Klammern angegebenen Volumeneinheit.

a) 7 dm^3 (cm^3); 4 m^3 (dm^3); 18 m^3 (dm^3)
b) 5 *l* (ml); 23 *l* (ml); 4 m^3 (*l*)
c) 2 *l* (ml); 14 *l* (ml); 3 m^3 (cm^3)
d) 24 m^3 (dm^3); 17 *l* (ml); 12 m^3 (*l*)

9. **a)** 7 000 dm^3 (m^3); 12 000 dm^3 (m^3)
b) 14 000 *l* (m^3); 19 000 *l* (m^3)
c) 31 000 cm^3 (dm^3); 40 000 cm^3 (dm^3)
d) 4 000 ml (*l*); 15 000 ml (*l*)
e) 3 000 *l* (m^3); 4 000 ml (*l*)
f) 1 000 000 ml (m^3); 70 000 mm^3 (cm^3)
g) 5 000 dm^3 (m^3); 24 000 *l* (m^3)
h) 10 000 cm^3 (dm^3); 8 000 ml (*l*)

10. **a)** 4 000 m^3 (*l*); 8 000 dm^3 (m^3)
b) 9 000 cm^3 (dm^3); 6 000 *l* (m^3)
c) 1 000 ml (*l*); 3 000 *l* (ml)
d) 2 000 ml (*l*); 10 000 dm^3 (m^3)

11. Schreibe in zwei Volumeneinheiten.

a) 2 759 dm^3 **b)** 4 045 ml **c)** 8 249 cm^3 **d)** 49 307 dm^3 **e)** 2 031 mm^3

12. *Brüche als Maßzahlen*
In einem Rezept für eine Suppe steht:
Man nehme $\frac{3}{4}$ *l* Brühe, $\frac{1}{8}$ *l* Rotwein, ...

a) Welcher Messbecher enthält die Brühe, welcher den Rotwein?

b) Gib den Inhalt der anderen vier Messbecher in *l* und ml an.

c) Gib für jeden Messbecher an, wie viel *l* Flüssigkeit bis zu einem Liter noch fehlt.

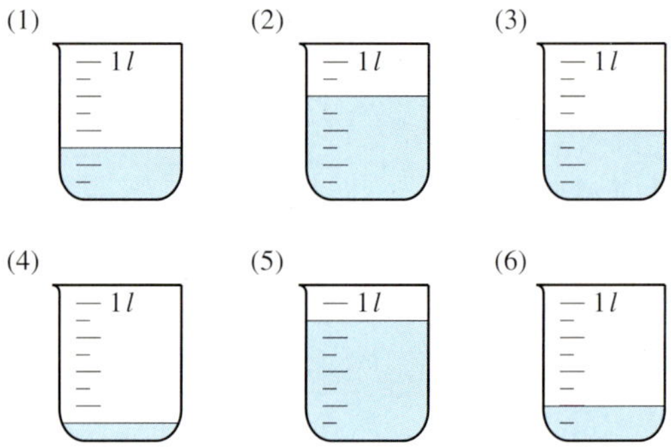

13. Gib die Volumina in der angegebenen Volumeneinheit an.

a) cm^3: $\frac{1}{2}$ dm^3; $\frac{1}{4}$ dm^3; $\frac{3}{4}$ dm^3; $\frac{1}{10}$ dm^3 **b)** ml: $\frac{2}{5}$ *l*; $\frac{7}{10}$ *l*; $\frac{1}{100}$ *l*; $1\frac{3}{4}$ *l*

Kommaschreibweise – Einheitentabelle

Einstieg

Tanjas Mutter liest den Gaszähler ab.
Tanja fragt:
„Was bedeutet die Schreibweise 4 623,082 m^3 mit Komma?"
Versuche diese Angabe zu erklären.

Aufgabe

$\frac{1}{1000}$ m^3 = 1 dm^3

1. Wie kann man die Angabe 1 473,570 m^3 ohne Komma schreiben?

Lösung

An der nebenstehenden Einheitentabelle erkennst du:

$1\,473{,}570\ m^3 = 1\,473\frac{570}{1000}\ m^3$
$= 1\,473\ m^3\ 570\ dm^3$

Vor dem Komma				Nach dem Komma			
	m^3			dm^3			
1	4	7	3	5	7	0	

Information

Die Einheitentabelle in Aufgabe 1 lässt sich zu einer größeren Tabelle ergänzen.
Sie ist für das Verständnis der Kommaschreibweise hilfreich.
Beachte: Bei Volumina ist die Umwandlungszahl 1 000. Daher gehören zu jeder Einheit 3 Stellen: H, Z, E.

m^3			dm^3 (= l)			cm^3 (= ml)			mm^3			
H	Z	E	H	Z	E	H	Z	E	H	Z	E	**Schreibweisen**
		5	0	0	8							$5\ m^3\ 8\ dm^3 = 5{,}008\ m^3 = 5\,008\ dm^3$
				3	2	0	4	3				$32\ dm^3\ 43\ cm^3 = 32{,}043\ dm^3 = 32\,043\ cm^3$
				3	7	0	2	0				$37\ l\ 20\ ml = 37{,}02\ l = 37\,020\ ml$
								0	4	0	0	$0\ cm^3\ 400\ mm^3 = 400\ mm^3 = 0{,}4\ cm^3$
		0	0	6	0							$0\ m^3\ 60\ dm^3 = 60\ dm^3 = 0{,}06\ m^3$

Zum Festigen und Weiterarbeiten

$\frac{1}{1000}\ l = 1\ ml$

$\frac{1}{1000}\ dm^3 = 1\ cm^3$

$\frac{1}{1000}\ cm^3 = 1\ mm^3$

Bei den folgenden Aufgaben kannst du als Hilfe die Einheitentabelle verwenden.

2. Gib in zwei Volumeneinheiten an.

a) $3{,}754\ m^3$; $24{,}259\ m^3$ **b)** $12{,}456\ l$; $3{,}55\ l$ **c)** $2{,}55\ m^3$; $43{,}7\ m^3$ **d)** $18{,}4\ l$; $9{,}2\ l$

$2{,}5\ l = 2\frac{500}{1000}\ l$
$= 2\ l\ 500\ ml$

3. Schreibe mit Komma.

a) $2\,431\ dm^3$; $7\,419\ dm^3$; $18\,704\ dm^3$
c) $7\,200\ dm^3$; $200\ dm^3$; $75\ dm^3$
e) 2 000 ml; 200 ml; 20 ml

$4\,739\ dm^3 = 4\ m^3\ 739\ dm^3$
$= 4\frac{739}{1000}\ m^3$
$= 4{,}739\ m^3$

b) $4\,500\ dm^3$; $5\,732\ dm^3$; $48\,400\ dm^3$
d) 2 500 ml; 33 850 ml; 253 ml
f) 2 ml; 202 ml; 220 ml
g) $3\,245\ mm^3$; $17\,104\ mm^3$; $842\ mm^3$

4. Trage in eine Einheitentabelle ein und lies drei Schreibweisen ab.

a) $18\ m^3\ 453\ dm^3$; $54\ dm^3\ 800\ cm^3$; $87\ m^3\ 200\ dm^3$
b) $3{,}7\ l$; $2{,}8\ m^3$; $4{,}4\ l$
c) $8{,}45\ m^3$; $28{,}533\ cm^3$; $0{,}45\ m^3$
d) $2{,}457\ dm^3$; $3\,000\ mm^3$; $0{,}05\ dm^3$
e) $8\ m^3\ 25\ cm^3$; $12{,}04\ dm^3$; $0{,}007\ m^3$

5. Familie Müller hat im Herbst 2 500 l Heizöl getankt, Familie Schuster 1 720 l.
Um wie viel m^3 handelt es sich dabei?

Übungen

6. Gib in zwei Volumeneinheiten an.

a) $27{,}485\ m^3$; $8{,}9\ dm^3$; $0{,}4\ m^3$; $4{,}02\ l$
b) $8{,}256\ l$; $9{,}24\ dm^3$; $14{,}5\ m^3$; $6{,}07\ dm^3$
c) $42{,}043\ dm^3$; $8{,}07\ l$; $74{,}5\ m^3$; $18{,}002\ l$
d) $0{,}075\ m^3$; $12{,}406\ l$; $0{,}4\ m^3$; $0{,}703\ dm^3$
e) $9{,}708\ dm^3$; $0{,}79\ l$; $2{,}06\ l$; $4{,}005\ m^3$

7. Schreibe mit Komma.

a) 44 873 l; $8\,240\ dm^3$; 31 941 ml; 803 ml
b) $8\,470\ dm^3$; 19 400 ml; 8 040 l; 846 l
c) 7 039 l; $71\,506\ dm^3$; 30 548 l; 214 ml
d) $\frac{1}{2}\ l$; $\frac{1}{4}\ l$
e) $\frac{3}{4}\ l$; $3\frac{1}{2}\ l$

Beachte: 1 l = 1 000 ml

8. Trage in eine Einheitentabelle ein und lies zwei weitere Schreibweisen ab.

a) $34{,}857\ m^3$; $2{,}453\ dm^3$; $48{,}73\ l$; $8{,}45\ cm^3$

b) $12{,}1\ l$; $3{,}75\ m^3$; $0{,}34\ dm^3$; $3{,}4\ dm^3$

c) $17\,580\ l$; $250\ dm^3$; 180 ml; $18\,000\ dm^3$

d) $0{,}5\ m^3$; $2{,}05\ cm^3$; $0{,}05\ dm^3$; $2{,}5\ m^3$

e) $14\ m^3\ 275\ dm^3$; $4\ cm^3\ 15\ mm^3$; $25\ dm^3\ 8\ cm^3$; $7\ l\ 35$ ml

9.

Tag	m³	dm³	Wasserverbrauch bis
1.5.		166	■ m³ ■ dm³ = ■ dm³
1.6.	25	456	■ m³ ■ dm³ = ■ dm³
1.7.	51	837	■ m³ ■ dm³ = ■ dm³
1.8.			■ m³ ■ dm³ = ■ dm³

Frau Monske überträgt am 1. eines jeden Monats den Stand des Wasserzählers in die Tabelle.

a) Vergleiche den Stand des Wasserzählers mit den Eintragungen in der Tabelle. Um welche Eintragung handelt es sich? Erkläre die Tabelle.

b) Wie viel Wasser wurde vom 1. 5. bis zum 1. 6. verbraucht? Ergänze die Tabelle.

c) Vom 1.5. bis zum 1.8. wurden insgesamt $82\,571\ dm^3$ Wasser verbraucht. Übertrage in die Tabelle.

10. *Gehe auf Entdeckungsreise:*

a) Suche nach Gefäßen und deren Volumen. Welches Gefäß in eurem Haushalt hat das größte Volumen, welches das kleinste?

b) Bei welchem der Gefäße wird das Volumen in ml, bei welchem in l und bei welchem in hl angegeben?

c) Gib das Volumen eines jeden Gefäßes in (1) ml; (2) l; (3) hl an.

BERECHNUNGEN AM QUADER

Einstieg

In einen quaderförmigen Karton mit den Innenmaßen a = 4 dm, b = 3 dm und c = 2 dm sollen Zettelblocks verpackt werden. Die Zettelblocks sind würfelförmig und haben die Kantenlänge 1 dm.

➜ Wie viele Zettelblocks passen in den Karton?
➜ Wie groß ist das Volumen (Fassungsvermögen) des Kartons?

Aufgabe

1. Berechne das Volumen V eines Quaders mit den Kantenlängen a = 5 cm, b = 4 cm und c = 3 cm.

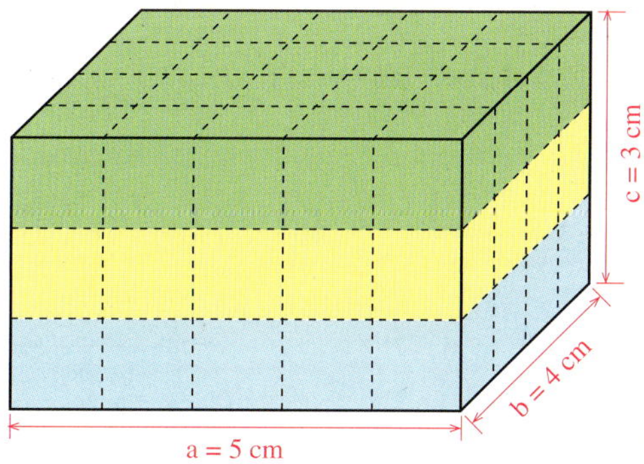

Lösung

Wir legen den Quader planmäßig mit 1 cm^3 großen Würfeln aus:
An die 5 cm lange Kante (vorn, unten) passen 5 solche Würfel nebeneinander.
4 solche Stangen passen hintereinander, denn die nach hinten verlaufende Kante ist 4 cm lang. Wir erhalten damit eine Schicht mit 4 · 5 Würfeln.
3 solche Schichten passen aufeinander, denn die dritte Kante ist 3 cm lang.
Insgesamt kann man somit den Quader mit 3 · 4 · 5 Würfeln der Größe 1 cm^3 ausfüllen.
Also: $V = (3 \cdot 4 \cdot 5)\ cm^3 = 60\ cm^3$

Information

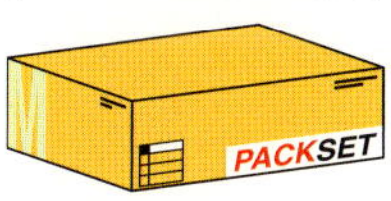

Formel für das Volumen eines Quaders

Die Größe eines quaderförmigen Pakets gibt man üblicherweise durch das Produkt der Kantenlänge an, z. B. bei der Post 35 × 25 × 12 cm für 35 cm × 25 cm × 12 cm.
Auch bei einem Quader mit den Kantenlängen 4 cm, 2 cm und 3 cm wollen wir für das Volumen V schreiben:
V = 4 cm · 2 cm · 3 cm
Wie man dieses Volumen berechnet, hast du in Aufgabe 1 erfahren. Die Produktschreibweise ermöglicht uns, für das Volumen des Quaders eine Formel zu notieren:

Volumen eines Quaders = Länge · Breite · Höhe

Für das **Volumen V eines Quaders** mit den Kantenlängen a, b und c gilt:
V = a · b · c

Beispiel: a = 4 cm; b = 2 cm; c = 3 cm
V = 4 cm · 2 cm · 3 cm
$= (4 \cdot 2 \cdot 3)\ cm^3$
$= 24\ cm^3$

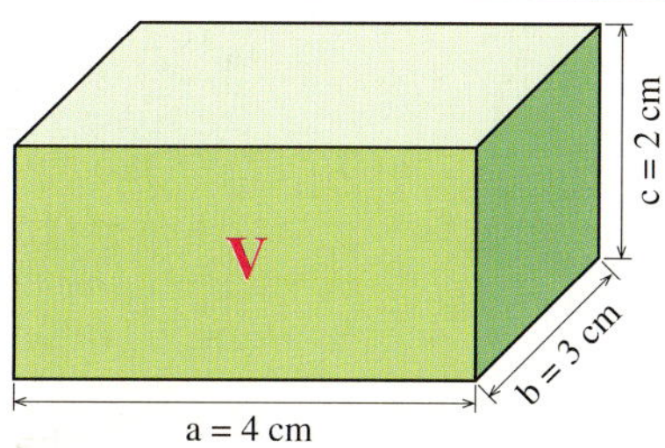

Zum Festigen und Weiterarbeiten

2. Berechne das Quadervolumen V aus den Kantenlängen.

a) a = 4 cm; b = 5 cm; c = 3 cm
b) a = 7 dm; b = 5 dm; c = 4 dm
c) a = 2 m; b = 3 m; c = 4 m
d) a = 27 cm; b = 34 cm; c = 19 cm

3. Das Volumen eines Quaders beträgt **a)** 18 cm^3; **b)** 24 m^3; **c)** 42 *l*.
Gib jeweils Kantenlängen solcher Quader an und skizziere deren Schrägbild.

Übungen

4. Berechne das Volumen V des Quaders aus den Kantenlängen.

a) a = 7 cm; b = 3 cm; c = 9 cm
b) a = 4 dm; b = 3 dm; c = 12 dm
c) a = 10 m; b = 50 cm; c = 8 m
d) a = 2 m; b = 15 cm; c = 12 cm

5. a) Frau Brade hat in ihrem Garten eine Grube angelegt, in welcher sie Regenwasser für ihren Garten sammelt. Die Grube ist 3 m lang, 2 m breit und 1 m tief.
b) Ein Aquarium ist 5 dm lang und 4 dm breit. Es ist 4 dm hoch mit Wasser gefüllt.
c) Ein Graben soll ausgehoben werden (200 m lang, 2 m tief, 3 m breit).
d) Eine Eierpackung ist 20 cm lang, 7 cm breit und 8 cm hoch.

6. Berechne das Volumen. Vergleiche mit der Angabe auf der Verpackung.

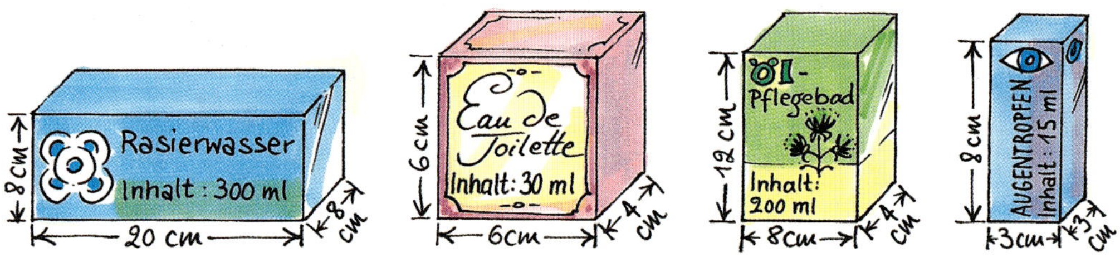

7. Berechne die fehlende Kantenlänge c des Quaders

		a)	b)	c)	d)	e)
Kanten-länge	a	5 cm	3 m	14 cm	90 cm	30 dm
	b	6 cm	2 m	3 cm	9 dm	15 m
Volumen		120 cm^3	24 m^3	84 cm^3	729 dm^3	135 m^3

8. Eine Kiste hat ein Volumen von 60 *l*.
a) Wie lang, wie breit und wie hoch kann die Kiste sein?
b) Wie kann man einen nicht quaderförmigen Körper mit einem Volumen von 60 dm^3 herstellen? Fertige eine Skizze an.

Mögliche Kantenlängen für V = 60 dm^3		
1 dm	1 dm	60 dm
1 dm	2 dm	

9. Bestimme das Volumen folgender quaderähnlicher Gegenstände:
(1) Kinderzimmer (2) Kühlschrank (3) Fernseher.
Wie oft passen Fernseher bzw. Kühlschrank in dein Kinderzimmer?
Welche Probleme siehst du?

10. Ein Quader hat die Kantenlängen a = 23 cm, b = 11 cm und c = 6 cm.
Wie ändert sich das Volumen, wenn man die Höhe c verdoppelt [halbiert].

RECHNEN MIT VOLUMINA

Einstieg

Faschingsmüll

Einen traurigen Rekord meldete die Narrenhochburg Köln:
Die Schaulustigen hinterließen am Rosenmontag 1 500 m^3 Abfall,
dazu kamen weitere 1 300 m^3 am Faschingsdienstag.

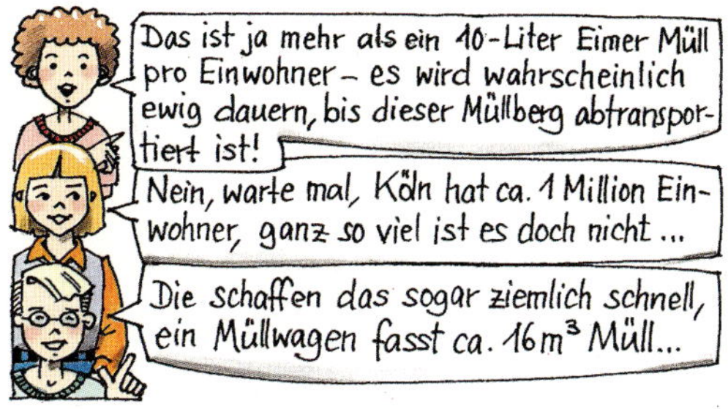

Aufgabe

1. *Addieren und Subtrahieren von Volumina*
Tims Vater kauft für seinen neuen Öltank zunächst 2 500 *l* Heizöl, dann während des Winters noch einmal 1 500 *l* ein. Am Ende der Heizperiode befinden sich noch 250 *l* im Tank.

a) Wie viel Liter Heizöl wurden insgesamt eingekauft?

b) Wie viel Liter Heizöl sind verbraucht worden?

Lösung

a) *Rechnung:* 2 500 *l* + 1 500 *l* = 4 000 *l*
Ergebnis: Es wurden insgesamt 4 000 *l* eingekauft.

b) *Rechnung:* 4 000 *l* − 250 *l* = 3 750 *l*
Ergebnis: Es sind 3 750 *l* verbraucht worden.

Aufgabe

2. *Multiplizieren und Dividieren von Volumina*

a) An einer Straße werden 7 Reihenhäuser gebaut. Jedes hat einen Rauminhalt (einen umbauten Raum) von 714 m^3.
Wie groß ist das Gesamtvolumen?

b) Bei einem anderen Bau sollen 12 000 m^3 Gesamtvolumen nicht überschritten werden. Wie viele 800 m^3 große Reihenhäuser können gebaut werden?

c) Es werden 16 gleich große Häuser mit einem Gesamtvolumen von 12 000 m^3 gebaut. Wie groß ist ein Haus?

Lösung

a) *Rechnung*

$7 \cdot 714\ m^3$

$714\ m^3 \cdot 7$

$4998\ m^3$

Ergebnis: Das Gesamtvolumen beträgt 4 998 m^3.

b) *Rechnung*

$12000\ m^3 : 800\ m^3$

$120\ m^3 : 8\ m^3 = 15$

8
40
40
0

Ergebnis: Es können 15 Häuser gebaut werden.

c) *Rechnung:*

$12000\ m^3 : 16 = 750\ m^3$

112
80
80
00

Ergebnis: Jedes Haus ist 750 m^3 groß.

Zum Festigen und Weiterarbeiten

3. Bestimmt das Volumen der Körper.

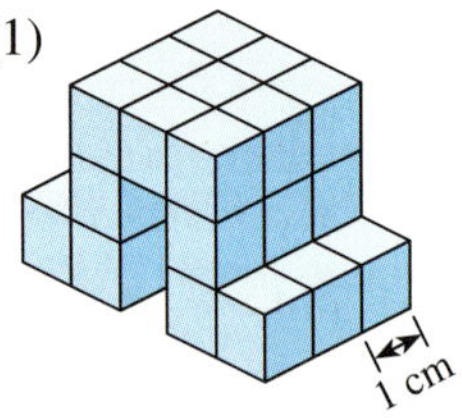

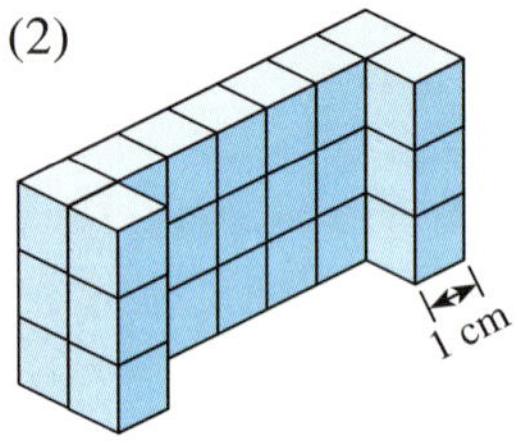

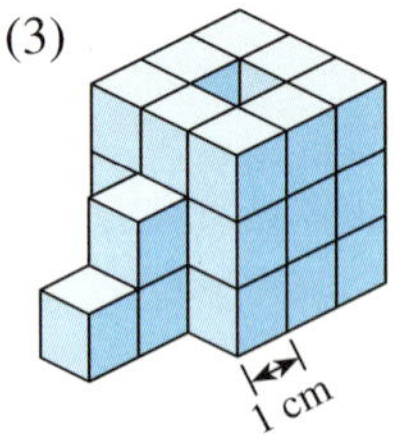

4. In einem Wohnhaus wurden im Monat September in den vier Wohnungen folgende Wassermengen verbraucht: 17 m^3, 19 m^3, 12 m^3, 9 m^3.

5. In Deutschland liegt der jährliche Benzinverbrauch bei ca. 500 *l* pro Kopf. Berlin hat ca. 3,4 Millionen Einwohner, Potsdam etwa 144 000. Ein Tankwagen fasst ca. 13 m^3 Benzin. Stelle geeignete Aufgaben und löse sie.

6. Für ein Wohnhaus mit mehreren Wohnungen werden im Sommer zunächst 30 700 *l* Heizöl in den leeren Tank eingefüllt und während des Winters noch einmal 15 800 *l*.
Für 100 *l* Heizöl muss man etwa 35 € einplanen.
Am Ende der Heizperiode waren noch 175 *l* im Tank.

7. **a)** Eine Mülltonne fasst 80 *l*. In einem Ortsteil werden an einem Tag 315 Mülltonnen geleert.

b) Ein Müllwagen fasst 16 m^3 Müll. Wie viele Mülltonnen mit einem Fassungsvermögen von 80 *l* [110 *l*] können in einem Müllwagen geleert werden? Wie viele sind es, wenn jede Mülltone nur zu $\frac{3}{4}$ gefüllt ist?

c) Ein Müllgroßbehälter fasst 4 400 *l* Müll. In einer Stadt werden an einem Tag 45 volle Großbehälter geleert. Ein Müllwagen fasst 22 m^3 Müll.

d) Ein Müllbunker (483 m^3) soll mit einem Müllwagen (23 m^3) entleert werden.

e) Der Inhalt eines Müllbunkers (490 m^3) soll mit 14 Müllwagen abtransportiert werden. Wie viel m^3 muss bei gleichmäßiger Verteilung jeder Wagen aufnehmen?

f) 1 m^3 Müll wiegt ca. 350 kg. Stelle sinnvolle Aufgaben und löse sie.

Vermischte Übungen

8. In Eureka (Kalifornien, USA) nehmen zwei deutsche Schiffe Holz an Bord. Das eine Schiff lädt 4 250 m^3, das andere 4 550 m^3 Holz.

a) Die Fracht für 1 m^3 Holz kostet 21 €. Berechne die Frachtkosten für die gesamte Holzladung.

b) Vor der Vergabe des Auftrages wurden verschiedene Angebote eingeholt. Eine Reederei forderte 99 000 € für den Transport von 4 500 m^3 Holz.

9. Bei der Planung eines Hauses werden die Baukosten (ohne Grundstück) nach umbautem Raum geschätzt.

a) Frau Schulz plant ein Einfamilienhaus mit Garage. Der umbaute Raum wird mit insgesamt 545 m^3 angegeben, davon entfallen auf den Wohnbereich 486 m^3.
Berechne den Rauminhalt der Garage.

b) Die Architektin schätzt die Kosten für 1 m^3 umbauten Raum auf 285 €.
Berechne die voraussichtlichen Kosten.

c) Die Endkosten beliefen sich auf insgesamt 179 000 €.
Wie hoch waren die tatsächlichen Kosten für 1 m^3 umbauten Raum?

10. Frau Wäsche ließ zu Anfang November ihren Tank mit 3 218 *l* Heizöl füllen. Während des Winters wurden nacheinander 1 120 *l* und 879 *l* nachgefüllt. Ende Mai waren noch 216 *l* Öl im Tank.

11. Gib Kantenlängen eines volumengleichen Quaders an.

a) Ein Zeppelin war mit ca. 12 000 m^3 Wasserstoff gefüllt.

b) Die Talsperre Neuzehnhain an der Heinzebank speichert 3 Mio. Kubikmeter Wasser.

c) In einem Fass Rohöl sind ca. 160 *l*.

d) Der Heißluftballon D-Adidas fasst 3 000 m^3.

12. An der Abfüllanlage einer Molkerei arbeiten zwei Abfüllmaschinen. Von der 1. Maschine werden stündlich 300 1-*l*-Flaschen, von der 2. Maschine werden stündlich 300 500-ml-Flaschen abgefüllt. Beide Maschinen arbeiten ununterbrochen.
Wie viel Liter Milch werden jeden Tag abgefüllt?

13. Erfinde zu dem Rechenausdruck eine Rechengeschichte.

> 34 m^3 – 18 m^3
> Am Waldrand lagen 34 m^3 Brennholz. Davon werden 18 m^3 abtransportiert. Wie viel m^3 Holz bleiben noch übrig?

a) 38 000 m^3 + 17 000 m^3

b) 27 hl – 13 hl

c) 7 · 325 *l*

d) 78 m^3 : 3

e) 60 ml : 5 ml

14. Der Mensch nimmt durchschnittlich pro Tag 1,5 Liter an Getränken zu sich.

a) Wie viel Liter Flüssigkeit ist das in einem Jahr?

b) Wie viel Liter hat ein 70 Jahre alter Mensch in Form von Getränken zu sich genommen?

c) Wie viel Liter Flüssigkeit hast du bisher zu dir genommen? Berechne das auch für deine Geschwister und Eltern.

15. **a)** 1 cm^3 Styropor wiegt 30 mg, 1 cm^3 Kork ist 250 mg schwer.
Kannst du 1 m^3 Styropor tragen? Ist das auch bei 1 m^3 Kork möglich?

b) 1 cm^3 Gold wiegt 19,3 g. Kann man 1 m^3 Gold mit einem Pkw (Nutzlast einschließlich Personen: 505 kg) transportieren?

VERMISCHTE UND KOMPLEXE ÜBUNGEN

1. In einem Klassenraum stehen 15 Tische, die jeweils 1 m^2 groß sind. Außerdem befinden sich in dem Raum zwei Schränke. Jeder nimmt eine Fläche von $1\frac{1}{2}$ m^2 ein. Der Raum selbst ist 60 m^2 groß. Die Klasse umfasst 28 Schülerinnen und Schüler.
Wie viel m^2 steht rein rechnerisch für einen Schüler zur Verfügung?

2. Eine Wohnung besteht aus folgenden Räumen:
Küche (12 m^2), Wohnzimmer (24 m^2), Schlafzimmer (20 m^2), Kinderzimmer (16 m^2), Bad (6 m^2) und Flur (7 m^2). Die Wohnung ist 3 m hoch.
Die Miete beträgt 5 € pro m^2. Stelle selbst sinnvolle Fragen und beantworte sie.

3. Eine Tageszeitung erscheint an allen Wochentagen in einer Auflage von 200 000 Exemplaren. Die Anzahl der Seiten ist an den einzelnen Wochentagen unterschiedlich. Durchschnittlich erscheinen wöchentlich 400 Seiten, das sind 100 Blätter in jeder Woche. Damit kann man eine Fläche von ungefähr 30 m^2 bedecken.
Stelle dir vor, man würde alle Exemplare dieser Tageszeitung ausbreiten. Welche Fläche wäre dann bedeckt?
Gib die Fläche an für eine Woche, für ein Jahr, für 10 Jahre.
Die Bundesrepublik Deutschland ist ungefähr 360 000 000 000 m^2 groß. Vergleiche.

4. Sabrina hat eine rechteckige Sperrholzplatte (34 cm lang, 53 cm breit, 1 cm hoch) vor sich liegen. Daraus will sie rechteckige Steine für ein Dominospiel sägen. Die Steine sollen 4 cm mal 6 cm groß werden. Natürlich will sie möglichst viele Plättchen aus dem Sperrholz ausschneiden.

a) Wie muss sie die Platte einteilen? Zeichne dazu.

b) Wie viel Verschnitt (Reststücke) hat sie mindestens?

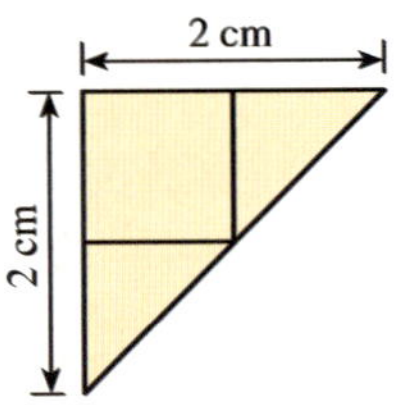

5. a) Zeichne die Figur mit halber Seitenlänge.

b) Wie oft passt die Originalfigur in die Bildfigur?

c) Nimm an, das vorgegebene Bild stellt die Grundfläche eines 1 cm hohen Körpers dar. Wie oft würde dieser Originalkörper in einen maßstablich vergrößerten Bildkörper passen?

6. Die vordere Fassade einer Fabrik soll gestrichen werden.

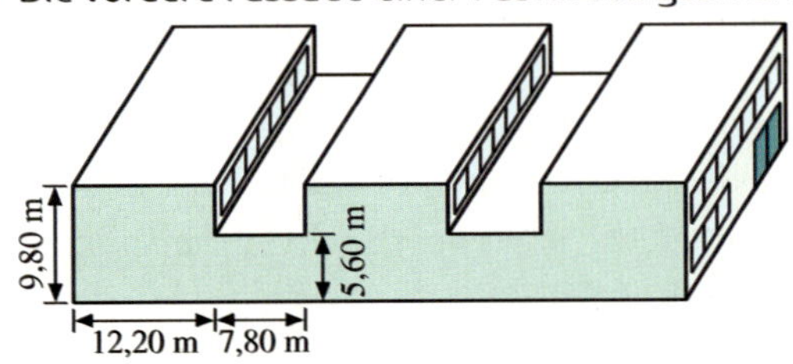

7. Ein Beet ist 3 m × 5 m groß. Darauf sollen Erbsen angebaut werden. Pro Quadratmeter rechnet man 20 bis 25 g Saatgut. Dieses wird in 125-g-Tüten zu 1,45 € angeboten. Die Durchschnittsernte liegt zwischen 500 g und 800 g grünen Hülsen pro m². Auf dem Markt kostet 1 kg frische Erbsen in Hülsen 2,95 €. Für 1 Kilogramm Erbsen braucht man etwa eine halbe Stunde zum Auslösen aus den Hülsen. Die Ausbeute an frischen Erbsen liegt bei etwa 400 g pro Kilogramm. Stelle selbst geeignete Fragen und beantworte sie.

8. Familie Renz zieht um. Rechts seht ihr den Grundriss der neuen Wohnung. Zeichnet ihn geeignet in euer Heft. Vor dem Einzug sollen noch neue Fußbodenbeläge in den 3 Zimmern und der Diele verlegt werden. Im Angebot sind:

(1) Schurwollteppichboden 4 m breit; 29 € pro m².
(2) Sisalteppich 5 m breit; 19 € pro m².
(3) Kunststoffboden 3 m breit; 14,50 € pro m².
(4) 0,4 m × 0,4 m große Korkplatten zu 3,50 € das Stück.

Wie würdet ihr die Wohnung auslegen? Stellt den Materialbedarf und die Kosten zusammen.

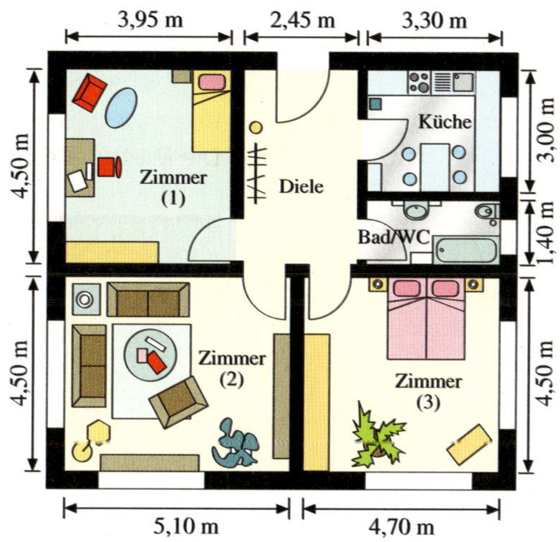

9. Ein Zimmer hat folgende Maße: 4 m breit; 5 m lang; 2,50 m hoch. Das Fenster im Zimmer ist 2,50 m breit und 1 m hoch. Die Tür ist 1 m breit und 2 m hoch. Die Tapete an den Zimmerwänden soll mit Farbe neu bestrichen werden. Stelle geeignete Fragen und beantworte sie.

10. Den Wasserverbrauch bei der Spülung einer Toilette kann man zwischen 6 *l* und 9 *l* einstellen. Angenommen, eine Toilette wird täglich 16-mal benutzt. Wie viel *l* kann man im Monat sparen?

11. Für ein Pferd sind 40 m³ Luftraum vorgeschrieben.

a) Ein Stall ist 24 m lang, 8 m breit und 4 m hoch. Wie viele Pferde dürfen in diesem Stall untergebracht werden?

b) Ein anderer Stall ist 35 m lang, 8 m breit und 3 m hoch. Es sind 20 Pferde untergebracht. Ist das gestattet?

12. a) Eine quaderförmige Futterkrippe in einem Stall für Zebras ist 8 dm lang, 4 dm breit und 2 dm hoch. Wie oft muss ein Eimer (10 *l* Fassungsvermögen) gefüllt und umgeschüttet werden, bis die Futterkrippe gefüllt ist?

b) Ein Zebra säuft ungefähr 20 *l* Wasser pro Tag. In einem Gehege steht eine Tränke (8 dm lang, 6 dm breit, 3 dm hoch), die jeden Tag gefüllt wird. Für wie viele Zebras reicht das?

13. Das Bild zeigt einen 12 m langen Balken.

a) Wie viel m^3 Holz hat der Balken?

b) Die Oberfläche des Balkens soll durch Hobeln geglättet werden. Wie viel m^2 sind zu hobeln?

c) 1 cm^3 Holz wiegt 0,6 g. Kannst du den Balken zusammen mit drei Freunden tragen? Begründe deine Antwort.

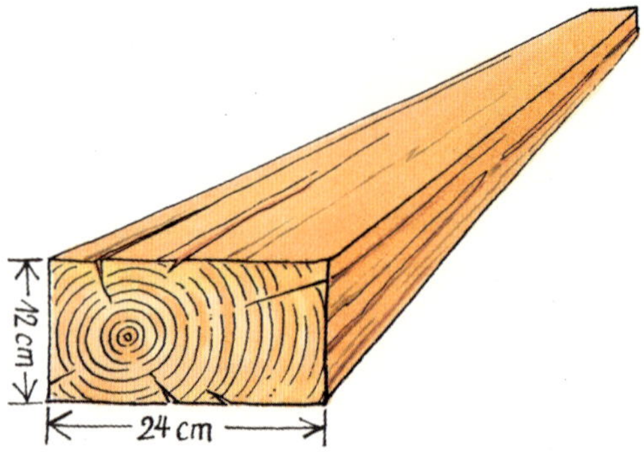

14. Frau Lilienthals Hobby sind Zierfische. Sie hat ein Aquarium (2,00 m × 0,80 m × 1,40 m) im Wohnzimmer stehen. Wie viel cm hoch steht das Wasser im Wohnzimmer (5,60 m × 4,00 m), wenn das Wasser auslaufen sollte? Schätze zuerst.

15. a) Welche Masse muss der Gabelstapler fortbewegen?

b) Jedes einzelne Paket hat die Maße 12 cm × 7 cm × 15 cm. Welches Volumen nehmen alle Pakete zusammen ein?

16. Ein Tankschiff liegt an einer Ladebrücke im Persischen Golf. Stündlich werden 7 000 m^3 Rohöl in die Tanks des Schiffes gefüllt. Nach 8 Stunden sind alle Tanks gefüllt.

a) An der Löschbrücke im Wilhelmshavener Ölhafen wird die Ladung in 14 Stunden ausgeladen; man sagt dazu auch „gelöscht". Wie viel Kubikmeter Öl wurden in einer Stunde aus den Tanks gedrückt?

b) Gib Kantenlängen volumengleicher Würfel an.

c) Das Schiff hat mehrere Öltanks mit je 3 500 m^3. Wie viele Tanks waren gefüllt?

d) 1 m^3 Rohöl wiegt 950 kg. Berechne die Masse der Ladung.

17. In die beiden Seehundbecken (siehe Grundflächen rechts) wird Wasser gefüllt. Jedes Becken ist 2 m tief. 1 m^3 Wasser kostet einschließlich Kanalbenutzungsgebühr 4,40 €. Berechne die Wasserkosten, die für beide Becken zusammen entstehen.

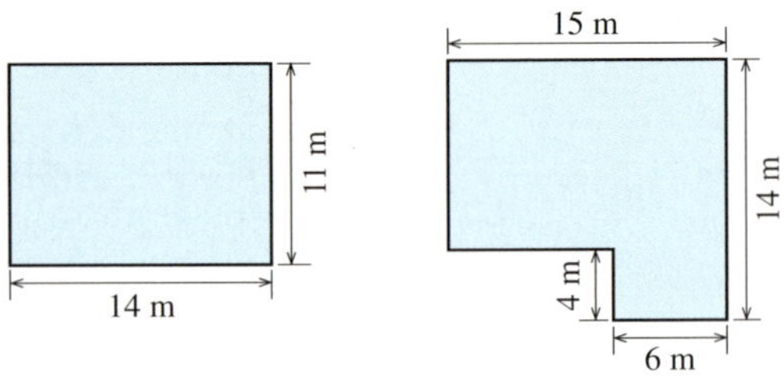

18. Ein Hallenbad hat ein Becken für Schwimmer mit den Maßen 25 m × 12 m × 2 m, ein Becken für Nichtschwimmer mit den Maßen 14 m × 12 m × 1 m und ein Planschbecken mit den Maßen 2 m × 4 m × 0,50 m.
1 m^3 Wasser kostet einschließlich Kanalbenutzungsgebühr 4,25 €. In 1 Stunde kann man 2 400 *l* Wasser zulaufen lassen. Täglich rechnet man mit einem Verlust von 7 000 *l* wegen Verdunstung usw.
Stelle selbst geeignete Fragen und beantworte sie.

BIST DU FIT?

1. **a)** Gib das Volumen des Körpers an.

b) Zeichne im Schrägbild Körper mit folgendem Volumen:
(1) $V = 7\ cm^3$ (2) $V = 9\ cm^3$

c) Gib Volumen und Größe der Oberfläche des Quaders mit folgenden Maßen an.
(1) $a = 8$ cm; $b = 7$ cm; $c = 11$ cm
(2) $a = 12$ m; $b = 14$ m; $c = 9$ m

(1)

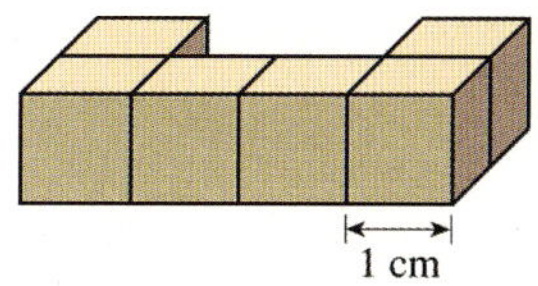

(2)

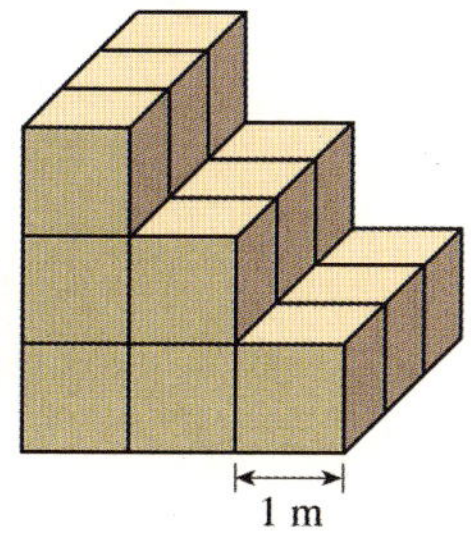

2. Schreibe in der in Klammern angegebenen Maßeinheit.

a) $7\ m^3$ (dm^3); $4\,000\ dm^3$ (m^3)
b) $8\ l$ (ml); $2\,000$ ml (l)
c) $4\,000\ l$ (m^3); $8\,000\ cm^3$ (dm^3)
d) $3{,}475\ m^3$ (dm^3); $3{,}5\ m^3$ (l)

3. Schreibe mit Komma.

a) $8\,500\ l$ **b)** $4\,090\ dm^3$ **c)** $7\,089\ cm^3$ **d)** 210 ml **e)** $300\ cm^3$

4. Schreibe mit zwei Maßeinheiten.

a) $2\,619\ cm^3$ **b)** $9\,020$ ml **c)** $4\,856\ l$ **d)** $8\,070\ cm^3$ **e)** $12\,040\ dm^3$

5. Gib Kantenlängen eines volumengleichen Quaders an.

a) Julianes Aquarium fasst $10\ dm^3$ Wasser.
b) Daniels Kühlschrank hat ein Volumen von $160\ l$.
c) Ronnys Swimmingpool wird mit $200\ m^3$ Wasser gefüllt.

a)

b)

c)

6. Sarahs Großmutter hat 4 Balkonkästen (60 cm lang, 20 cm breit, 20 cm hoch). Sie werden nur bis 5 cm unter dem Rand mit Blumenerde gefüllt.
Ein Sack Blumenerde (25 l) kostet 4,10 €.
Wie viel kostet das Auffüllen der vier Kästen mit Erde?

7. Ein Heimwerkermarkt bietet Paneelen aus Fichtenholz an. In einem Paket befinden sich 6 Paneelen; jede Paneele ist 265 cm lang, 12 cm breit und 13 mm dick.
$1\ cm^3$ Fichtenholz wiegt 0,5 g.
Wie schwer ist das Paket?

8. Erfinde Rechengeschichten zu den Aufgaben:

a) $1\,585\ l + 1\,200\ l - 2\,615\ l$ **b)** $1\,000\ ml : 200\ ml$

IM BLICKPUNKT: WIR PLANEN EINE KLASSENFAHRT

Die 11 Schülerinnen und 13 Schüler der Klasse 5a aus der Diesterweg-Grundschule in Eisenhüttenstadt möchten mit ihren beiden Lehrerinnen eine mehrtägige Klassenfahrt durchführen.
Sie erfuhren von der interessanten Seenlandschaft, die im Süden Brandenburgs aus alten Tagebaulöchern entstanden ist. Deshalb entschieden sie sich für die Bungalows des Campingplatzes in Großkoschen am Senftenberger See.

1. Susi und Tina haben sich über die *Fahrtkosten* informiert. Die Bahn nannte ihnen zwei Möglichkeiten:
(1) Für die Klasse kostet die Hinfahrt 182,00 €.
(2) Es besteht auch die Möglichkeit, das Brandenburg-Ticket zu nutzen. Das kostet für jeweils 5 Personen 23,00 €, ist aber nur einen Tag gültig.

a) Für welche Möglichkeit wird sich die Klasse entscheiden?

b) Wie viel Geld muss von jedem für die Fahrtkosten eingesammelt werden?

Streckenfahrplan RE1	*RE* 38 567 🚲	*RE* 38 569 🚲	*RE* 38 571 🚲	*RE* 38 573 🚲	*RE* 38 575 🚲
Eisenhüttenstadt ab	7.38	8.38	9.38	10.38	11.38
Cottbus an	8.37	9.36	10.36	11.36	12.36

Streckenfahrplan RE18	*RE* 38 535 🚲	*RE* 38 505 🚲	*RE* 38 537 🚲	*RE* 38 507 🚲	*RE* 38 539 🚲
Cottbus ab	8.16	9.21	10.16	11.21	12.16
Senftenberg an	8.49	9.52	10.49	11.52	12.49

2. a) Suche aus dem Fahrplan eine günstige Zugverbindung heraus. Bedenke auch, falls man sich für das Brandenburg-Ticket entscheidet, dass die Fahrt erst nach 9.00 Uhr beginnen darf.

b) Wie lange dauert die Fahrt von Eisenhüttenstadt nach Senftenberg. Wie lange dauert der Aufenthalt in Cottbus?

3. Am zweiten Tag soll die Umgebung erkundet werden. Aiko und Jannek haben dafür eine Radwanderung ausgearbeitet: Von Großkoschen aus startet ein schöner Radweg. In Richtung Niemtsch erreicht man schon nach ca. 3 km einen Aussichtsturm, von dem man einen herrlichen Blick über den Wald und den See erhält. Der weitere Weg führt an schönen Stränden vorbei direkt nach Niemtsch. Hier haben Aiko und Jannek einen Badestopp eingeplant.
Danach soll es noch 3,7 km bis zur Stadt Senftenberg sein. Nun muss man 4,4 km auf einem Pflasterweg in Richtung Kleinkoschen fahren. Von hier aus sind es noch ca. 1 km bis zum Ausgangspunkt.

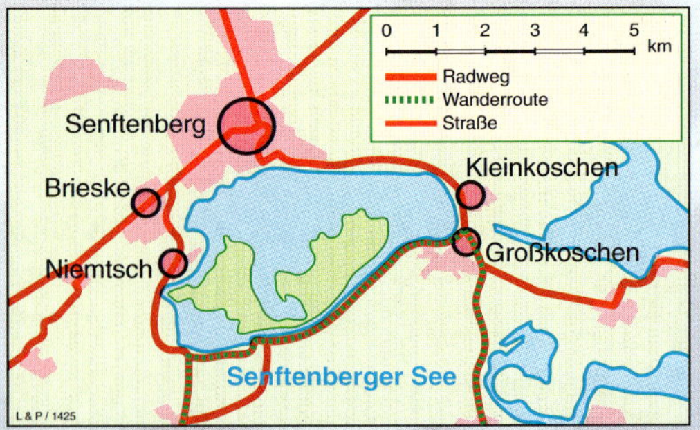

a) Insgesamt ist die Strecke 17,8 km lang. Wie weit erstrecken sich die Badestrände rund um Niemtsch?

b) Aiko und Jannek denken, dass man mit dem Fahrrad in einer Stunde 8 bis 10 km zurücklegen kann. Wie muss sich die Klasse ihre Zeit einteilen, damit sie am Nachmittag wieder an den Bungalows ist?

4. Am dritten Tag starten die Schüler eine Ausfahrt zur Abraumförderbrücke F60 nach Lichterfeld. Sie ist eine der größten Arbeitsmaschinen der Welt. Sie ist über 500 m lang, 80 m hoch, 220 m breit und wiegt 11 000 t. Damit ist sie wirklich ein Gigant der Technik.

a) Peter und Corinna haben in Erfahrung gebracht, dass ein Busunternehmen aus Senftenberg die Klasse für 200,00 € bis zum Besuchertagebau hin und zurück fahren würde. Natali und Paulina geben bekannt, dass der Eintritt mit einer Führung zum Gruppentarif pro Schüler 3,00 € kostet.
Was würde dieser Tag für jeden Schüler kosten?

b) Erkundige dich im Internet unter www.f60.de über diesen technischen Giganten. Stelle interessante Fakten zusammen.

c) Denke dir selbst Sachaufgaben aus und stelle sie in der Klasse vor.

5. Simon und Moritz haben tolle Prospekte über die Braunkohleförderung in der Lausitz besorgt. Der Tagebau Welzow ist der größte Tagebau. Er wird einmal eine Gesamtfläche von 111,74 km^2 umfassen. Insgesamt lagern hier ca. 585 Millionen Tonnen Braunkohle. Die Kohleschicht liegt zwischen 64 und 117 m tief und ist 10 bis 16 m hoch.
Um eine Tonne Kohle zu gewinnen, müssen über 6 Tonnen Abraum bewegt werden. Die jährliche Fördermenge beträgt ca. 15 Millionen Tonnen Kohle.

a) Vergleiche die Größe des Tagebaus mit der Größe deines Schulgeländes.

b) Wie viel Jahre wird dort ungefähr noch Braunkohle gefördert?

c) Stelle selbst Aufgaben und löse sie.

6. Am vierten Tag ist Badetag. Der Senftenberger See ist aus einem ehemaligen Tagebau entstanden. Er ist mit seiner Wasserfläche von 1 300 ha der größte künstlich angelegte See Europas. Seine Wassertiefe beträgt bis zu 29 m. Der Senftenberger See hat ein Wasservolumen von 80 Millionen m^3.

a) Wie viele Schwimmbadfüllungen sind das, wenn ein Schwimmbad ein Fassungsvermögen von ca. 500 m^3 hat?

b) Wie viele Fußballfelder hätten ungefähr auf seiner Fläche Platz?

7. Tim und Marten haben herausgefunden, dass man mit einem Fahrgastschiff über den Senftenberger See fahren und so die vielen Inseln aus nächster Nähe betrachten kann. Sie nehmen eine Fläche von ca. 200 ha ein. In einer Schülergruppe kostet es pro Person 2,00 €.

MS „Santa Barbara“ auf dem Senftenberger See

Tour I

Großkoschen	ab – 10:30 Uhr
Senftenberg	an/ab – 10:50 Uhr
Niemtsch	an/ab – 11:00 Uhr
Senftenberg	an/ab – 11:10 Uhr
Großkoschen	an – 11:40 Uhr

a) Vergleiche die Fläche der Inseln mit einer dir bekannten Fläche.

b) Wie lange dauert eine Rundfahrt?

c) Stelle selbst Aufgaben und löse sie.

6 Ermitteln, Auswerten und Darstellen von Daten

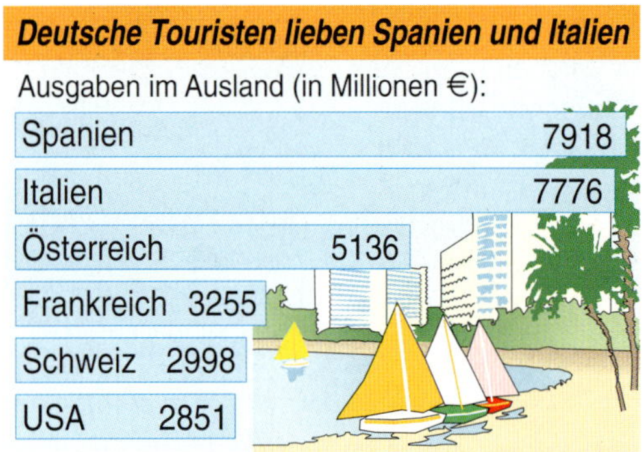

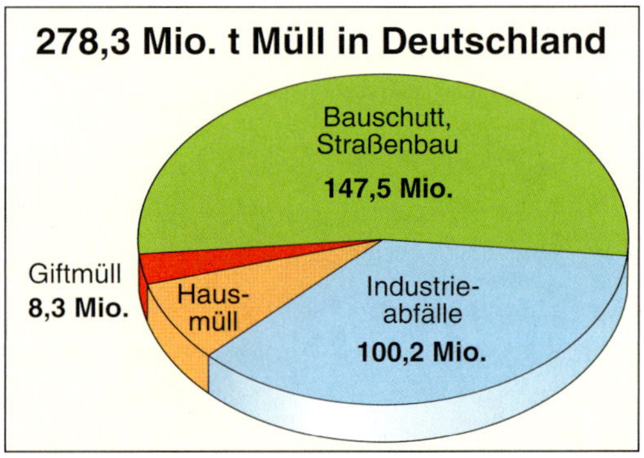

In Zeitungen und Zeitschriften, im Fernsehen und im Internet gibt es eine Flut von Informationen und Daten.
Auf dieser Seite findest du einige Beispiele.

→ Was kannst du den Diagrammen und Tabellen entnehmen?

→ Wer braucht solche Daten und wozu?

In diesem Kapitel lernst du …
… wie man Daten erfassen, auswerten und übersichtlich darstellen kann.

ERMITTELN VON DATEN – DARSTELLEN VON ANZAHLEN UND GRÖSSENANGABEN IN SÄULENDIAGRAMMEN

Einstieg

Die Klasse 5 a der Erich Kästner-Grundschule möchte sich auf einem Elternabend vorstellen und will deshalb eine Umfrage in der Klasse durchführen.

→ Welche Fragen könnten gestellt werden?

Die Umfrage wurde durchgeführt und ausgewertet. Eine der Fragen lautete: „Welche Sportart betreibst du am liebsten?"
Die Antworten wurden in einer *Strichliste* an der Tafel notiert.

Carolin machte den Vorschlag, das Ergebnis den Eltern anschaulich durch ein *Säulendiagramm* vorzustellen.

→ Was kann man an dem Diagramm sofort erkennen?

→ Führt eine solche Umfrage in eurer Klasse durch. Vergleicht die Ergebnisse. Was stellt ihr fest?

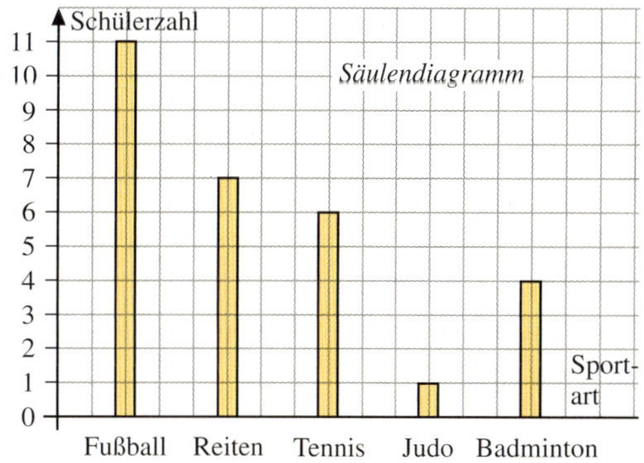

Aufgabe

1. Im Sachunterricht wurden einige Seen Brandenburgs in alphabetischer Reihenfolge mit der Größe ihrer Flächen zusammengestellt. Auf einer geeigneten Atlaskarte kannst du sie finden.

Beetzsee	8,6 km^2
Grimnitzsee	7,8 km^2
Großer Stechlinsee	4,2 km^2
Oberueckersee	6,7 km^2
Parsteiner See	10,0 km^2
Ruppiner See	6,1 km^2
Scharmützelsee	12,1 km^2
Schwielochsee	11,5 km^2
Schwielowsee	7,9 km^2
Unterueckersee	10,7 km^2
Werbellinsee	7,8 km^2

Schwielowsee

Zeichne ein *Säulendiagramm*.
Was kannst du dem Diagramm „auf einem Blick" entnehmen?

Lösung

Für jeden Quadratkilometer wählen wir eine Säule, die 1 cm lang ist. Für den größten See (Scharmützelsee) müssen wir dann eine 12,1 cm lange Säule zeichnen. Die Säulen zeichnen wir hier waagerecht.

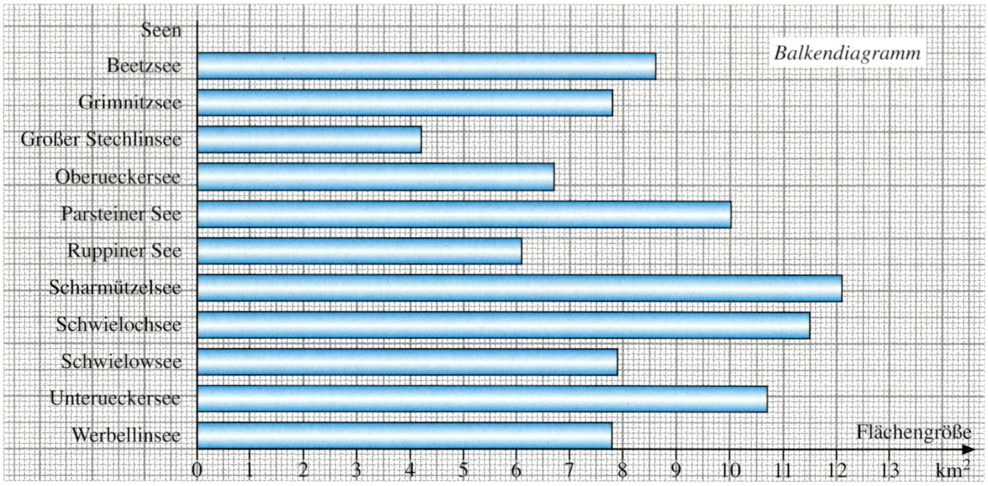

Am Säulendiagramm (Balkendiagramm) kannst du sofort erkennen:

Der Große Stechlinsee ist der kleinste.
Schwielowsee, Ruppiner See, Werbellinsee und Grimnitzsee sind etwa gleich groß.
Der Große Stechlinsee ist etwa halb so groß wie der Grimnitzsee.

Zum Festigen und Weiterarbeiten

2. Die Klasse 5a der Erich Kästner-Grundschule hat auch eine Befragung über die Länge ihrer Schulwege durchgeführt.

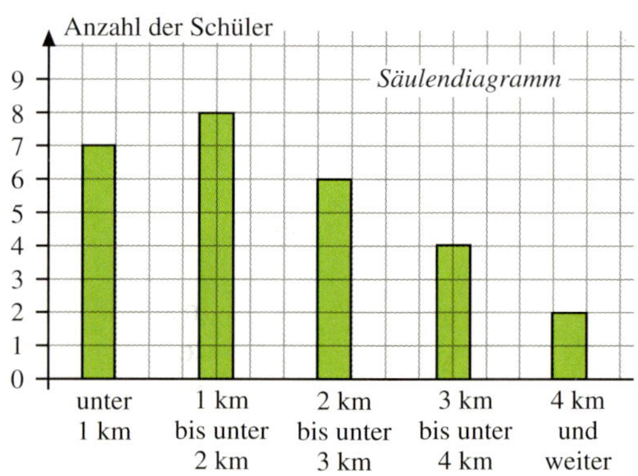

a) Lies an dem Säulendiagramm ab, bei wie vielen Schülern der Schulweg unter 1 km, 1 km bis unter 2 km, 2 km bis unter 3 km usw. lang ist.
Lege eine Tabelle an.

Entfernung	Schülerzahl

Was kannst du dem Säulendiagramm auf einem Blick entnehmen?

b) Eine weitere Frage lautete:
„Mit welchem Verkehrsmittel kommt ihr zur Schule?“
Die Ergebnisse sind in der *Strichliste* zusammengestellt.
Zeichne ein Säulendiagramm.
Wähle eine Kästchenlänge für je einen Schüler.

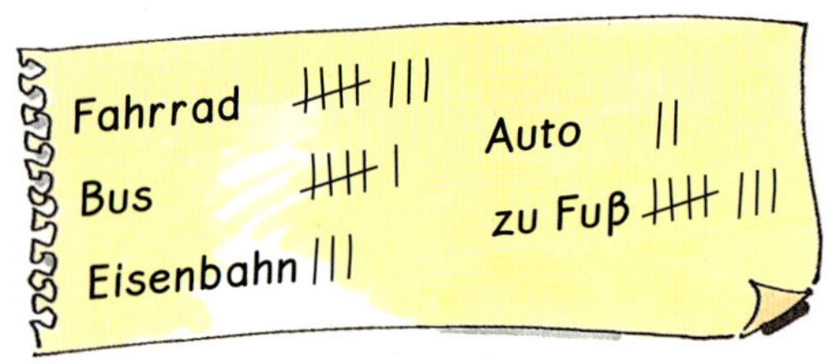

c) Führt in eurer Klasse die Befragung über die benutzten Verkehrsmittel durch. Legt dabei eine Strichliste an.
Zeichne das zugehörige Säulendiagramm.

3. Ordne die Seen in Aufgabe 1 nach der Flächengröße und zeichne ein entsprechendes Säulendiagramm. Vergleiche mit dem Säulendiagramm in Aufgabe 1.

4. **a)**

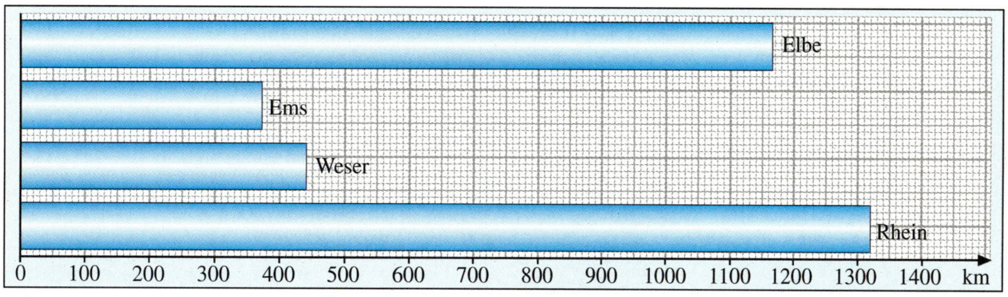

Hier findest du ein Säulendiagramm für die Länge einiger Flüsse. Da diese Flüsse sehr lang sind, musste man im Diagramm für je 10 km Flusslänge je 1 mm für die Länge der Säule wählen. Dazu wurden die Flusslängen gerundet.
Wie lang sind die Flüsse? Auf wie viel km genau kannst du die Längen ablesen?

b) Wie viel mm benötigt man in dem Säulendiagramm für folgende Flusslängen? Runde zuvor auf 10 km.

Oder	910 km	Neiße	256 km	Spree	382 km
Havel	343 km	Saale	427 km	Bode	169 km

Fertige ein Säulendiagramm an.

5. Führt eine Befragung in eurer Klasse durch.
Hier einige mögliche Fragen:
(1) Welches ist dein Lieblingsverein in der Fußballbundesliga?
(2) Welche Popgruppe gefällt dir am besten?
(3) Welches Haustier magst du am meisten?
Ihr könnt euch auch andere Fragen ausdenken.
Stellt eure Ergebnisse auf einer Wandzeitung in eurer Klasse dar.

Information

(1) Strichlisten

Zum Auszählen von Stimmen oder anderen Anzahlen verwendet man oft eine **Strichliste**. Jeder 5. Strich wird schräg durch die vier vorangehenden senkrechten Striche gezogen. Mit diesen Fünfer-Bündeln hat man einen guten Überblick über die Gesamtanzahl.

(2) Säulendiagramme

Um verschiedene Größen oder Anzahlen (Häufigkeiten) anschaulich vergleichen zu können, zeichnet man oft **Säulendiagramme**. Mithilfe des größten vorkommenden Wertes überlegt man sich zunächst einen geeigneten Maßstab. Die Werte werden dann entsprechend gerundet und durch Säulen veranschaulicht.
Zeichnet man die Säulen wie in Aufgabe 1 waagerecht, so bezeichnet man das Säulendiagramm auch als **Balkendiagramm**.

Übungen

6. Die Schüler der Klasse 5 b wurden nach der Anzahl der Geschwister befragt. Zeichne zu der Strichliste das zugehörige Säulendiagramm.

Geschwisterzahl	0	1	2	3	4
Schülerzahl	𝍸 |	𝍸 𝍸	𝍸 ||	||||	|

7. Die Mädchen und Jungen der 5. Klassen wurden befragt, welche Sportart sie am liebsten betreiben.

a) Wie viele Mädchen, wie viele Jungen wurden befragt?

b) Zeichne ein Säulendiagramm für die einzelnen Sportarten bei den Mädchen.

c) Zeichne das entsprechende Diagramm für die Sportarten bei den Jungen.

Sportart	Mädchen	Jungen
Schwimmen	卌 ||||	卌 |
Fußball	||	卌 卌 |||
Reiten	卌 卌 |	||
Radfahren	||	||||
Tischtennis	|||	||||
Tennis	|	|||
Turnen	||||	|
Skisport	||	|

8. In einer Schule wurde eine Umfrage nach den beliebtesten Haustieren gemacht. Dabei musste sich jeder Schüler für ein Lieblings-Haustier entscheiden. Die Ergebnisse wurden in einem Säulendiagramm dargestellt.

a) Wie viele Schüler wurden befragt?

b) Lies die Ergebnisse für jedes Haustier ab.

c) Fertige eine Tabelle an.

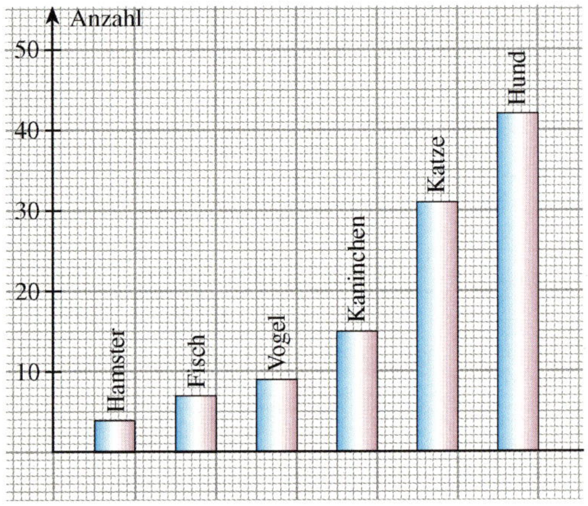

9. **a)** Lies aus dem Balkendiagramm ab, welche Strecke die einzelnen Säugetiere in einer Minute zurücklegen können.
Stelle das Ergebnis in einer Tabelle zusammen.

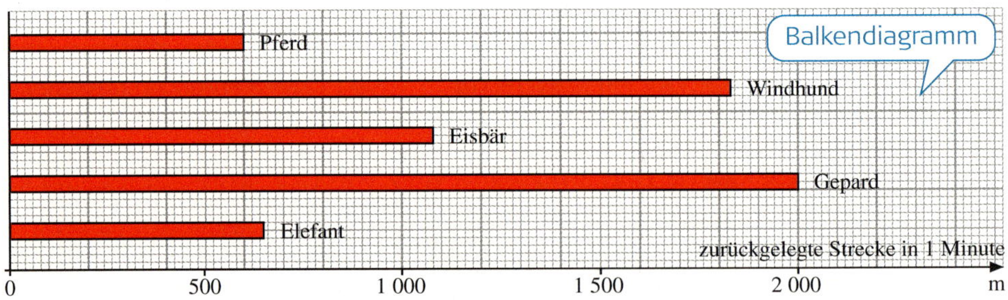

b) So alt können einzelne Säugetiere werden:

Elefant	70 Jahre	Pferd	18 Jahre	Tiger	30 Jahre
Eisbär	41 Jahre	Meerschweinchen	8 Jahre	Maus	4 Jahre
Schwein	21 Jahre	Eichhörnchen	12 Jahre	Feldhase	8 Jahre
Igel	14 Jahre	Gorilla	60 Jahre	Hund	20 Jahre
Esel	100 Jahre	Lama	15 Jahre	Frosch	15 Jahre

Stelle dies mithilfe eines Säulendiagramms dar.

10. Ermittle die zehn größten Städte Brandenburgs. Dazu kannst du ein Sachbuch oder das Internet benutzen. Überlege zunächst, was man unter „groß“ verstehen kann. Vielleicht findest du nicht nur eine Möglichkeit. Stelle dein Ergebnis in einem Säulendiagramm dar.

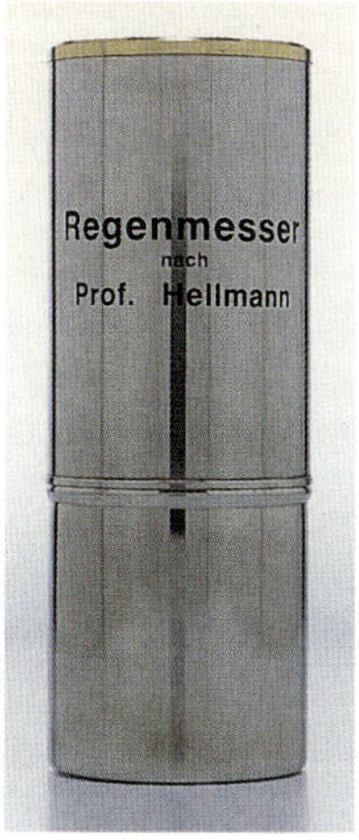

11. **a)** Das Säulendiagramm zeigt, wie viel mm Niederschlag (Regen, Schnee, Hagel) durchschnittlich in den einzelnen Monaten in Hannover fallen.

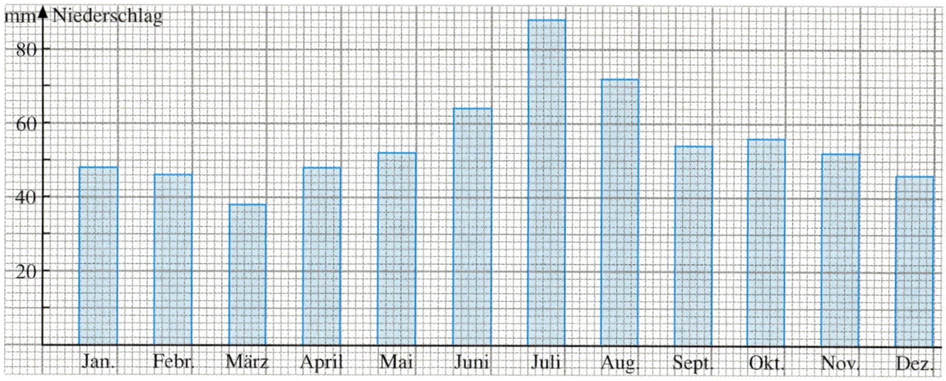

Lies die Niederschlagshöhe (in mm) für jeden Monat ab. Lege eine Tabelle an.

b) Zeichne ein Säulendiagramm für die folgenden Niederschlagshöhen in Berlin. Wähle 1 mm Säulenhöhe für je 1 mm Niederschlagshöhe.

Jan.	Feb.	März	April	Mai	Juni	Juli	Aug.	Sept.	Okt.	Nov.	Dez.
41 mm	37 mm	30 mm	39 mm	44 mm	60 mm	67 mm	65 mm	45 mm	45 mm	44 mm	39 mm

12. Für die nebenstehenden Flusslängen soll ein Säulendiagramm angelegt werden.

Amazonas	6 440 km
Donau	2 860 km
Nil	6 670 km
Wolga	3 530 km

a) Passt das Diagramm in dein Heft, wenn du für 10 km Flusslänge 1 mm Streckenlänge wählst?
Wie viel km Flusslänge kannst du durch 1 mm Streckenlänge darstellen, damit das Diagramm in dein Heft passt und genügend groß ist?
Zeichne das Säulendiagramm.

b) Wie viel mm würdest du in dem Diagramm für die Länge der Spree (382 km) benötigen?

13. Auf der Erde werden mehrere tausend Sprachen gesprochen. In dem Säulendiagramm bedeutet 1 mm Höhe 10 Millionen Menschen.

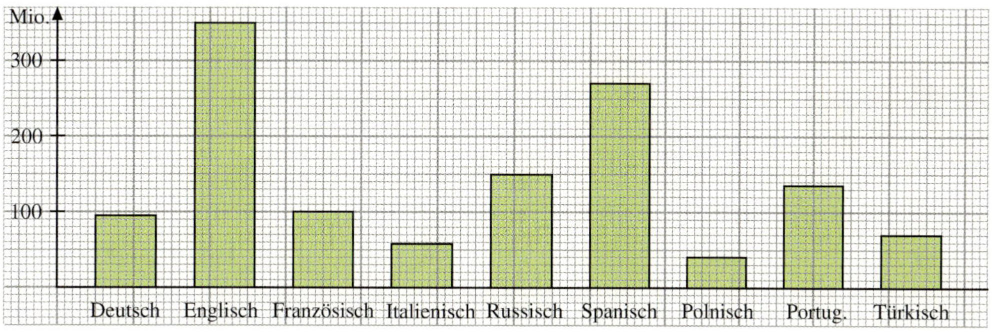

a) Wie viele Menschen sprechen Deutsch, wie viele Englisch, usw.?

b) Wie viel mm Höhe würde man in dem Diagramm für folgende Sprachen brauchen? (Runde die Zahlen zuvor auf 10 Millionen.)
Niederländisch 16 Mio., Japanisch 125 Mio., Ungarisch 12 Mio., Chinesisch 1 200 Mio.

Zugspitze, Deutschland

14. Zeichne ein Säulendiagramm für die unten stehenden Höhen.
Runde dazu geeignet; überlege, wie viel m Höhe 1 mm entsprechen soll.

Höhen einiger Berge

Feldberg im Schwarzwald	1 493 m
Zugspitze	2 963 m
Watzmann	2 713 m
Mont Blanc	4 810 m
Kilimandscharo	5 955 m
Mount Everest	8 872 m

15. *Handy-Boom in Deutschland*

Die Tabelle zeigt dir, wie die Anzahl der Handys von Jahr zu Jahr seit 1995 gestiegen ist.
Zeichne ein Säulendiagramm. Runde dazu die Anzahl der Handys auf 1 000 000. Wähle 1 Kästchenlänge für je 2 000 000 Handys.

Jahr	Anzahl der Handys
1995	3 760 000
1996	5 550 000
1997	8 280 000
1998	13 910 000
1999	23 000 000
2000	48 000 000
2001	56 000 000
2002	59 000 000
2003	64 800 000

16. Müll soll heute nach Sorten getrennt eingesammelt werden. In einer Stadt mit 100 000 Einwohnern fallen jährlich 6 500 Tonnen Verpackungsmaterial mit dem Hausmüll an. Zeichne ein Säulendiagramm zur angegebenen Verteilung auf die verschiedenen Müllsorten.

17. Wählt in verschiedenen Büchern eine Seite aus und zählt 100 Wörter ab. Legt eine Strichliste an, wie viele Buchstaben die einzelnen Wörter haben. Zeichnet ein Säulendiagramm. Vergleicht eure Ergebnisse.

△ **18.** **a)** Wirf einen Würfel 100-mal. Notiere in Form einer Strichliste, wie oft die einzelnen Augenzahlen auftreten. Zeichne auch ein Säulendiagramm.

b) Auch mit einem Lego-Stein kann man „würfeln". Die vier Seitenflächen tragen die Augenzahlen 1, 2, 3, 4. Die offene Unterseite steht für die Augenzahl 5, die Oberseite für die Augenzahl 6.
Was erwartest du: Welche Augenzahl wird am häufigsten auftreten? Überprüfe deine Vermutung, indem du 100-mal würfelst.
Lege eine Strichliste an und zeichne ein Säulendiagramm.
Vergleiche das Ergebnis mit Teilaufgabe a).

ERMITTELN VON DATEN – DARSTELLEN VON ANTEILEN IN KREISDIAGRAMMEN

Einstieg

Die Elternvertreter einer Grundschule beantragen, dass die Straße vor der Schule ein verkehrsberuhigter Bereich wird. Zur Unterstützung haben die Schüler der Klasse 5c an einem Schulvormittag von 8.05 bis 8.40 Uhr eine Verkehrszählung durchgeführt und die Ergebnisse in eine Tabelle eingetragen.

Fahrzeugart	Pkw	Busse	Lkw	Motorräder
Anzahl	106	34	48	12

- → Welche Informationen kann man aus der Tabelle ablesen?
- → Wie groß war der Anteil der Lastkraftwagen an der Gesamtzahl der Fahrzeuge?
  Berechne auch die Anteile für die übrigen Fahrzeugarten.
- → Wie kann man das Ergebnis der Verkehrszählung und die berechneten Anteile anschaulich darstellen? Begründe.
- → Was kann man über den Verkehr zwischen 9.50 und 10.35 Uhr aussagen? Begründe.

Aufgabe

1. An einer Ortseinfahrt kontrolliert die Polizei die Geschwindigkeit der Fahrzeuge:

Geschwindigkeit (in $\frac{km}{h}$)	bis 40	41–50	51–60	61–70	über 70
Anzahl der Fahrzeuge	6	102	74	14	4

a) Wie groß ist der Anteil der Fahrzeuge, die bis 40 $\frac{km}{h}$ gefahren sind, an der Gesamtzahl der kontrollierten Fahrzeuge?
Bestimme ebenso die Anteile in den anderen Geschwindigkeitsbereichen. Gib die Anteile auch durch Dezimalbrüche an.

b) Stelle die berechneten Anteile in einem geeigneten Diagramm dar. Vielleicht findest du mehrere Möglichkeiten.

Lösung

a) Zunächst berechnen wir die Gesamtzahl der kontrollierten Fahrzeuge:
$6 + 102 + 74 + 14 + 4 = 200$
6 von 200 Fahrzeugen fuhren am Ortseingang bis zu 40 $\frac{km}{h}$. Der Anteil ist also $\frac{6}{200} = \frac{3}{100} = 0{,}03$.
Entsprechend erhalten wir die Anteile der Fahrzeuge in den anderen Geschwindigkeitsbereichen:

Geschwindigkeit (in $\frac{km}{h}$)	bis 40	41–50	51–60	61–70	über 70
Anzahl der Fahrzeuge	$\frac{6}{200}$	$\frac{102}{200}$	$\frac{74}{200}$	$\frac{14}{200}$	$\frac{4}{200}$
	0,03	0,51	0,37	0,07	0,02

b) 1. *Möglichkeit:* Darstellung der Anteile in einem *Säulendiagramm*
Auf der nach oben gerichteten Skala tragen wir anstelle der Anzahlen jetzt die Anteile auf. Dazu ist es vorteilhaft, die Anteile auch durch einen Dezimalbruch anzugeben.

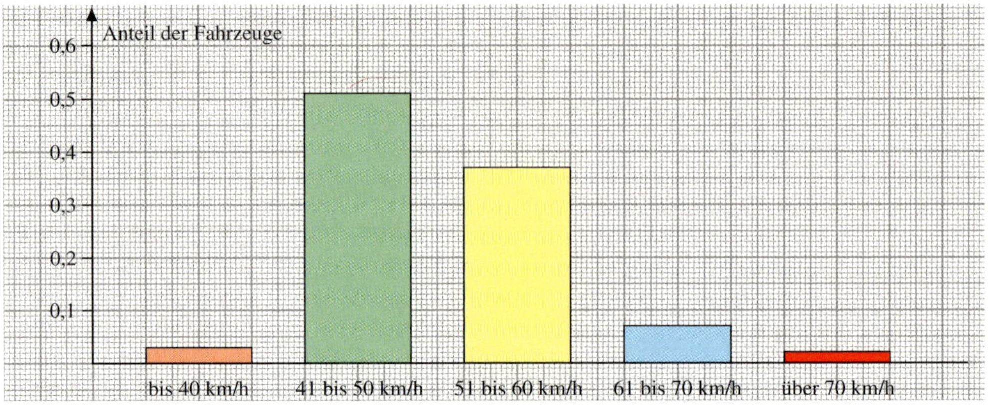

2. *Möglichkeit:* Darstellung der Anteile in einem *Streifendiagramm*
Wir zeichnen für alle 200 kontrollierten Fahrzeuge einen 10 cm, also 100 mm langen Streifen. Er stellt das Ganze dar. Im Streifen markieren wir die einzelnen Anteile.
Streifenlänge für die Fahrzeuge mit einer Geschwindigkeit bis 40 $\frac{km}{h}$:
$\frac{6}{200}$ von 100 mm = $\frac{3}{100}$ von 100 mm = 3 mm
Für die anderen Geschwindigkeitsbereiche erhalten wir:
41 bis 50 $\frac{km}{h}$: 51 mm; 51 – 60 $\frac{km}{h}$: 37 mm; 61–70 $\frac{km}{h}$: 7 mm; über 70 $\frac{km}{h}$: 2 mm

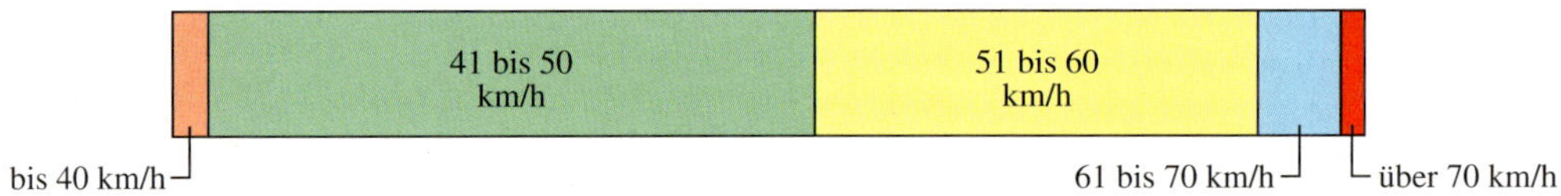

3. *Möglichkeit:* Darstellung der Anteile in einem *Kreisdiagramm*
Die Größe des Anteils im Kreisdiagramm wird durch den Winkel am Mittelpunkt des Kreises festgelegt. 360° sind das Ganze (Vollwinkel). Wir berechnen für jeden Geschwindigkeitsbereich die Winkelgröße und zeichnen den entsprechenden Anteil am Kreis.

$\frac{6}{200}$ von 360° sind 10,8° ≈ 11°
$\frac{102}{200}$ von 360° sind 183,6° ≈ 184°
$\frac{74}{200}$ von 360° sind 133,2° ≈ 133°
$\frac{14}{200}$ von 360° sind 25,2° ≈ 25°
$\frac{4}{200}$ von 360° sind 7,2° ≈ 7°

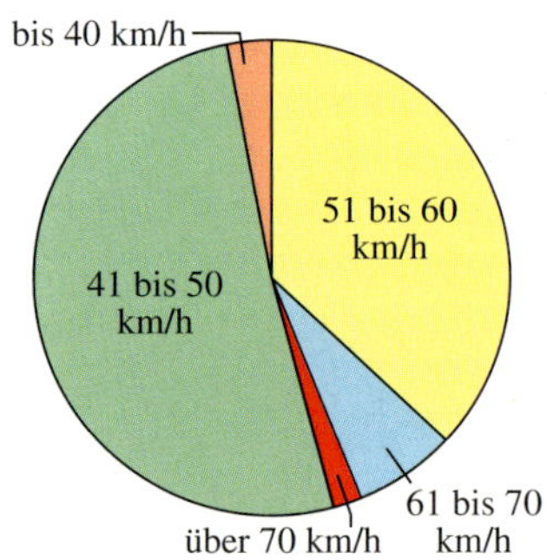

Zum Festigen und Weiterarbeiten

2. Betrachte die drei Diagramme in Aufgabe 1 und vergleiche sie. Was kannst du jeweils auf den ersten Blick entdecken?
Was erkennt man beim Kreisdiagramm besser als beim Säulendiagramm?

3. 50 Schülerinnen und Schüler wurden danach befragt, welche Haustiere sie am liebsten haben. Mehrfachnennungen waren möglich.

Haustier	Katze	Kaninchen	Hund	Vogel	Fisch	Hamster
Anzahl	卌 卌 卌 卌	卌 卌 //	卌 卌 卌 卌 ////	卌 ///	////	卌 卌 //

a) Bestimme für jede Tierart den Anteil an der Gesamtzahl der befragten Schüler. Lege eine Tabelle an.

b) Warum können bei diesem Beispiel die Anteile nicht in einem Kreisdiagramm dargestellt werden? Stelle die Anteile in einem Säulendiagramm dar.

4. Die Benutzer der Schulbibliothek wurden nach ihrer Lieblingslektüre befragt.
Das Ergebnis der Umfrage kannst du dem nebenstehendem Diagramm entnehmen.

a) Übertrage die Ergebnisse in eine Tabelle.

b) Erstelle ein Kreisdiagramm [Streifendiagramm].

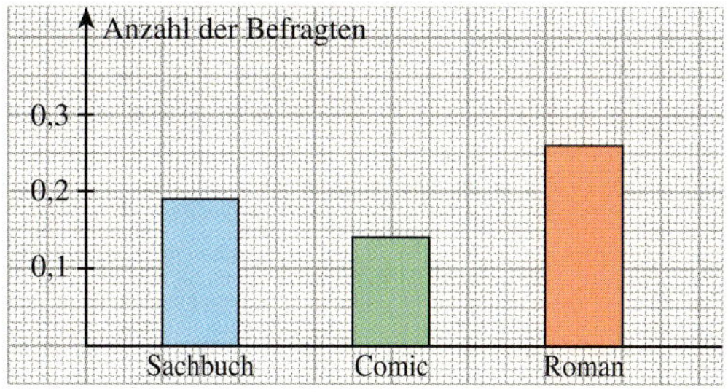

Information

(1) Auswerten und Darstellen einer statistischen Erhebung

Die Befragung von Personen, z. B. von Schülern, nach ihrer Lieblingssportart oder das Zählen von Objekten, z. B. Autos nach der Fahrzeugart sind Beispiele für **statistische Erhebungen**.

Die Ergebnisse einer statistischen Erhebung und die zugehörigen Anteile am Umfang der Erhebung können in einer **Tabelle** protokolliert und z. B. in einem **Säulendiagramm** übersichtlich dargestellt werden.

Lieblingssportart	Anzahl	Anteil	
Fußball	14	$\frac{7}{20}$	0,35
Tennis	8	$\frac{1}{5}$	0,20
Handball	6	$\frac{3}{20}$	0,15
Basketball	12	$\frac{3}{10}$	0,30

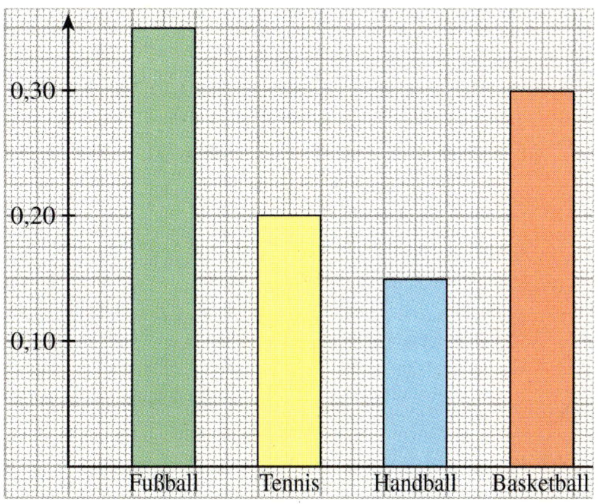

Häufig wird auch ein **Kreisdiagramm** gezeichnet, in dem die Anteile am Umfang der statistischen Erhebung gut miteinander verglichen werden können.

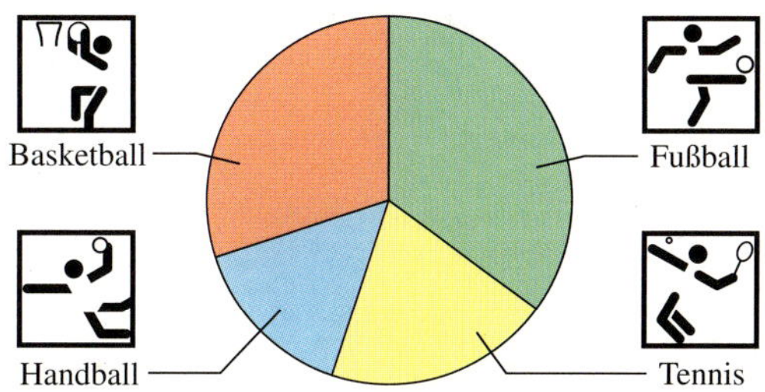

(3) Summenprobe

Wenn bei einer statistischen Erhebung keine Mehrfachnennungen vorliegen, muss die Summe aller Anteile ein Ganzes ergeben, d. h. sie ist 1. Man kann dies zur Kontrolle benutzen. Bei gerundeten Dezimalbrüchen können kleine Abweichungen auftreten.

Übungen

5. Die Tabelle gibt die Ergebnisse einer Klassenarbeit an:

Zensur	1	2	3	4	5	6
Schüler(innen)	IIII	卌 III	卌 卌	卌	II	I

a) Berechne die Anteile für die einzelnen Zensuren und trage sie in eine Tabelle ein.

b) Stelle die Ergebnisse in einem Diagramm dar.

6. In der Schulbücherei einer Schule wurden im Laufe eines Jahres ausgeliehen: 96 Abenteuerbücher, 75 Sachbücher, 47 Kinderbücher, 61 Erzählungen, 21 Reiseberichte. Berechne die einzelnen Anteile. Zeichne ein Diagramm.

7. Die Klasse 5a führt eine Projektwoche zum Thema „Bäume" durch. Miriam und Nora haben sich entschieden, den Zustand der Bäume in einem nahe gelegenen Waldstück zu untersuchen. Dazu grenzen sie ein kleines Gebiet von 80 Bäumen ab.
Anhand einer Merkmalsliste, die sie von ihrer Lehrerin bekommen haben, ordnen sie die Bäume den folgenden Gruppen zu:

Schadensgruppe 1: Bäume ohne erkennbare Schädigungen
Schadensgruppe 2: leicht geschädigte Bäume
Schadensgruppe 3: stark geschädigte Bäume
Schadensgruppe 4: abgestorbene Bäume

Das Ergebniss ihrer Untersuchung halten Miriam und Nora in einer Strichliste fest:

Schadensgruppe 1	Schadensgruppe 2	Schadensgruppe 3	Schadensgruppe 4
卌 卌 卌 卌 卌 卌 ||	卌 卌 卌 卌 ||||	卌 卌 卌 卌	||||

a) Wie viele Bäume waren ohne erkennbare Schäden, wie viele leicht geschädigt, wie viele stark geschädigt, wie viele abgestorben? Wie hoch war der Anteil jeder der vier Schadensgruppen? Gib diesen Anteil als Bruch und als Dezimalbruch an.

b) Zeichne ein geeignetes Diagramm.

8. Miriam und Nora führen in ihrer Klasse eine Befragung durch. Sie wollen herausfinden, welches die liebste Freizeitbeschäftigung ihrer Mitschülerinnen und Mitschüler ist.

a) Berechne die Anteile.

b) Stelle die Ergebnisse in einem Diagramm dar.

c) Führe selbst eine Umfage in deiner Klasse durch.

liebste Freizeitbeschäftigung	Häufigkeit der Nennung
mit Freunden treffen, spielen	9
Sport treiben	4
Musik hören, tanzen	6
Fernsehen	2
Computerspiele, Spielkonsolen	7
Sonstiges	2

9. Die Anwohner einer Straße wurden nach ihrer Meinung zur Einführung von „Tempo 30" in ihrem Wohngebiet befragt.

a) Berechne die Anteile der einzelnen Meinungen bei beiden Umfragen (Beachte die unterschiedliche Gesamtzahl.)

b) Zeichne zwei Diagramme für die Anteile und vergleiche.

Meinung	absolute Häufigkeit in der Stichprobe	
	vor der Einführung von Tempo 30	nach der Einführung von Tempo 30
sehr gut	24	40
gut	108	144
unentschieden	81	56
schlecht	78	72
sehr schlecht	9	8

BIST DU FIT?

1. Julia, Elke und Roland kandidieren für das Amt des Klassensprechers. Die Ergebnisse werden an der Tafel notiert.

Julia	~~IIII~~ I
Elke	~~IIII~~ ~~IIII~~ I
Roland	~~IIII~~ III

a) Wie viele Schüler haben an der Wahl teilgenommen?

b) Veranschauliche das Ergebnis durch ein Säulendiagramm.

c) Welchen Anteil der abgegebenen Stimmen haben die drei Kandidaten jeweils erreicht? Mache die Summenprobe und zeichne ein Kreisdiagramm.

2. 

Ein Sportverein hat 350 Mitglieder. In der Tabelle sind die Mitgliederzahlen der einzelnen Abteilungen angegeben. Es gibt Mitglieder, die in mehreren Abteilungen aktiv sind.

Abteilung	Anzahl der Mitglieder
Fußball	105
Basketball	77
Leichtathletik	126
Tennis	175

Bestimme für jede Abteilung den Anteil an der Gesamtmitgliederzahl und stelle die Anteile in einem geeigneten Diagramm dar.

3. Vervollständige die Tabelle und zeichne ein Kreisdiagramm.

a)

Schulhofgestaltung	gut	ausreichend	schlecht
Anteil der Befragten	0,25	0,4	

b)

Kinobesuch	nie	gelegentlich	oft	sehr oft
Anteil der Befragten	0,03		0,38	0,16

4. Die Schülerinnen und Schüler der Klassen 4, 5 und 6 wurden darüber befragt, welches Getränk sie in der Pause bevorzugen.

Getränk	Anzahl in Klasse		
	4	5	6
Milch	10	9	7
Kakao	18	14	8
Fruchtsaft	16	20	14
Mineralwasser	9	12	13
Limonade	12	20	18

a) Ordne die Getränke in jeder Klassenstufe nach ihrer Beliebtheit. Wie sieht die Beliebtheitsrangfolge insgesamt aus?
Erstelle jeweils ein Säulendiagramm und vergleiche.

b) Wie groß ist der Anteil der „Kakao-Trinker" in den 3 Klassenstufen zusammen? Bestimme auch die Anteile für die anderen Getränke.
Mache die Summenprobe und zeichne ein Kreisdiagramm.

IM BLICKPUNKT: DURCHFÜHREN EINER STATISTISCHEN ERHEBUNG

An eurer Schule möchtet ihr erreichen, dass in den Pausen die Möglichkeit geschaffen wird, Getränke zu kaufen.
Damit Eltern und Lehrer schnell und sinnvoll entscheiden können, soll der Getränkebedarf ermittelt werden.
Die Ergebnisse sollen zunächst auf den Elternabenden vorgestellt werden.

Wenn man eine statistische Erhebung durchführen und auswerten will, muss man in der Regel vier Schritte durchführen.

1. Planung einer statistischen Erhebung

Die Schüler(innen) planen

- ➜ was genau gezählt werden soll
- ➜ wie die Umfragezettel aussehen sollen
- ➜ wie viele Schüler die Umfrage durchführen sollen
- ➜ wie viel Zeit für die Umfrage benötigt wird
- ➜ wann der beste Zeitpunkt ist

Die Schüler(innen) überlegen auch, ob bestimmte Antwortmöglichkeiten vorgegeben werden und ob jeder immer nur eine Antwort auswählen darf.
Sie kontrollieren vor dem Beginn, ob die Fragen verständlich sind.
Die Schüler(innen) besorgen sich eine Erlaubnis, die Befragung durchzuführen.

2. Datenerhebung

Die Schüler(innen) erheben die Daten in den Klassen und sammeln die Antworten.

3. Datenaufbereitung und -auswertung

Die erhobenen Daten werden zusammengefasst.
Es können Anteile berechnet und in Diagrammen dargestellt werden.

4. Ergebnisse und Folgerungen

Die Schüler(innen) stellen anhand von Graphen die wichtigsten Ergebnisse heraus. Sie erarbeiten Vorschläge, wie sie sich eine Lösung vorstellen.
Anhand einer Folie berichtet jeweils einer auf den Elternabenden über das Vorhaben.

Anregungen für eigene statistische Erhebungen

1. Treibst du gerne Sport? Bist du Mitglied in einem Verein?
Führe selbst eine Befragung durch und stelle die Ergebnisse grafisch dar. Vergleiche auch mit den Ergebnissen rechts.

2. Führe selbst eine Befragung zum Thema Internet durch.
Gibt es Unterschiede bei Mädchen und Jungen?

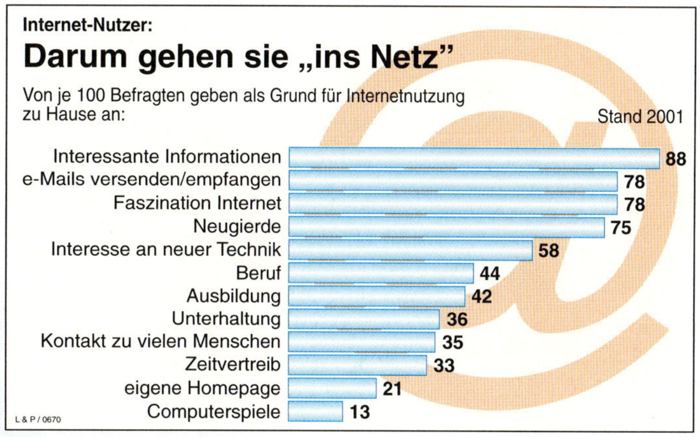

3. Hier sind weitere Vorschläge für statistische Erhebungen:
(1) Welche Hits werden in eurer Klasse bevorzugt?
(2) Was sind zur Zeit die beliebtesten Gruppen bzw. Stars in eurer Klasse?
(3) Was ist zur Zeit die TOP-CD in eurer Klasse?
(4) Welche Fernseh- bzw. Videogewohnheiten (Dauer; Art der Sendung; ausgeliehene Videos usw.) haben Schüler der Klassenstufen 5 und 6?
(5) Was halten Schüler der Klassenstufen 5 und 6 vom Lesen? Welche Bücher sind am beliebtesten?
(6) Was halten Schüler der Klassenstufen 5 und 6 vom Sport? Welche Sportarten sind bei den Schülern deiner Schule am beliebtesten? Welche Sportarten werden von ihnen selber ausgeführt, welche Sportarten gern im Fersehen betrachtet?
(7) Was halten Schüler der Klassenstufen 5 und 6 von Computerspielen? Wie groß ist die Anzahl und der Anteil der Schüler, die selber Computerspiele haben?
(8) Welche Handy-Gewohnheiten (Dauer der Gespräche; Anzahl der verschickten SMS usw.) haben Schüler der Klassenstufen 5 und 6?
(9) Welche Unterrichtsfächer sind am beliebtesten, welche am unbeliebtesten?
(10) Wie viel Geld geben die Schüler monatlich aus (z.B. für Kleidung, Kino, Hobby usw.)?

Wählt einen dieser Vorschläge oder denkt euch selber ein Thema aus. Entwerft einen Fragebogen, führt die statistische Erhebung durch und wertet sie aus. Stellt die Ergebnisse in einem Diagramm dar.

PROJEKT: WIR VERMESSEN DIE SCHÜLERINNEN UND

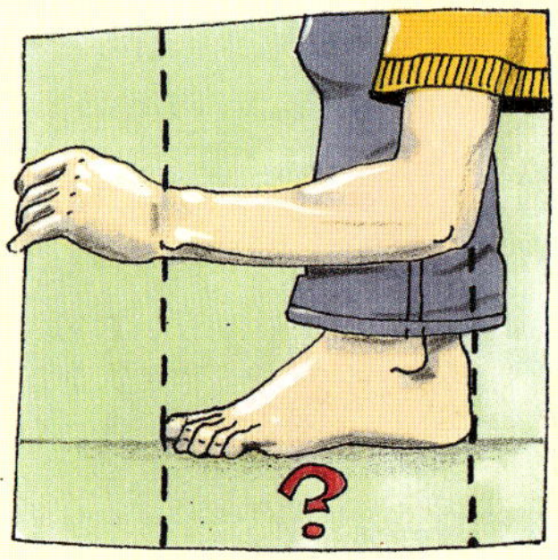

• Vorschlag 1:
Faustregel I

Gilt die Regel, dass der Halsumfang zweimal so groß ist wie der Handgelenkumfang? Ist die Fußlänge gleich der Länge der Elle? Versucht, die Messwerte übersichtlich darzustellen.

Heutzutage wird fast alles vermessen: Grundstücke, Straßen, die Entfernung zum Mond oder sogar bis zum nächsten Stern. Auch kleine und ganz winzige Dinge wie Bakterien, Moleküle, ja sogar Atome sind schon vermessen und gewogen geworden.
In diesem Projekt interessieren wir uns für Dinge, die wir selbst leicht messen, wiegen oder zählen können.
Wie wäre es, wenn ihr eure Schulweglänge bestimmt und miteinander vergleicht? Oder ihr bestimmt das Gewicht eurer Schultaschen. Ihr könnt auch alte Faustregeln überprüfen, z. B. dass eure Armspannweite so groß ist wie eure Körpergröße. Es gibt so viele Dinge, die man vergleichen oder messen kann. Am besten ist es, wenn ihr einen Messparcours aufbaut, wo an jedem Schüler und jeder Schülerin jede Messung nacheinander durchgeführt wird. Wichtig ist, dass ihr genau über die einzelnen Messungen

• Vorschlag 2:
Schultaschengewicht

Welche Altersgruppe trägt die schwerste Schultasche? Haben Jungen oder Mädchen schwerere Schultaschen? Was kann man gegen zu schwere Schultaschen tun?

• Vorschlag 3:
Schulweg

Wie lang ist euer Schulweg? Berechnet die durchschnittliche Schulweglänge eurer Mitschüler. Legt ein Diagramm an.

SCHÜLER UNSERER SCHULE

- **Vorschlag 4:**
Lungenvolumen

Versucht ein Gerät zu bauen, mit dem man das Lungenvolumen messen kann. Vielleicht kann dabei eine Biologielehrerin oder ein Biologielehrer helfen. Vergleicht zum Beispiel das Lungenvolumen mit der Körpergröße des Schülers bzw. der Schülerin.

jedes einzelnen Schülers Buch führt; so könnt ihr nach Abschluss der Messungen die Daten in aller Ruhe im Klassenzimmer auswerten und Grafiken bzw. Diagramme erstellen. Es hat sich bewährt, wenn ihr für jeden Schüler ein Messkärtchen anfertigt.
Es wäre schön, wenn ihr eure „Vermessungsergebnisse" dann in einer kleinen Ausstellung im Schulgebäude den Mitschülern zeigt, oder ihr präsentiert eure Ergebnisse im Rahmen einer kleinen Vortragsrunde vor der Klasse. Auch ein kurzer Artikel in der Lokalpresse wäre denkbar, z. B.: So schwer sind unsere Schultaschen. Hier hilft vielleicht euer(e) Deutschlehrer(in).
Wir haben für euch ein paar Ideen und Fragen rund um das Vermessungsprojekt vorbereitet, die ihr aufgreifen könnt. Im Internet findet ihr das Projekt unter **www.mathematik-heute.de**

- **Vorschlag 5:**
Faustregel II

Ist die Körpergröße wirklich genauso groß wie die Armspannweite? Baut ein geeignetes Messgerät, um die Armspannweite zu messen. Tragt die Messwerte in ein Diagramm ein und versucht die Ergebnisse zu erklären.

- **Vorschlag 6:**
Freizeitmessung

Messt, wie lange die Freizeit eurer Mitschüler dauert und schreibt auf, was eure Klassenkameraden bzw. Schulfreunde so in der Freizeit alles machen.
Stellt die Ergebnisse in einem Diagramm dar.

Anhang

LÖSUNGEN ZU BIST DU FIT?

Seite 32

1. **a)** 408 092 **b)** 4 623 000 **c)** 5 054 000 **d)** 8 527 000 **e)** 4 200 750 000 **f)** 3 035 012 000

2. **a)** 50 000 000 **b)** 120 000 000 **c)** 600 000 000 000 **d)** 32 000 000 000 **e)** 4 180 000 000 000 **f)** 32 040 000 000

3. 7 061 > 6 071 > 6 017 > 1 076 > 1 067 > 761 > 176 > 167

4. **a)** 789 < 790 < 791 **c)** 14 888 < 14 889 < 14 890 **e)** 299 999 < 300 000 < 300 001
b) 3 999 < 4 000 < 4 001 **d)** 92 998 < 92 999 < 93 000 **f)** 59 999 999 < 60 000 000 < 60 000 001

5. **a)** 998; 999; 1 000; 1 001; 1 002; 1 003; 1 004; 1 005 **b)** 8 999; 9 000; 9 001; 9 002
c) 99 996; 99 997; 99 998; 99 999; 100 000; 100 001; 100 002; 100 003

6. A: 60 000; B: 180 000; C: 330 000; D: 410 000; E: 620 000; F: 690 000; G: 860 000; H: 1 040 000; I: 1 100 000

7. **a)** 500 **b)** 1 700 **c)** 350 000

8. **a)** 3 946 < 9 396; 4 512 > 4 312 **b)** 70 684 < 70 864; 51 486 > 51 468 **c)** 4 325 500 < 4 352 100; 7 678 343 < 7 678 349

9. **a)** 6 500; 13 700; 9 600; 1 500 **b)** 6 000; 14 000; 10 000; 1 000

10. **a)** Baden-Württemberg, Bayern, Hessen, Niedersachsen, Nordrhein-Westfalen
b) Bremen, Saarland, Hamburg, Mecklenburg-Vorpommern, Thüringen, Sachsen-Anhalt, Brandenburg, Schleswig-Holstein, Berlin, Sachsen, Rheinland-Pfalz, Hessen, Niedersachsen, Baden-Württemberg, Bayern, Nordrhein-Westfalen

Seite 33

11. 23 vor Eric

12. **a)** 47 dm; 1 502 cm; 8 250 m **b)** 4 600 kg; 8 025 g; 6 050 g **c)** 1 405 cm; 2 015 m; 480 cm **d)** 636 s; 1 338 min; 74 h **e)** 270 s; 210 min

13. **a)** 4 m 8 dm; 4 km 19 m **b)** 70 cm 4 mm; 64 cm 1 mm **c)** 2 kg 714 g; 3 t 72 kg **d)** 3 h 16 min; 9 min 30 s **e)** 1 d 23 h; 53 h 1 min

14. **a)** 6 000 **b)** 60 000

15. **a)** Zwischen 1./2., 3./4., 5./6. Stunde: 5 min; zwischen 2./3., 4./5. Stunde: 20 min **b)** 45 Minuten.

16. Der Flug dauert 1 h und 17 min.

17. Länge: (1) 2 m 743 mm (2) 2 m 74 cm 3 mm
Breite: (1) 1 m 525 mm (2) 1 m 52 cm 5 mm
Höhe u. Erdboden: (1) 0 m 762 mm (2) 0 m 76 cm 2 mm

18. –

19. 10; 50; 85; 100; 107; 118

Seite 64

1. **a)** 26 179 **b)** 17 112 **c)** 59 215 **d)** 15 112 **e)** 208 346 **f)** 2 190 685 **g)** 40 650 **h)** 5 148 967 **i)** 1 246 578

2. Judiths Mutter muss 9 957 Euro bezahlen.

3. **a)** 5 555; 12 345 **b)** 44 844; 65 856 **c)** 7 654; 8 888 **d)** 999 000; 369 630 **e)** 777; 555

4. **a)** 39 **b)** 809 **c)** 414 **d)** 765

5. **a)** z.B.: $24 \cdot 8$ **b)** z.B.: $70 : 5$

6. 124 704 €

7. Sie erreichte 987 Punkte.

8. **a)** Um 37 005 Einwohner. **b)** Neue Einwohnerzahl 98 353. **c)** Es fehlen noch 1 647 Einwohner.

Seite 65

9. **a)** 1 242 Sitzplätze. **b)** 1 337 Zuschauer.

10. **a)** 22 Rettungsboote.

11. **a)** Wie viel Geld behält Daniel nach dem Kauf übrig? Er behält 64 Euro übrig.
b) Wie viele Säcke füllt Bauer Griewel? Er füllt 48 Säcke.
c) Passt die Sendung, die 55 min dauert, noch auf das Band? Ja, auf dem Band sind noch 66 min frei.
d) Wie viel kostet die Anlage? Die Anlage kostet 820 Euro.

12. 2,70 Euro.

13. –

14. 12 Kinder.

Seite 97

1. **a)** 3 600; 2 660; 2 040 **b)** 12; 26; 13 **c)** 828; 1 560; 400 **d)** 52; 11; 32

2. **a)** 717; 999; 746 **b)** 5 100; 7 300; 43 000 **c)** 240; 101; 150 **d)** 1 600; 402; 42 000 **e)** 9; 40; 24 **f)** 23 347; 7 340 000; 20 000

3. **a)** 360 s = 6 min. Sie wird diese Zeit nicht konstant durchhalten. **b)** Im Durchschnitt 1 min 8 s pro Runde.

4. **a)** $(87 - 63) \cdot (17 + 23) = 960$ **b)** $(960 : 12) - (13 \cdot 6) = 2$

5. Die Eltern von Melissa zahlen pro Tag 310 €, die Eltern von Steffen dagegen nur 304 €.

6. **a)** falsch; wahr; wahr; wahr **b)** wahr; wahr; wahr; wahr **c)** wahr; wahr; falsch; wahr **d)** wahr; falsch; wahr; falsch

7. **a)** 36; 64; 72; 310; 400; 5 316; 6 172; 7 620; 9 186; 9 700; 37 850; 60 002; 87 904; 185 558; 72 856 392
d) 36; 45; 72; 927; 1 017; 5 316; 7 620; 9 186; 5 687 469; 8 041 563; 72 856 392
c) 36; 64; 72; 400; 5 316; 6 172; 7 620; 9 700; 87 904; 72 856 392
d) 35; 45; 125; 310; 400; 2 225; 7 620; 9 700; 37 850
e) 36; 72; 5 316; 7 620; 9 186; 72 856 392
f) 36; 45; 72; 927; 1 017; 5 687 469; 8 041 563
g) 310; 400; 7 620; 9 700; 37 850
h) 125; 400; 2 225; 9 700; 37 850

8. **a)** $4^2 > 8$ **b)** $3^2 > 2^3$ **c)** $27 = 27^1$ **d)** $5^3 < 8^3$

9. 17; 13; 19; 29; 101; 71

Seite 144

1. **a)** $\overline{AB}$: 2,5; $\overline{BC}$: 2,6; $\overline{CD}$: 1,3; $\overline{DA}$: 2,6; $\overline{AC}$: 3,1; $\overline{BD}$: 3,1; $\overline{SD}$: 1; $\overline{SC}$: 1; $\overline{SA}$: 2,1; $\overline{SB}$: 2,1
b) $\overline{AB}$: 2,5; $\overline{BC}$: 2,5; $\overline{CD}$: 2,5; $\overline{DA}$: 2,5; $\overline{AC}$: 3,9; $\overline{BD}$: 3,0; $\overline{SD}$: 1,5; $\overline{SC}$: 1,9; $\overline{SA}$: 2,0; $\overline{SB}$: 1,5

2. **a)** – **b)** – **c)** 2,7 cm

3. –

4. –

5. –

6. **a)** (1) spitz; (2) spitz; (3) stumpf; (4) überstumpf **b)** (1) 31°; (2) 50°; (3) 129°; (4) 231°

7. –

8. 67° + 111° + 99° + 83° = 360°

9. –

Seite 194

1. a) $\frac{1}{2}$ b) $\frac{3}{8}$ c) $2\frac{5}{8}$ **2.** noch 5 Quadrate **3.** $\frac{1}{3}$ [$\frac{2}{3}$]

4. a) 72 Karos b) 32 Karos c) 64 Karos d) 80 Karos

5. a) $3\frac{2}{11}$; 6; $5\frac{1}{15}$; 7; $7\frac{6}{25}$; $2\frac{7}{10}$; $3\frac{9}{100}$ b) $\frac{19}{2}$; $\frac{14}{3}$; $\frac{23}{4}$; $\frac{13}{5}$; $\frac{43}{6}$; $\frac{53}{8}$; $\frac{89}{10}$

6. $\frac{5}{8}$; $\frac{3}{11}$; $\frac{3}{5}$; $\frac{5}{12}$; $\frac{4}{11}$; $\frac{5}{12}$; $\frac{2}{5}$; $\frac{12}{25}$; $\frac{16}{11}$ **7.** $\frac{1250}{1000}$; $\frac{440}{1000}$; $\frac{1125}{1000}$; $\frac{88}{1000}$; $\frac{205}{1000}$; $\frac{180}{1000}$; $\frac{52}{1000}$

8. a) 40 cm; 350 cm; 875 g; 4 750 g b) 50 min; 145 min; 7 240 ml

9. a) $\frac{37}{100}$; $\frac{27}{40}$; $\frac{4}{125}$; $\frac{9}{1000}$; $\frac{21}{200}$ b) $\frac{67}{10}$; $\frac{143}{20}$; $\frac{126}{25}$; $\frac{1126}{125}$; $\frac{2049}{1000}$

10. a) 0,7; 3,6; 14,9; 10,3 c) 0,003; 0,416; 0,072; 5,011 e) 0,5; 0,25; 0,75; 0,2; 0,125
b) 0,13; 0,04; 2,96; 4,08 d) 7,3; 2,006; 8,04; 1,015 f) 4,2; 5,75; 7,25; 10,5

11. a) $0{,}063 < 0{,}6 < 0{,}606 < 0{,}63$ b) $1{,}88 < 1{,}89 < 1{,}9 < 1{,}98$ c) $5{,}02 < 5{,}2 < 5{,}202 < 5{,}22$

12. $0{,}06 = \frac{3}{50}$; $0{,}15 = \frac{3}{20}$; $0{,}49 = \frac{49}{100}$; $0{,}92 = \frac{23}{25}$; $1{,}23 = 1\frac{23}{100}$; $1{,}5 = 1\frac{1}{2}$; $1{,}84 = 1\frac{21}{25}$; $2{,}08 = 2\frac{2}{25}$; $2{,}36 = 2\frac{9}{25}$

Seite 195

13. 9,45 € → 0,875 kg; 9,56 € → 0,884 kg; 9,63 € → 0,892 kg; 9,84 € → 0,91 kg; 9,99 € → 0,925 kg

14. (1) 2 km 900 m (2) 7 t 500 kg (3) 1 t 750 kg (4) 1 kg 500 g (5) 2 g 30 mg (6) 4 *l* 750 ml

15. a) (1) 2,77 (2) 5,79 (3) 0,09 (4) 7,78 (5) 54,02 (6) 7,07
b) (1) 2,8 (2) 5,8 (3) 0,1 (4) 7,8 (5) 54,0 (6) 7,1
c) (1) 3 (2) 6 (3) 0 (4) 8 (5) 54 (6) 7

16. 168 Mädchen **17.** 45 Eier

18. a) $\frac{5}{7}$ b) $\frac{6}{4} = \frac{3}{2}$ c) $\frac{10}{6} = \frac{5}{3}$ d) $\frac{4}{8} = \frac{1}{2}$ e) $\frac{6}{8} = \frac{3}{4}$ f) $\frac{1}{3}$

19. a) $\frac{7}{10}$ b) $\frac{19}{100}$ c) $\frac{13}{200}$ d) $\frac{1}{5}$ e) $\frac{21}{100}$ f) $\frac{11}{125}$

20. a) $\frac{3}{8}$ b) $\frac{5}{6}$ c) $\frac{43}{50}$ d) $\frac{5}{7}$ e) $\frac{5}{9}$ f) $\frac{77}{100}$

21. a) 7,74 b) 11,65 c) 3,23 d) 1,06 e) 8,75

22. a) 7,365 b) 11,953 c) 11,7 d) 7,442 e) 0,275

23. a) 304,15; 117,808 b) 254,563; 44,222 c) 40,723; 27,795 d) 68,955; 326,292

24. Julia: $\frac{1}{3}$; Lena: $\frac{1}{2}$; Michael: $\frac{1}{6}$ **25.** 60 kg **26.** a) Mädchen: $\frac{3}{5}$; Jungen: $\frac{2}{5}$ b) 120 €

27. a) 19,105: 14,44; 13,5; 8,345; 7,405; 2,74 b) 6,095; 10,76; 11,7; 4,665; 5,605; 0,94

Seite 221

1. a) (1) $A = 13\ cm^2$; $u = 160$ mm (2) $A = 8\ cm^2$; $u = 132$ mm b) –

2. a) 9 000 m^2; 36 km^2; 2,4 a c) 0,2912 dm^2; 0,0281 ha; 0,0309 km^2
b) 3 709 dm^2; 940 mm^2; 7 cm^2 d) 0,2003 km^2; 40 cm^2; 236 m^2

3. a) 63 cm^2; 32 cm c) 108 dm^2; 42 dm e) 12 km; 32 km g) 4 000 m; 8 030 m
b) 238 m^2; 62 m d) 7,5 cm^2; 11 cm f) 40 m; 2 400 m^2 h) 425 m; 116 875 m^2

4. 828 m^2; 14 Eimer Farbe. **5.** a) 684 m^2 b) Höchstens 85 m^2 **6.** 225 000 €

7. a) 170,36 m^2 b) 64,4 m **8.** –

Seite 243

1. a) (1) 6 cm^3 (2) 18 cm^3 b) – c) (1) $V = 616\ cm^3$; $A_O = 442\ cm^2$ (2) $V = 1\,512\ m^3$; $A_O = 804\ m^2$

2. a) 7 000 dm^3; 4 m^3 b) 8 000 ml; 2 *l* c) 4 m^3; 8 dm^3 d) 3 475 dm^3; 3 500 *l*

3. a) 8,5 m^3 b) 4,09 m^3 c) 7,089 dm^3 d) 0,21 *l* e) 0,3 dm^3

4. a) 2 dm^3 619 cm^3 b) 9 *l* 20 ml c) 4 m^3 856 dm^3 d) 8 dm^3 70 cm^3 e) 12 m^3 40 dm^3

5. z.B.: a) 2,5 dm × 2 dm × 2 dm b) 8 dm × 5 dm × 4 dm c) 20 m × 5 m × 2 m

6. 72 *l* Erde, also 3 Säcke, für zusammen 12,30 €. **7.** 12,402 kg **8.** –

Seite 257

1. a) 25 b) – c) Julia: 0,24; Elke: 0,44; Roland: 0,32

2. Fußball: 30%, Basketball: 22%, Leichtathletik: 36%, Tennis: 50%
Geeignet sind hier Balken- oder Säulendiagramme, Kreisdiagramm ist ungeeignet.

3. a)

Schulhofgestaltung	gut	ausreichend	schlecht	
Anteil der Befragten	$\frac{1}{4}$	$\frac{2}{5}$	$\frac{7}{20}$	
Winkel im Kreisdiagramm	90°	144°	126°	

b)

Kinobesuch	nie	gelegentlich	oft	sehr oft
Anteil der Befragten	3%	43%	38%	16%
Winkel im Kreisdiagramm	11°	155°	137°	58°

4. a) Klasse 5: Kakao, Fruchtsaft, Limonade, Milch, Mineralwasser;
Klasse 6: Fruchtsaft/Limonade, Kakao, Mineralwasser, Milch;
Klasse 7: Limonade, Fruchtsaft, Mineralwasser, Kakao, Milch;
insgesamt: Fruchtsaft/Limonade, Kakao, Mineralwasser, Milch

b) Kakao: 20%, Milch: 13%;
Fruchtsaft: 25%; Wasser: 17%;
Limonade: 25%

STICHWORTVERZEICHNIS

BILDQUELLENVERZEICHNIS

S. 6, 29 (Gagarin), 169, 177 (Hammerwurf), 186, 220 dpa, Frankfurt/M.; Seite 7 RTL, Köln; Seite 9, 14 (Messbecher, Lineal), 17, 68, 102, 116, 118, 119 (Kerzen), 122, 125, 156, 158, 160, 190, 207 (Tafel), 229 (Gläser) Torsten Warmuth, Berlin; Seite 14 (Personenwaage), S. 23 (Spanne, Elle), 79, 82, 108, 119 (Senkblei), 126, 138, 149, 154, 170, 184, Seite 227 (Würfelzucker, Zettelblock, Würfel, Filzstiftkappe, Messbecher), 232, 235 M. Tooren-Wolff, Hannover; Seite 16 Ravensburger Spielverlag GmbH, Ravensburg; Seite 18 Streichan-Zefa, Düsseldorf; Seite 20, 24 Vidler-Mauritius, Mittenwald; Seite 21 (Stadion) Weigel-Zefa, Düsseldorf; Seite 21 (Handy) Mauritius-Hackenberg, Mittenwald; S. 22, 177 (Verkehrsschild) M. Popken, Jever; S. 23 (Ohrwurm, Honigbiene, Marienkäfer, Maikäfer), 63, 241 (Zebras) Toni Angermayer, Holzkirchen; S. 23 (Urmeter) Deutsches Museum, München; S. 29 (berühmte Menschen), 38 Archiv für Kunst und Geschichte, Berlin; S. 31 (Raumkapsel) Astrofoto, Leichlingen; S. 31 (Mont Blanc) Diaphor-Imagine, Hamburg; Seite 39, 103 (Anstoßkreis), 111, 132, 134, 141 (Fotoapparat), 143, 193, 227 (Salzkorn), 240, 241, 251 (Samen), 253, 256 Michael Fabian, Hannover; Seite 41 Pega-Mauritius, Mittenwald; Seite 42 GFP-Mauritius, Mittenwald; Seite 46 H.-J. Schubert, Zwickau; Seite 50 Otto-Imagine, Hamburg; Seite 51 Bordus-Mauritius, Mittenwald; Seite 52 Photri-Mauritius, Mittenwald; Seite 57 Poitschke, Eibau; Seite 65 (Schiff) Weyer-Mauritius, Mittenwald; Seite 65 (Läuferinnen) Bordis-Imagine, Hamburg; Seite 66 Geisser-Mauritius, Mittenwald; Seite 71 Peter Cade-Tonx-Stone, München; S. 100 (Körper) Dr. Medenbach, Witten; S. 100 (Gemälde) © VG Bild-Kunst, Bonn; Seite 103 (Giraffe), 250 Schätzle-Mauritius, Mittenwald; Seite 120 Mauritius-B. Lerner, Mittenwald; Seite 121 Günter Boller, Kassel; Seite 128 (Autothermometer) VDO Frankfurt/M.; Seite 128 (Radarturm) Kalt-Mauritius, Mittenwald; Seite 128 (Radarschirm) Viesti-Imagine, Hamburg; Seite 130 Zefa-Hackenberg, Düsseldorf; Seite 141 (Diskuswerfer) Zefa-Madison, Düsseldorf; Seite 142 Lehn-Mauritius, Mittenwald; Seite 145 Lenz Lothar-Silvestris, Kastl; S. 148 (Kuchenstück, Käsekuchen) Stock food – K. Iden, München; Seite 148 (Teigzubereitung) Dr. Oetker Verlag KG, Bielefeld; S. 172 (Weizen) Sening-Mauritius, Mittenwald; Seite 172 (Tanklaster), 238 (Tanklaster) dpa-Scheidemann, Frankfurt/M.; Seite 177 (Tor) Hasenkopf-Mauritius, Mittenwald; Seite 177 (Hallig) Schmidtke, Melsdorf; Seite 177 (Zug) Bricks, Erfurt; Seite 183, 208 (Judomatte) Sven Simon, Essen; Seite 198 Das Luftbildarchiv, Hamburg; Seite 206 Geisser-Mauritius, Mittenwald; Seite 207 (Schulhof) Jürgen Purschke, Kassel; Seite 208 (Fußballfeld) Weigel-Zefa, Düsseldorf; Seite 209 O'Brien-Mauritius, Mittenwald; Seite 213, 247 Herzig, Wiesenburg; Seite 217 picture-alliance/akg-images; Seite 227 (Weinfass) Europress, Oppenheim; Seite 229 (Original Barrel) action press, Hamburg; Seite 237 N. Fischer, Mauritius; Seite 238 (Lkw) AGE Kat-Mauritius, Mittenwald; Seite 242 (Tanker) Pictor, Hamburg; Seite 242 (Bad) R. Leinweber, Hannover; Seite 244 Deutsche Bahn, Berlin; Seite 245 (Tagebau) Thümmler, Berlin; Seite 245 (Schiff) Foto Rasche, Senftenberg; Seite 246 H. Bütow (Waren); Seite 252 (Zugspitze) Josef Beck-Mauritius, Mittenwald; Seite 252 (Handy) Mauritius-Hackenberg, Mittenwald; Seite 257 Arthur-Mauritius, Mittenwald; Seite 262 Photo Disc.

Trotz entsprechender Bemühungen ist es uns nicht in allen Fällen gelungen, den Rechtsinhaber ausfindig zu machen. Gegen Nachweis der Rechte zahlt der Verlag für die Abdruckrechte die gesetzlich geschuldete Vergütung.